AF537946

Thielen/Gust/Hartwig
Blasformen

Michael Thielen
Peter Gust
Klaus Hartwig

Blasformen

von Kunststoffhohlkörpern

2., aktualisierte Auflage

HANSER

Die Autoren:

Dr.-Ing. Michael Thielen, www.bioplasticsmagazine.com

Univ.-Prof. Dr.-Ing. Peter Gust, Universität Wuppertal

Dr.-Ing. Klaus Hartwig, MARS GmbH (Petcare)

Bibliografische Information der Deutschen Nationalbibliothek:

Die Deutsche Nationalbibliothek verzeichnet diese Publikation in der Deutschen Nationalbibliografie; detaillierte bibliografische Daten sind im Internet über <http://dnb.ddb.de> abrufbar.

www.hanser-fachbuch.de
Lektorat: Ulrike Wittmann
Herstellung: Jörg Strohbach
Coverconcept: Marc Müller-Bremer, www.rebranding.de, München
Coverrealisierung: Max Kostopoulos
Bildquelle Cover: Krones AG und Kautex Maschinenbau GmbH
Satz: Kösel Media GmbH, Krugzell
Druck und Bindung: Druckerei Hubert & Co GmbH und Co KG BuchPartner, Göttingen
Printed in Germany

ISBN: 978-3-446-45552-8
E-Book-ISBN: 978-3-446-45856-7

Inhalt

Vorwort

Das positive Feedback nach Erscheinen der ersten Auflage vor nunmehr 13 Jahren hat gezeigt, dass es einen Bedarf für das erste deutschsprachige Blasformbuch gab und gibt. Nun bleibt die Zeit nicht stehen, sodass die vorliegende zweite Auflage den Fortschritten der Technik Rechnung trägt und an vielen Stellen aktualisiert und ergänzt wurde. Sicher sind diese Fortschritte nicht so gravierend wie in anderen Bereichen der Kunststofftechnik oder anderen Industrien, aber es hat sich hier und da dennoch einiges getan, was in diesem Buch berücksichtigt wird.

Wir bedanken uns bei Dr. Klaus Hartwig, der das Kapitel „Streckblasformen" der ersten Auflage geschrieben, an der Neuauflage aber nicht mehr mitgewirkt hat. Insofern sind wir dankbar, dass wir mit Jochen Forsthövel und Dr. Thomas Friedlaende sowie deren Kollegen auf das umfassende Fachwissen der Krones AG zurückgreifen konnten. Wir danken Markus Holbach, Jürgen Moitzheim, Dieter Rothe, Dieter Hülle und Achim Trübner der Kautex Maschinenbau GmbH für die kritische Durchsicht und viele Hinweise, Anregungen, Korrekturen und Ergänzungen im Bereich der Extrusionsblasformtechnik. Daniel Leiss (Werkzeugbau Leiss GmbH) sind wir dankbar für die Überarbeitung des Kapitels zum Werkzeugbau. Ebenso danken wir Wolfgang Bonerath und Werner Metternich (Kunststoff-Maschinen Service GmbH), Günther Kappen und Max Feuerherm (Ingenieurbüro Harald Feuerherm) und Sam Dix (Trexel) für wertvolle Hinweise und Ergänzungen. Allen Beteiligten sind wir auch für das aktuelle Bildmaterial dankbar.

Da die Zeit auch in Zukunft nicht stehen bleiben wird, freuen wir uns nach wie vor über Anregungen und Verbesserungsvorschläge.

Michael Thielen und Peter Gust, Oktober 2019

Die Autoren

Michael Thielen

Dr.-Ing. Michael Thielen ist PR-Berater, Textdienstleister sowie Gründer und Herausgeber der Fachzeitschrift „bioplastics MAGAZINE". Der Maschinenbauingenieur hat an der RWTH Aachen die Fachrichtung Kunststofftechnik studiert und dort auch promoviert. Nach mehreren Jahren in verschiedenen Vertriebs- und Kommunikations-Aufgaben – unter anderem im Krupp Forschungsinstitut, bei Krupp Kautex Maschinenbau und SIG Plastics International – machte er sich 2003 als Berater und Publizist selbstständig. Er hat mehrere Bücher zur Blasformtechnik und zu Biokunststoffen geschrieben und in zahlreichen Vorträgen, Gastvorlesungen und Lehraufträgen an Fachhochschulen im In- und Ausland kunststofftechnisches Wissen vermittelt.

Peter Gust

Univ.-Prof. Dr.-Ing. Peter Gust ist Lehrstuhlinhaber der Konstruktionslehre an der Bergischen Universität Wuppertal. Nachdem er als Bereichsleiter F & E des Technologiezentrums Kunststoff der Dr. Reinold Hagen Stiftung und als Bereichseiter in der Automobilzulieferindustrie tätig war, vertritt er seit 2009 die Konstruktionslehre im Maschinenbau an der Bergischen Universität Wuppertal. Im Rahmen seiner Promotion hat er sich vertieft mit der Prozess-Simulation des Extrusionsblasformens befasst. Ergänzend ist er als Qualitätsmanager nach DGQ und EOQ ausgebildet.

Klaus Hartwig

Dr.-Ing. Klaus Hartwig leitet das globale Innovations-Zentrum für nasse Tiernahrung bei Mars Petcare. Nach seiner Promotion an der RWTH Aachen hat er bei der KHS Corpoplast (damals Krupp/SIG) zunächst die Verpackungs-, Prozess- und Formenentwicklung und später den Geschäftsbereich Plasmabeschichtung geleitet. Anschließend war er in der Entwicklung bei Nestlé Waters in unterschiedlichen Rollen tätig bevor er zunächst das zentrale Entwicklungszentrum und später die weltweite Entwicklung für die Gruppe führte.

Verzeichnisse: Kurzzeichen, Abkürzungen und Formelzeichen

Rohstoffe die im Blasformverfahren eingesetzt werden

ABS	Acrylnitril-Butadien-Styrol
EPDM	Ethylen-Propylen-Dien-Copolymer
EVOH	Ethylenvinylalkohol
LCP	Liquid Crystal Polymer
PA 6	Polyamid 6
PA 6.6	Polyamid 6.6
PBT	Polybutylenterephtalat
PC	Polycarbonat
PC + PBT	Polycarbonat/Polybutylenterephthalat Blend
PE	Polyethylen
PE-HD	Polyethylen hoher Dichte
PE-HMW	hochmolekulares Polyethylen
PE-LD	Polyethylen niedriger Dichte
PEF	Polyethylen-Furanoat
PEN	Polyethylen-Naphtalat
PET	Polyethylenterephthalat
PLA	Poly Lactic Acid
POM	Polyoxymethylen
PP	Polypropylen
PPS	Polyphenylensulfid
PS	Polystyrol
PTFE	Polytetrafluorethylen
PVC	Polyvinylchlorid
TEEE	Elastomere Polyetherester
TPE	thermoplastische Elastomere

Weitere Abkürzungen in diesem Buch

3D	Dreidimensional
AA	Acetaldehyd
BFT	Blow-Moulding-Foam-Technology
BIF	Barrier-Improvement-Factor
CAD	Computer-Aided-Design
CAE	Computer-Aided-Engineering
CHDM	Cyclohexan Dimethanol
DEG	Diethylenglykol
DFDR	Dynamisch flexibel deformierbarer Ring
DMT	Dimethylterephtalat
DSD	Duales-System-Deutschland
DXF	2D-Datenaustauschformat
EG	Ethylenglykol
EPROM	Electronically-Programmable-„Read-Only-Memory"
FCKW	Fluor-Chlor-Kohlenwasserstoffe
FEM	Finite-Elemente-Methode
FMEA	Failure-Mode-Effect-Analysis
IGES	International-Graphics-Standard
IPA	Isophtalsäure
IPC	Industrie-PC
i. V.	intrinsische Viskosität
KKB	Kunststoff-Kraftstoff-Behälter
PC	Personal-Computer
PCS	Post-Consumer-Scrap (Abfall z. B. aus der Sammlung des DSD)
PDCA	Plan – Do – Check – Act
PWDS	Partielle Wanddickensteuerung
QFD	Quality-Function-Deployment
RWDS	Radiale Wanddickensteuerung
SFDR	Statisch flexibler Düsenring
SIG	Schweizerische Industriegesellschaft
SiO_x	Siliziumoxid
SPC (SPS)	Speicherprogrammierbare Steuerung
STL	Stereo-Lithographie-Language
TA	Terephthalsäure
WDS	Wanddickensteuerung
WTD	Wanddickenverteilung (*engl.:* wallthickness distribution)

Verwendete Formelzeichen

α	Übergangswinkel
ε	Dehnung
η	Viskosität
$\dot{\gamma}$	Schergeschwindigkeit
λ	Reckgrad (Verstreckgrad)
σ	Zugspannung
δ	Eigenspannung
τ	Schubspannung
A	Fläche (projizierte Fläche der Blaskavität)
a	Temperaturleitfähigkeit
B	Breite
b	Stegbreite (bei Schnecken)
b	Schneidkantenbreite
b	Presszonenbreite
D	Durchmesser (insbesondere Schneckendurchmesser)
d	Durchmesser
E	Elastizitätsmodul
F	Schließkraft
Fo	Fourier-Zahl
H	Schneckensteigung
h	Stunde
K	Faktor
K	Kelvin
k	Konstante
k_d	dehnungsinduzierte Kristallinität
k_t	thermisch induzierte Kristallinität
kg	Kilogramm
kW	Kilowatt
L	Länge (Schneckenlänge, Schneidkantenlänge)
L	Länge (Zonenlänge bei Schnecken)
l	Länge
m	Meter
Mn	Molekulargewicht
N	Newton
n	Konstante, Fließindex
n	Drehzahl
nm	Nanometer
Nm^3	Normkubikmeter
P, p	Druck

Q	Durchsatz
S	Wanddicke
s	Sekunden
t	Gangtiefe (bei Schnecken)
t	Butzenkammertiefe
t	Rippenabstand
t	Wanddicke
t_k	Kühlzeit
W	Watt

1 Einführung

1.1 Hohlkörper aus Kunststoff – wozu?

Hohlkörper aus Kunststoffen findet man heutzutage nahezu überall. Sie finden Verwendung in der Verpackung, Lagerung, beim Transport oder bei der Führung von Flüssigkeiten oder Schüttgütern. Derartige Kunststoffhohlkörper sind beispielsweise Flaschen, Kanister, Fässer, Tanks, aber auch Rohre oder Schläuche. Bei speziellen Verpackungsgegenständen für empfindliche Güter, wie beispielsweise elektronisches Equipment, bieten Kunststoffhohlkörper den Verpackungsgütern eine besondere Schutzfunktion. Auf Grund der doppelwandigen Struktur können stabile und dennoch leichte Strukturkomponenten hergestellt werden, beispielsweise Transportpaletten, Strukturteile in Fahrzeugsitzen oder die unterschiedlichsten Arten von tafel- oder plattenartigen Bauteilen. Kunststoffhohlkörper finden sich aber auch im Spiel- und Sportbereich, bei Deko-Objekten (Deko-Früchte oder Tiere) und einer Fülle weiterer Anwendungsgebiete.

1.2 Verfahren zur Herstellung von Hohlkörpern aus Kunststoff

1.2.1 Thermoplaste

Zur Herstellung von Kunststoffhohlkörpern gibt es eine ganze Reihe unterschiedlicher Verarbeitungsverfahren. Hohlkörper aus Thermoplasten können beispielsweise hergestellt werden durch:

- *Spritzgießen* von zwei Halbschalen, die dann in einem zweiten Arbeitsschritt durch Schweißen, Kleben, Clipsen, Schrauben o.ä. zu einem Hohlkörper zusammengefügt werden.
- *Schmelzkerntechnik;* dieses Verfahren verwendet einen Kern aus einer niedrig schmelzenden (beispielsweise Zinn-Wismut-)Legierung, der mit thermoplastischem Kunststoff umspritzt und anschließend bei relativ niedrigen Temperaturen durch

ein Induktionsverfahren aus dem Spritzgussteil wieder ausgeschmolzen werden kann. Auf diese Weise lassen sich anspruchsvolle Rohrleitungen mit exzellenten Innenoberflächen und komplexer Innengeometrie, hauptsächlich für die Automobilindustrie herstellen. Die Zinn-Wismut-Legierung kann nach dem Ausschmelzen erneut verwendet werden.

- *Rotationsformen;* für dickwandige Anwendungen in geringen Stückzahlen, beispielsweise große Mülltonnen, Boote (Kajaks) oder spezielle Tanks, aber auch für dekorative Objekte wie künstliche Tiere.
- *Drehen oder Fräsen aus dem Vollen;* dieses ist, zumindest theoretisch, eine Möglichkeit, Hohlkörper aus speziellen Thermoplasten herzustellen, die sich anders nicht oder nur schwierig verarbeiten lassen (zum Beispiel PTFE).
- *Extrusion;* Rohre und Schläuche, solange sie gerade sind und einen konstanten Durchmesser und konstante Wanddicke aufweisen, sind extrudierte Kunststoffhohlkörper.
- *Faserwickeln;* mit Endlos-Faser verstärkte thermoplastische Bändchenhalbzeuge können in einem speziellen Wickelverfahren zu anspruchsvollen Strukturkomponenten verarbeitet werden.
- *Twin-Sheet-Forming;* zwei spezielle Breitschlitzdüsen produzieren zwei Schmelze-„Felle“ beispielweise in unterschiedlichen Farben. Es kommen aber auch tafelförmige, wieder erwärmte Halbzeuge zum Einsatz. Durch Schließen einer zweiteiligen Form werden die beiden Tafeln (Folien, „Felle“) miteinander verschweißt und schließlich zu einem Hohlkörper aufgeblasen [1].
- *Blasformen;* Gegenstand dieses Buches, ist eine Familie von Verfahren, die es ermöglicht, eine große Bandbreite thermoplastischer Hohlkörper in hohen Ausstoßleistungen zu produzieren.

1.2.2 Duroplaste

Der Vollständigkeit halber soll erwähnt werden, dass auch duroplastische Harze zu Hohlkörpern verarbeitet werden können. Duroplaste finden in der Regel Anwendung für technische Bauteile, große Tanks oder Silos. Sie werden häufig mit Glasfasern, Kohlenstofffasern oder anderen Verstärkungsfasern verstärkt. Es kommen Verfahren wie das Faser-Harz-Sprühen auf einen Kern, Faserwickelverfahren und das Handlaminieren als die am häufigsten verwendeten Verfahren zum Einsatz. In einem Anwendungsbeispiel werden extrusionsblasgeformte Innenbehälter (sog. Liner) aus PE-HD mit Glasfasern und ungesättigtem Polyesterharz umwickelt. Die so erzeugten druckfesten Behälter werden dann in einen spritzgegossenen Außenbehälter eingefügt und am Markt als leichtgewichtige Flüssiggasbehälter angeboten.

1.3 Anwendungsbereiche für blasgeformte Hohlkörper

Durch Blasformen werden Hohlkörper aus thermoplastischen Kunststoffen mit nahezu beliebiger Geometrie gefertigt. Das sind zum Beispiel pharmazeutische Verpackungen mit Inhalten unter einem Milliliter und technische Artikel (z. B. Kunststoff-Kraftstoff-Behälter (KKB), Luftführungen im Kfz oder Öltanks) mit bis zu 10 000 l Fassungsvermögen. Die am häufigsten eingesetzten Verfahren sind das Extrusionsblasformen und das Streckblasformen, auf die in diesem Buch detailliert eingegangen wird. Während durch Streckblasformen nahezu ausschließlich Flaschen aus PET (seltener auch PEN oder PVC, neuerdings auch PLA) in hohen Stückzahlen hergestellt werden, ist das Spektrum für extrusionsblasgeformte Hohlkörper ungleich größer.

Typische Extrusionsblasteile sind Transport-, Verpackungs- und Lagerbehälter, wie Flaschen (Bild 1.1 und Bild 1.2), Dosen, Tuben, Kanister (Bild 1.3), Fässer und Lagertanks zum Beispiel für Heizöl und Chemikalien (Bild 1.4), IBC (Intermediate Bulk Container, Bild 1.5) und faltbare, thermisch isolierende Transportboxen, z. B. mit Drainagerinnen im Boden für gefrosteten Fisch. Letztere lassen sich nach Gebrauch platzsparend flachlegen und im Mehrwegsystem wiederverwenden.

Bild 1.1 Extrusionsblasgeformte Flaschen (Bild: Kautex Maschinenbau)

Bild 1.2 Extrusionsblasgeformte PC-Wasserflaschen (Bild: Kautex Maschinenbau)

Bild 1.3 Extrusionsblasgeformte Kanister (Bild: Kautex Maschinenbau)

Bild 1.4 Extrusionsblasgeformte industrielle Großverpackungen (Fässer und Lagertanks) (Bild: Kautex Maschinenbau)

Bild 1.5 Extrusionsblasgeformter Intermediate Bulk Container (IBC) (Bild: Kautex Maschinenbau)

Bild 1.6 Extrusionsblasgeformter Kunststoffkraftstoffbehälter (KKB) (Bild: Kautex Maschinenbau)

Eine wachsende Bedeutung haben auch technische Blasformteile für Kraftfahrzeuge, wie Kunststoff-Kraftstoffbehälter (Bild 1.6), Kraftstoff-Einfüllrohre, Öl- und Wasserbehälter, Ausgleichsbehälter, Spoiler, Stoßfängerträger, Kopfstützen, Armaturentafeln, Kindersitze, Faltenbälge sowie Luftführungskanäle, Ansaugleitungen und weitere Rohrleitungen im Innen- und Motorraum (Bild 1.7).

Für die Hausgeräte- und Elektronikindustrie werden unterschiedlichste Teile, wie Sprüharme für Geschirrspüler, Gerätetüren und -wände für Waschmaschinen und Computer (Bild 1.8), Entsalzergehäuse, Kondensationstrocknerbehälter, Staubsaugergehäuse- und -Auffangbehälter, Boilergehäuse, Wasserführungsteile, Fußbodenheizungselemente, Sitzschalen und Tanks für Rasenmäher etc. nach dem Extrusionsblasformverfahren gefertigt. Hinzu kommen Blasformteile für die Sport- und

Freizeitindustrie (Kajaks, Paddleboards, Ski-Boxen, Kühlboxen und -Akkus, Kleinkinderfahrzeuge, Teile für Kindertraktoren, Klettergerüste, Rutschen usw.), die Medizintechnik (z. B. Behälter für Blutdruckmessgeräte, Klistierbehälter, Infusionsflaschen, Augentropfenpipetten, Ampullen usw.) und Koffer für Werkzeuge, Videokassetten, Mikroskope, Nähmaschinen oder Laptops etc., meist mit integrierten Aufnahmevorrichtungen [2].

Bild 1.7 Extrusionsblasgeformte technische Teile (Bild: Kautex Maschinenbau)

Bild 1.8 Extrusionsblasgeformtes flaches Panel (Unterbodenverkleidung) (Bild: Kautex Maschinenbau)

Bild 1.9 Extrusionsblasgeformtes flaches Panel (Tischplatte) (Bild: Kautex Maschinenbau)

1.4 Historie des Blasformens von Hohlkörpern

[nach 10]

Das Herstellen von Hohlkörpern durch Aufblasen ist eine sehr alte Technik. Glas war der erste Werkstoff, der verblasen wurde. In Meyers Konversationslexikon sind Angaben über ein Relief in den Königsgräbern von Ben Hassan zu finden, auf denen Glasbläser bei der Arbeit dargestellt sind. Das Relief ist auf 1800 v. Chr. datiert. Die älteste Glashütte wurde in Ägypten gefunden und ist ungefähr auf 1350 v. Chr. datiert. Der Entwicklungsprozess des Blasformens bis zum heutigen Stand erfolgte also in annähernd 4000 Jahren und ist noch nicht abgeschlossen.

Zum Glasblasen wird eine Glasmacherpfeife verwendet, die aus einem 100 bis 150 cm langen Eisenrohr besteht. Die Pfeife ist an einem Ende mit einem Mundstück und in der Mitte mit einem isolierten Griff versehen. Mit dieser Pfeife entnimmt der Glasmacher einen Posten Glas aus der Schmelze und bläst ihn zu einem Hohlkörper auf. Durch geschicktes Wiedererhitzen und ständiges Blasen und Rotieren kann eine große Blase erzielt werden. Diese wird durch Schwingen der Blase am Ende der Pfeife zu einem Zylinder geformt [3]. Wesentlicher Entwicklungsschritt des Glasblasens war die Verwendung von so genannten „Modeln“ – Hohlformen aus Holz. Durch diese Formen ist es möglich, größere Stückzahlen von Glasgefäßen der gleichen Gestalt und durch Einsatz mehrteiliger Modeln auch kompliziertere Geometrien zu fertigen.

Die Entwicklung der ägyptischen Kunst des Glasblasens bis zu den heute industriell eingesetzten Blasformtechniken zur Herstellung von Kunststoffhohlkörpern erfolgte im Wesentlichen angetrieben durch:

- die Markterfordernisse ökonomischer, aber auch ökologischer Art;
- die Entwicklung und wirtschaftliche Verfügbarkeit geeigneter Rohstoffe, die den Besonderheiten dieser Verarbeitungstechnik gerecht wurden und darüber hinaus neue Anwendungsbereiche erst erschlossen (z. B. im Bereich der Kunststoff-Kraftstoff-Behälter);
- die Fortschritte in den allgemeinen Maschinenbautechnologien.

In einer US-Patentschrift vom 24. Juni 1851 mit dem Titel „Improvement in Making Gutta-Percha Hollow Ware“ (Verbesserung in der Herstellung von Hohlkörpern aus Guttapercha[1]) beschreibt S. T. Armstrong die Bildung eines rohrartigen Vorformlings, der durch Innendruck an eine Werkzeugwand geblasen wird [4]. Guttapercha ist ein Kautschukprodukt und wird aus dem Guttapercha-Baum gewonnen. Damit hatte die industriell genutzte Blasformtechnologie ihren Anfang genommen. Es folgten weitere Patente, die die Verarbeitung von Celluloid und Gummi zu vornehmlich technischen Artikeln und Spielzeug (Bild 1.10) beschreiben; so z. B. auch zu Weihnachtsbaumkugeln, indem zwischen zwei Celluloidfolien Dampf eingeblasen wird, sodass diese erweichen und sich beim Zufahren der Form an die Kontur anlegen; die Folienränder werden hierbei verschweißt. Der Verarbeitung der damals verfügbaren Materialien waren allerdings Grenzen gesetzt. Bevor weitere Entwicklungen auf dem Gebiet der Verfahrenstechnik möglich waren, mussten neue Materialien gefunden werden, die die hohen Anforderungen an die Verarbeitbarkeit erfüllten.

Im Jahr 1835 gelang dem Chemiker Henri Viktor Regnault (1810 bis 1878) erstmals die Polymerisation von Vinylchlorid. Aber erst 1929 wurde ein Produktionsverfahren zur Herstellung von Polyvinylchlorid (PVC) durch die Firma I. G. Farben, Ludwigshafen entwickelt. 1939 wurden in Deutschland ca. 2000 t PVC produziert und auch exportiert [6]. Nach dem Zweiten Weltkrieg hatte die USA mit einer Produktion von 250 000 t PVC im Jahr 1959 Deutschland überholt.

Die Geschichte der Polyolefine begann am 27. März 1933 in den Laboratorien der ICI, als R. O. Gibson bei einer mit Ethylen und Benzaldehyd durchgeführten Reaktion (170 °C, 1400 bar) auf der Innenwandung des Autoklaven einen weißen, wachsartigen Belag entdeckte, der sich als Polyethylen erwies. Nach vielen Fehlschlägen führte erst im Dezember 1935 ein Versuch – und zwar nur dank eines undicht gewordenen Autoklaven – zur Gewinnung von 8 g Polyethylen. Die entwichene Ethylenmenge wurde durch frisches Ethylen ersetzt, das zufällig die zur Auslösung der Polymerisation richtige Sauerstoffmenge enthielt. Am 3. September 1939 lief eine

1 Guttapercha (Guttapertja, von getah-pertcha = Milchsaft, schnellgerinnender Milchsaft von angeritzten Bäumen, z. B. Palaquium gutta oder Sapotacae): thermoplastische Eigenschaften im Temperaturbereich unter 100 °C, auch vulkanisierbar ähnlich Kautschuk, chemische Formel $(C_5H_8)n$ [4].

200 t/a-Anlage an. Dieser verlustarme Isolationswerkstoff spielte in der Radartechnik der Alliierten im Zweiten Weltkrieg eine entscheidende Rolle. Mit der Umstellung der amerikanischen Kriegsproduktion auf den zivilen Bedarf begann der einmalige Siegeszug des so genannten Hochdruckpolyethylens [7].

Bild 1.10 Babyrasseln aus Cellulosenitrat, ca. 1890 [5]

Wenige Jahre danach erzielte die inzwischen weltweit betriebene Polyolefinchemie neue bahnbrechende Erfolge. Der Phillips Petroleum Comp., der Standard Oil of Indiana und K. Ziegler vom Max Planck Institut für Kohleforschung in Essen-Mühlheim gelangen 1953 in kurzem zeitlichen Abstand die Niederdruckpolymerisation von Ethylen. G. Natta, Mailand, fand auf der Grundlage der Zieglerschen Arbeiten Wege, auch die höheren a-Olefine zu polymerisieren und durch die Wahl spezifisch wirkender Katalysatoren und entsprechender Prozessführung die sog. stereoregulierte Polymerisation von Propylen und Buten-1 durchzuführen. ICI ergänzte im Jahre 1967 das Sortiment durch das transparente Poly-4-methylpenten-1, das heute nur noch in Japan hergestellt wird.

Im Jahr 1977 berichtet die Union Carbide Corp. (UCC), dass es ihr gelungen sei, nach ihrem für PE-HD entwickelten Gasphasen-Verfahren auch ein lineares Niederdruckpolyethylen (PE-LLD) herstellen zu können. Damit gewann eine bereits seit Mitte der 1960er Jahre (DuPont Canada Sclair) und 1970 (Philips) bekannte, jedoch wenig beachtete neue PE-Produktfamilie weltweit das Interesse von Forschung und Entwicklung.

Die Weiterentwicklung des Blasformens erfolgte erst, nachdem in den dreißiger Jahren des 20. Jahrhunderts neue Materialien zur Verfügung standen. Die Glasindustrie der USA begann, Behälter und Verpackungen aus PVC zu fertigen. Die neuen Behälter waren weniger zerbrechlich als Glas, und die US-Glasindustrie schaffte es, dass sich bis nach dem Ende des Zweiten Weltkrieges keine externe Konkurrenz auf dem Markt etablieren konnte [6]. In den Jahren von 1938 bis 1945 wurde eine Vielzahl von Patenten zum Blasformen vornehmlich von der amerikanischen Glasindustrie angemeldet. Bemerkenswert ist das US-Patent Nr. 2,260,750 mit dem Titel „Method of a Machine for Making Hollow Articles from Plastic“ von William H. Kopitke (Plax

Corp.), 1938. Es beschreibt die Herstellung eines Vorformlings und das Blasformen in erster Wärme. Für das US Army Medical Corps wurden zum erstenmal in den Jahren 1939 bis 1946 in einer industriellen Serienfertigung Kunststoffflaschen von der Firma Owens Illinois Glascorporation produziert [6]. Heute können die damals eingesetzten Verfahren dem Spritzblasen zugeordnet werden.

Die Entwicklung der Blasformtechnologie erfolgte in Europa gegen Ende der 40er Jahre und damit etwas später als in den USA. Dort lag die Entwicklung hauptsächlich in der Hand der Glasindustrie. Folglich basierten viele der neuen Techniken für die Verarbeitung der Kunststoffe auf den Techniken zur Verarbeitung von Glas. Um die Monopolstellung nicht zu gefährden, bildete die US-Glasindustrie eine in sich geschlossene Gruppe von „Kunststoffbläsern". Somit verliefen die Entwicklungen in Europa völlig unabhängig von denen der USA. Es waren vornehmlich deutsche Ingenieure und Unternehmer, die sich als Pioniere der Blasformtechnik einen Namen machten. Hierzu zählten vor allem Protagonisten wie die Gebrüder Reinold und Norbert Hagen (Kautex Werke ab ca. 1948) (Bild 1.11), Stefan und Rainer Fischer (Fischer W. Müller ab ca. 1957), Gottfried und Horst Mehnert (Bekum ab ca. 1959), M. Rudolf (Rudolf) und Erhard Langecker (Battenfeld) [6].

Bild 1.11 Europas erste Blasformmaschine (Bild: Kautex Maschinenbau)

Die Kautex Werke, die heute in das Unternehmen Kautex Maschinenbau GmbH und in den Kunststoffverarbeiter Kautex Textron GmbH & Co. KG übergegangen sind, waren seit ihrer Gründung in Bonn ansässig. Um 1955 überquerten die ersten Blasformautomaten der Firma Kautex den Atlantik und brachten Bewegung in die Entwicklungen in den USA [4].

Nicht weit von Bonn, in Troisdorf, ist eine Niederlassung des Dynamit Nobel-Konzerns [8]. Bereits Alfred Nobel experimentierte mit Ersatzstoffen für Kautschuk, Guttapercha und Leder auf der Basis von Nitrozellulose. Dies waren erste Ansätze zur modernen Kunststoffchemie und Kunststoffverarbeitung, die für Dynamit Nobel von besonderer Bedeutung werden sollten. 1905 produzierte das Werk Troisdorf den ersten technisch verwertbaren Kunststoff: Der Sprengstoff-Rohstoff Nitrocellulose wurde zu Celluloid verarbeitet. 1923 kam die erste Spritzgießmasse der Welt auf den Markt. Die Herstellung von Kunststoff-Formteilen begann. 1930 nahm die „Rheinische Spritzguss-Werk GmbH“ (RSW) in Köln, auf die die jetzige Dynamit Nobel Kunststoff GmbH zurückgeht, die Produktion auf.

Durch die Entwicklungen bei Dynamit Nobel angeregt, konstruierten die Gebrüder Hagen die ersten Formteile aus Kunststoffplatten. Die Konstruktion war aus der Blechverarbeitung mit den Schritten Biegen und Schweißen abgeleitet. Um die Fertigung zu vereinfachen und wirtschaftlicher zu werden, entwickelten die Gebrüder Hagen 1949 die erste Extrusionsblasformmaschine, die es ermöglichte, Flaschen, Behälter und andere Hohlkörper aus Kunststoff herzustellen [9]. Merkmale der Maschine, wie z. B. die Anordnung des Blasdornes, sind noch heute in modernen Blasformmaschinen wiederzufinden. Ein Nachbau dieser Blasmaschine steht im Technikum der Dr. Reinold Hagen Stiftung, Bonn, die Dr. Reinold Hagen aus dem Erlös des Firmenverkaufs im Jahr 1988 gegründet hat. In den Folgejahren etablierten sich die blasgeformten Kunststoffverpackungen als bruchsicher und chemisch resistent. Durch Blasformen konnten wesentlich aufwändigere Geometrien erzeugt werden, als es in Metall bzw. Stahlblech möglich war [4]. Bis in die 60er Jahre wurde der größte Teil der Grundlagen, auf denen noch heute Markt und Technik für das Extrusionsblasformen aufbauen, erarbeitet [4]. Die in dieser Zeit entwickelten Verfahren und der aktuelle Stand der Technik werden im nächsten Kapitel zur Verfahrensbeschreibung des Extrusionsblasformens vorgestellt.

Einige Pioniere der Blasformtechnik sind:

- *1851:* US-Patent 8,180
  - Sammlung T. Armstrong, New York, N. Y.
  - Improvement in Making Gutta-Percha Hollow Ware
- *1881:* US-Patent Nr. 237,168
  - W. B. Carpenter
  - Process of, and Apparatus for, Molding Hollow Forms of Celluloid or Like Plastic Material (Bild 1.12)

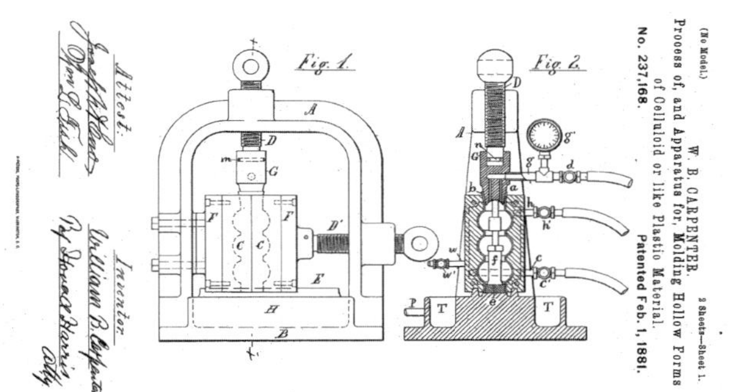

Bild 1.12 Auszug aus US Patent 237,168 (1881)

- *1913:* US-Patent 1,052,081
  - E. Miltener
  - Manufacture of Handles of Plastics Material
- *1936:* US-Patent 2,029,706
  - W.J. De Witt
  - Method and Apparatus for Hosiery Products
- *1940:* US-Patent Nr. 2,222,461
  - W.J. De Witt
  - Hosiery Form
- *1941:* US-Patent 2,260,750
  - W.H. Kopitke
  - Method of and Machine for Making Hollow Articles from Plastic
- *1942:* US Patent Nr. 2,288,454
  - J.R. Hobson
  - Method of Forming Hollow Articles of Plastic Material
- *1942:* US Patent Nr. 2,298,716
  - S.T. Moreland et. al.
  - Machine for Molding Thermoplastics

Eine (sicher unvollständige) Übersicht von deutschen Patent- und Gebrauchsmusterschriften gibt die folgende Liste:

- *1899:* Deutsches Patent Nr. 112 770
  - Rheinische Gummi- und Celluloid Fabrik, Neckarau-Mannhein
  - Verfahren zur Herstellung geblasener Hohlkörper aus Celluloidröhren
- *1959:* DE 971 333
  - Reinold und Norbert Hagen
  - Verfahren und Vorrichtung zur Herstellung von Flaschen und ähnlichen mit einer Einfüllöffnung versehenen Hohlkörpern aus thermoplastischem Kunststoff
- *1959:* DE 1 807 234
  - Gottfried Mehnert, Bekum, Gebrauchsmuster:
  - Vorrichtung zur Herstellung von Hohlkörpern aus thermoplastischem Kunststoff, wie Flaschen und anderen, mit einer Einfüllöffnung versehenen Behältern
- *1965:* DE1038750
  - Reinold Hagen
  - Blasverfahren zur Herstellung von Flaschen und ähnlichen Hohlkörpern aus organischen thermoplastischen Kunststoffen sowie Vorrichtung zu deren Durchführung

- *1961:* DE1109353
  - Norbert Hagen
  - Verfahren und Vorrichtung zur Herstellung von Flaschen und dgl. aus thermoplastischem Kunststoff
- *1965:* DE1187006
  - Gottfried Mehnert
  - Blasdüse zum Kalibrieren der aus Halsteil und Randlippe bestehenden von im Blasverfahren herzustellenden Hohlkörpern aus thermoplastischen Kunststoffen
- *1968:* DE1130151
  - Norbert Hagen
  - Verfahren beim Herstellen von Hohlkörpern, wie Flaschen aus thermoplastischem Kunststoff und Hohlform zur Durchführung desselben

1.4.1 Entwicklung der PET-Streckblastechnologie

Bei dem englischen Rohstoffhersteller ICI wurde im Jahre 1941 die gute Eignung des PET zum Herstellen und Verstrecken von Fasern für die Textilindustrie entdeckt und bis in die 50er Jahre weiterentwickelt. Seitdem ist der Verbrauch von PET als Rohstoff für die Textilindustrie bis heute auf über 29 Millionen Jahrestonnen gewachsen.

Von ca. 1960 an wurde die Verarbeitung von PET zu Folien und das biaxiale Verstrecken dieser Folien für die Verpackungsindustrie entwickelt. Dabei wurde festgestellt, dass die Eigenschaften der Folien durch sequentielles Verstrecken in der Längs- und anschließend der Querrichtung wesentlich verbessert werden konnten. So zeigten biaxial verstreckte Folien hervorragende mechanische Eigenschaften und eine sehr geringe Gas-Durchlässigkeit auf.

Gleichzeitig begann in den 60er Jahren der Hamburger Maschinenbauer Heidenreich & Harbeck (Vorgänger der heutigen SIG Corpoplast) mit der Entwicklung einer Hochleistungsblasmaschine zum Streckblasformen von Flaschen aus PVC für Bier.

Die Herstellung von Flaschen aus PET wurde dann in den frühen 70er Jahren bei Du Pont in den USA entwickelt und 1973 zum Patent angemeldet [11]. Wirtschaftliche Bedeutung erlangte es erst ca. 10 Jahre später in den 80er Jahren in der Getränkeindustrie. Bis zu dieser Zeit wurden kohlensäurehaltige Erfrischungsgetränke in Glasflaschen und Dosen abgefüllt und vertrieben. Beide Materialien eignen sich aufgrund ihres spezifischen Gewichtes und der Bruchgefahr beim Glas nicht für großvolumige Behälter mit einem Volumen von über einem Liter. Durch die Verwendung von PET als Rohstoff konnten erstmals Erfrischungsgetränke in Flaschen mit einem Volumen von 2,0 l vermarktet werden. Der Erfolg des PET bei großen Volumen hat dann zur Substitution anderer Verpackungsmaterialien geführt. So betrug beispielsweise das mittlere Volumen von PET-Flaschen 1990 noch mehr als 1,5 l und ist bis 2004 auf unter 0,8 l gesunken. Im gleichen Zeitraum ist der Verbrauch von PET zur Herstellung von Flaschen um den Faktor 30 gestiegen und beträgt heute mehr als 14 Millionen Tonnen pro Jahr.

In 2018 wurden über 40 % aller Erfrischungsgetränke und über 70 % des stillen und karbonisierten Wassers in PET abgefüllt. Mit den Saft- und Fruchtsaft-, den Sport- und Energie- sowie den Tee- und Kaffeegetränken füllt die Getränkeindustrie heute über 450 Milliarden Liter in PET ab. Der Anteil des PET am gesamten Verpackungsmix für die Abfüllung von Getränken lag damit in 2008 bei fast 50 % und wächst kontinuierlich [12]. Typische Liniengeschwindigkeiten in der abfüllenden Industrie betragen heute 300 bis 1000 Flaschen pro Minute.

Literatur zu Kapitel 1

[1] *Illig, A.:* Thermoformen in der Praxis, Hanser, 1997

[2] *Ast W.:* in: *Johannaber F.:* Kunststoffmaschinenführer, 4. Ausgabe, Hanser, 2004

[3] Internetzugriff am 5.7.2019, *http://www.mc-bailleux.ch/glasgeschichte.htm*

[4] *Holzmann R.:* Die Entwicklung der Blasformtechnik von ihren Anfängen bis heute, Kunststoffe 69(1979)10, S. 704 (urspr. Quelle dort nicht näher verzeichnet)

[5] *DuBois, J. H.:* Plastics History U.S.A., Cahners Pub. Co., Boston, 1972

[6] *Müller, A.:* Studien zur Prozesssimulation des Blasformens, unveröffentlichte Studienarbeit am Institut für Mechanik und Regelungstechnik der Universität-Gesamthochschule Siegen, 1998

[7] *Domininghaus, H.:* Kunststoffe: Eigenschaften und Anwendungen, 5. Auflage, Springer-Verlag Berlin, Heidelberg, New York, 1998

[8] Internetzugriff am 23.12.1998, *http://www.dynamit-nobel.com/deutsch/nbsp/index.html*

[9] Internetzugriff 28.12.1998, *http://www.labtops.de/catalogue/dt/28001dt.htm* (Link zum Stand 2019 nicht mehr verfügbar, aktuellere Quellen nicht bekannt.)

[10] *Gust, P.:* Prozess-Simulation des Extrusionsblasformens von Kunststoffhohlkörpern, Dissertation an der Universität Siegen, 2001

[11] *Wyeth, N.; Roseveare, R. N.:* Biaxially oriented Poly(ethylene Terephthalate) Bottle, U.S. Patent, 1973; V.-Nr.: 3 733 309

[12] Fa. Krones, persönliche Information 2019

2 Extrusionsblasformen

Blasformen ist eine ganze Familie von Kunststoffverarbeitungsverfahren, denen eines gemeinsam ist: Die eigentliche Formgebung findet durch Aufblasen eines plastisch deformierbaren Vorformlings gegen eine gekühlte Formwandung statt. Dabei erstarrt der thermoplastische Kunststoff und ein Hohlkörper kann der Form entnommen werden. Eines der Blasformverfahren mit der größten wirtschaftlichen Bedeutung ist das *Extrusionsblasformen.* Ein weiteres wichtiges Blasformverfahren, das gerade in den letzten Jahren stark an Bedeutung gewonnen hat, ist das Streckblasformen, das in Kapitel 3 beschrieben wird.

2.1 Prozessablauf beim Extrusionsblasformen

Die grundsätzlichen Verfahrensschritte des Extrusionsblasformens sind (Bild 2.1):

- Plastifizieren und Bereitstellen der thermoplastischen Schmelze in einem Extruder.
- Umlenken der Schmelze in eine senkrechte Fließbewegung nach unten und das Ausformen eines schlauchförmigen Schmelze-„Vorformlings". Die Erzeugung dieses Vorformlings geschieht im so genannten Schlauchkopf (auch Blaskopf oder nur kurz Kopf genannt).
- Eine in der Regel aus zwei Halbschalen bestehende Form (Blasformwerkzeug) wird um den frei unter dem Kopf hängenden Vorformling herum geschlossen und quetscht diesen an beiden Enden (oben und unten) ab.
- Einschießen eines Blasdorns oder einer (ggf. mehrerer) Blasnadel(n).
- Aufblasen des plastischen Vorformlings gegen die gekühlten Wände des Blasformwerkzeugs, wo der Kunststoff abkühlt, erhärtet und die endgültige Form des Formteils annimmt.
- Entlüften
- Öffnen der Form und Entformen des blasgeformten Teils.
- Entfernen der abgequetschten „Butzen"-Abfälle" an beiden Enden des Blasformteils (Entbutzen).

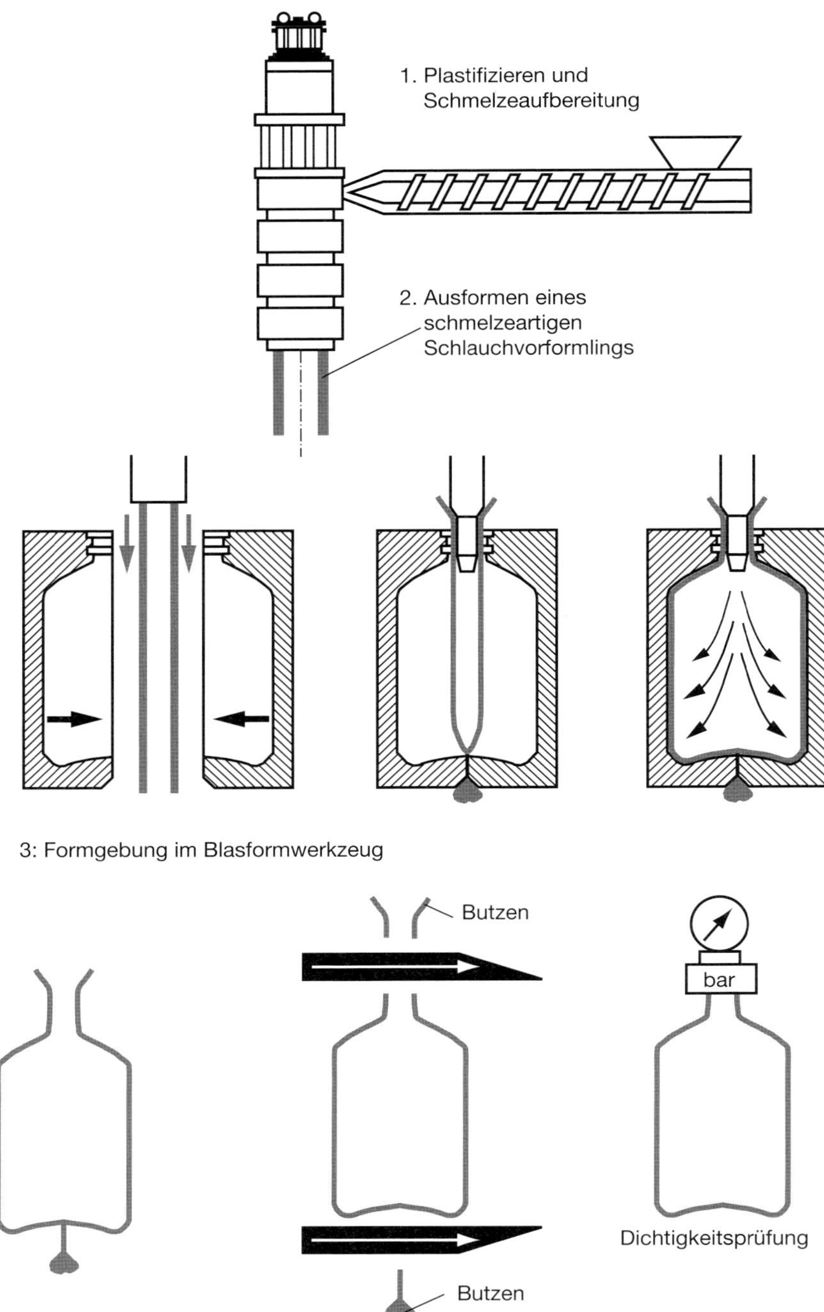

Bild 2.1 Grundsätzliche Verfahrensschritte beim Extrusionsblasformen

Nun können („inline“ oder „offline“) weitere Nachbearbeitungsschritte folgen. Solche Verfahrensschritte können beispielsweise das Nachkühlen zur Produktivitätserhöhung, das Wiegen der Blasformartikel, eine Dichtigkeitsprüfung, optische Kontrollen auf Butzenreste, Einschlüsse oder geometrische Eigenschaften (z. B. Ovalität von Hälsen) sein. Neben dem Beflammen zur Vorbereitung auf eine Bedruckung oder dem Rundhalsfräsen bei Coex-Verpackungen gehören auch Etikettiervorgänge zu den weiteren möglichen Schritten. Bei Verpackungsartikeln gehören das Abfüllen und Verschließen ebenso dazu wie weitere Verpackungsprozesse, z. B. das Einwickeln in Schrumpffolie oder die Palettierung. Technische Teile, wie beispielsweise Kunststoffkraftstofftanks, Kraftstoffeinfüllrohre, Luftführungskanäle o. ä., können z. B. durch Anschweißen weiterer Komponenten wie Nippel oder Befestigungslaschen komplettiert werden.

2.2 Rohstoffe

2.2.1 Kunststoffe

Kunststoffe sind hochmolekulare organische Verbindungen, die entweder durch Abwandeln hochmolekularer Naturstoffe oder durch die chemische Aneinanderlagerung niedermolekularer Grundbausteine, sog. Monomere, durch verschiedenartige chemische Reaktionen entstehen [1]. Daher werden die Kunststoffe in abgewandelte Naturstoffe und synthetische Kunststoffe eingeteilt. Die synthetischen Kunststoffe werden zusätzlich nach ihrem Herstellungsprozess in Polymerisate, Polykondensate und Polyaddukte eingeteilt. Diese Zuordnungen sagen wenig über die praktische Verwendung bzw. die Eigenschaften der Kunststoffe aus [1]. Daher werden Kunststoffe auch nach ihrem molekularen Ordnungszustand gegliedert. Es werden Thermoplaste, Elastomere und Duroplaste unterschieden.

Grundbausteine der Kunststoffe sind lange Kettenmoleküle. *Thermoplaste* bestehen aus linearen oder verzweigten, nicht vernetzten Molekülketten. Sie verbinden sich lediglich durch Verschlaufungen und Verhakungen. Solche Haftstellen können sich im Gegensatz zu festen Vernetzungen lösen und andernorts neu bilden [2]. Diese losen Bindungen erklären das für Thermoplaste typische Verhalten, in der Wärme gummi-elastisch-weich und bei höheren Temperaturen plastisch-teigig bis flüssig zu werden. Wird ein Thermoplast bei hohen Temperaturen belastet, verformt er sich. Wird die Temperatur bei bestehender Last reduziert, friert der Verformungszustand ein. Wird der Kunststoff ohne Belastung erneut erwärmt, nimmt er wieder weitgehend seine alte, unverformte Gestalt ein. Diese Reaktion kann als „Gedächtnis“, „Erinnerungsvermögen“ oder als „Memory-Effekt“ bezeichnet werden. Bei rein plastischer Verformung bei hohen Temperaturen nimmt dieser Effekt ab. Auch zeigen hochpolymere Kunststoffe bei mechanischen Beanspruchungen im Vergleich zu den meisten anderen Werkstoffen ein besonders stark ausgeprägtes visko-elastisches Verhalten [3].

Es wird zwischen idealer Elastizität nach Hooke

$$\sigma = E\,\varepsilon \tag{2.1}$$

mit σ Spannung und E Elastizitätsmodul

und idealer Viskosität nach Newton

$$\tau = \eta\dot{\gamma} \tag{2.2}$$

mit τ Schubspannung, η Viskosität und $\dot{\gamma}$ Schergeschwindigkeit

unterschieden. Polymerschmelzen sowie Kautschuke verhalten sich weder ideal elastisch noch ideal viskos. Für das mechanische Verhalten dieser hochviskosen Werkstoffe ist der allgemeine Begriff Viskoelastizität gebräuchlich. Nach Oswald-de-Waele wird dafür die Formulierung

$$\tau = \mathrm{k}\dot{\gamma}^{\mathrm{n}} \tag{2.3}$$

mit den Konstanten k und n; n = Fließindex

eingeführt (Bild 2.2)

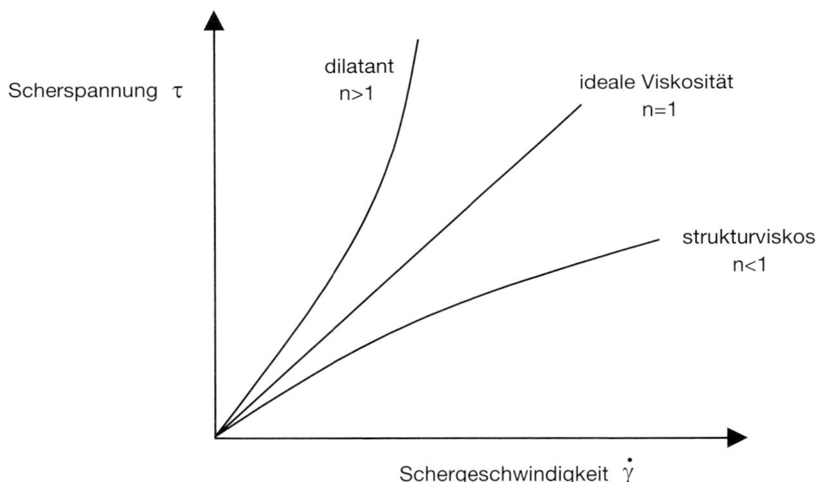

Bild 2.2 Unterscheidung zwischem dilatantem, ideal viskosem und strukturviskosem Material [4]

Ein Vorteil der Thermoplaste ist, dass das Material durch die Erwärmung und Verformung kaum geschädigt wird. Der Vorgang ist nahezu beliebig oft wiederholbar, vorausgesetzt, die Molekülketten werden nicht geteilt. Beim Blasformen besteht so die Möglichkeit, gemahlenes Butzenmaterial dem Prozess erneut zuzuführen. Da es beim Zermahlen des Butzenmaterials und beim Fördern im Extruder immer zur Zerstörung eines Teils der Molekülketten kommt, z. B. durch Scherung, ist die Zuführung von Butzenmaterial begrenzt.

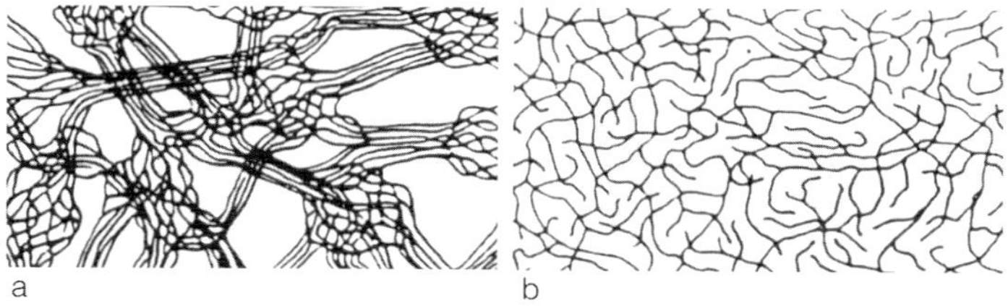

Bild 2.3 Ordnungszustand der Makromoleküle in Thermoplasten [1]
a: teilkristallin, *b:* amorph

Thermoplaste haben die Eigenschaft, sich bei regelmäßigem Kettenaufbau in dichtester Packung aneinander zu legen. Dieser regelmäßige Aufbau wird als Kristallisation bezeichnet. Aufgrund der sich stets einstellenden Molekülverschlaufungen kommt es jedoch nicht zu einer vollständigen Kristallisation, daher wird von teilkristallinen Thermoplasten (wie z. B. PE, PP und PA) gesprochen, Bild 2.3a. Ist der Aufbau der Makromoleküle ungleichmäßig, können die Moleküle diese dichteste Packung nicht einnehmen. Ihr Aufbau wird dann als amorph (gestaltlos) bezeichnet, Bild 2.3b. Diese Kunststoffe (wie z. B. PVC, PS, PMMA, PC) sind transparent. Besonders die technischen Thermoplaste, z. B. PA oder PC, neigen zur Feuchtigkeitsaufnahme. Daher müssen die Materialien entsprechend den Angaben des Materialherstellers für die Verarbeitung im Vakuum- oder Trockenlufttrockner vorkonditioniert werden.

Bei den *Elastomeren* sind im Gegensatz zu den Thermoplasten die Molekülketten lose und weitmaschig vernetzt, Bild 2.4a. Aufgrund dieser geringen Vernetzung und den zwischenmolekularen „Rückstellkräften" verhält sich diese Kunststoffgruppe bei Raumtemperatur Gummi-elastisch. Sie ist nicht schmelzbar, unlöslich, nicht quellbar und bei zu starker Erhitzung werden sie zerstört.

Stark vernetzte Kunststoffe werden als *Duroplaste* oder auch *Duromere* bezeichnet, Bild 2.4b. Mit zunehmender Vernetzung werden Duroplaste härter und spröder. Sie sind nicht schmelzbar, unlöslich und nicht quellbar.

Das Verhalten der Polymere wird stark von der Temperatur beeinflusst. Die wichtigsten Kenngrößen sind nach [5]:

- *Glaszustand:* Als Glaszustand wird der Temperaturbereich bezeichnet, der unterhalb der Glasübergangstemperatur liegt. Die Brownsche Molekülbewegung kommt zum Stillstand, das Material friert ein.
- *Glasübergangstemperatur T_g-bereich:* Bei Thermoplasten und Elastomeren kennzeichnet die Glasübergangstemperatur T_g bzw. der Glasübergangstemperatur-

bereich den Übergang vom weichen bzw. zäh- oder Gummi-elastischen Verhalten zum harten bzw. glasartigen Zustand bei Abkühlung.

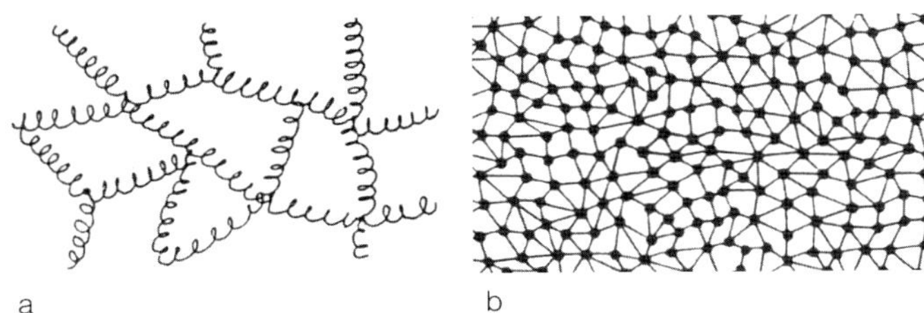

Bild 2.4 Ordnungszustand der Makromoleküle in räumlich vernetzten Polymeren [1]
a: weitmaschig vernetzt (Elastomer), *b:* engmaschig vernetzt (Duroplast)

- *Fließtemperatur T_F-bereich:* Die Fließtemperatur bzw. der Fließtemperaturbereich gibt eine untere Grenztemperatur an, bis zu der noch ein Urformen durch Spritzgießen oder Extrudieren möglich ist. Bei Temperaturen unterhalb der Fließtemperatur ist nur noch eine thermoplastische Verarbeitung (Umformen) durchführbar.
- *Kristallitschmelztemperatur T_s-bereich:* Die Kristallitschmelztemperatur bzw. der Kristallitschmelzpunktbereich stellt die obere Grenztemperatur des Anwendungsbereichs verstärkter, teilkristalliner Thermoplaste dar. Sie wird oftmals nur als Schmelztemperatur bezeichnet und kennzeichnet somit auch den Übergang von fest zu flüssig.
- *Zersetzungstemperatur T_z:* Die Zersetzungstemperatur gibt eine obere Grenze an, bis zu der kein bzw. ein nur unwesentlicher, durch chemische Reaktionen verursachter, molekularer Abbau eintritt. Oberhalb der Zersetzungstemperatur erfährt das Material eine irreversible Schädigung.

Die Verarbeitung im Extrusionsblasformen liegt während der Aufbereitung der Schmelze im Extruder zwischen der Zersetzung- und der Kristallitschmelztemperatur. Das Material kühlt bei Austritt aus dem Düsenkopf bis in den Bereich der Fließtemperatur ab, und bei Kontakt mit der gekühlten Werkzeugwand geht die Schmelze in den Glasübergangstemperaturbereich über und erstarrt.

Für Kunststoffe muss zur Angabe von Zug- und Schubmodul immer eine Zeit- und Temperaturabhängigkeit berücksichtigt werden. In Bild 2.5 ist die Temperaturabhängigkeit von Kunststoffen dargestellt. Im Vergleich von Thermoplast zu Elastomer ist der große thermo-elastische Bereich (I_a) als Anwendungsbereich für Thermoplaste zu erkennen. Dieser Bereich ist bei den Elastomeren kaum vorhanden ($T_g \approx T_s$). Eine Möglichkeit zur Charakterisierung des Verformungsverhaltens von Kunststoffen für den Extrudier- und Aufblasprozess ist die Angabe des Schmelzindexes (englisch MFI = Melt-Flow-Index) und der Molekulargewichtsverteilung.

a)

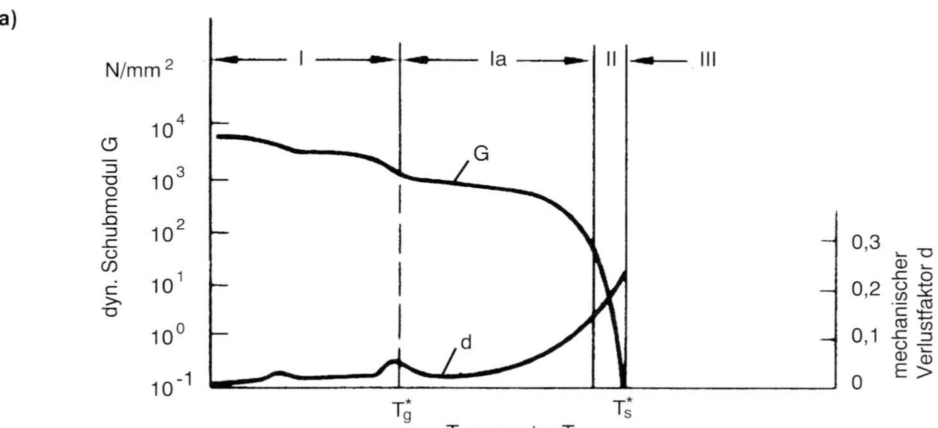

Bereich I: Glaszustand, amorphe Bereiche eingefroren, Kunststoff spröde,
T_g^* : Glasübergangstemperatur für die amorphen Anteile

Bereich Ia: Amorphe Anteile thermoelasisch, kristalline Anteile starr. Üblicher Anwendungsbereich,
T_s^* : Kristallitschmelztemperatur

Bereich II: Bereich der aufschmelzenden Kristallite, Kunststoff wird warmumformbar (enger Temperaturbereich)

Bereich III: Viskoses Fließverhalten, Bereich der Thermoelastizität, Urformen und Schweißen

b)

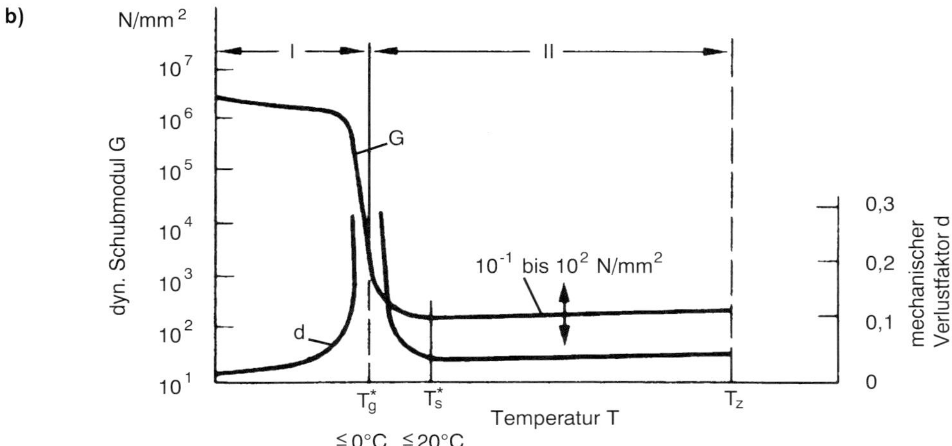

Bereich I : Eingefrorener Zustand, Werkstoff ist spröde, Temperatur < 20°C,
T_g^*, T_s^* : Glasübergangstemperatur bzw. Schmelztemperatur der Kristallite

Bereich II : Gummielastisches Verhalten (Entropieelastizität), Anwendungsbereich der (lose) vernetzten Werkstoffe,
T_z : Zersetzungstemperatur (angedeutet)

Bild 2.5 Temperaturabhängigkeit des dynamischen Schubmoduls G und des mechanischen Verlustfaktors d [1]
a: teilkristalline Thermoplaste wie z. B. PE, PP, PA, PET,
b: Elastomere wie z. B. Weichgummi und Weich-PUR

Der MFI-Wert nach DIN 53737 oder ASTM 1268-62T ist die internationale Bezeichnung für den Schmelzindex. Er gibt Aufschluss über die Viskosität, die Ausziehfähigkeit und die mechanischen Eigenschaften des Polymers. Für PE z.B. liegt der Schmelzindex zwischen 0,2 g/10 min und 4 g/10 min. Der Schmelzindex kann sich während der Verarbeitung z.B. durch Verschlaufen der Molekülketten ändern, daher wird er auch zur Bewertung von Verarbeitungsverfahren genutzt.

2.2.2 Kunststoffe für das Extrusionsblasformen

Grundsätzlich können laut [6] alle thermoplastischen Kunststoffe blasgeformt werden. Tatsächlich werden aber *nicht alle* Thermoplaste durch Extrusionsblasformen verarbeitet. Am stärksten vertreten sind heute die Polyolefine (PE-HD, PE-LD, PP). PVC und PC haben auch noch einen gewissen Anteil, der jedoch rückläufig ist [51]. Des Weiteren kommen Materialien wie PETG, EPET und technische Thermoplaste wie ABS, PC-Blends, PP+EPDM, PPS, TEEE, PBT und Polyamide mit und ohne Glasfaserverstärkung zum Einsatz.

Die Eigenschaften und Anwendungsbereiche von Kunststoffen für das Extrusionsblasformen werden in [7] beschrieben.

Um für den Blasformprozess geeignet zu sein, müssen die Rohstoffe einige Voraussetzungen erfüllen, die im Folgenden kurz erläutert werden.

Die erste Voraussetzung ist die *Dehnviskosität.* Wenn die Dehnviskosität zu gering ist, wird der schlauchförmige Vorformling nicht lange genug frei unter der Düse des Schlauchkopfes hängen können. Er wird unkontrolliert durchhängen (engl. „sagging"), und es ist nicht möglich, gute Teile mit einer definierten Wanddickenverteilung herzustellen. Ist die Dehnviskosität auf der anderen Seite zu hoch, so ist der Vorformling nicht aufblasbar. Er wird an der dünnsten Stelle aufreißen oder platzen, bevor er sich an die gekühlten Formwände anlegen kann.

Für spezielle technische Anwendungen werden Füll- und/oder Verstärkungsstoffe, wie beispielweise Glasfasern, Mica oder Talkum, eingesetzt, um die Eigenschaften der Materialien entsprechend zu modifizieren (siehe Abschnitt 2.6.11). Auf der einen Seite können diese Füllstoffe die Eigenschaften des Vorformlings zugunsten des Durchhängeverhaltens positiv beeinflussen. Auf der anderen Seite kann der Gehalt dieser Füllstoffe jedoch auch die Aufblasbarkeit des Kunststoffs verringern, so dass nur ein bestimmter maximaler Anteil an Füllstoffen eingesetzt werden kann. Die Viskosität des Polymers muss entsprechend den Füllstoffen sorgfältig ausgewählt werden [2].

Ein weiterer wichtiger Faktor ist das *Verarbeitungstemperaturfenster* der Rohstoffe. Polyolefine, wie Polyethylen und Polypropylen, haben ein vergleichsweise breites Verarbeitungstemperaturfenster (ca. 30 K[1]), wogegen beispielsweise Polyamide oder

1 1 K = Kelvin

Polycarbonate ein recht enges Verarbeitungsfenster haben (ca. 10, maximal 15 K). Je breiter dieses Temperaturfenster ist, umso mehr Zeit steht zur Verfügung, den Vorformling zu extrudieren und unter dem Kopf hängen zu lassen, bevor die Form geschlossen wird. Ist das Temperaturfenster zu schmal, wird der Vorformling insbesondere am unteren Ende stark abkühlen, und es wird schwierig bis unmöglich, ihn während des Aufblasvorgangs zu deformieren. Ein zu kaltes unteres Ende des Vorformlings führt außerdem zu einer schlechten Verschweißung in der Quetschnaht des Artikels.

Die am häufigsten zum Extrusionsblasformen verwendeten Thermoplaste sind die Polyolefine.

Geruchs- und geschmacksneutral sowie physiologisch unbedenklich stellt Polyethylen in Verbindung mit seinen guten Sperreigenschaften gegenüber Wasser ein ideales Material zur Herstellung von Verpackungsanwendungen wie Flaschen, Kanistern, industriellen Großverpackungen (Fässer, 1000 Liter IBC), technischen Bauteilen wie Kunststoffkraftstoffbehältern (KKB), Kraftstoffeinfüllrohren, Sitzen, Paneelen, Luftführungskanälen usw. dar (Bilder 1.1, 1.3 bis 1.6). Polyethylen wird in der Form von Polyethylen mit hoher Dichte (PE-HD) und Polyethylen mit niedriger Dichte (PE-LD) eingesetzt. Das wichtigste Anwendungsgebiet von PE-LD ist nach [1] in Westeuropa die Folienherstellung. PE-HD ist aufgrund seiner erhöhten Steifigkeit und Schmelzeviskosität sowie der hohen Spannungsriss- und Chemikalienbeständigkeit ein bevorzugter Werkstoff für alle Arten von Kanistern, Rohren, Tanks und Fässern. PE-HD hat einen Schmelztemperaturbereich von 180 °C bis 220 °C und PE-LD von 140 °C bis 170 °C.

Polypropylene werden zum Herstellen von Verpackungen für Lebensmittel, z. B. Flaschen für Säfte, Sirup, Soßen und für pharmazeutische und kosmetische Erzeugnisse verwendet. In besonderem Maß wird Polypropylen für technische Blasteile von Kraftfahrzeugen wie z. B. Kühlwasserbehälter und Luftführungskomponenten (Bild 1.7) eingesetzt. Ein weiterer Bereich für PP ist die Herstellung von 20 Liter bzw. fünf Gallonen Mehrweg-Wasserflaschen für Trinkwasserspender (Bild 1.2). Dies betrifft hauptsächlich Mittel- und Südamerika [52].

Derartige Wasserflaschen werden darüber hinaus auch wieder vermehrt aus Polycarbonat (PC) hergestellt [62]. Dieses kristallklare und schlagzähe Material wird ebenfalls z. B. für Displayboxen für Süßigkeiten für den Einzelhandel eingesetzt.

Polyamide (PA 6, PA 66) finden Einsatz bei technischen Teilen, wie Ansaugleitungen im Motorraum von Turbo-geladenen Fahrzeugen. Sie weisen eine vergleichsweise hohe Wärmeformbeständigkeit auf, werden aber auch bei hohen Verarbeitungstemperaturen verarbeitet.

Weitere Thermoplaste für technische Anwendungen wie Stoßfängerträger, Spoiler usw. sind modifiziertes Polyphenylenoxid (PPO), Acrylnitril-Butadien-Styrol-Copolymerisate (ABS) oder Blends unterschiedlicher Materialien, z. B. von Polybutylenterephthalat (PBT), ABS, PC und weiteren.

Die Bedeutung von Polyvinylchlorid (PVC) als Blasformmaterial geht sukzessive zurück. Insbesondere für Verpackungsanwendungen wird es nur noch in wenigen Ländern eingesetzt. In einigen technischen Anwendungsgebieten, beispielsweise in der Bauindustrie, hat PVC aufgrund seiner exzellenten Langzeitstabilität weiterhin einen erheblichen Stellenwert. Die Verarbeitung von PVC im Blasformverfahren ist recht komplex und erfordert spezielle Erfahrung, da bei nicht sachgerechter Verarbeitung Salzsäure freigesetzt werden kann. Eine spezielle Maschinenausrüstung im Bereich des Extruders und des Schlauchkopfes ist mit Blick auf die Korrosionsbeständigkeit daher erforderlich.

2.3 Maschinentechnik

2.3.1 Grundsätzlicher Aufbau einer Blasformmaschine

Eine Blasformmaschine kann in unterschiedliche Teilsysteme untergliedert werden (Bild 2.6):

1. Extruder mit Materialtrichter, Schnecke, (heute zumeist) Drehstromantrieb und Heizung für das Plastifizieren und die Aufbereitung der thermoplastischen Schmelze.
2. Schlauchkopf zum Umlenken der Schmelze in einer vertikalen Fließbewegung und Ausformen des schlauchförmigen Vorformlings.
3. Steuerung (Maschinensteuerung und Wanddickensteuerungssysteme)
4. Blasformwerkzeug
5. Maschinengestell mit Schließeinheit, in welche das Blasformwerkzeug montiert wird.
6. Versorgungseinheit mit Hydraulikaggregat, Kühlwasserversorgung für die Blasform, die Extrudereinfüllzone und das Hydraulikaggregat sowie die Versorgung mit Luft: Blasluft für Vor- und Aufblasen sowie Steuerungsluft für pneumatisch aktivierte Komponenten.

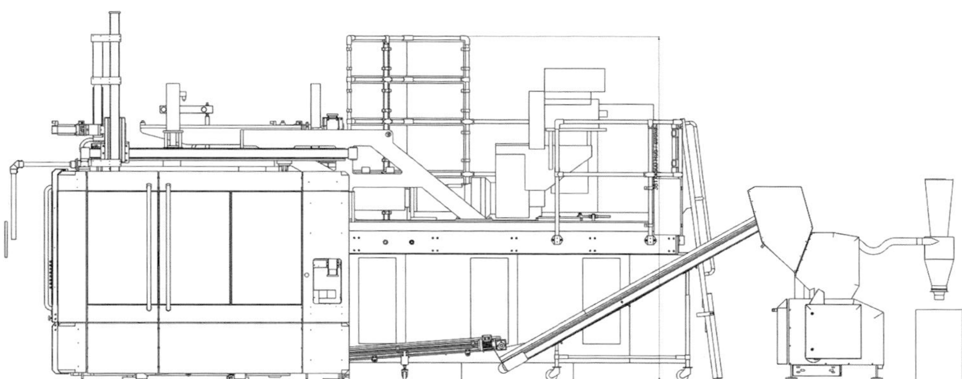

Bild 2.6 Grundsätzlicher Aufbau einer Extrusionsblasformmaschine (Bild: Kautex Maschinenbau)

2.3.2 Extruder und Schnecken

In Anlehnung an Wolfgang Löw [8]

Eine Blasformmaschine sollte im Hinblick auf die verschiedenen thermoplastischen Rohstoffe möglichst universell einsetzbar sein. Bezogen auf die am häufigsten eingesetzten Rohstoffe PE und PP ist dieser universelle Einsatz nicht mit allen Bauarten möglich; universell einsetzbar sind die Maschinen, die mit Nutbuchsen-Extrudern ausgerüstet sind [8]. Generell werden in der Extrusionsblasformtechnik heute nahezu ausschließlich Einschneckenextruder eingesetzt.

An einen Extruder werden zahlreiche Forderungen gestellt [9]:

- problemloses Einziehen, Fördern und Verdichten des Materials,
- Verarbeitung von Neuware und Mahlgut (Verarbeitungsbandbreite),
- hohe Durchsätze bei ausreichender thermischer und stofflicher Homogenität,
- Erreichen und Einhalten einer optimalen Schmelzetemperatur,
- möglichst geringe Veränderung der Materialeigenschaften durch Abbau,
- Abmischung verschiedener Komponenten und Additive,
- pulsationsfreier Betrieb,
- günstiges energetisches Betriebsverhalten,
- geringer Verschleiß an Schnecke und Zylinder.

Die verschiedenen quantitativen und qualitativen Zielgrößen können einander entgegenstehen. Daher sind Prioritäten zu definieren bzw. Kompromisse einzugehen. In Bezug auf Konstruktions-, Funktions- und Betriebsweise ist zu unterscheiden zwischen „konventionellen" Glattrohrextrudern und Nutbuchsenextrudern [9].

2.3.2.1 Glattrohrextruder

Die in anderen Ländern häufiger anzutreffenden Blasformmaschinen mit Glattrohr-Extrudern sind mehr oder minder auf die Verarbeitung von niedrig- bis mittelmolekularen Polyolefin-Typen beschränkt. Glattrohr-Extruder sind kostengünstiger als solche mit genuteter Einzugszone und zeigen geringeren Schneckenverschleiß. Die Energiebetriebskosten sind geringer, weil keine intensive Kühlung bzw. Temperierung der genuteten Einzugszone (s. u.) erforderlich ist. Glattrohr-Extruder (Länge 25 *D*, an Blasformmaschinen seltener bis 30 *D*) eignen sich durchaus für die universelle Verarbeitung von PE und PP bis zum Bereich von Rohstoffen mittleren Molekulargewichts, also niedriger bis mittlerer Schmelzeviskosität.

Sollen aber höherviskose, hochmolekulare PE- und PP-Typen verarbeitet werden, sinkt der Förderwirkungsgrad von Glattrohr-Extrudern für diese Rohstoffe meist ab; dies führt zu überhöhten Schmelzetemperaturen bei verringertem Durchsatz. Die hohen Temperaturen beeinträchtigen die Fertigungsqualität und machen die Produktion bestimmter Formteile oft unmöglich, da die Festigkeit der Schmelze stark reduziert ist. Dies hat eine unkontrollierbare Auslängung des Vorformlings zur Folge.

Glattrohr-Extruder sind also insbesondere für die Großserienfertigung von Kleinhohlkörpern aus nieder- und mittelmolekularen PP- und PE-Typen unter konstanten Extrusionsbedingungen geeignet. Antriebsseitig benötigt PP etwa die gleiche Energie wie PE, nämlich im Dauerbetrieb maximal 0,23 bis 0,25 kWh/kg. Beim Anfahren und bei Drehzahlsteigerungen können jedoch kurzzeitig Spitzenwerte auftreten, die etwa 25 bis 32 % darüber liegen. Diese Werte beziehen sich auf die aufgenommene elektrische Wirkleistung des Antriebsmotors; Getriebe- und Drucklagerverluste sind also einbezogen. Liegen die Werte höher als angegeben, ist die Schnecke nicht optimal und leitet zu viel Scherenergie in die Schmelze, die dadurch übertemperiert wird.

Für Schneckenlängen von 25 bis 30 *D* empfiehlt sich für PP und PE der Einsatz von Dekompressionsschnecken mit üblicherweise zwei Mischteilen. Scherteile sollten vermieden werden. Als Beispiel ist in Bild 2.7 die Geometrie für eine Schnecke mit $D = 60$ mm und einer effektiven Länge von 25 *D* angegeben. Die Mischteile bestehen aus Ringen, die am Umfang acht Lücken mit je ungefähr 8,6 mm Breite aufweisen und in die Austragszone integriert sind.

Die Maximaldrehzahl einer solchen Schnecke sollte etwa 82 bis 90 min^{-1} betragen. Je nach Material sollten etwa 80 bis 90 % der Maximaldrehzahl genutzt werden. Bei normalem Gegendruck (P_{max} ~ 260 bar) ist bei dieser Schnecke für PP zu erwarten, dass der Durchsatz (Q) pro Umdrehung (Q/n-Wert) für Drehzahlen $n > 50\ min^{-1}$ etwa 0,68 bis 0,75 kg pro Umdrehung pro Minute beträgt. Baut der Kopf höhere Gegendrücke auf, sinkt der Durchsatz dieses gegendruckempfindlichen Systems leicht um 10 bis 15 % bei gleichzeitiger Erhöhung der Schmelzetemperatur.

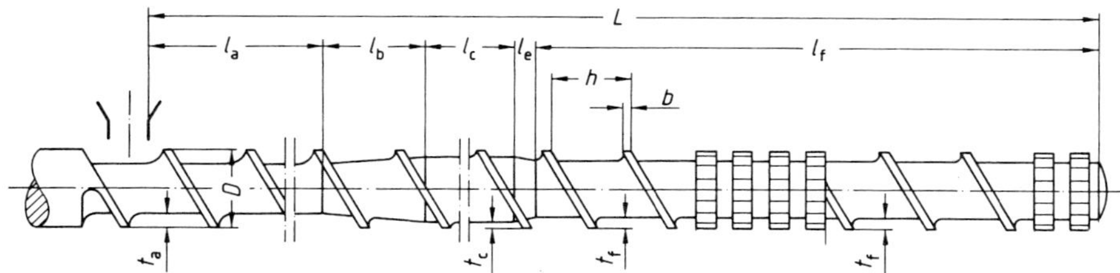

Bild 2.7 Geometrie einer Schnecke für Glattrohrextruder mit Dekompressions- und Mischteil [8]

Länge der Kompressionszone	$l_b = 1{,}25\ D$
Länge der Meteringzone	$l_c = 4\ D$
Gangtiefe in der Meteringzone	$t_c = 3{,}4$ mm
Länge der Dekompressionszone	$l_e = 0{,}25\ D$
Länge der Austragszone	$l_f = 7\ D$
Gangtiefe der Austragszone	$t_f = 5{,}7$ mm
Schneckendurchmesser	$D = 60$ mm
Schneckenlänge	$L = 25\ D$
Steigung	$h = 1\ D$
Stegbreite	$b = D/10$
Länge der Einzugszone	$l_a = 12{,}5\ D$
Gangtiefe in der Einzugszone	$t_a = 8{,}7$ mm

Die benötigte Antriebsleistung (N_w) lässt sich überschlägig bestimmen; man muss hier die kurzzeitig auftretenden Spitzenwerte von N_w/Q zugrunde legen und auf die Maximaldrehzahl beziehen. In diesem Fall würde sich für $n_{max} = 90\ \text{min}^{-1}$ eine Antriebsleistung von 22 bis 23 kW ergeben.

Das Temperaturprogramm längs des Zylinders sollte für PP ab der 2. Heizzone fallend sein. Als Beispiel sei für eine Fünf-Zonen-Heizung genannt:

- Zone 1: 180 °C
- Zone 2: 235 °C
- Zone 3: 230 °C
- Zone 4: 225 °C
- Zone 5: 220 °C

Die in USA häufig empfohlenen Barriereschnecken sollten für PP und PE möglichst nicht eingesetzt werden. Das Gleiche gilt für Scherteile.

2.3.2.2 Nutbuchsen-Extruder

Blasformanlagen mit Nutbuchsen-Extruder sind universelle Maschinen für alle Polyolefin-Typen; für hochmolekulare, hochviskose Rohstoffe ist das Nutbuchsensystem unabdingbar. Bei diesen Extrudern ist die Zylinderwand im Einzugsbereich mit auslaufenden Längsnuten versehen. Die Einzugszone muss bei der Verarbeitung von Polyolefinen intensiv gekühlt werden. Das Material wird von der Schnecke erfasst und infolge eines Verkeilens der Granulatkörner in den Nuten zu einer Art

Spindelmutter verdichtet, die in den Nuten am Mitdrehen gehindert und durch die rotierende Schnecke nach vorne geschoben wird. Dies führt zu einer Zwangsförderung. Durch die Kühlung und Wärmetrennung des Extruders wird verhindert, dass der Rohstoff bereits im Bereich der Nuten aufschmilzt, die Nuten verstopft und somit die Zwangsförderung zusammenbrechen lässt [10]. Durch die hier beschriebene Zwangsförderung zeichnen sich Extruder mit genuteter Einzugszone durch ein vom Gegendruck unabhängiges Durchsatzverhalten aus. Dies ist insbesondere wichtig, wenn man bedenkt, dass die Wanddickensteuerung mit variablen Düsenspalten arbeitet (siehe Abschnitt 2.3.5), was zwangsläufig zu Variationen im Gegendruck führt. Bei Speicher- bzw. Akkuköpfen (Abschnitt 2.3.4) kommt es während des Ausstoßens zu einer sehr starken Druckerhöhung.

Infolge des hohen Druckaufbaus im genuteten Einzug werden die nachfolgenden Zonen der Schnecke überfahren; der Förderwirkungsgrad liegt dadurch bis zu 65 % über dem des Glattrohrextruders. Dies bedeutet, dass für den gleichen Durchmesser beim Nutbuchsenextruder mit entsprechend niedrigerer Schneckendrehzahl der gleiche Durchsatz erreicht wird wie beim Glattrohrextruder. Entsprechend niedriger sind die Schergeschwindigkeiten; dadurch ist die durch den Antrieb in die Schmelze eingebrachte Energie auch bei hochviskosen Schmelzen (quadratische Abhängigkeit von der Schergeschwindigkeit) leicht zu beherrschen.

Außerdem wird die im Glattrohrextruder bei höhermolekularen Kunststoffen oft beobachtete Bildung eines mit der Schnecke rotierenden Schmelzerings im Umwandlungsbereich Feststoff-Schmelze zuverlässig vermieden. Solche Ringbildung führt sonst zu Pulsationen, weiterer Reduktion des Förderwirkungsgrads und zu Schmelzeüberhitzung. Die Schmelzetemperaturen müssen insbesondere bei hochviskosen PP-Schmelzen im Bereich von 215 bis 230 °C gehalten werden. Gerade größere, komplizierte PP-Formteile lassen sich oft nur bei sehr niedrigen Schmelzetemperaturen herstellen, da andernfalls die Schmelzefestigkeit zu stark abnimmt.

Sinnvoll ist es, für PP möglichst Zylinderlängen von 25 D einzusetzen; die älteren 20D-Systeme sind ebenfalls geeignet, haben jedoch geringere Durchsatzleistungen.

Die Anzahl der Nuten sollte im Bereich $D/10$ bis $D/20$ liegen. Eine größere Nutenzahl ergibt insbesondere bei weicheren Granulaten, z. B. PE-LD, höheren Druckaufbau und höhere Durchsatzwerte.

Für PP, dessen Erweichungspunkt fast 40 °C höher liegt als der von PE-HD, genügt die geringere Nutenzahl, eine größere schadet aber nicht. Außerdem genügt für PP wegen des relativ hohen Erweichungspunkts eine weniger intensive Buchsenkühlung. Technische Thermoplaste wie Polyamide benötigen aufgrund der höheren Schmelztemperaturen meist keine Kühlung in der Einzugszone. Es kommen heute jedoch Temperierungen zum Einsatz, mit denen die Einzugszone für diese Rohstoffe sogar beheizt werden kann. Die Breite der konisch auslaufenden Nuten beträgt bei kleinen Zylinderdurchmessern 8 bis 10 mm, bei größeren Durchmessern 12 mm.

Die Nuten laufen konisch aus, an der Vorderkante des Einfülltrichters ist die Nuttiefe 4 mm bei kleineren Maschinen, etwa 4,8 bis 5,5 mm bei größeren Maschinen. Im Bereich der Einfüllöffnung ist eine Tasche von 2 mm Radialtiefe üblich (Taschenauslaufwinkel etwa 6°). Die Einfüllöffnung sollte abgerundet rechteckig sein und eine Länge von etwa 1,5 *D* und eine Breite von etwa 1 *D* aufweisen.

Die Schnecken sind im Einzugsbereich relativ flach geschnitten, die kürzeren Systeme (20 *D*) haben vielfach über die ganze Länge konstante Gangtiefe bei einer Steigung von 0,8 bis 0,9 *D*. Schnecken größerer Länge haben teils größere Steigungen (0,85 bis 1 *D*), vielfach ist das letzte Drittel tiefer geschnitten.

Bei der Polyolefinverarbeitung sind die Systeme nahezu immer mit Scher- und Mischteilen bestückt; die Scherteile sind wegen des hohen Förderwirkungsgrads auch für hochviskose Schmelzen nötig. Solche Systeme lassen sich wesentlich leichter und in einem breiteren Bereich optimieren als die ebenfalls zum Einsatz kommenden Barriereschnecken. Dies gilt umso mehr, wenn man die Scher- und Mischteile austauschbar vorsieht.

Es ist empfehlenswert, bei größeren Zylinderlängen (L = 25 *D* und mehr) nach dem Einzug auf ggf. größere Steigungen (h = 1,2 bis 1,6 *D*) überzugehen.

Anzupassen ist in einigen Fällen für die Verarbeitung hochmolekularer PP-Typen der Scherspalt des Scherteils: Er ist – wenn Schmelzeüberhitzung beobachtet wird – durch Abschleifen oder Austauschen auswechselbarer Schneckenelemente zu vergrößern. Dies kann jedoch leider nicht absolut gesehen werden: Die Scherspaltweite ist abhängig von der Viskosität des eingesetzten Rohstoffes.

Somit ist das System als Ganzes zu betrachten; nicht nur Kühlintensität und Buchsen- sowie Schneckengeometrie im Einzug sind zu beachten, sondern auch die Rohstoffeigenschaften.

Bei hochwirksamen Einzugssystemen gilt, dass reines Granulat (wegen Geometrie und Schüttdichte) meist einen höheren Förderwirkungsgrad zeigt als Regenerat (Mahlgut). Somit kann bei technischen Teilen mit üblicherweise hohem Regeneratanteil der Durchsatz viel niedriger liegen als bei einfachen Formteilen, bei denen der Regeneratanteil nur etwa 30% beträgt. Bei niedrigem Regeneratanteil, d.h. höherem Förderwirkungsgrad, muss die Schmelze trotzdem noch homogen sein. Antriebsseitig sind die Nutbuchsen-Extruder aufwändiger als die Glattrohr-Maschinen: wegen des hohen Förderwirkungsgrads wird – wenn keine höhere Antriebsleistung gefordert ist – doch ein um 60 bis 100% höheres Drehmoment gefordert, was die Getriebe verteuert. Beim Anfahren können Drehmomentspitzen von mehr als 100% gegenüber den Glattrohrextrudern auftreten.

In Bild 2.8 ist beispielhaft die Geometrie einer für PE-HD und PP geeigneten Schnecke angegeben. Sie weist wie die Schnecke in Bild 2.7 eine effektive Länge von 25 *D* auf und besitzt einen Durchmesser von 60 mm. Sie ist im Einzugsbereich zweigängig und wird danach eingängig. Die Austragszone enthält nach etwa 1,5 *D* einen

Scherteil, dessen Scherspalt 0,7 bis 0,95 mm beträgt (Spaltlänge etwa 7 mm). Kurz vor dem Schneckenende befinden sich fünf Mischringe, deren Länge pro Ringabschnitt 0,4 *D* beträgt. Jeder Ring weist acht Lücken mit je 8 mm Breite auf. Um Reibung der Ringe am Zylinder zu vermeiden, sollte ihr Durchmesser etwa 0,3 bis 0,4 mm geringer sein als der Schneckendurchmesser. Das Temperaturprogramm sollte längs des Zylinders – wie im Glattrohr-Extruder – ebenfalls fallend sein und mit der Maximaltemperatur in der ersten Heizzone beginnen. Eine Materialvorwärmung reduziert im Nutbuchsen-Extruder den Durchsatz; dagegen steigt im Glattrohrextruder der Durchsatz durch Rohrstoffvorwärmung.

Neben den hier dargestellten Schnecken für die Polyolefinverarbeitung kommen für unterschiedliche Rohstoffe speziell entwickelte Schnecken zum Einsatz (Bild 2.9). Für die Verarbeitung von 6-Schicht-Coextrusionsregenerat (vgl. Abschnitt 2.6.1.1) wurden zum Beispiel spezielle Regenerat-Schnecken entwickelt.

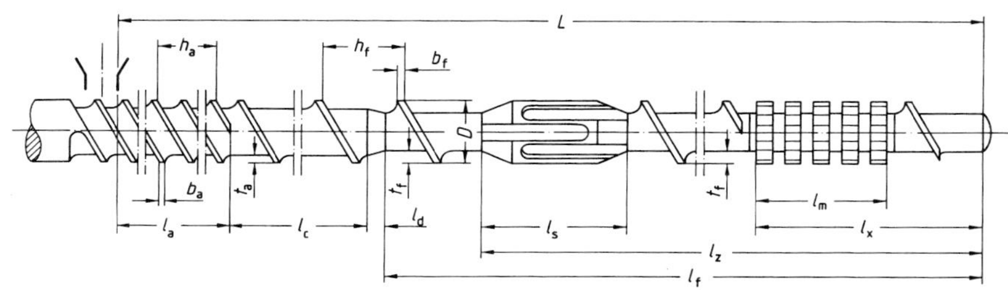

Bild 2.8 Geometrie einer Schnecke für einen Nutbuchsen-Extruder mit Dekompressions-, Scher- und Mischteil [8]

Schneckendurchmesser D = 60 mm
Schneckenlänge L = 25 D

Einzugszone
Länge l_a = 6 D
Gangtiefe t_a = 4,9 mm
Steigung h_a = 0,9 D
Stegbreite b_a = 0,6 b_f

Umwandlungszone
Länge l_c = 10,25 D
Gangtiefe $t = t_a$ = 4 D
Steigung h_f = 1,25 D
Stegbreite b_f = 0,1 D

Dekompressionszone
Länge l_d = 0,25 D

Austragszone
Länge l_f = 8,5 D
Gangtiefe t_f = 6,5 mm
Steigung h_f = 1,25 D
Stegbreite b_f = 0,1 D
Länge des Scherteils l_s = 2,25 D
Restl. Schneckenlänge mit Scherteil l_z = 7 D
Länge des Mischteils l_m = 2 D
Restl. Schneckenlänge mit Mischteil l_x = 3,5 D

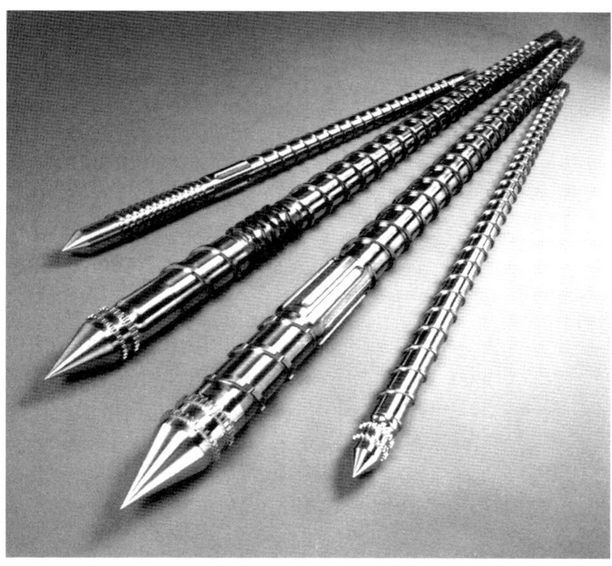

Bild 2.9 Schnecken für das Extrusionsblasformen (Bild: Kautex Maschinenbau)

Eine jüngere Entwicklung, die auch Einzug in die Extrusionsblasformtechnik gehalten hat, ist die Barrierestegschnecke [53]. Zu den Vorteilen gehören eine schonendere Aufbereitung durch die Trennung von Festkörper und Schmelze und ein geringerer Energiebedarf bei gleichzeitig höherer Aufschmelzleistung und besserer Homogenisierung der Schmelze [54].

Die exakten Schneckengeometrien sind vertrauliche Informationen der einzelnen Maschinenhersteller, weil dies ebenso wie die Fließkanalgeometrien in den Schlauchköpfen zum Kern-Know-how dieser Firmen gehört.

2.3.2.3 Gravimetrische Durchsatzregelung

Bei vollautomatischen Blasformmaschinen ist es besonders wichtig, eine konstante Plastifizierung und damit einen konstanten Extruderdurchsatz und Maschinenausstoß zu garantieren. Auf Maschinen mit nur einem Extruder und kontinuierlichem Austritt des Vorformlings wird die Zeitspanne zwischen Abschneiden eines Vorformlings und Erreichen einer definierten Vorformlingslänge in den meisten Fällen mit Lichtschranken ermittelt. Diese recht einfache Steuerung reicht für die meisten Einschicht-Anwendungen (Monolayer) aus. Die 6-Schicht-Coextrusionstechnologie mit sehr dünnen Schichten aus Barrierematerial und Haftvermittler wird in Abschnitt 2.6.1.1 beschrieben. Eine wichtige Voraussetzung für die Qualität der so produzierten Kunststoffkraftstoffbehälter ist die Erzeugung einer gleichmäßigen und ununterbrochenen Barriereschicht. Dies führt zu hohen Anforderungen an die Rundumverteilung dieser Schichten im gesamten Vorformling. Auf der einen Seite darf die vom Barriereextruder gelieferte Schmelzemenge nicht unter einen bestimmten Grenzwert fallen. Auf der anderen Seite ist es wichtig, den Verbrauch des teueren Barrierematerials zu minimieren.

Diese Anforderungen können von den einfachen Systemen der Durchsatzsteuerung, z. B. Vorformlings-Längensteuerungen wie oben erwähnt, nicht erfüllt werden. Aus diesem Grund sind moderne Blasformmaschinen z. B. mit Sechs-Schicht-Coextrusionstechnologie für Kunststoffkraftstoffsysteme (Tanks, aber auch Einfüllrohre) mit standardisierten gravimetrischen Durchsatzregelungssystemen (Bild 2.10) ausgerüstet.

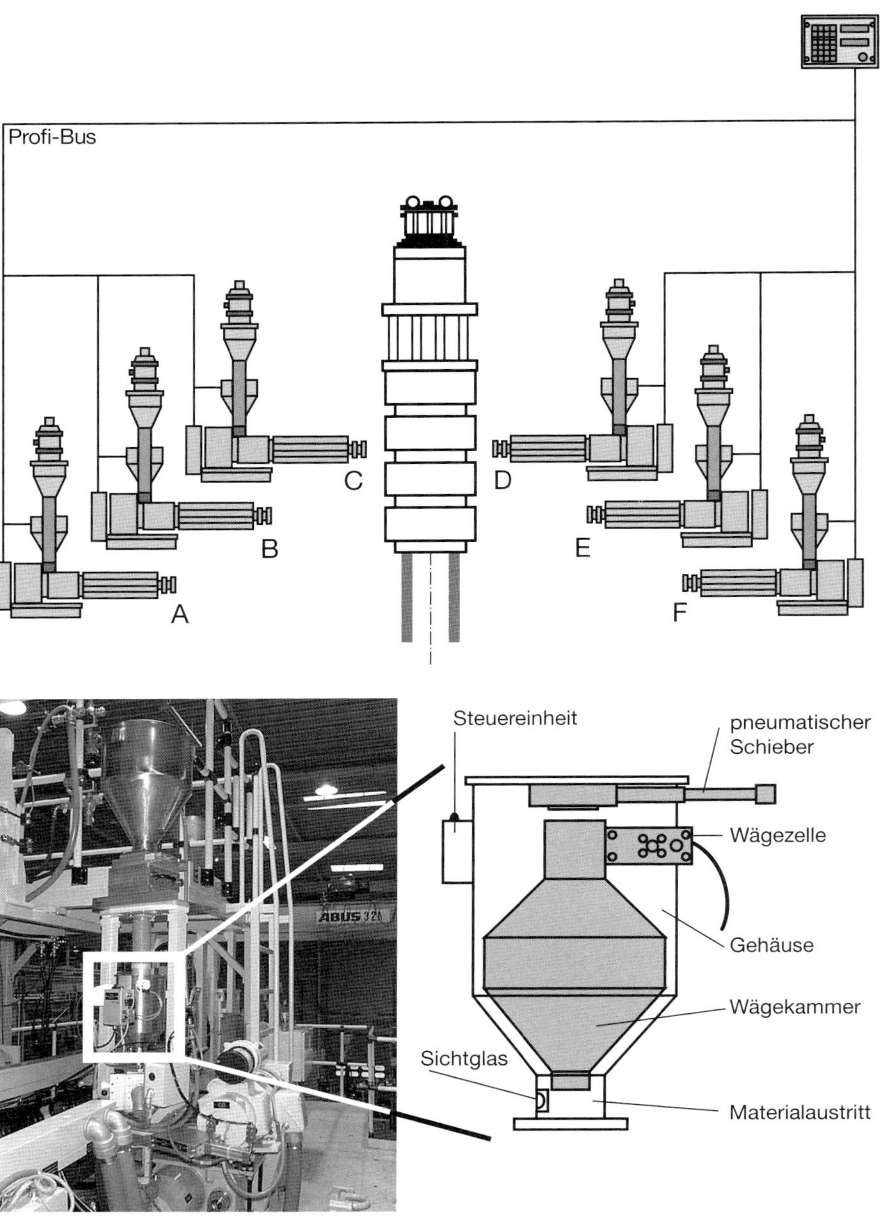

Bild 2.10 Gravimetrische Durchsatzregelung [11]

Die vom Maschinenbediener vorgegebenen Soll-Werte sind zum Beispiel:

- eine prozentuale Verteilung der sechs Schichten in der Artikelwand,
- das Bruttogewicht des Vorformlings,
- der Maschinenzyklus.

Aus diesen vorgegebenen Werten berechnet die Steuerung die Durchsatzwerte für jeden einzelnen Extruder. Die Soll-Werte werden dann mit den entsprechenden Ist-Werten, die von individuellen Wägezellen zwischen dem Trichter und der Einzugszone eines jeden Extruders ermittelt werden, verglichen. Jede Abweichung zwischen Soll- und Ist-Wert wird von einer separaten Steuereinheit in entsprechende Drehzahlkorrekturen für jeden einzelnen Extruder umgewandelt.

2.3.3 Schlauchköpfe

Wie beschrieben, ist die Hauptaufgabe von Schlauchköpfen (Blasköpfen oder auch nur kurz Köpfen), den kompakten Schmelzestrom, wie er vom Extruder angeliefert wird, in eine vertikale Fließbewegung nach unten umzulenken und einen Schmelzeschlauch mit gleichmäßiger Rundumverteilung der Wanddicke auszuformen. Diese Köpfe können auf verschiedene Weisen unterschieden werden.

Auf der einen Seite können Köpfe nach der Art und Weise unterschieden werden, wie aus einem kompakten Schmelzestrom ein Schlauch ausgeformt wird, analog zu den Extrusionswerkzeugen in der Rohrextrusion. Schlauchköpfe werden auch danach unterschieden, wie der Schmelzeschlauch ausgestoßen wird (Abschnitt 2.3.4).

2.3.3.1 Stegdornhalterköpfe

Eine Möglichkeit, einen Schlauch zu formen, ist im Stegdornhalterkopf (zentral angeströmter oder angespritzter Kopf) realisiert. Bei Stegdornhalterköpfen wird ein innerer formgebender Teil, der so genannte „Strainer“ oder „Torpedo“, von kleinen Stegen in Position gehalten (Bild 2.11). Da jedoch jeder diese Stege einen Fließwiderstand und eine Trennstelle darstellt, der zu schwächenden Zusammenflussnähten stromabwärts führt (Bild 2.11 A), werden oft Stegdornhalterköpfe mit versetzt angeordneten Stegen eingesetzt (Bild 2.11 B). So gehen die versetzten Zusammenflussnähte nicht durch die gesamte Wanddicke des Vorformlings hindurch.

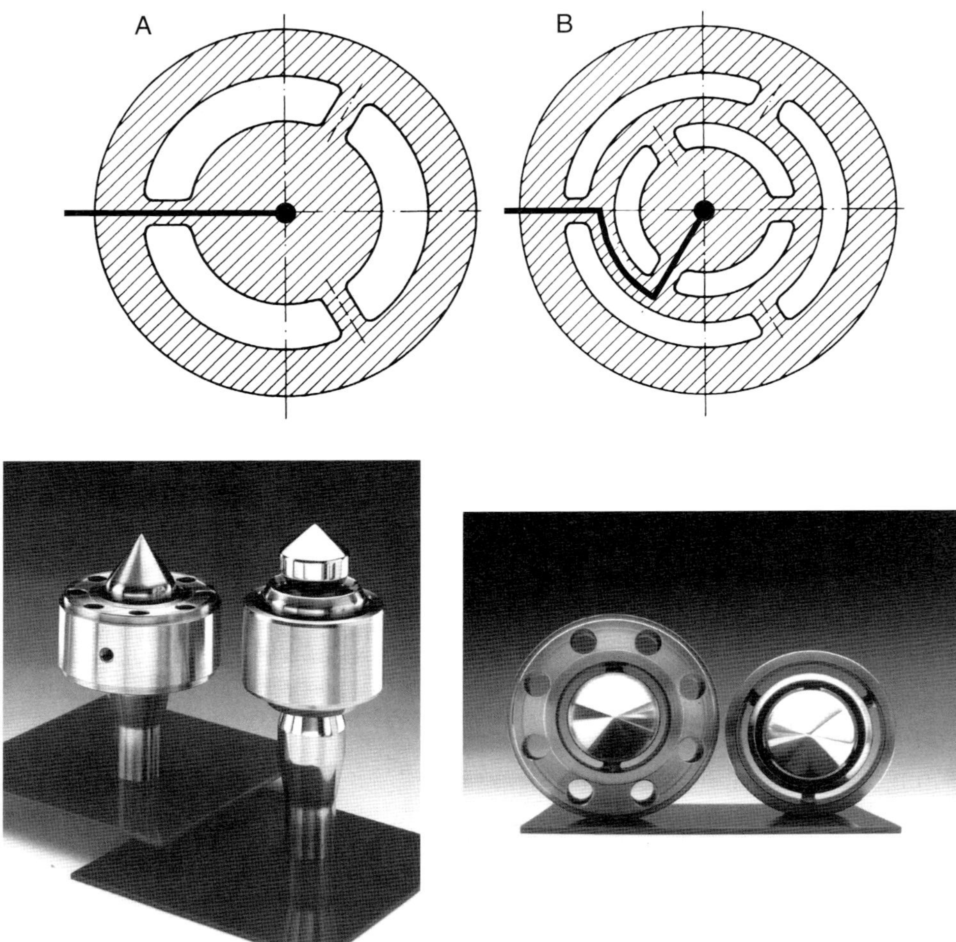

Bild 2.11 Stegdornhalterkopf [12]; die schwarze Linie in den Schnitten A und B zeigt den Verlauf einer Stützluftzuführung.

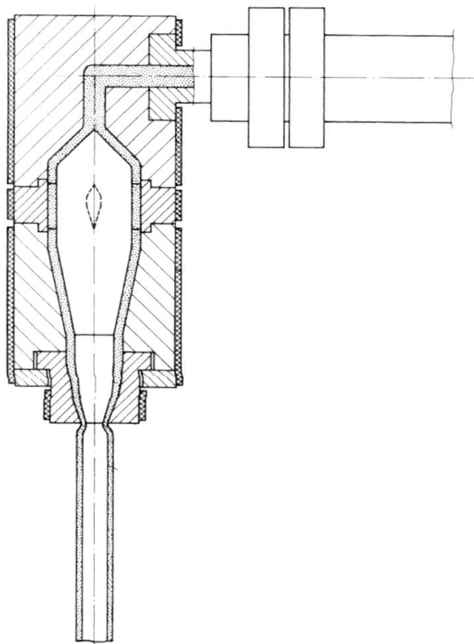

Bild 2.11 Stegdornhalterkopf [12]; die schwarze Linie in den Schnitten A und B zeigt den Verlauf einer Stützluftzuführung. *(Fortsetzung)*

Vorteile von Stegdornhalterköpfen

- Aufgrund der zentralen Anströmung symmetrische Wanddickenverteilungen über dem Umfang des Schmelzeschlauches.
- Von Material und Betriebspunkt weitgehend unabhängiges Verteilverhalten, das bedeutet, dass unterschiedliche Materialien mit (in Grenzen) unterschiedlicher Viskosität und somit unterschiedlichem Fließverhalten verarbeitet werden können. Ebenso haben unterschiedliche Temperatur-, Druck- oder Durchsatzeinstellungen keinen großen Einfluss auf die Rundumverteilung der Schmelze im Vorformling.
- Geringer Fließwiderstand.
- Schneller Farbwechsel.
- Geringer Druckverlust.

Nachteile von Stegdornhalterköpfen

- Schweißnähte in der Wand und Stegmarkierungen an den Oberflächen.
- Vergleichsweise hohe Herstellkosten.
- Recht komplexe Wanddickensteuerung.
- Bohrungen für Stützluft, die ein Kollabieren des Vorformlings verhindern soll bzw. die zum Vorblasen und dadurch Vordehnen des Vorformlings eingesetzt wird, müssen durch die Stege hindurch ausgeführt werden (siehe Bild 2.11).

- Mehrschichtköpfe sind als reine Stegdornhalter-Lösung nicht realisierbar. Hier sind Kombinationslösungen mit Pinolen oder Wendelverteilern erforderlich.
- Aus Festigkeitsgründen ist der maximal mögliche Durchmesser von Stegdornhalterköpfen begrenzt, da die schlanken Stege keine schweren Torpedos halten können.

2.3.3.2 Pinolenköpfe

Bei Pinolenköpfen (Herzkurvenköpfen) ist der innere formgebende Teil, die Pinole, massiv in die Grundstruktur des Kopfes integriert. Diese Köpfe heißen auch „seitlich angeströmte oder angespritzte Köpfe" (Bild 2.12). Der Schmelzestrang tritt seitlich in einen meist herzkurvenförmig gefrästen Verteilerkanal ein und umfließt in zwei Ästen zu je 180° Umfang[2] die Pinole. Ein Teil der Schmelze fließt dabei gleichzeitig über einen schmalen Spalt, das Drosselfeld. Grundsätzlich kann ein Pinolenkopf mit einem zu einem Kreis gebogenen Kleiderbügel-(Breitschlitz-)Werkzeug verglichen werden, wie es in der Tafelextrusion zum Einsatz kommt.

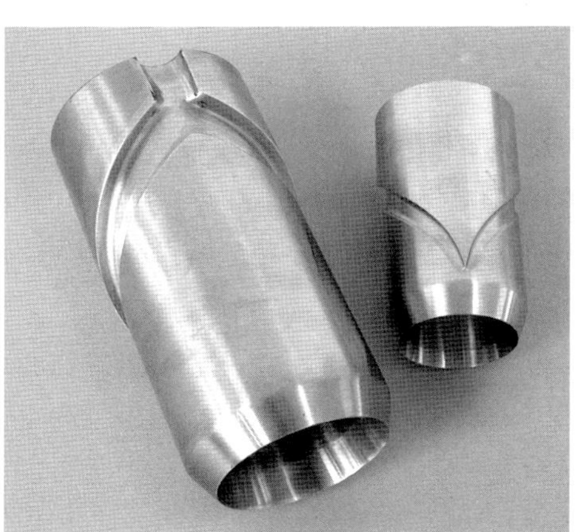

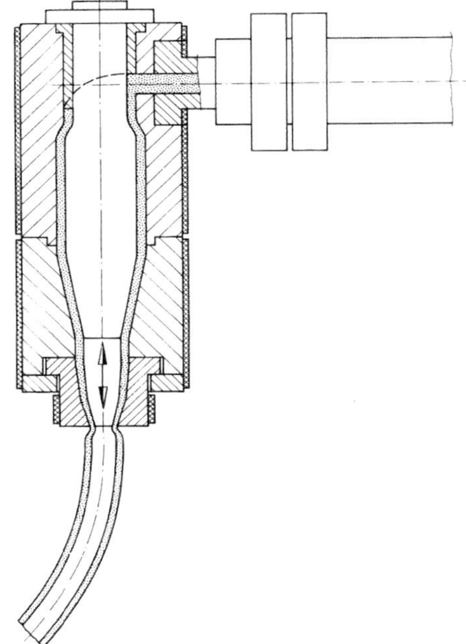

Bild 2.12 Pinolen-(Herzkurven-)Kopf [12]

Pinolenköpfe haben nur eine Zusammenflussnaht. Auch wenn diese durchgehende Bindenaht im Fertigteil nicht unbedingt sichtbar ist, wirkt sie doch als Schwachstelle und kann unter Belastung (Innendruck, Stauchdruck) zum Versagen des Arti-

2 Bei größeren Köpfen kommen auch Verteiler mit z. B. vier Ästen und Fließkanälen zu je 90° zum Einsatz.

kels führen. Daher vermeidet man diese Schwachstelle durch den Einsatz zweier ineinander gesetzter Pinolen mit überlappenden Schmelzeströmen. Die Einspeise- und Zusammenflussstellen liegen dann jeweils um 180° versetzt gegenüber. Nach der Zusammenführung der beiden so entstandenen Schmelzeströme entsteht ein Vorformling ohne durchgehende Schwachstelle. Pinolenköpfe zeigen ein von Material und Betriebspunkt abhängigeres Verhalten. Dies bedeutet, dass unterschiedliche Materialien mit unterschiedlichem Fließverhalten zu einer ungleichmäßigen Verteilung der Wanddicke führen. Die um 180° versetzten überlappenden Herzkurven kompensieren diesen Effekt, sodass der Vorformling eine gleichmäßige Rundumverteilung der Wanddicke aufweist (Bild 2.13).

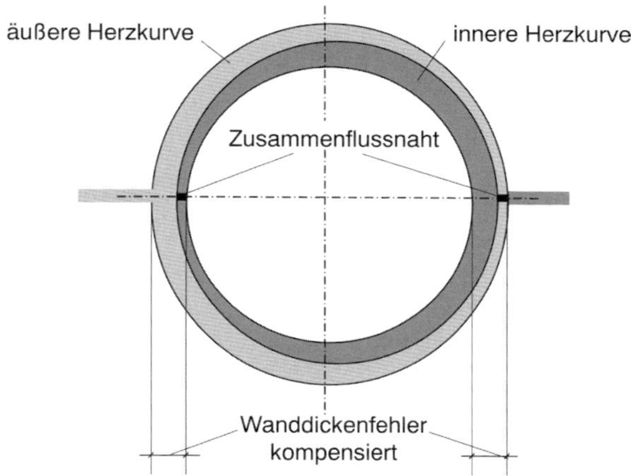

Bild 2.13 Überlappende Herzkurve, Wanddickenkompensation

Vorteile von Pinolenköpfen

- Niedrige Herstellungskosten.
- Hohe Genauigkeit der Ringspaltweite.
- Mehrschichtköpfe sind möglich.
- Preiswerter Aufbau der axialen Wanddickensteuerung (Dornverschiebung) durch Zugstange innerhalb der Pinole.
- Stützluftzufuhr mit Durchgangsbohrung in der Pinole einfach realisierbar.

Nachteile von Pinolenköpfen

- Aufwändige Optimierung, insbesondere bei großen Kopfdurchmessern.
- Von Material- und Betriebspunkt abhängiges Verteilverhalten.
- Optische und mechanische Schwachstelle im Zusammenflussbereich bei Einfachpinole ohne Sonderkonstruktionen.
- Längere Farbwechselzeiten insbesondere bei Doppelpinolen.

2.3.3.2.1 Wendelverteilerköpfe

Die dritte Variante von Schlauchköpfen sind die Wendelverteilerköpfe (Bild 2.14), wie sie auch in der Rohrextrusion und in der Schlauchfolienextrusion zum Einsatz kommen. Hier wird in einem Vorverteiler der vom Extruder kommende Schmelzestrom in mehrere Teilstränge aufgeteilt. Diese Teilströme werden in Verteilerkanäle eingespeist, die in der Art eines mehrgängigen Gewindes in den inneren formgebenden Teil (Dorn) eingearbeitet sind. Die Tiefe dieser Kanäle nimmt in Fließrichtung ab, während sich der Spalt zwischen Dorn und dem umgebenden Gehäuse vergrößert. Die Kanal- und die Spaltgeometrien sind so aufeinander abgestimmt, dass sich in Strömungsrichtung die einzelnen Teilströme so überlagern, dass am Ende ein gleichförmiger Volumenstrom entsteht und dadurch eine gleichmäßige Wand- und Schichtdickenverteilung (Bild 2.15). Wendelverteilerköpfe haben keine durchgehenden Zusammenflussnähte.

Bild 2.14 Wendelverteilersatz für einen Sieben-Schicht-Schlauchkopf (Bild: Eta Kunststofftechnologie)

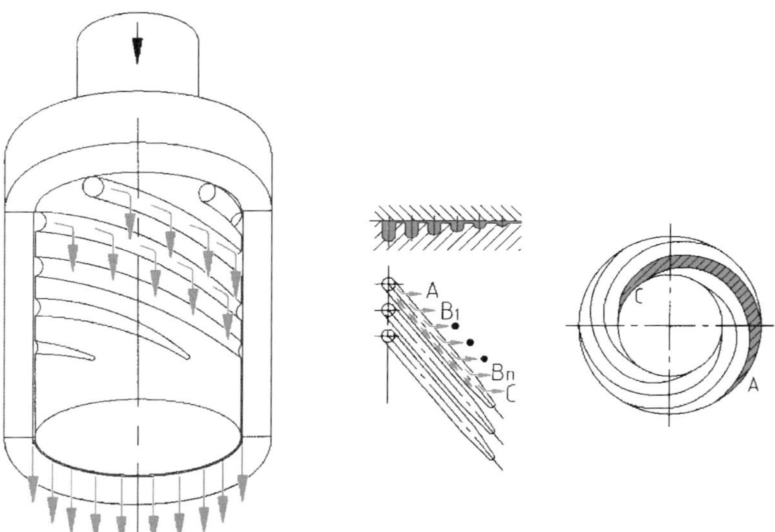

Bild 2.15 Arbeitsprinzip eines Wendelverteilerkopfes (Bild: Eta Kunststofftechnologie)

Vorteile von Wendelverteilerköpfen

- Symmetrische Einspeisung der Teilströme in Wendelnuten, dadurch gleichmäßige Verteilung der Schmelze und damit der Wanddicke des Vorformlings.
- Keine Zusammenflussstellen.
- Unempfindlich gegenüber Betriebspunktänderungen.
- Verwendbar für ein breites Materialspektrum.
- Kompakte Bauform und geringes Gewicht.
- Kostengünstige Lösungen bei Coextrusionsköpfen für Mehrschichtprodukte möglich.
- Preiswerter Aufbau der axialen Wanddickensteuerung (Dornverschiebung) durch Zugstange innerhalb des Kopfes.
- Stützluftzufuhr mit Durchgangsbohrung einfach zu realisieren.

Nachteile von Wendelverteilerköpfen

- Hohe Fertigungskosten (z. B. aufwändigerer Verteiler).
- Der Schmelzeschlauch erfährt einen gewissen Drall, der sich bei Profilierung des Schlauches (siehe Abschnitt 2.3.5) und bei Verwendung einer Sichtstreifeneinrichtung (siehe Abschnitt 2.6.7) negativ bemerkbar machen kann.

Vor- und Nachteile der unterschiedlichen Kopftypen sind Gegenstand intensiver Diskussionen unter den Maschinenherstellern und werden häufig als Marketing-Argumente verwendet.

2.3.4 Kontinuierliche/diskontinuierliche Extrusion

Die zweite Möglichkeit, Schlauchköpfe zu unterscheiden, ist nach der Art und Weise, wie der Schmelzeschlauch ausgestoßen wird. Aus kontinuierlichen Köpfen tritt ununterbrochen thermoplastische Schmelze aus. Die Austrittsgeschwindigkeit des Schmelzeschlauches hängt von der Extruderdrehzahl ab. Bei diskontinuierlichen Köpfen (Akku- oder Speicherköpfen) wird die Schmelze in einen meist ringförmigen Speicherraum gefördert. Wenn das Füllvolumen in der Speicherkammer einen vordefinierten Wert erreicht hat und wenn das zuvor geblasene Teil abgekühlt und entformt ist, wird die gespeicherte Schmelze mit vergleichsweise hoher Geschwindigkeit auf einmal ausgestoßen (Bild 2.16). Abhängig von der Art und Weise, wie die Speicherkammer gefüllt und geleert wird, kann zwischen „First-In – First-Out" („FIFO®[3]", modernere Version) oder „First-In – Last-Out" unterschieden werden. Nach dem vollständigen Ausstoßen des Vorformlings schließt sich die Blasform, der Vorformling wird aufgeblasen und gekühlt, während der kontinuierlich weiterlaufende Extruder die Speicherkammer des Akkukopfes erneut füllt. Die Extruder-

3 FIFO ist eine Marke der Kautex Maschinenbau GmbH

drehzahl muss auf die Kühlzeit des Artikels angepasst werden, sodass die für einen Schuss benötigte Schmelzemenge exakt zu dem Zeitpunkt zur Verfügung steht, wenn der vorangegangene Artikel entformt worden ist.

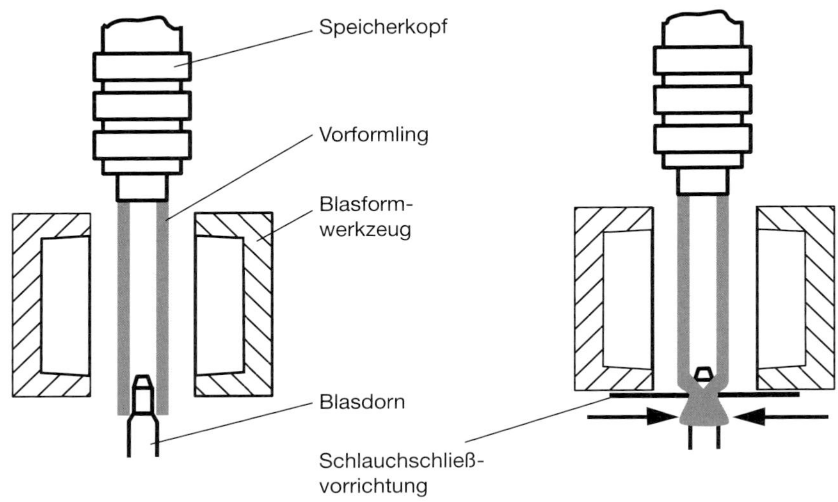

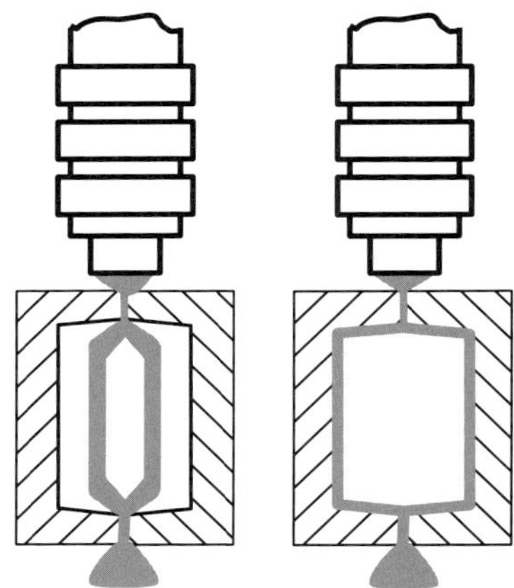

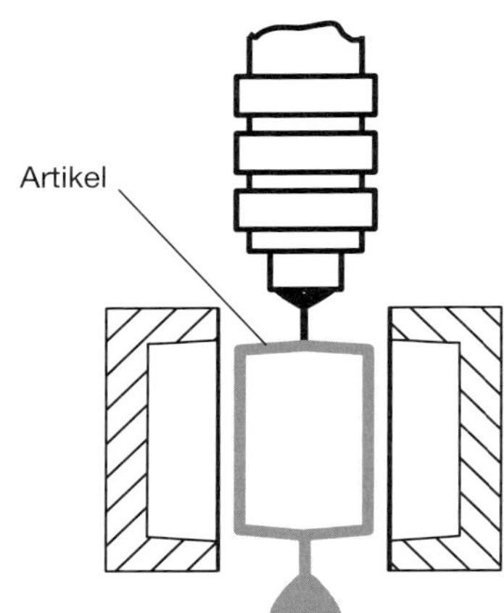

Bild 2.16 Speicherkopf-Verfahren

Bei der kontinuierlichen Extrusion, bei der kontinuierlich Material aus der Düse austritt, muss der Vorformling in das Blasformwerkzeug transferiert werden, wo er dann aufgeblasen und gekühlt wird. Hier können grundsätzlich zwei unterschiedliche Verfahrensweisen unterschieden werden. Einmal kann das Blasformwerkzeug selbst bewegt werden (Shuttle-Maschine). Das heißt, nach Abschluss der Kühlzeit wird die Form geöffnet, der fertige Artikel entformt (durch eine Artikelentnahmevorrichtung oder durch Fallenlassen auf ein Förderband), und die offene Blasform fährt unter die Düse des Schlauchkopfes, um den nächsten Vorformling zu übernehmen. Auch hier ist die Extruderdrehzahl der Kühlzeit anzupassen, sodass der Vorfomling exakt die richtige Länge hat, wenn die Blasform ihn unter der Düse übernimmt. Nach Schließen der Blasform bewegt sich diese unmittelbar aus dem Bereich unter der Düse weg in die so genannte Blasposition (Bild 2.17). Hierbei wird häufig das komplette Extruder-Schlauchkopf-System kurz angehoben, um ein Auflaufen der Schmelze auf das Blasformwerkzeug zu verhindern („Extrudernicken").

Ebenso ist es möglich, dass sich das Blasformwerkzeug selbst nicht bewegt. Dies ist der Fall, wenn die Schließeinheit und die Blasform groß und schwer sind, beispielsweise bei der Kunststoffkraftstofftank-Produktion, oder wenn eine Maschine mit geringer Aufstellfläche benötigt wird. In diesen Fällen wird der Vorformling von einem Schlauchzubringer an der Düse des Schlauchkopfes abgeholt und in die Blasform gebracht. Dies kann in vertikaler Richtung geschehen, das heißt, der Schlauchkopf befindet sich in einer gewissen Entfernung oberhalb der Form, oder es geschieht vertikal und horizontal mittels eines linearen Transportsystems oder eines industriellen Sechs-Achsen-Roboters.

Tabelle 2.1 zeigt, in welchen Fällen die kontinuierliche und in welchen die diskontinuierliche Extrusion zum Einsatz kommt.

Tabelle 2.1 Anwendungsfälle für kontinuierliche und diskontinuierliche Extrusion

Kontinuierliche Extrusion	Diskontinuierliche Extrusion
Kunststoffe mit hoher Viskosität	Kunststoffe mit geringer Viskosität
Hohe Schmelzestabilität (z. B. Polyolefine)	Geringe Schmelzestabilität (z. B. PA, PC, ABS) → kleines Verarbeitungsfenster
Kurze, leichte Vorformlinge	Lange, schwere Vorformlinge, z. B. für Fässer, Kunststoffkraftstoffbehälter, Öltanks, IBCs.
Coextrusion, insbesondere mit „Dünnschichten" (siehe Abschnitt 2.6.1.1)	Hohe Ausstoßgeschwindigkeit → Geringeres Durchhängen des Schlauches („Sagging") → Geringeres Abkühlen des unteren Endes des Vorformlings
Geringere Ausstoßgeschwindigkeit → gleichmäßige Schichtdickenverteilung	
Homogene Schmelze mit gleichförmigem Temperaturprofil, geringere Abbau temperaturempfindlicher Materialien wie beispielsweise PVC	

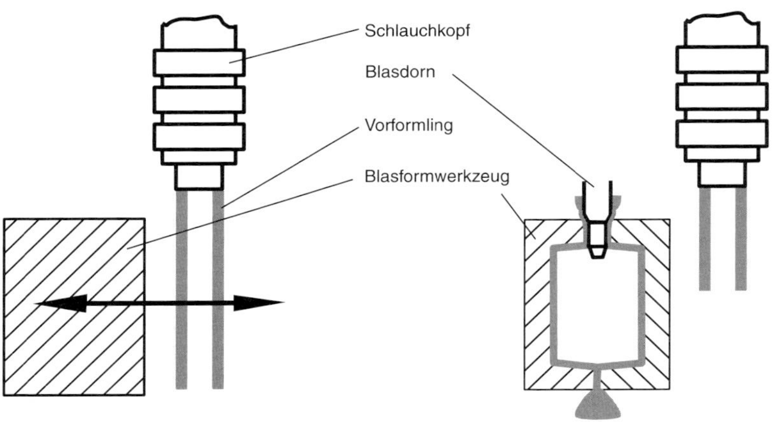

A: Formbewegungsmaschinen

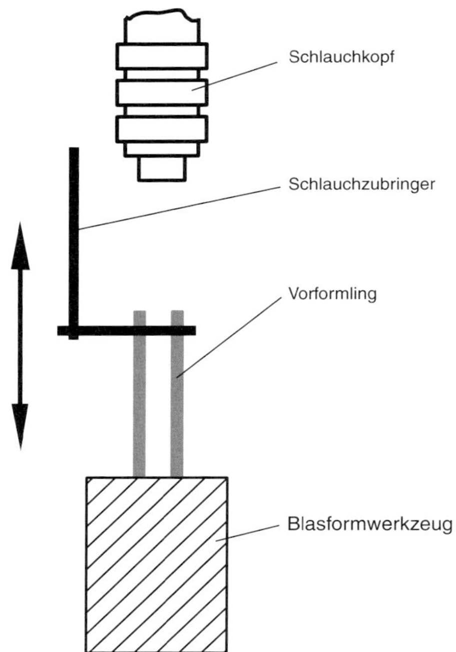

B: Schlauchzubringer

Bild 2.17 Kontinuierliche Extrusion

2.3.5 Wanddickensteuerung

Beim Blasformen jeder Art von Behältern oder Formteilen ist der Durchmesser des Vorformlings über seiner Länge konstant. Der Durchmesser des Blasformteils ist jedoch in der Regel nicht konstant über seiner Länge, der Vorformling erfährt unterschiedliche Verstreckverhältnisse (Reckgrade). Um nun im gesamten Artikel eine gleichmäßige Wanddicke zu erhalten, muss die Wanddicke des Vorformlings entsprechend eingestellt werden (Bild 2.18). Dies geschieht in der Düse des Schlauchkopfes. Die Düse des Schlauchkopfes besteht aus einem inneren Teil, dem Dorn (Kern), und einem äußeren Teil, der Düse (Mundstück).

Die Wanddicke des Vorformlings wird in zwei Schritten eingestellt. Die erste, grundlegende Einstellung geschieht über eine Gruppe von Zentrierschrauben (Bild 2.19), durch welche die Position des Mundstücks relativ zum Dorn eingestellt (zentriert) werden kann. Diese Einstellung (B) erzeugt einen Vorformling mit einer gleichmäßigen Rundumverteilung der Wanddicke, was auch dazu führt, dass der Vorformling gerade läuft.

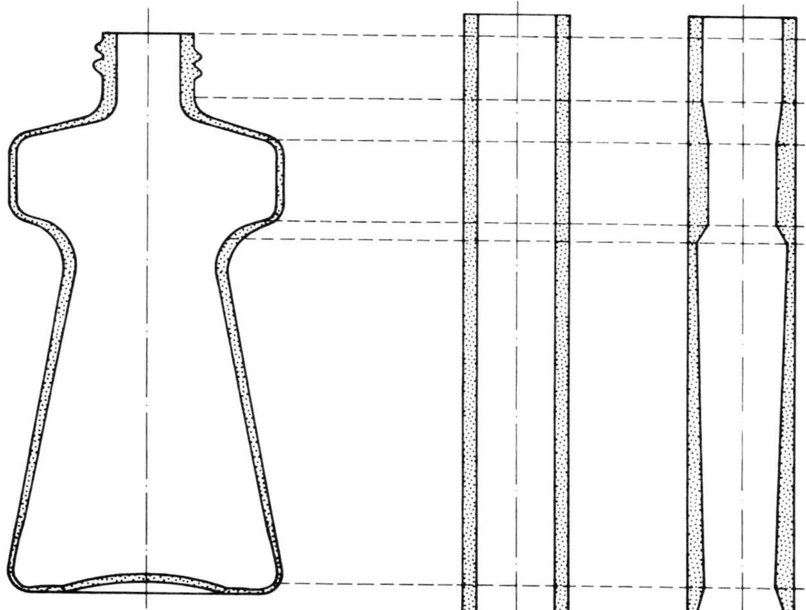

Bild 2.18 Wanddickensteuerung [12]

Die zweite Einstellung geschieht über eine vertikale Verschiebebewegung des konischen Dorns während der Extrusion (bzw. des Ausstoßvorgangs) durch einen Hydraulikzylinder. Bei Stegdornhalterköpfen wird das Mundstück in vertikaler Richtung axial verschoben. Durch diese Verschiebung von Dorn bzw. Mundstück wird die Wanddicke des Vorformlings über seiner Länge variiert. Im Zusammenspiel mit den unterschiedlichen Reckgraden erhält man eine gleichmäßige Wanddicke an allen Stellen des Blasformteils.

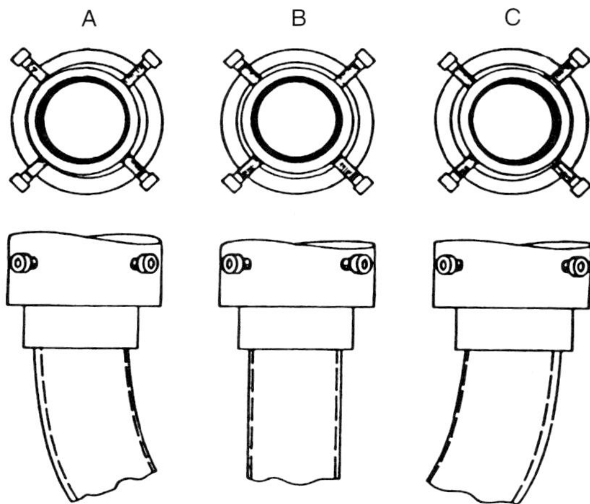

Bild 2.19 Zentrierschrauben [6]

Grundsätzlich können heute zwei unterschiedliche Typen von Düsen (häufig auch Kopfwerkzeuge genannt) unterschieden werden: Divergierende (außenkonische) Düsen (Bild 2.20 links) werden im Allgemeinen für große Behälter eingesetzt, wogegen konvergierende (innenkonische) Typen für kleinere Artikel, insbesondere für Mehrfachproduktion (siehe Abschnitt 2.3.11) verwendet werden.

Ein weiteres Problem, das durch die Wanddickensteuerung gelöst wird, ist das oben bereits erwähnte Durchhängen („Sagging") des Schlauches. Das Eigengewicht des Schlauches führt zu einem Ausdünnen der Vorformlingswanddicke an seinem oberen Ende. Durch die Wanddickensteuerung kann nun die Wanddicke des Vorformlings zum oberen Ende hin vergrößert werden, sodass der Durchhängeeffekt kompensiert wird.

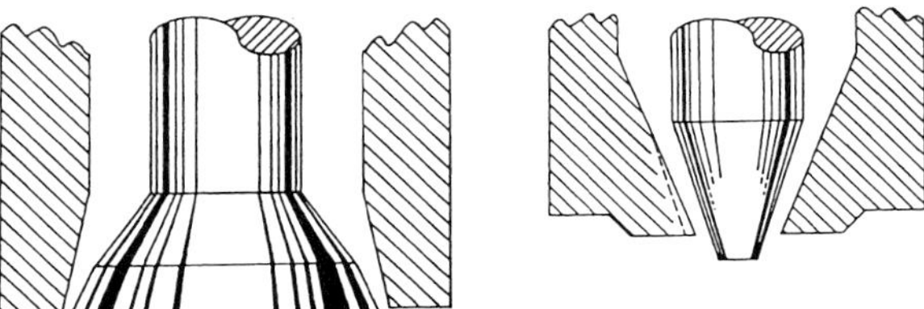

Bild 2.20 Düsentypen; *links:* divergierend, *rechts:* konvergierend [6]

2.3.5.1 Schwellverhalten des Vorformlings

Das viskoelastische Verhalten von Thermoplasten (hier der Memory-Effekt) führt in Verbindung mit der Fließkanalgeometrie im Kopf dazu, dass sich der Durchmesser des Vorformlings nach Verlassen der Düse ändert. Ebenso ändern sich die Wanddicke und dadurch auch die Länge des Vorformlings. Dieses Phänomen wird „Düsenschwellen“ genannt (Bild 2.21). Kontinuierliche Extrusion und Speicherkopfproduktion führen zu unterschiedlichem Schwellverhalten.

Aufgrund der sich mehrfach im Düsenbereich ändernden Ringspaltgeometrie (Durchmesser, Spaltweite, s. Bild 2.22) erfährt die Schmelze in diesem Bereich komplexe Scher- und Dehndefomationen [13]. Im Bereich, wo die Schmelze in den Düsenbereich eintritt, verringert sich in den meisten Köpfen der Durchmesser stark, sodass die Schmelze dort in Fließrichtung gedehnt und beschleunigt wird (Zone A in Bild 2.22). Dies führt zu hohen Molekülorientierungen in der Schmelze. Würde die Schmelze am Ende einer solchen Strecke hier aus dem Kopf ins Freie austreten, so wäre der Schwelleffekt aufgrund des Memory-Effektes besonders stark. Folgt diesem konvergenten Fließkanal nun ein annähernd zylindrischer Bereich (Zone B in Bild 2.23), so kann die Schmelze hier relaxieren, die Molekülorientierungen können sich zurückbilden, und das Schwellverhalten würde ebenfalls reduziert. Das Ausmaß des Schwellens reduziert sich umso mehr, je länger diese Zone ist. Jede Änderung des Fließkanals hat Auswirkungen auf Orientierungen in der Molekülstruktur. Das Schwellverhalten eines Vorformlings ist also neben den Rohstoffeigenschaften, den Ausstoßgeschwindigkeiten und den Temperaturverhältnissen (bei höheren Temperaturen ist das Schwellen geringer ausgeprägt) stark von der exakten Geometrie in der Düse des Schlauchkopfes abhängig [14].

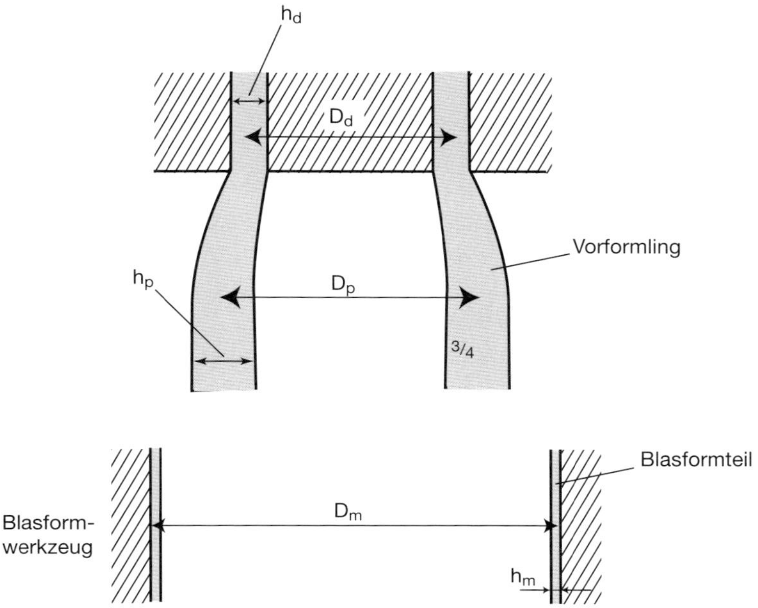

Bild 2.21 Düsenschwellverhalten [6]

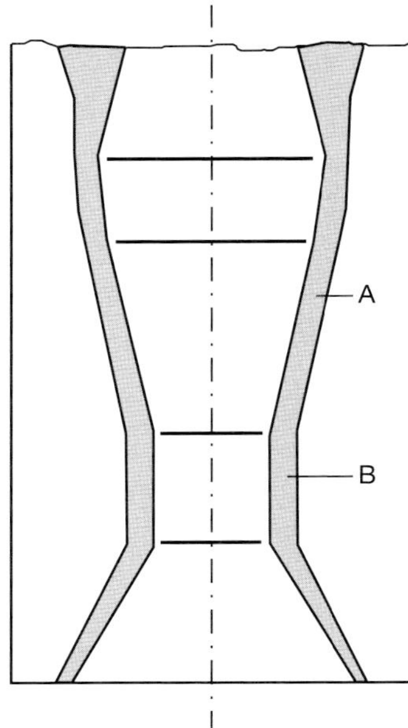

Bild 2.22 Fließkanal im Blaskopf

Dieser Schwelleffekt muss bei der Auslegung des Düsendurchmessers entsprechend berücksichtigt werden. Die exakten Schwellfaktoren zur Düsenauslegung müssen für den jeweiligen Rohstoff und die Verarbeitungsbedingungen individuell ermittelt werden. Hierzu werden z. B. spezielle Werkzeuge eingesetzt, die keine Aufblas-Kavität besitzen, sondern nur den ausgestoßenen Schlauch flachlegen und abkühlen. An den so erzeugten Platten kann der Schwellfaktor ermittelt werden.

2.3.6 Systeme zur Beeinflussung der radialen Wandverteilung

In Zusammenarbeit Günther Kappen, Max Feuerherm und Rolf Kappen-Feuerherm, Firma Elke Feuerherm

2.3.6.1 Warum radiale Wanddickensteuerung?

Beim Blasformen wird die Wanddickenverteilung des gefertigten Artikels im Wesentlichen durch die Wanddickenverteilung des Vorformlings, dessen Lage bezüglich der Blasformkavitäten und den lokal vorliegenden Reckwegen bestimmt.

Auf der einen Seite führt das Unterschreiten einer vorgegebenen Wanddickenspezifikation zu mangelhaften Artikeln. Auf der anderen Seite verursacht ein Überangebot an Material in anderen Bereichen unnötige Kosten und wirkt sich zudem negativ auf die Kühlzeit und somit auf die Zykluszeit aus.

Um das Ziel einer effizienten Produktion mit maximaler Produktionsleistung bei minimalem Materialeinsatz und minimalem Energieeinsatz zu erreichen, reicht bei

Artikeln mit komplexen Geometrien eine standardmäßige axiale Wanddickenregelung nicht aus.

Die Optimierung der radialen (partiellen) Wanddickenverteilung eines blasgeformten Hohlkörpers ermöglicht nicht nur die Erhöhung der Wirtschaftlichkeit des Fertigungsprozesses, sondern auch durch die Reduzierung des Materialeinsatzes sowie durch die Reduzierung des Energieaufwandes pro gefertigtem Artikel (Reduzierung der erforderlichen Plastifizier- und Kühlleistung) einen nachhaltigen Blasformprozess mit einer signifikante Reduzierung des CO_2-Ausstoßes.

Spezielle Wanddickensteuerungssysteme zur Beeinflussung der radialen Wanddickenverteilung über den Umfang des Vorformlings werden in den folgenden Abschnitten beschrieben.

2.3.6.2 Statisch flexibler Düsenring (SFDR®)

Während die standardmäßige (axiale) Wanddickensteuerung (Programmierung), wie im Abschnitt 2.3.5 beschrieben, für einfache rotationssymmetrische Artikel wie Rundflaschen ausreicht, sind bei Artikeln mit rechteckigem Querschnitt (z. B. rechteckige Flaschen oder Kanister) oder mit komplexer Geometrie Dünnstellen im Bereich großer Reckwege, wie z. B. im Bereich von Ecken, Schultern bzw. Kanten zu erwarten. Dabei bestimmt die über den Umfang gesehen dünnste Stelle den zur Erfüllung der Wanddickenspezifikation einzustellenden Düsenspalt und damit den Materialeinsatz für diesen Querschnitt. Da das Materialangebot aber bei dem Einsatz der axialen Wanddickensteuerung über dem Querschnitt konstant ist, kommt es in den Bereichen niedriger Verreckung zu Dickstellen am Artikel. Hier kann in einem ersten Schritt das spanabhebende Profilieren der Düse helfen. Dies führt zu einer über den Umfang des Vorformlings festgelegten Beeinflussung der Wanddickenverteilung, die über die gesamte Vorformlingslänge wirkt. Für jeden Optimierungsschritt muss dazu die Düse immer wieder ausgebaut und der Düsenring bzw. der Dorn spanend so oft bearbeitet werden, bis man die optimale Profilierung gefunden hat. Bei dem Einsatz des „statisch flexiblen deformierbaren Rings“ (SFDR®) als Teil des Dornes (Bild 2.23) wird für eine ebenfalls festgelegte radiale Beeinflussung der Vorformlingswanddicke, die Profilierung des Dorns durch die Deformation eines flexiblen Ringes mittels Verstellschrauben (Bild 2.24, b und c) eingebracht. Der Vorteil des SFDRs liegt darin, dass man eine Profilierung ohne Demontage des Dorns einfach durch die Verstellung der Schrauben an die Erfordernisse anpassen kann und somit eine schnelle Optimierung des Artikels, ohne das Risiko über das Ziel hinaus zu schießen, möglich ist. Um die Optimierung eines Produktwechsels hinsichtlich Rüstzeit und Reproduzierbarkeit zu ermöglichen, sind heutzutage SFDR-Systeme mit auswechselbaren Einsätzen (Bild 2.24, a) Stand der Technik. Die wechselbaren Einsätze können innerhalb weniger Minuten getauscht werden und ermöglichen eine Anpassung der SFDR-Profilierung auf das neue Produkt, ohne dass das Dornwerkzeug ausgebaut oder die Einstellschrauben verstellt werden müssen.

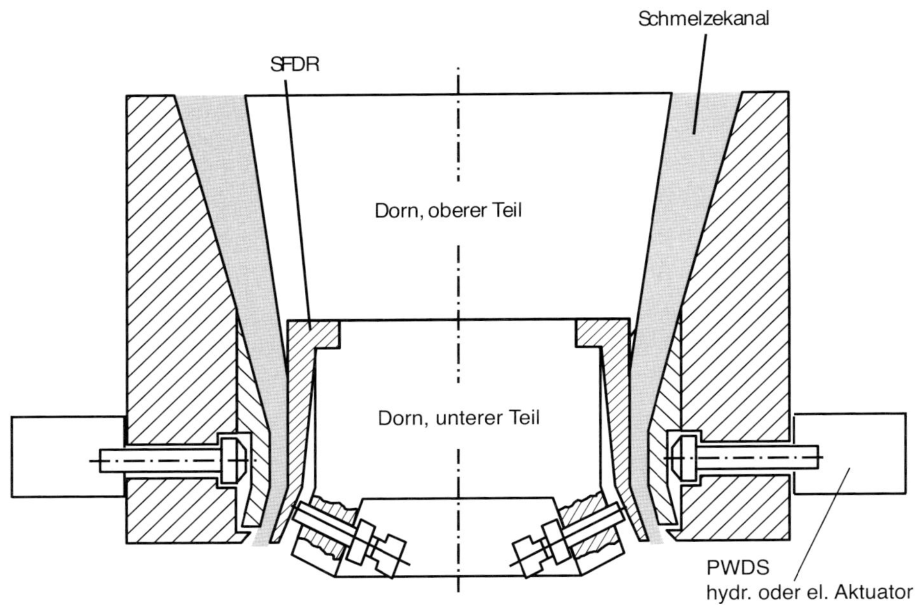

Bild 2.23 Düse mit PWDS und SFDR [15, 16]

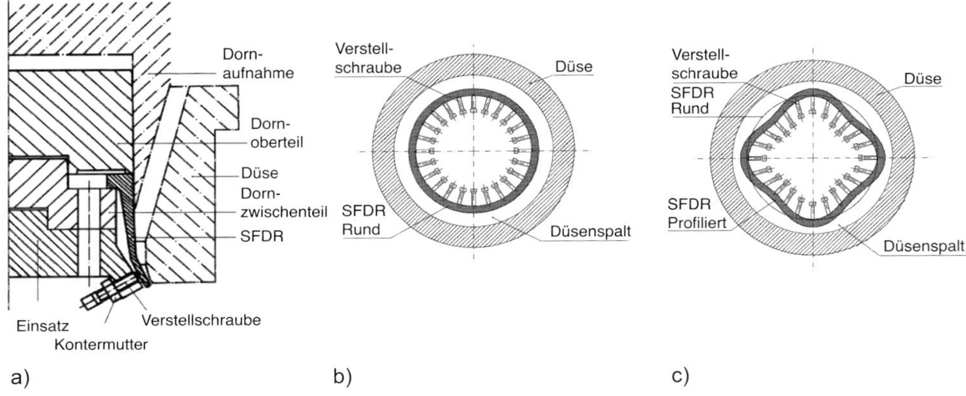

Bild 2.24a, b, c Statisch Flexibler Deformierbarer Ring SFDR [15, 16]

2.3.6.3 Partielle Wanddickensteuerung (PWDS®)

Eine Methode zur dynamischen Beeinflussung des radialen Düsenspaltverlaufs und somit der Vorformlingswanddicke über dem Umfang ist das PWDS®-System, entwickelt von der Firma Feuerherm in Troisdorf. Vorzugsweise in Kombination mit der statischen Profilierung eines SFDR erlaubt das PWDS die variable (dynamische) Anpassung der Wanddickenverteilung über die Vorformlingslänge. Ein „dynamisch flexibel deformierbarer Ring“ (DFDR) wird durch zwei servohydraulisch oder elektrisch angetriebene Aktuatoren durch Drücken und/oder Ziehen während des

Schlauchausstoßes nach Vorgabe einer oder mehrerer Profilkurven deformiert. Für jeden Wanddickenpunkt der Profilkurve wird der radiale Düsenspaltverlauf über dem Umfang partiell eingestellt. Dabei arbeitet das PWDS-System synchron mit der standardmäßigen (axialen) Wanddickensteuerung mit z.B. 64 Profilpunkten. In Kombination mit der standardmäßigen Wanddickensteuerung ermöglicht der Einsatz des PWDS-Systems die optimale Anpassung der Vorformlingswanddicke sowohl über den Umfang als auch in axialer Richtung.

Der flexible Ring wird im einfachsten Fall symmetrisch zu einer Ellipse deformiert. Er kann aber auch asymmetrisch deformiert und verschoben werden. Durch die Kombination von axialer und radialer Spaltweitenverstellung wird die heute bestmögliche Anpassung der Vorformlingswanddicke an die Blasteilgestalt erreicht. Waren bis Anfang dieses Jahrzehnts ausschließlich PWDS-Systeme mit servohydraulischen Stellantrieben im Einsatz, so gewinnt in den letzten Jahren das EPWDS-System (Bild 2.25, b) mit servoelektrischen Aktuatoren immer größere Marktanteile. In Bild 2.26 sind beispielhaft einige Einstellungen des PWDS-Systems dargestellt.

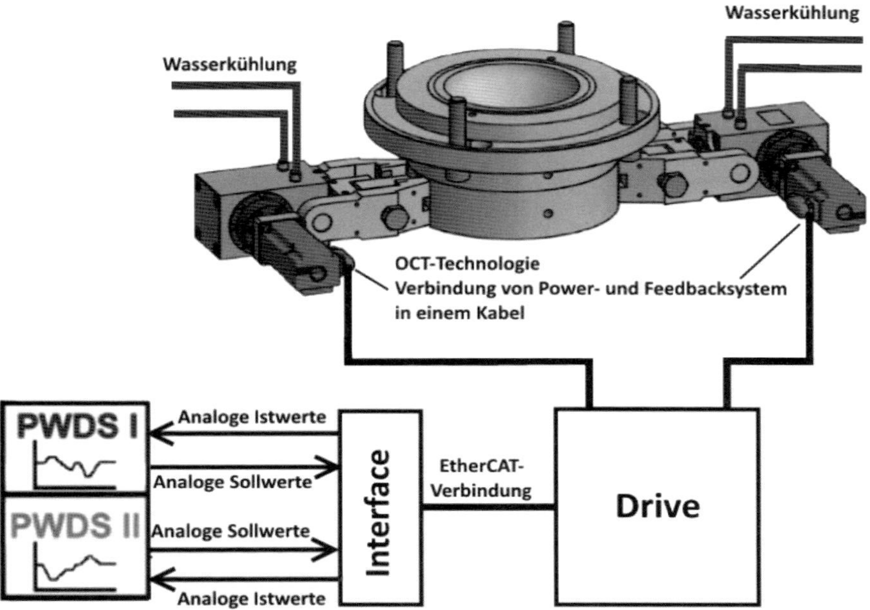

Bild 2.25 Partielle Wanddicken-Steuerung mit servoelektrischen Antrieben E-PWDS [9, 16]

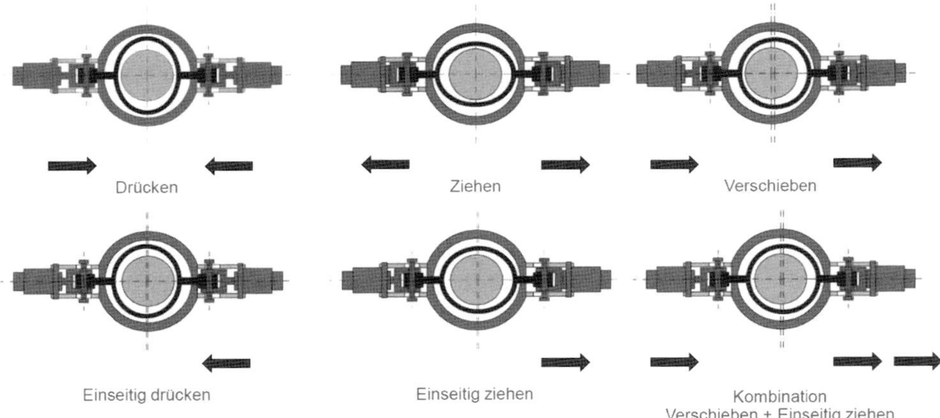

Bild 2.26 Beispielhafte Einstellungen der PWDS (Bild: Dr. Reinold Hagen Stiftung)

Eines der wichtigsten Anwendungsgebiete sind Kunststoffkraftstoffbehälter (KKB), die zum Teil sehr komplexe Formen aufweisen und aus Sicherheitsgründen und zur Materialeinsparung eine gleichmäßige Wanddickenverteilung aufweisen müssen. Bild 2.27 zeigt eine schematische Darstellung des prinzipiellen Verlaufs der Profilpunkte der Wanddickensteuerung und der zu den Verstellschrauben des SFDR korrespondierenden Längs- bzw. Recklinien bei einem KKB.

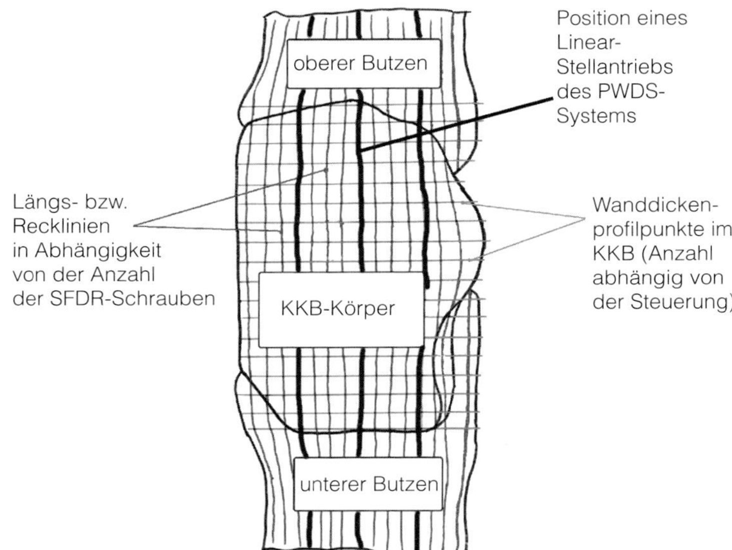

Bild 2.27 Schematische Darstellung der beeinflussbaren Profilpunkte bei einem KKB [16]

Auch industrielle Verpackungen wie Fässer oder IBCs sowie Kanister für den Gefahrguttransport (mit UN-Zulassung) werden mit PWDS hergestellt. Hier ist eine gleichmäßige Wanddickenverteilung im gesamten Blasformteil, insbesondere aber der Ausgleich des Wanddickenunterschiedes von dem Formtrennnahtbereich und 90° hierzu (Bild 2.28 und Bild 2.29) besonders wichtig. Aufgrund des Flachlegens des Vorformlings beim Abquetschvorgang ist die Wandstärke des Artikels aufgrund des geringeren Reckweges im Bereich der Formtrennnaht in der Regel dicker als in anderen Bereichen des Blasformteiles, wenn dies nicht durch den Einsatz von PWDS und SFDR entsprechend kompensiert wird (Bild 2.30). Bild 2.31 zeigt die durch Zusammenspiel von WDS, PWDS und SFDR erzeugten Düsenspaltweiten für den gesamten Vorformling eines L-Ring-Fasses [16].

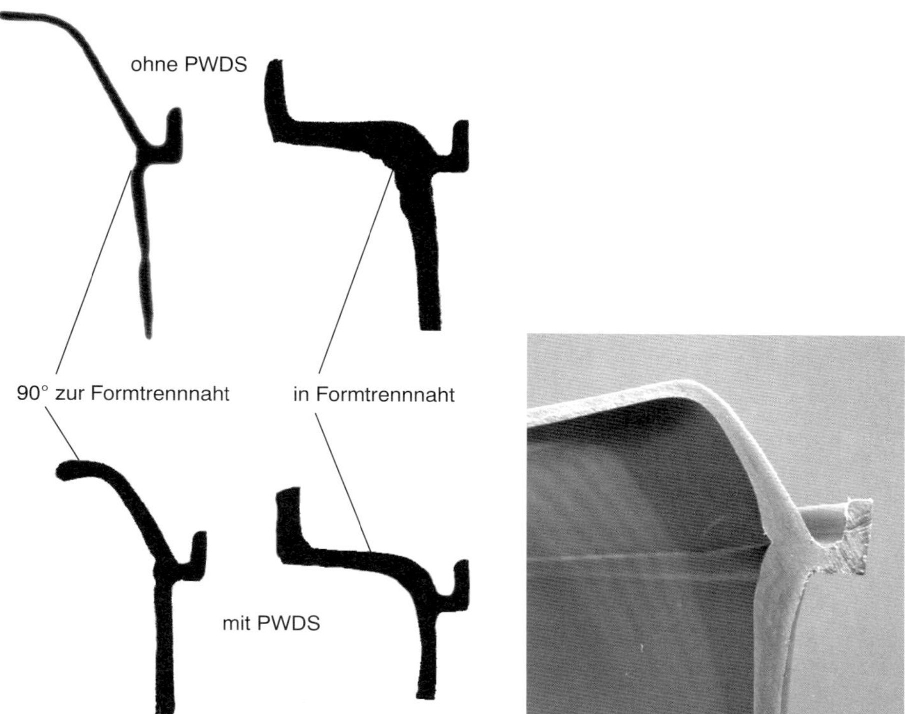

Bild 2.28 Wanddicken eines L-Ring-Fasses in der Formtrennnaht und 90° dazu (Bild: Feuerherm)

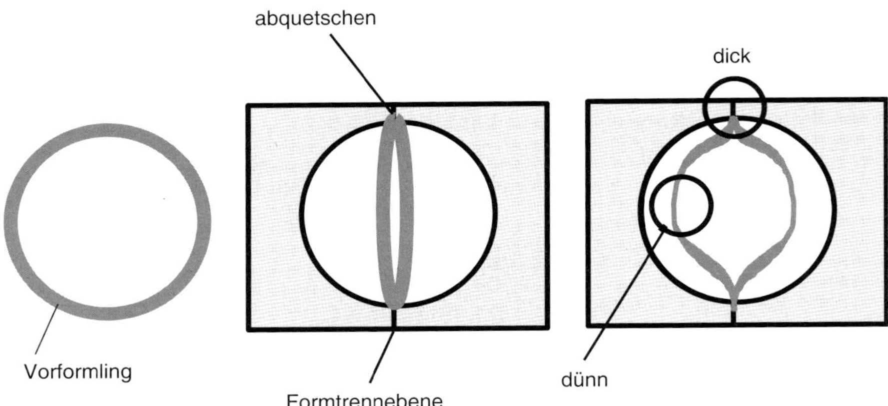

Bild 2.29 PWDS für gleichmäßige Rundumverteilung der Wanddicke bei runden Artikeln

Für die Herstellung von IBCs haben sich PWDS-Systeme mit vier PWDS-Aktuatoren, die in zwei Deformationsachsen 90° zueinander angeordnet sind, durchgesetzt.

Durch den Einsatz von PWDS lassen sich bei gleichzeitiger Materialeinsparung die Artikeleigenschaften hinsichtlich Falltest, Innendrucktest, Stapeltest und Flammtest deutlich optimieren. Ein weiterer Vorteil ist der erhöhte Maschinenoutput. Dieser wird möglich, weil sich die Kühlzeiten verkürzen und es keine „Dickstellen" mehr gibt, welche die Kühlzeit signifikant verlängerten [16].

Durch die Reduzierung des Materialeinsatzes und der Reduzierung der Energiekosten pro gefertigten Artikel kann durch den Einsatz von PWDS-Systemen ein nachhaltiger Blasformprozess mit einer signifikanten Reduzierung des CO_2-Ausstoßes realisiert werden.

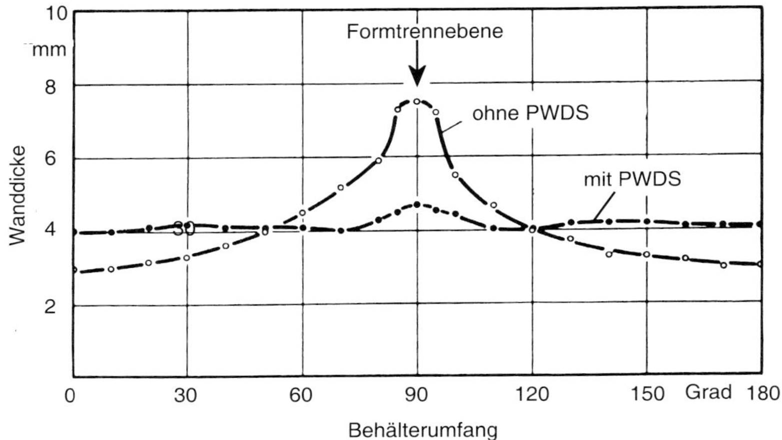

Bild 2.30 Rundumverteilung der Wanddicke bei runden Artikeln mit und ohne PWDS (Bild: Feuerherm)

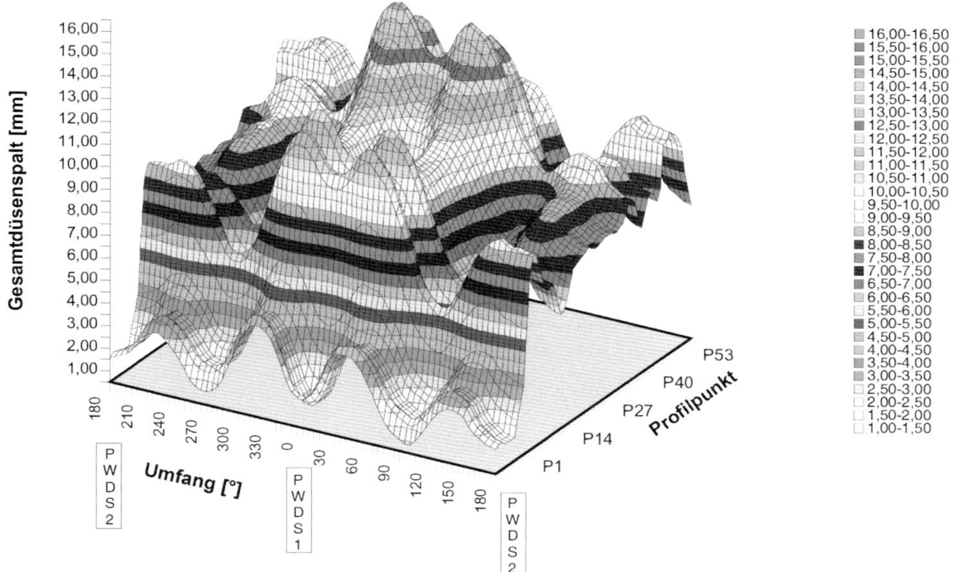

Bild 2.31 Zusammenspiel von WDS, PWDS und SFDR bei der Extrusion des Vorformlings für ein L-Ring-Fass (Bild: Feuerherm)

2.3.6.4 Wanddicken-Lagen-Steuerung

Für eine wirtschaftliche Produktion ist es von Bedeutung, dass der einmal optimierte Zustand auch dauerhaft gehalten werden kann. Dazu ist es erforderlich, dass die Wanddicke des Vorformlings beim Einformen entsprechend ihrer Bestimmung im Blasteil reproduzierbar und relativ zur Blasformkavität positioniert wird.

Fördermengenschwankungen, die den gleichmäßigen Ablauf jeder Produktion stören würden, lassen sich durch die Kontrolle der Solllänge der Vorformlinge ausregeln. Das elektrische Signal einer Lichtschranke kann dabei als Startbefehl für das Einformen des Vorformlings oder als Stellsignal für die Extrudergeschwindigkeit dienen [9].

Die so genannte Wanddickenlagensteuerung (WDLS) [17, 18] geht über die Messung der Vorformlingslänge per Lichtschranke hinaus. Schwankungen im Material- oder Plastifizierverhalten und in der Prozessführung können zu Verschiebungen der Lage des Wanddickenprofils relativ zur Blasformkavität und zu Schwankungen des Artikelgewichts führen. Die Aufgabe der WDLS ist es Änderungen der Lage des Wanddickenprofils relativ zur Blasform auszuregeln und dabei zusätzlich das Nettogewicht des Blasteils in möglichst engen Grenzen konstant zu halten. Die WDLS hat die Aufgabe, material- und prozessbedingte Schlauchlängenänderungen auszuregeln und sicherzustellen, dass die Wanddickenpunkte im Vorformling tatsächlich den Längenpositionen entsprechen, die ihnen während der Optimierungsphase des Blasformprozesses zugedacht wurden und welche sie auf Grund der Programmvorwahl haben sollen.

Alle mit dem Material zusammenhängenden Änderungen und Ungleichförmigkeiten, wie

- Chargen- oder Silowechsel,
- Umstellung oder Verschiebung des Mischungsverhältnisses Neumaterial/Regenerat oder der Farbpigmente, die wie Gleitmittel wirken können,
- Temperaturänderungen,
- Viskositätsänderungen,
- Veränderungen/Schwankungen in der Regenerataufbereitung (Verschleiß der Mühlenmesser, wobei Staub bzw. Flusenabscheider an der Mühle weiterhin unabdingbar sind) und
- Verschleiß im Extruder

führen im Produktionsbetrieb zu verändertem Durchsatzverhalten der Extruder und/oder zu verändertem Durchhängeverhalten des Schlauches und/oder zu verändertem Schwellverhalten des Schlauches und somit zu Änderungen in der axialen Lage der Vorformlingswanddicke relativ zur Blasform. Dies kann dazu führen, dass die Wanddickenverteilung des Artikels unter Umständen erheblich von den Vorgabewerten abweicht und dass der Artikel ggf. Ausschuss ist. In der täglichen Betriebspraxis wird der Maschinenbediener dies feststellen und an Punkten, an denen die Wanddicke im Artikel nicht mehr ausreicht, durch Anpassen des ursprünglich einmal optimal eingestellten Wanddickenprogrammes Material zugeben. Dadurch wird der Artikel entweder unnötig schwerer, der Gesamtmaterialverbrauch steigt oder es können neue Problemzonen entstehen, in denen die Wanddickenvorgaben nicht erfüllt werden. Bild 2.32 zeigt die veränderte Lage von Wanddickenpunkten beispielhaft für einen KKB bei zu langem Vorformling.

Durch Erfassen und Auswerten von Butzengewichten und Netto-Artikelgewicht identifiziert die WDLS unter anderem eine veränderte Düsenschwellung oder Durchhängung des Vorformlings. Da die WDLS Änderungen im Gewicht oder in der Lage erkennt, kann sie nach Interpretation der Messwerte die geeigneten Gegenmaßnahmen unmittelbar treffen. Je nach erkannter Störgröße greift die WDLS korrigierend in die Extrusionsgeschwindigkeit ein oder ändert geeignete Vorgabewerte der axialen Wanddickensteuerung. Dadurch wird erreicht, dass die Lage des Vorformlings relativ zur Blasform entsprechend den Vorgabewerten in engen Grenzen konstant gehalten werden kann.

Neuere WDLS-Systeme können zusätzlich zu der reinen Überwachung der Wanddickenlage durch Messung der Artikel- und der Butzengewichte, auch die Wanddicken- und Gewichtsänderungen, die sich durch ein sich änderndes Butzenbild ergeben können, ausregeln.

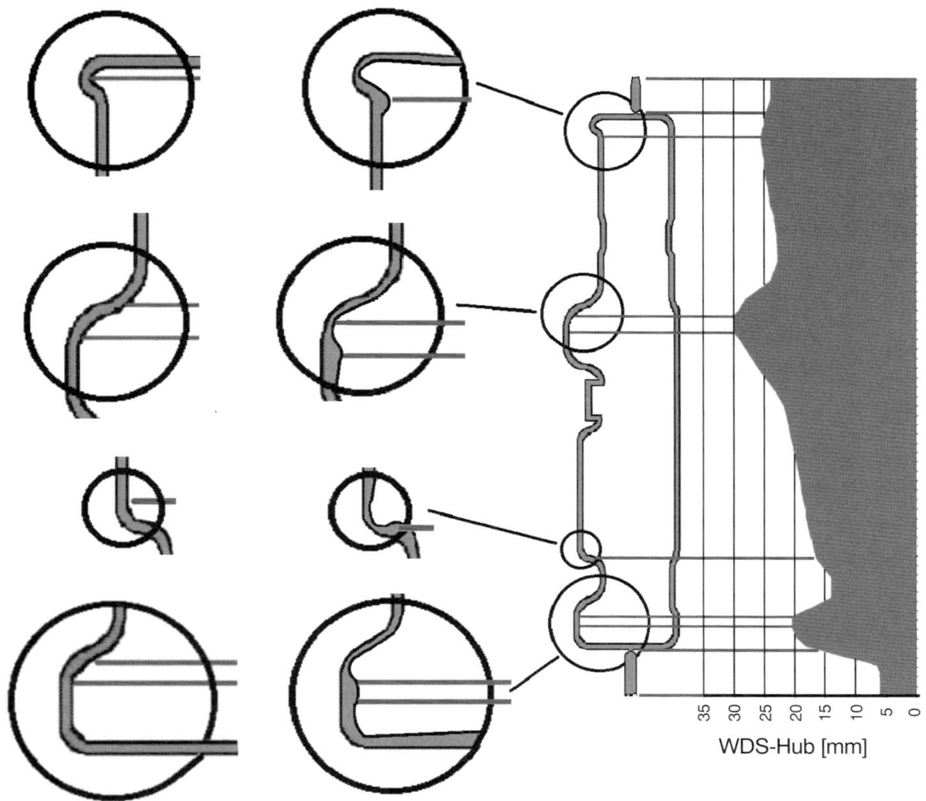

Bild 2.32 Verschieben der Wanddickenpunkte bei zu langem Vorformling [18]

Den Effekt der WDLS in Bezug auf die Konstanz des Netto-Artikelgewichts zeigt die Statistik in Bild 2.33 über einen Erfassungszeitraum von vier Arbeitsschichten. Im oberen Teil des Bildes, ohne den Einsatz einer WDLS, hat die jeweilige Schicht ihre selbst ermittelten optimalen Wanddickenprogramme eingestellt.

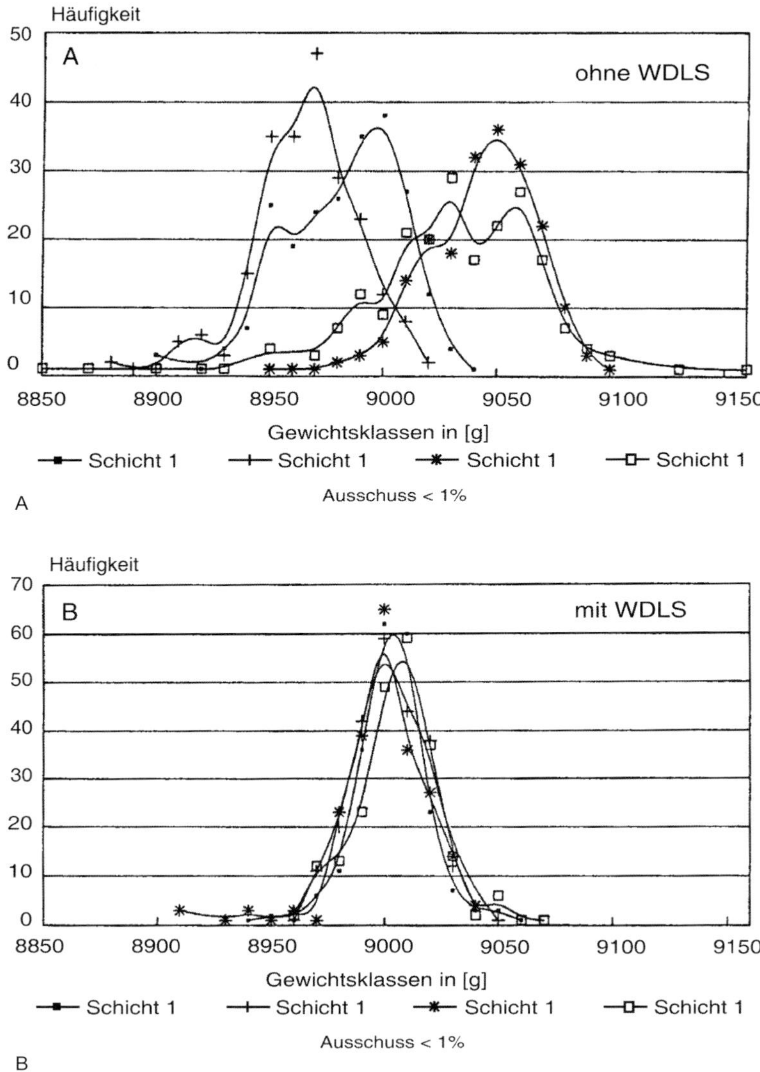

Bild 2.33 Nettogewichtsverteilung ohne und mit WDLS über vier Arbeitsschichten [18]
A: Schlechte Einhaltung des Sollwertes – große Streuung
B: Nach Einsatz von WDLS: gute Einhaltung des Sollwertes – geringe Streuung

2.3.7 Schließeinheiten

Wie bereits oben beschrieben, schließt sich in allen Extrusionsblasformverfahren ein aus zwei Hälften bestehendes Blasformwerkzeug um den Vorformling, sobald dieser seine volle Länge erreicht hat. Diese beiden Formhälften sind auf den so genannten Formaufspannplatten montiert, die einen Teil der Schließeinheit bilden. Schließeinheiten haben die folgenden Hauptaufgaben:

- Aufnahme des Blasformwerkzeugs;
- Bewegung unter den Schlauchkopf (in einigen Fällen, s. o.);
- Schließen der Form um den ausgestoßenen Vorformling;
- Aufbau der Schließkraft (Zuhaltekraft), die benötigt wird, zum
  - Abquetschen des Vorformlings im Schneidkantenbereich, sodass der Artikel leicht entbutzt werden kann, automatisch oder manuell;
  - Zuhalten der Form gegen den Aufblasdruck (8 bis 10 bar).
- Versorgung der Blasform mit Kühlwasser;
- Versorgung der Blasform mit Druckluft oder Hydrauliköl für bewegte Formteile (Kernzüge).

Die Schließkraft wird entweder hydraulisch oder elektrisch aufgebracht. Eine Kombination beider Systeme kommt in Hybridlösungen zum Einsatz.

Die projizierte Fläche der Kavität und/oder die Länge der Schneidkante (Länge der Quetschnaht) bestimmt die erforderliche Schließkraft für einen bestimmten Artikel. So führt das Produkt aus projizierter Fläche der Kavität und dem Aufblasdruck zu einer Schließkraft. Ist die projizierte Fläche beispielweise 300 mm × 200 mm und der Aufblasdruck 8 bar (= $8 \cdot 10^{-1} \cdot N/mm^2$), so ergibt sich eine erforderliche Schließkraft von:

$$F = A \cdot p \tag{2.4}$$

mit F Schließkraft, A projizierte Fläche der Kavität, p Aufblasdruck

$$300 \cdot 200 \cdot 8 \cdot \text{mm}^2 \cdot \frac{10^{-1}\text{N}}{\text{mm}^2} = 48000\text{N}(\approx 4{,}8\text{t}) \tag{2.5}$$

Auch die Länge der Schneidkanten muss zur Ermittlung der erforderlichen Schließkraft herangezogen werden. Die Schließkraft hängt hier vom verwendeten Thermoplasten ab.

Eine Abschätzung der Schließkraft für einige wichtige Materialien ist in der folgenden Liste als „Faustformel“[4] gegeben (Schließkraft [N] pro mm Schneidkantenlänge):

PE-LD	40 - 90 N/mm
PE-HD	110 - 170 N/mm
PE-HMW	145 - 245 N/mm
PP	130 - 215 N/mm
PA	145 - 220 N/mm

4 Die tatsächlich erforderliche Schließkraft hängt vom eingesetzten Materialtyp sowie von weiteren Faktoren ab, wie beispielsweise der Geometrie der Schneidkante und der angrenzenden Butzenkammer usw., und kann von der Werten in dieser Liste abweichen.

Ist die Gesamtlänge der Schneidkante eines Artikels beispielsweise 180 mm am Boden und 280 mm an den Schultern einer Flasche (Durchbrüche, beispielsweise für Griffe, dürfen nicht vergessen werden), so ergibt sich die Schließkraft für Polyethylen (PE-HD) in diesem Fall zu:

$$F = L \cdot K \tag{2.6}$$

mit F Schließkraft, L Länge der Schneidkanten, K Faktor (siehe obige Liste)

$$(180 + 280) \cdot 120 \cdot \mathrm{mm} \cdot \frac{\mathrm{N}}{\mathrm{mm}} = 55200\mathrm{N}(\approx 5{,}2\mathrm{t}) \tag{2.7}$$

Da dieser Wert der höhere ist (wie in den meisten Fällen), muss die Schließkraft in diesem Fall mit dem Wert 5,52 Tonnen ausgelegt werden. Hier würde eine 6 Tonnen-Schließeinheit zum Einsatz kommen.

Die Bauart der jeweiligen Schließeinheit hängt von der entsprechenden Maschinengröße sowie auch vom Maschinenhersteller ab. Im Folgenden werden beispielhaft einige Bauarten von Schließeinheiten dargestellt.

In kleineren Maschinen kommen beispielsweise so genannte *„Zangenschließeinheiten“* zum Einsatz (Bild 2.34). Diese hydraulischen Schließeinheiten sind horizontal montiert und öffnen/schließen wie eine Zange. Sie werden meist in kontinuierlicher Extrusion eingesetzt und bewegen sich horizontal zwischen der so genannten Kopfposition und der Blasposition.

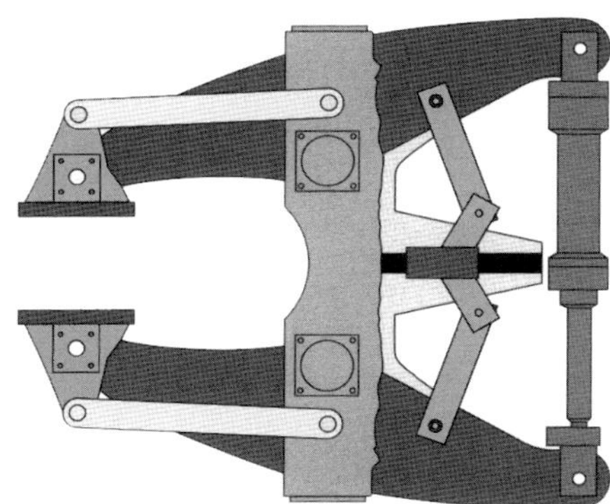

Bild 2.34 „Zangen“-Schließeinheit (Bild: Kautex Maschinenbau)

Bild 2.35 zeigt eine kleine „Drei-Platten“-Schließeinheit. Diese hydraulische Schließeinheit hat nur einen hydraulischen Zylinder, der beide Formaufspannplatten symmetrisch zur Formtrennebene bewegt, synchronisiert durch einen Riemen oder ein Hebelsystem. Diese Schließeinheiten stehen aufrecht und kommen auch in Doppelstationen-Maschinen zum Einsatz, wo die beiden Schließeinheiten abwechselnd nacheinander die Vorformlinge übernehmen.

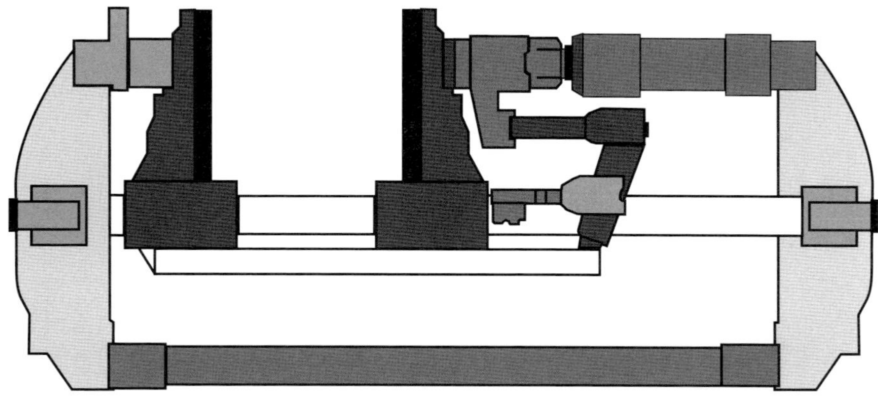

Bild 2.35 Kleine „Drei-Platten“-Schließeinheit (Bild: Kautex Maschinenbau)

Für größere Blasformteile werden große Schließeinheiten eingesetzt, wie sie in Bild 2.36 und Bild 2.37 dargestellt sind, oft als stationäre Einheiten in Verbindung mit dem Speicherkopfverfahren oder mit Schlauchzubringern. Die Formaufspannplatten in diesen Schließeinheiten mit zwei hydraulischen Schließzylindern können von der Extruderplattform hängend oder auf dem Maschinenrahmen stehend angeordnet sein. Die Aufspannplatten bei den „Drei-Platten“-Systemen werden über einen Zahnriemen synchronisiert.

Wie in der Spritzgießtechnik, wo vollelektrische Maschinen seit vielen Jahren zum Stand der Technik gehören, ist auch in der Blasformtechnik ein deutlicher Trend in Richtung elektrisch angetriebener Maschinen zu erkennen.

Heute gibt es am Markt eine große Bandbreite vollelektrischer Schließeinheit-Systeme. Die meisten verfügbaren elektrischen Blasformmaschinen setzen in ihren *vollelektrischen Schließeinheiten* Kniehebelsysteme und Servoantriebe ein. Das Kniehebelsystem ist so ausgelegt, dass beide Formaufspannplatten mit dem entsprechenden Hebel exakt die gleiche Federkonstante haben und somit unter Last die gleichen Deformationen aufweisen. Ein wesentlicher Nachteil von Kniehebelsystemen ist der Umstand, dass die Schließgeschwindigkeit zum Ende des Schließwegs gegen Null geht. Dies ist für den Blasformprozess ungünstig, weil gerade am Ende des Schließwegs eine gewisse Schließgeschwindigkeit erforderlich ist, um eine gute Abquetschung in den Schneidkanten zu erzielen. Meist kommt daher ein Servomotor zum Einsatz, der die Schließgeschwindigkeit zum Ende der Schließbewegung erhöhen kann, um diesen Nachteil zu kompensieren.

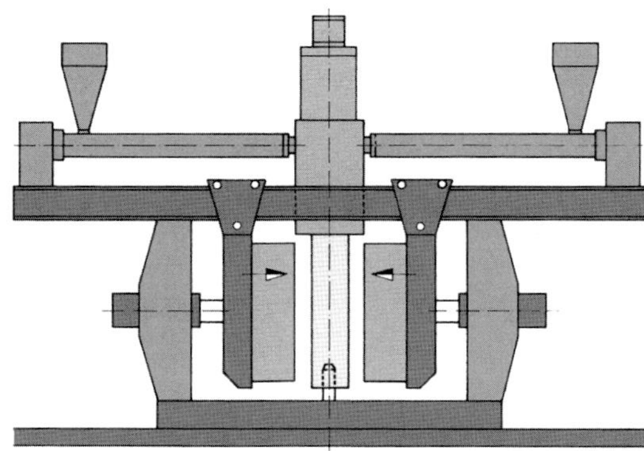

Bild 2.36 Große Schließeinheit mit zwei Hydraulikzylindern [2]

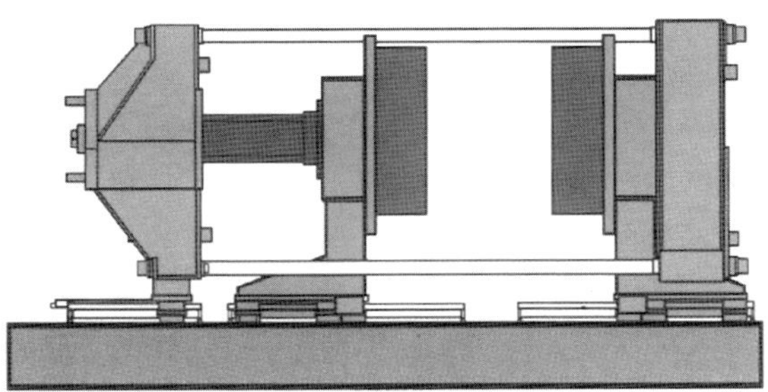

Bild 2.37 Große Schließeinheit mit „Drei-Platten"-System und nur einem Hydraulikzylinder (Bild: Kautex Maschinenbau)

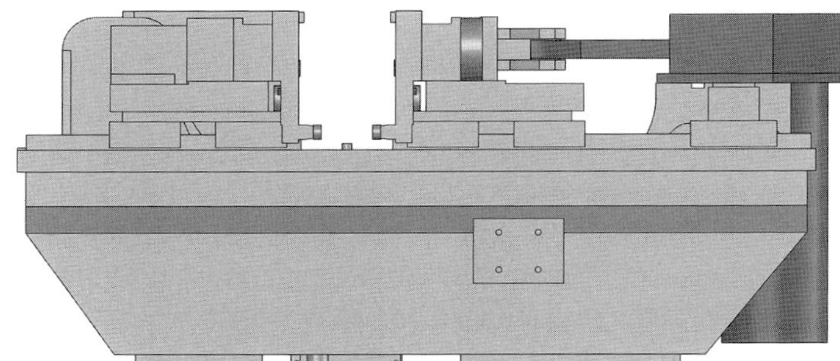

Bild 2.38 Vollelektrische Schließeinheit mit horizontalem Kniehebel und Servomotor (Bild: Kautex Maschinenbau)

Eine vollelektrische Schließeinheit mit zwei Elektromotoren, einer für die schnelle Schließbewegung und einer für eine langsamere Schließbewegung auf den letzten 50 mm, der dann die Schließkraft aufbaut, ist in Bild 2.39 dargestellt. Ein spezielles Getriebe in Verbindung mit einer Kugelumlaufspindel schaltet von einem Motor auf den anderen um.

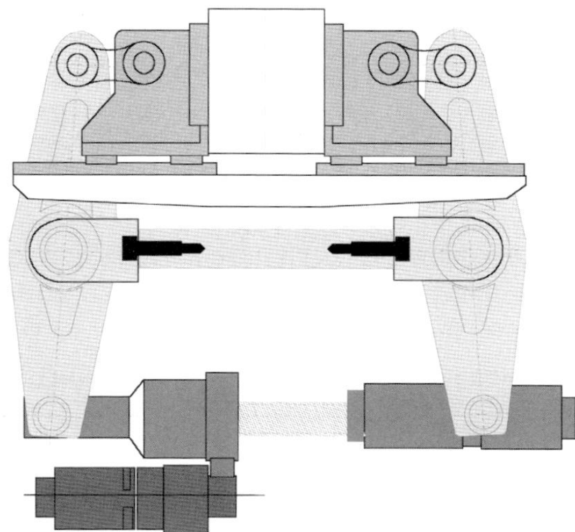

Bild 2.39 Vollelektrische Schließeinheit mit zwei Servomotoren und Kugelumlaufspindel (Bild: Kautex Maschinenbau)

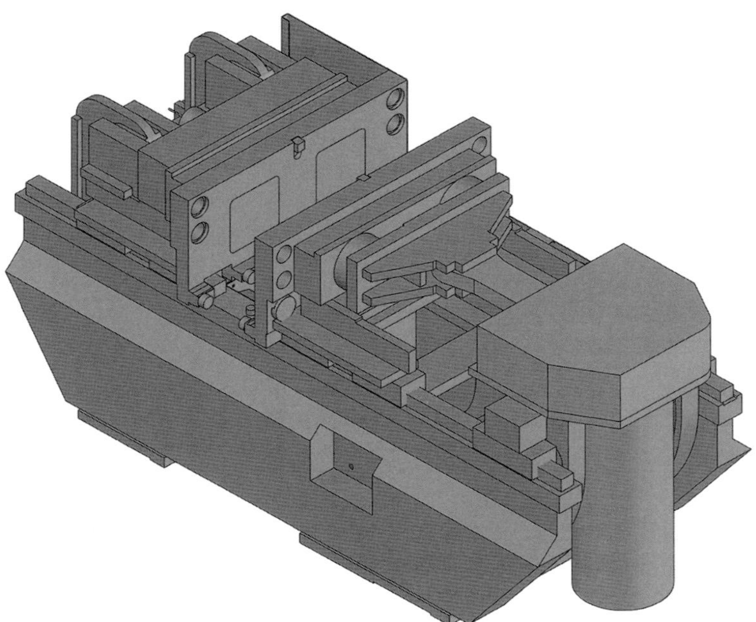

Bild 2.40 Hybrid-Schließeinheit mit schnellem Elektroantrieb und hydraulischen Verriegelungselementen (Bild: Kautex Maschinenbau)

2.3.8 Steuerungen

Unter Mitwirkung von Achim Trübner, Kautex Maschinenbau

Bis in die späten siebziger, frühen achtziger Jahre des vorigen Jahrhunderts wurden in erster Linie Blasformmaschinen mit Schützsteuerung ausgeliefert. Diese Steuerungsart bot den Vorteil, dass die elektrischen Bauelemente von entsprechend ausgebildetem Wartungspersonal überprüft und im Störfall leicht ausgetauscht werden konnten. Steuerungsänderungen waren mit einfachsten Hilfsmitteln durchführbar. Dem standen als Nachteile die Störanfälligkeit und geringe Lebensdauer durch Verschleiß mechanisch bewegter Teile, die Vielzahl der Bauelemente (bis zu 150 Schütze, 12 Temperaturregler usw.), die Größe der Bauelemente und die Art der Verbindung dieser Elemente gegenüber. Diese Steuerungsart wurde „verbindungsprogrammierte Steuerung" genannt.

Bereits 1978 wurde eine Steuerungsart für Blasformmaschinen vorgestellt, die diese Nachteile vermeidet. Es handelt sich hier um die speicherprogrammierbare Steuerung (SPS) für den automatischen Funktionsablauf der Blasformmaschine.

Im Gegensatz zu den verbindungsprogrammierten Steuerungen liegen bei *speicherprogrammierten Steuerungen* (SPS) die logischen Verknüpfungen der Maschine nicht in der Verdrahtung der einzelnen Bauelemente, sondern in einem Speicher (EPROM) vor. SPS-Steuerungen, die in der Blasformtechnik eingesetzt werden, sind beispielsweise die Siemens S5 (und zunehmend S7) oder Barber Colmans MACO controls. Heute kommen vorzugsweise PC-basierte Steuerungen zum Einsatz.

Zusätzlich zur reinen Ablaufsteuerung der Maschine (Bewegungen der Schließeinheit, Ausstoßvorgang des Akkukopfes, Blasform öffnen und schließen, Blasdorn vor- und zurückfahren, Beginn des Vorblasens, Beginn des Aufblasens, Aufblaszeit, Entlüftung usw.) übernimmt die PC-Steuerung eine Reihe weiterer Funktionen:

- die Temperaturregelung aller Heizzonen (Extruder, Kopf, Düse),
- Extruderdrehzahl,
- die digitale Wegerfassung für Blasformwerkzeug- und Blasdornbewegung,
- die Geschwindigkeitsregelung für Blasformwerkzeug- und Blasdornbewegung,
- die Wanddickensteuerung (früher meist 64, 128 oder mehr Punkte, heute meist frei wählbar) für die kontinuierliche und diskontinuierliche Extrusion,
- die Schlauchlängenregelung,
- die Prozessdatenerfassung und Überwachung,
- die Fehlerdiagnose, einschließlich einer Ferndiagnose und Fehlerbehebung via web-basiertem Fernzugriff und
- die Gewichtsregelung.

Der Maschineneinrichter nimmt alle Einstellungen der Maschine über eine Bedienoberfläche vor, der mit der echtzeitfähigen Software-SPS verbunden ist. Das HMI (Human-Machine-Interface) dient ausschließlich der Visualisierung von Maschine und Prozess sowie der Eingabe von Befehlen durch den Maschineneinrichter sowie der Rezeptverwaltung.

Alle Maschinen und Produkteinstellungen können als Rezept abgespeichert werden. In der Regel können diese Rezepte dann mittels USB Stick oder Netzwerkzugriff unabhängig von der Maschine verwaltet und gesichert werden. An cloudbasierten Systemen zur kontinuierlichen Datenspeicherung und Auswertung wird auch bereits gearbeitet. Die Maschinenfunktionen selbst werden durch die SPS gesteuert. Die Software-SPS ist ein vom Betriebssystem unabhängiges System, das selbst dann noch funktionsfähig ist, wenn im Bedien-PC Probleme auftreten.

In den ersten Jahren waren die SPS-gesteuerten Maschinen noch „zentral verdrahtet“, das bedeutet, dass alle Signalleitungen zur zentralen SPS verlegt werden mussten.

Moderne Maschinensteuerungen arbeiten heute mit so genannten *Industrial-Ethernet-Protokollen* wie beispielsweise, Ethernet-IP, EtherCAT (Beckhoff), ProfiNet (Siemens). Hier werden die Signale von der SPS über ein Bus-System von und zu den Steuerungselementen gesendet bzw. empfangen. Eine zentrale Einheit innerhalb der SPS wandelt die Informationen in Signale um, die dann zu einer dezentralen Transfereinheit gesendet werden (Bild 2.41). Die individuellen Steuerelemente sind über digitale sowie analoge Input- und Output-Einheiten relativ kurzen 24 V-Kabeln verbunden. I/O-Link ist neuerdings eine Alternative zum Einsatz von analogen Signalgebern.

Eine derartige Bus-Steuerung ermöglicht einen erheblich reduzierten Verdrahtungsaufwand in der Maschine. Während früher eine Vielzahl einzelner Kabel gesteckt bzw. gezogen werden mussten, hat man heute lediglich ein oder zwei Netzwerkkabel. Darüber hinaus ist sie viel weniger empfindlich gegen elektromagnetische Interferenzen (EMV) als die eingangs beschriebene klassische Lösung. Neuere Trends nutzen bereits drahtlose Kommunikationswege, beispielsweise bei WLAN basierten Roboter-Tools zum Einlegen von Komponenten in Kraftstofftanks (vgl. Abschnitt 2.6.2) und der späteren Entnahme der fertigen Kraftstofftanks.

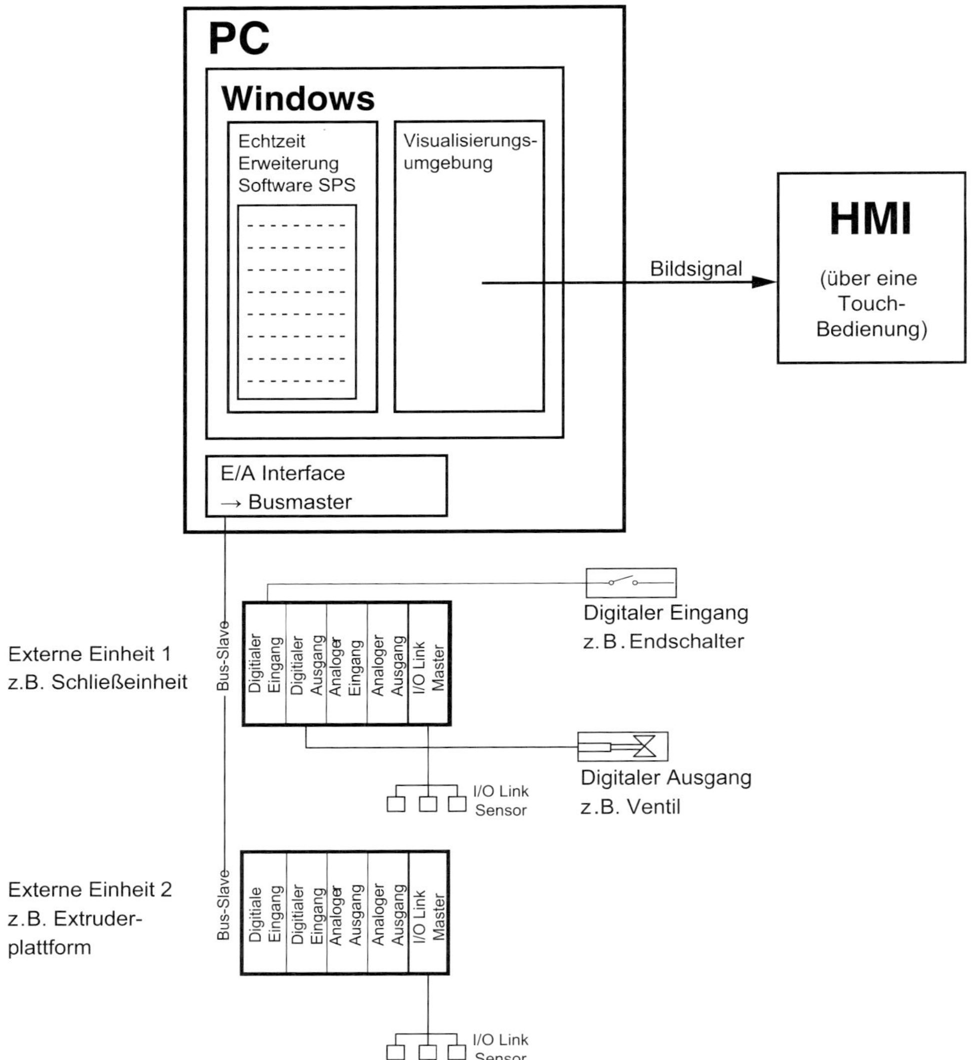

Bild 2.41 Dezentralisierung von I/Os (Bild: Kautex Maschinenbau)

2.3.8.1 IPC-Steuerung (Industrie-PC)

Der heutige Standard auf dem Gebiet der Maschinensteuerungen ist die IPC-Steuerung. Die IPC-Steuerung basiert auf nur einer einzigen Hardware für die Steuerung und Visualisierung des Blasformprozesses (Bild 2.42). Sie basiert auf Microsoft Windows 7 oder höher und arbeitet mit einer deutlich reduzierten Anzahl elektronischer Standardkomponenten. Mittels eines zweiten Schedules, in Form einer Kernel-Erweiterung, wird eine „harte" Echtzeitfähigkeit im µs-Bereich erreicht, die eine Vielzahl von SPS-Tasks pro PC nebst NC-Steuerung für die Achsbewegungen und PID-Regelungen für die Temperatursteuerung substituiert. Weitere Vorteile sind eine einfache Datenanbindung von übergeordneten Rechnern an die IPC-Steuerung über TCP/IP für Ferndiagnose, Prozessdatenerfassung und -auswertung, sowie eine vereinfachte Bedienung über „Touch Screen"-Bildschirme und flexible Visualisierung [19].

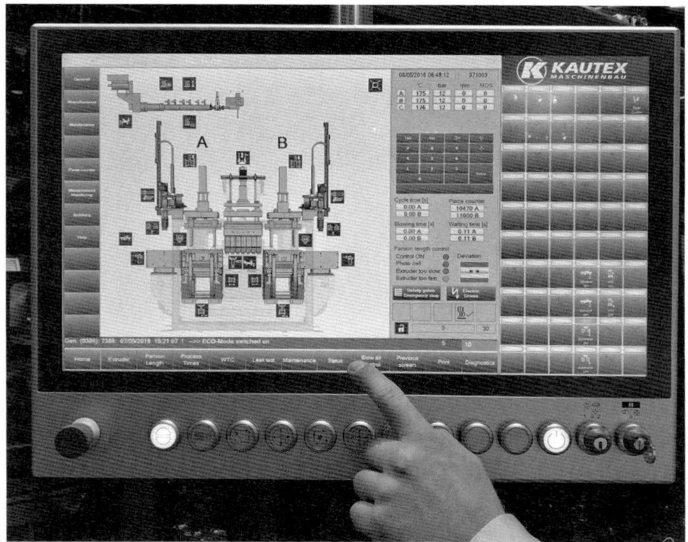

Bild 2.42 Industrie-PC-Steuerung (IPC) (Bild: Kautex Maschinenbau)

2.3.9 Kühlung

Nach [20] wird die Wirtschaftlichkeit des Extrusionsblasformens wesentlich durch die Kühlzeit bestimmt. Sie beträgt je nach Material und Wanddicke bis zu 90 % und mehr der Zykluszeit. Die Kühlzeit ist die Zeit, die der Blasartikel nach dem Aufblasen im Werkzeug verbleibt, bis die Materialtemperatur erreicht ist, bei der der Artikel eine ausreichende Festigkeit zum Entformen hat. Bei starker Kühlung wird die Abkühlzeit verringert und somit die Wirtschaftlichkeit erhöht. Durch eine zu starke Kühlung kann jedoch Kondenswasser im Werkzeug entstehen, und durch feuchte Werkzeugoberflächen nimmt die Oberflächenqualität der Artikel ab. Details zur Ausführung von Kühlkanälen siehe Abschnitt 2.4.3.

2.3.9.1 Schwindung und Verzug

Ein weiterer Aspekt zur Kühlung ist die *Schwindung (Schrumpf)* bzw. der Verzug der Artikel. Nach DIN EN ISO 294-4, 1998 wird unterschieden zwischen Verarbeitungsschwindung, Nachschwindung und Gesamtschwindung. Die *Verarbeitungsschwindung* ist die Maßdifferenz eines abgekühlten Probekörpers bei Raumtemperatur gegenüber dem Formnest, in dem er geformt wurde. Sie wird in Prozent bezogen auf die betreffende Formnestabmessung angegeben. Mit Nachschwindung wird die relative Maßänderung eines geformten Probekörpers zwischen Beginn und Ende einer Nachbehandlung bei Raumtemperatur bezeichnet. Die *Gesamtschwindung* fasst die Verarbeitungsschwindung und die Nachschwindung zusammen und ist die Maßdifferenz eines Probekörpers am Ende der Nachbearbeitung gegenüber dem Formnest in Prozent. Für das Extrusionsblasformen werden die Schwindungsarten zusätzlich in tangentiale Schwindung ST und axiale Schwindung SA in Bezug auf den zylindrischen Vorformling eingeteilt. Dadurch wird die Ausrichtung der Makromoleküle des Kunststoffs durch den Fertigungsprozess berücksichtigt. Analog wird beim Spritzgießen von Schwindung parallel und senkrecht zur Fließrichtung gesprochen.

Die Schwindung ist stark materialabhängig. Dies gilt im Besonderen für teilkristalline Thermoplaste. In Bild 2.43 ist das spezifische Volumen eines PE-HD bei verschiedenen Drücken in Abhängigkeit von der Temperatur aufgetragen. Es ist zu erkennen, dass die bei ca. 150 °C einsetzende Kristallisation bei ca. 100 °C vollständig abgeschlossen ist. Einige Anhaltswerte für die Schwindung sind in Abschnitt 5.2 angegeben.

Im Werkzeug wird die Schwindung durch den anstehenden Blasdruck und durch das Anliegen an die gekühlte Werkzeugwand behindert. Daraus resultiert im Blaswerkzeug zumeist eine Wanddickenabnahme. Erst nach Überwindung der Reibung an der Werkzeugwand schwindet das Material auch in tangentialer und radialer Richtung, und es kann in Abhängigkeit von der Geometrie zu einem Abheben des Kunststoffs von der Werkzeugwand kommen. Nach dem Entformen des Artikels aus dem Werkzeug erfolgt das freie Schwinden des Materials.

Durch ungleichmäßiges Abkühlen, meist verursacht durch die verfahrensbedingten unterschiedlichen Wanddicken, entstehen Spannungen im Material. Nach Entnahme der Artikel bauen sich diese Spannungen durch Verformungen ab. Diese bleibende Maßänderung wird als Verzug bezeichnet. Verbleibt der Artikel durch den anstehenden Blasdruck unter Formzwang länger im Werkzeug, nimmt die Neigung zum Verzug ab. Die Form des Artikels im Werkzeug wird durch das Abkühlen eingefroren. Die Eigenspannungen im Material nehmen durch das Einfrieren des Verformungszustands zu.

In Bild 2.43 ist die starke Änderung des spezifischen Volumens teilkristalliner Werkstoffe während der Kristallbildung zu sehen. Dieser Effekt begünstigt die Bildung von Spannungen im Material während des Abkühlens. Daher weisen teilkristalline Thermoplaste eine sehr viel höhere Neigung zum Verzug auf als amorphe Thermoplaste. Für die Produktion maßhaltiger Bauteile muss eine geeignete Kühlstrategie durchlaufen werden. Für die Planung solcher Kühlstrategien gibt [20] eine erste Faustregel an:

Je höher die Anforderung an die Maßgenauigkeit und je größer zu gleicher Zeit gewollte oder ungewollte Wanddickenunterschiede im Blasteil vorgegeben sind, umso länger muss die Kühlzeit eingestellt werden.

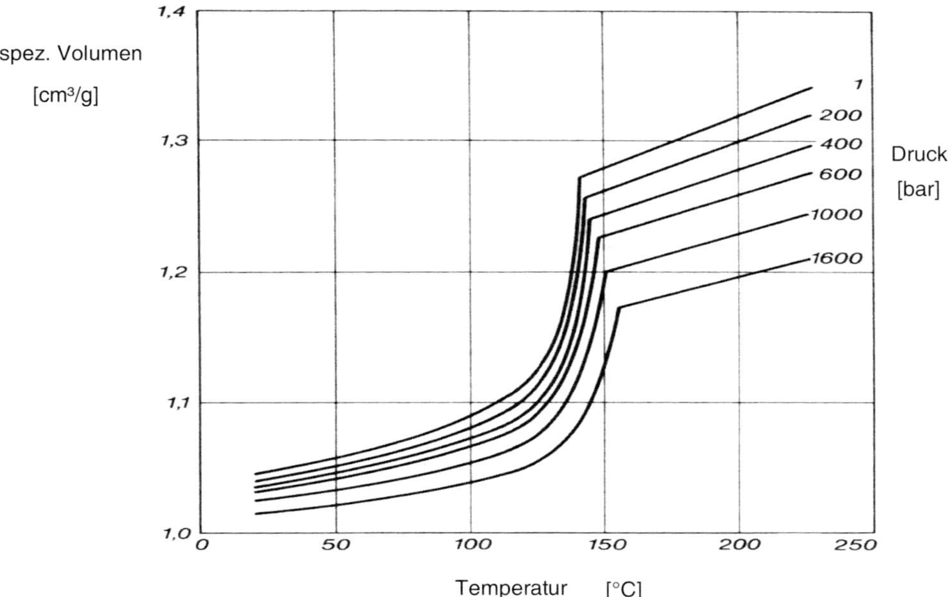

Bild 2.43 Abhängigkeit des spezifischen Volumens eines PE-HD von der Temperatur bei verschiedenen Drücken [1]

Eine wichtige Zielgröße für eine kurze Abkühlzeit ist also eine möglichst gleichmäßige Wanddickenverteilung, im Besonderen mit der Vermeidung von extremen Dickstellen. Da es aber auch verfahrensbedingte Wanddickenunterschiede gibt, die durch Wanddickensteuerungsverfahren nicht ausgeglichen werden können, finden in der Praxis zwei Strategien zur Verbesserung der Abkühlung Anwendung:

- die Innenkühlung und
- der Einsatz von Nachkühlvorrichtungen.

Das Kühlwasser für die Blasform wird von speziellen Kühlaggregaten (siehe Abschnitt 2.5.1) zur Verfügung gestellt. Für Polyolefine wird in der Regel eine Kühlwassertemperatur von 6 bis 8 °C benötigt. Die Kühlkapazität des Kühlaggregats muss so ausgelegt werden, dass zwischen Vor- und Rücklauf eine Temperaturdifferenz von höchstens 2 K bei einem Druckverlust von nicht mehr als 3,5 bar erreicht werden kann. Das Kühlwasser muss sauber sein und sollte in einem geschlossenen Kreislauf geführt werden.

Das Kühlwasser für die Extrudereinzugszone und das Hydraulikaggregat muss nicht unbedingt vom Kühlaggregat bereitgestellt werden, hier reichen Wassertemperaturen von 18 bis 20 °C aus.

2.3.10 Luft

In einer Blasformmaschine wird Luft grundsätzlich für vier Einsatzzwecke verwendet: Die Vor- und Aufblasluft dehnt den Vorformling, bis sich dieser an die Formwand anlegt, um die Gestalt der Blasform abzubilden. Die Aufblasluft drückt das Material gegen die Formwand, um Oberflächendetails wie z. B. Beschriftungen, Oberflächentexturen usw. abzubilden. Des Weiteren wird durch den Aufblasdruck ein guter und dauerhafter Kontakt zwischen der Formwand und dem Polymer begünstigt, da dieses während der Kühlzeit zu schrumpfen beginnt. Zusätzlich zu diesen direkt mit dem tatsächlichen Blasformprozess benötigten Funktionen wird Luft für pneumatisch aktivierte Funktionen in der Maschine benötigt, wie beispielsweise das Einschießen einer Blasnadel, um Formteile (Kernzüge) oder Türen im Schutzgitter der Maschine zu bewegen.

Wo immer dies möglich ist, sollte die Blasluft durch eine möglichst große Öffnung in den Vorformling eingebracht werden. So kann ein ausreichend großer Luftstrom bereitgestellt werden, um den Vorformling schnell aufzublasen. In den meisten Fällen geschieht dies durch Blasdorne, die nach dem Schließen der Blasform von oben in den Vorformling eingeschossen oder von unten in den offenen Vorformling eingeführt werden, bevor sich die Form schließt.

Allerdings verfügen nicht alle Anwendungen über entsprechend große Öffnungen wie die meisten Verpackungsanwendungen, sodass in solchen Fällen so genannte Blasnadeln in den Vorformling eingeschossen werden. Dies kann während oder nach dem Schließen der Form geschehen.

In den meisten Fällen reichen Druckluftsysteme mit 8 bis 10 bar Luftdruck und sauberer sowie ölfreier Luft für die genannten Anwendungszwecke aus. In einigen Fällen, zum Beispiel aus Sicherheitsgründen oder um die Zykluszeit zu reduzieren, installieren Blasformbetriebe zwei unterschiedliche Druckluftkreise: einen Druckluftkreis für die Blasluft mit 16 bar und einen zweiten Kreislauf, der nicht unbedingt absolut ölfrei arbeiten muss, mit 6 bis 8 bar für die pneumatischen Funktionen.

Anders als in der Spritzgießtechnik kann beim Blasformen die Wärme nur einseitig über die gekühlte Blasformoberfläche aus dem geschmolzenen Kunststoff abgeführt werden. Um die Zykluszeit möglichst kurz zu gestalten, gibt es einige Methoden, zusätzlich Wärme über die Blasluft aus dem Kunststoff abzuführen.

Eine Möglichkeit ist das so genannte „Intervall-Blasen". Dies bedeutet, dass in einer Abfolge kurzer Intervalle Blasluft in das Blasformteil eingeblasen wird, gefolgt von kurzen Intervallen, in denen die aufgeheizte Luft aus der Blasform herausgelassen (entlüftet) wird. Da hier das ausgetauschte Luftvolumen relativ gering ist, kann bei der so genannten „Umkehrspülung" ein relativ großes Luftvolumen durch das Blasformteil strömen. Die in den Hohlkörper eingeblasene Luft wird durch eine zweite Öffnung abgelassen, sodass ein ständiger Austausch der Blasluft im Werkzeug durch kühle Luft von außen gewährleistet ist. In jedem Fall ist es wichtig, die Auslassöffnung so auszulegen, dass ein gewisser Innendruck im Blasformteil aufrecht erhalten wird. Vorteil der Methode ist die Verdoppelung der Kühlfront. Die Wärme muss nicht mehr ausschließlich nach außen abfließen [21]. Auch ist die Methode im Volumen der Artikel beschränkt. Für einen Artikel in der Größe eines Spundfasses müssten ca. 210 m^3 Luft pro Minute vom Umgebungsdruck (1 bar) auf 5 bar Blasdruck komprimiert und eingeleitet werden, um einen mittleren Wärmeübergangskoeffizienten von $\alpha_1 \approx 50$ W/m^2 K zu erzielen [21].

Ein weiterer Weg, die Zykluszeit zu reduzieren, ist der Einsatz von trockener, tiefkalter Luft mit Lufttemperaturen von bis zu −45 °C. Mit z. B. Beko Blizz-Luftaufbereitungsanlagen [22] wird die Luft getrocknet und gekühlt. In Verbindung mit der Wasserkühlung der Form kann durch den Einsatz von tiefkalter Luft, in Verbindung mit Intervall-Blasen oder Umkehrspülung, ein erheblicher Anteil von Wärme aus dem Blasformteil abgeführt werden. Der Einsatz dieser tiefkalten Spülluft erzielt eine Zykluszeitreduzierung von 20 % bis 30 % [23]. Da die Blasformoberfläche bei Einsatz von sehr kaltem Wasser und tiefkalter Blasluft zum „Schwitzen" neigt (Kondensation von Luftfeuchtigkeit auf der Werkzeugoberfläche), wird der Einsatz von Trockenluftschleiergeräten empfohlen. Eine weitere Variante ist hingegen der Einsatz kalter und feuchter Luft, da die Wärmekapazität feuchter Luft höher ist, als die trockener [59].

2.3.11 Einzel-/Mehrfach-Kopf-Anlagen

Wie bereits oben erwähnt, können auf einer Blasformmaschine, abhängig von der Artikelgröße und dem Schussgewicht, ein oder mehrere Teile gleichzeitig produziert werden. Während große Blasformteile wie Fässer, Kunststoffkraftstofftanks oder auch größere Kanister zumeist auf Maschinen mit einem einzelnen Schlauchkopf und einer einzelnen Blasform hergestellt werden, kommen für kleinere Produkte wie kleinere Kanister oder Flaschen in den meisten Fällen Mehrfachköpfe/Mehrfach-Blasformen zum Einsatz (Bild 2.44).

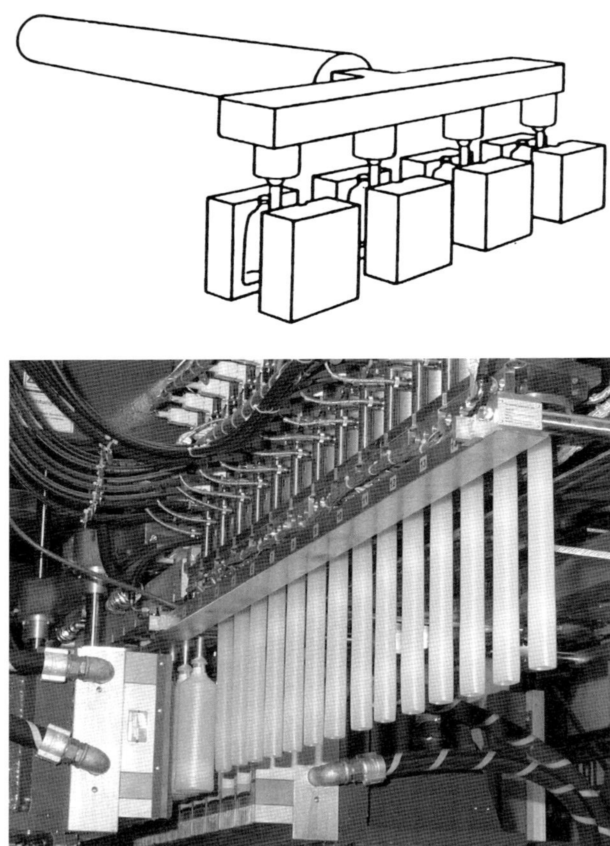

Bild 2.44 Mehrfachkopf/Mehrfachform [6] *(oben)*, (Bild unten: Kautex Maschinenbau)

Hier wird die vom Extruder angelieferte Schmelze in einem Schmelzeverteiler auf eine Anzahl kleinerer Schlauchköpfe aufgeteilt. Die Fließkanäle in einem solchen Verteiler werden so ausgelegt, dass der Fließweg für alle Köpfe gleich lang ist. Ein solcher Verteiler kann auch rheologisch ausgelegt werden. Es können unterschiedliche Fließkanaldurchmesser sowie Drosselschrauben eingesetzt werden. Drosselschrauben haben den Vorteil, dass Schlauchköpfe für Polymere mit unterschiedlichen Fließverhalten eingestellt werden können (Bild 2.45).

Für eine wirtschaftliche Produktion wird angestrebt, möglichst viele Blasformkavitäten auf der Formaufspannplatte einer Blasformmaschine unterzubringen. Aus diesem Grund ist es, wie oben bereits erwähnt, umso günstiger, je geringer der minimale Mittenabstand der zum Einsatz kommenden Schlauchköpfe ist. Größe des Extruders und Schließkraft der Maschine müssen für eine Mehrfachproduktion entsprechend ausgelegt werden.

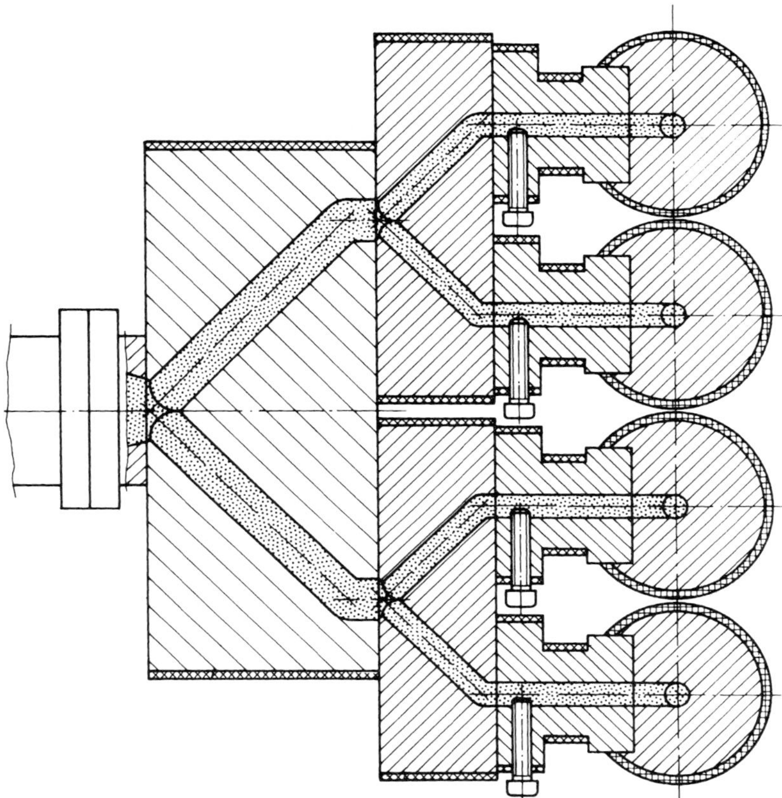

Bild 2.45 Schmelzeverteiler für einen Vierfach-Kopf (Bild: Kautex Maschinenbau)

2.3.11.1 Langhubmaschinen

Heute sind Mehrfach-Blasformmaschinen üblich, bei denen bis zu 16 Schläuche gleichzeitig extrudiert werden können, die dann in 16 einzelnen Blasformwerkzeugen oder in einem Werkzeug mit 16 Kavitäten aufgeblasen werden. In nachgeschalteten Stationen erfolgt die weitere Konfektionierung der „Behälter-Blöcke" [24]. Da die nebeneinander angeordneten Blasformen bei jedem Zyklus einen sehr großen Weg zwischen den Schlauchköpfen und der Blas-/Kühlposition zurücklegen müssen, heißen derartige Maschinen auch „Langhubmaschinen" (Bild 2.46 und Bild 2.48).

2.3.12 Ein-/Doppelstationen-Maschinen

Für eine Mehrfachproduktion müssen nicht zwangsläufig mehrere Köpfe mit mehreren Kavitäten kombiniert werden. Ein weiterer Weg, den Ausstoß einer Blasformmaschine zu erhöhen, ist der Einsatz von Doppelstationen-Maschinen. Die einfachste Version einer Doppelstationen-Maschine verfügt über einen einzelnen

Schlauchkopf, der von einem einzelnen Extruder mit der doppelten Menge an Schmelze versorgt wird. Auf zwei Schließeinheiten ist jeweils eine einzelne Blasform montiert. Diese Schließeinheiten fahren abwechselnd unter den Schlauchkopf, um jeweils einen Vorformling aufzunehmen. Während der Blas- bzw. Kühlzeit des Formteils in der Blasform A wird das Formteil in der Blasform B entformt, und die Schließeinheit B übernimmt den nächsten Vorformling. Während der Kühlzeit des Formteils in Blasform B wird das Formteil in Blasform A entformt usw. (Bild 2.47). Anstatt die Schließeinheiten abwechselnd unter den Schlauchkopf zu bewegen, kann auch ein Schlauchzubringer den jeweiligen Vorformling abwechselnd in Schließeinheit A und B transportieren (wie im Abschnitt 2.3.4 beschrieben).

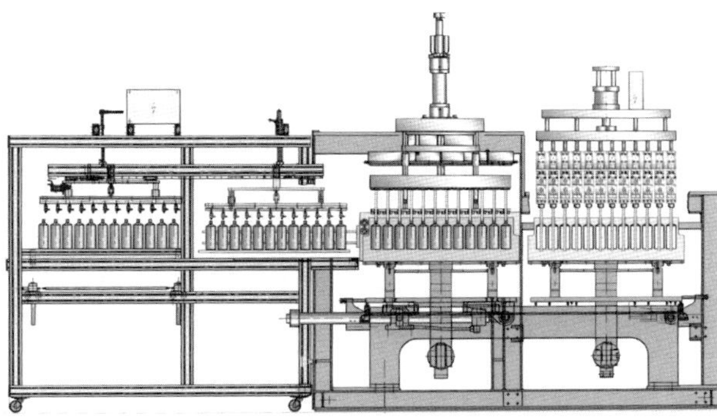

Bild 2.46 12-fach Langhubmaschine (Einstationenmaschine) (Bild: Kautex Maschinenbau)

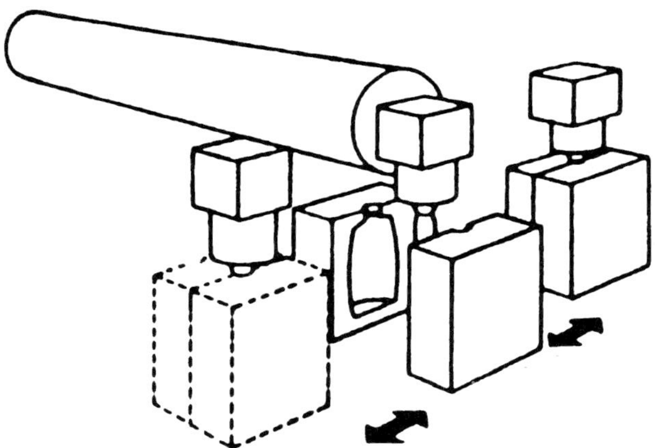

Bild 2.47 Prinzip einer Doppelstationenanlage [4]

2.3.12.1 Kombinationen der beiden Prinzipien

Beide Prinzipien kombiniert findet man in Doppelstationen-Anlagen mit Mehrfachköpfen/-Kavitäten. Auch die oben beschriebenen Langhubmaschinen werden als Ein- und Zwei-Stationenmaschinen angeboten. Die in Bild 2.48 dargestellte

2 × 12-Fach-Maschine ist für eine Ausstoßleistung von bis zu 40 Mio. Flaschen (0,25 Liter) angegeben. Es sind heute Maschinen bis 2 × 17-Fach im Einsatz. Damit stoßen diese Langhubmaschinen, auch Multikavitäten-Maschinen genannt, in Leistungsbereiche vor, die bislang den klassischen Rundläufermaschinen (s. auch Abschnitt 2.3.13) vorbehalten waren [24].

Bild 2.48 2 × 12-Fach Langhubmaschine für extrem hohe Ausstoßleistungen (Werkbild: Bekum)

2.3.13 Blasräder

Während in Europa von Beginn an überwiegend ausschließlich Shuttle-Maschinen im Einsatz sind, waren die ersten Blasformmaschinen in den USA Radmaschinen (Blasräder) [6] (Bild 2.49). Auf diesen Maschinen sind mehrere Blasformwerkzeuge am Umfang eines Drehtisches mit vertikaler oder horizontaler Drehachse in Revolver- bzw. Mühlradausführung installiert [24], die nacheinander Abschnitte eines einzelnen, kontinuierlich extrudierten Vorformlings übernehmen. Diese Maschinen werden für große Ausstoßleistungen des gleichen Artikels mit meist bis zu 5 Litern (selten bis 30 Litern) Inhalt eingesetzt.

Eine klassische Rundläufermaschine (Rotary-Wheel-Machine) ist schematisch in Bild 2.50 dargestellt. Die Hohlkörper werden aus dem kontinuierlich extrudierten Vorformling so geblasen, dass sie als „endlose" Kette aus der Maschine austreten. Die am Umfang angebrachten Blasformwerkzeuge öffnen und schließen durch eine Klappbewegung meist nur einer Formhälfte. Im weiteren Drehverlauf wird der Schlauch mit Hilfe von Blasnadeln aufgeblasen. Der Bodenbutzen einer Flasche hängt mit dem Kopfbutzen der nächsten Flasche zusammen. Die Flaschen werden außerhalb der Blasmaschine entbutzt und die Dichtfläche meist durch Fräsen hergestellt [24].

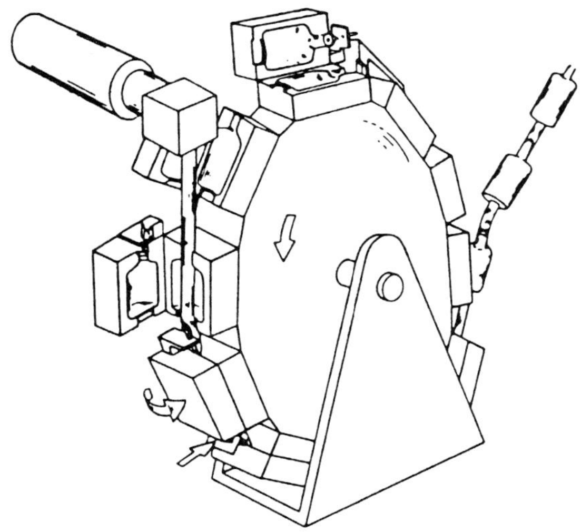

Bild 2.49 Blasrad mit Schlauchausstoß nach unten [6]

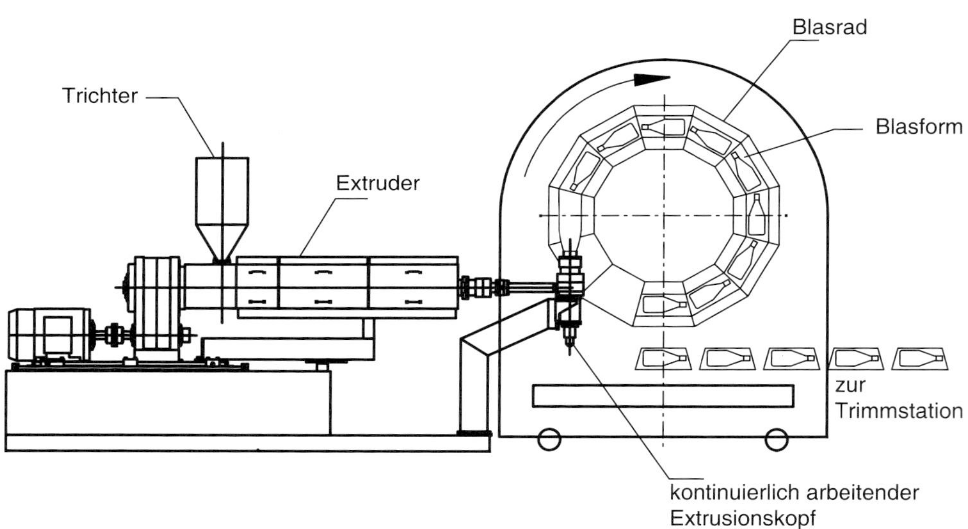

Bild 2.50 Blasrad [25]

Es sind Anlagen mit

- 4 bis 24 Stationen,
- 1- bis 2-fach Produktion (zwei Schläuche),
- 80 ml bis ca. 30 Liter Artikelvolumen

im Einsatz. Eine Zweifach-24-Stationen-Maschine kann mit „Neck-to-neck"-Formen (Bild 2.51) bis zu 1 Million Flaschen täglich produzieren [26].

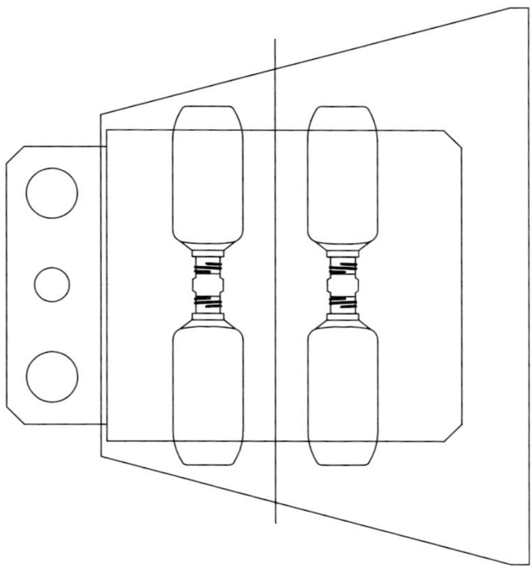

Bild 2.51 Zweifach- „Neck-to-neck"-Produktion [25]

Haupteinsatzgebiete für Blasräder sind neben der Milch- und Molkereiindustrie Motorölflaschen und Chemikalienbehälter [25].

Nach [1 und 25] hat dieses Verfahren folgende *Vorteile:*

- der Vorformling kann sowohl über die normale Wanddickensteuerung programmiert werden als auch in gewissen Grenzen über die Drehgeschwindigkeit des Rades, wodurch der Vorformling gestreckt wird;
- komplett mechanische, kurvengesteuerte Maschinen ohne Timer und Hydraulik, die sehr stabil laufen;
- Sichtstreifeneinrichtung (s. a. Abschnitt 2.6.7) leicht zu implementieren;
- Coextrusionsblasformen (s. a. Abschnitt 2.6.1.1) bis zu 7 Schichten möglich;
- In-Mold Labelling (s. a. Abschnitt 2.6.6) möglich.

Dem stehen folgende *Nachteile* gegenüber:

- Zwischen den einzelnen Blasformen befinden sich Butzenabfälle, die recycelt werden müssen.
- Aufgrund der vorgegebenen Teilung auf dem Radumfang fällt bei kleineren Flaschen prozessbedingt deutlich mehr Butzenabfall an als bei größeren.
- Ein zusätzlicher Nachbearbeitungsschritt für den Hals der Flaschen ist erforderlich.
- Der Hals der Flaschen ist ausgeblasen, es muss eine Art verlorener Kopf oberhalb des Flaschenhalses abgeschnitten werden.

Neuere Maschinenentwicklungen erlauben auch das Blasen mit Kalibrierblasdornen (Calibrated-Neck-Finishing) und Entbutzen in der Maschine (engl.: in mould trimming). Damit werden die Vorteile von Blasrädern mit denen von Shuttlemaschinen kombiniert [24].

2.4 Blasformwerkzeuge

In Zusammenarbeit mit Otto Eiselen, Heco (1. Auflage) und Daniel Leiss, Werkzeugbau Leiss GmbH

2.4.1 Formaufbau

Der Aufbau eines Blasformwerkzeugs ist abhängig von der Artikelgeometrie, dem Artikelvolumen, der insgesamt auszubringenden Stückzahl, der Blasformmaschine beim Bläser und dem gewünschten Automatisierungsgrad. In die Überlegungen zum Aufbau einer Blasform gehen, wie auch bei der Auswahl eines geeigneten Formwerkstoffs, das zu fertigende Produkt, der eingesetzte Prozess und Kostenaspekte ein. Über die auszubringende Stückzahl lassen sich Blasformen in Prototyp-Formen und Produktionsformen einteilen.

2.4.1.1 Prototyp-Formen in Gießharzaufbau

Hierzu wird zunächst ein Modell erstellt und anschließend in einem Formkasten mit einem Harz abgegossen. In den Formkasten werden vor dem Abguss in entsprechendem Abstand zum Modell Kühlrohre z. B. aus Kupfer mit eingelegt und umgossen. Empfehlenswert sind diese Formen jedoch nur für geringe Stückzahlen und einfache Geometrien. Im Harzbereich darf nicht überquetscht werden.

Vorteile:

- Kostengünstige Lösung.
- Kurze Lieferzeiten sind realisierbar.

Nachteile:

- Bei den Modellen muss der Schrumpf des Blasformteils berücksichtigt werden.
- Formen sind nur für einige Anschauungsmuster brauchbar.
- Produktionsoptimierung ist nicht möglich.

2.4.1.2 Prototyp-Formen mit Metalloberfläche und Gießharzhinterfütterung

Das Modell wird hierzu in einen Formkasten eingebaut und mit einer aufgespritzten Metallschicht überzogen. Dieser Aufbau (Formkasten) wird danach mit einem metallgefüllten Harz ausgegossen. In die Harzhinterfütterung müssen wie in Abschnitt 2.4.1.1 Kühlrohre eingebettet werden.

Vorteile:

- Preiswerte Formen für erste Anschauungsmuster.
- Kurze Lieferzeiten sind realisierbar.

Nachteile:

- Bei den Modellen muss der Schrumpf des Blasformteils berücksichtigt werden.
- Änderungen sind praktisch nicht möglich.
- Produktionsoptimierungen sind nicht möglich.

2.4.1.3 Gegossene Prototyp-Formen aus Metallguss

Die empfehlenswerteste Variante der Prototyp-Form ist aus Hütten-Feinzinklegierung. Bei entsprechend geübtem Personal lassen sich diese Formen nahezu versatzfrei gießen. Mit vereinfachter Kühlung erhält man damit eine kostengünstige Form, die allen Anforderungen genügt und nicht kopiergefräst werden muss.

Vorteile:

- Artikeloptimierung möglich.
- Bezüglich Formkühlung nur unwesentlich schlechter als eine Produktionsform.
- Schneidkantenoptimierung möglich.
- Die auszubringende Stückzahl ist nicht begrenzt.
- Änderungen sind einfach möglich.

Nachteile:

- Zeitaufwand und damit größere Kosten. Dieser Aufwand lohnt sich in jedem Fall innerhalb eines größeren Projekts, da mit diesen Formen eine Produktionsvoroptimierung und eine Produktoptimierung möglich sind.

Prototyp-Formen aus Aluminiumguss sind wirtschaftlich nur sinnvoll, wenn die Geometriedaten von Datenträgern übernommen werden können und die Artikelgeometrie eine direkte Umsetzung auf das Formnest ermöglicht. Bei der Aluminium-Guss-Form muss die Formnestkontur kopiergefräst werden.

Der Gesamtaufwand für eine Aluminium-Prototyp-Blasform ist ca. 20 % höher als für die Zinkguss-Form, da hier auch ein Stahlrohr-Kühlkäfig erforderlich ist, der mehr Aufwand erfordert als ein Kühlrohrkäfig aus Kupferrohr. Eine gebohrte Kühlung ist bei Aluminiumguss-Formen nicht möglich, da der Aluminiumguss porös ist.

2.4.1.4 Prototyp-Formen aus Aluminium

Bei Artikeln die mit Serienformen auf Langhubmaschinen (bis zu 18 Kavitäten) produziert werden sollen, wird häufig eine Pilotform aus Aluminium mit seriennahem Aufbau, sowie seriennaher Kühlung und Entlüftung angefertigt. So kann man mit einer günstigen Form möglichst genaue Ergebnisse erzielen und somit eine zeit- und kostenaufwändige Anpassung der Serienform vermeiden.

Mit der Zeit wird es auch möglich sein, Blaswerkzeuge für geringe Stückzahlen oder eben Prototyp-Formen mittels 3D-Metall-Druck herzustellen.

2.4.1.5 Produktionsformen

Eine Blasform ist in der Regel aus mehreren Einzelteilen aufgebaut. Bild 2.52 zeigt einen prinzipiellen Formaufbau für eine Blasform zur Herstellung von Verpackungsteilen.

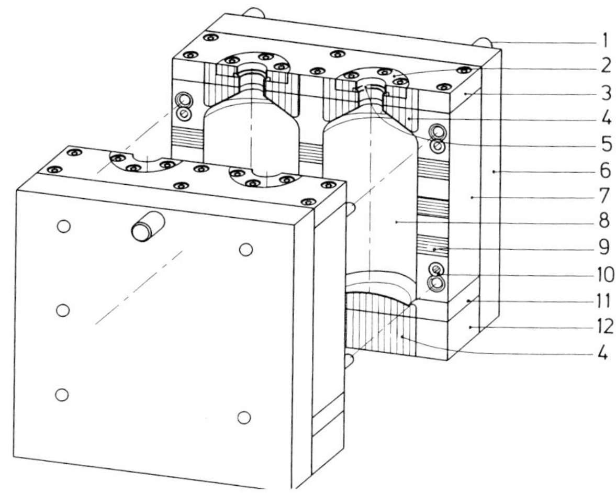

Bild 2.52 Blasformwerkzeug, prinzipieller Aufbau [50]
1: Zentrierbolzen, *2:* Schneideinsatz, *3:* Kopfteil, *4:* Butzenkammer, *5:* Schneidring, *6:* Grundplatte, *7:* Mittelteil (Formkörper), *8:* Formnest (Kavität), *9:* Entlüftungsschlitze, *10:* Blasformführung, *11:* Bodenteil, *12:* Kühlleiste

Bewegliche Formteile werden an Blasformen eingesetzt, um hinterschnittige Formbereiche freizufahren, um Artikelbereiche anzustauchen bzw. um quetschnahtfreie Teile zu fertigen. Bild 2.53 zeigt eine Blasform für einen Kunststoff-Kraftstoff-Behälter (KKB) mit diversen Formschiebern für Stauchbereiche und zum Ausformen hinterschnittiger Konturen.

Für Produktionswerkzeuge im Extrusionsblasformen werden die folgenden Werkstoffe eingesetzt:

- Stahl,
- Blockaluminium,
- Aluminiumlegierungen,
- Zinkguss,
- Aluminiumguss,
- Sondermessing,
- Kupferlegierungen,

- Sondermetalle (z. B. Coolmould oder Ramax),
- Kombination dieser Materialien.

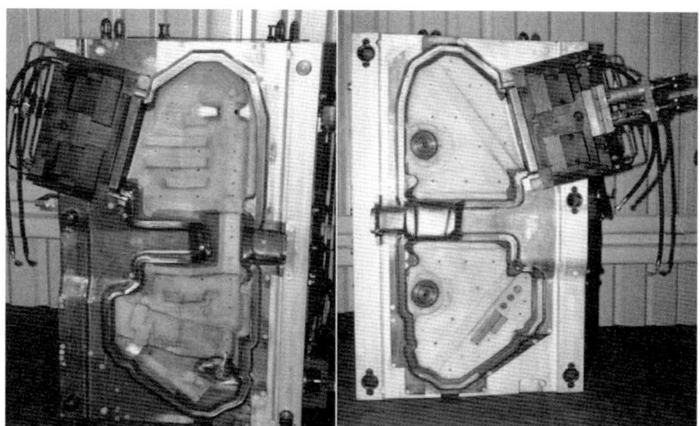

Bild 2.53 Blasformwerkzeug zur Herstellung von Kunststoffkraftstoffbehältern (Bild: Kautex Maschinenbau)

Tabelle 2.2 Werkstoffe für Extrusionsblasformen [50]

Formwerkstoff	Dichte in kg/dm³	Spez. Wärmekapazität in J/g · k	Wärmeleitfähigkeit bei 20 °C in W/m · k	E-Modul in N/mm²	Zugfestigkeit in N/mm²
Stahl 1.2311	7,7	0,46	36	$210 \cdot 10^3$	950 bis 1050
Stahl 1.2316	7,7	0,46	23	$218 \cdot 10^3$	1100
Stahl 1.4122	7,7	0,46	30	$220 \cdot 10^3$	1000
Stahl 1.4301	7,9	0,50	15	$200 \cdot 10^3$	500 bis 700
Aluminum 3.4365K	2,8	0,86	130 bis 160	$72 \cdot 10^3$	540
AlZnMgCu1,5	2,83	0,89	10 bis 160	$70 \cdot 10^3$	530
Aluminiumguss (Veral 226)	2,76	0,88	110 bis 130	$75 \cdot 10^3$	160 bis 200
Zinkguss (Zamak Z430)	6,7	0,44	95 bis 105	$130 \cdot 10^3$	120 bis 250
Elmedur HA 2.1285	8,8	0,42	209	$118 \cdot 10^3$	690 bis 890
Kupfer 2.0090	8,9	0,39	396	$110 \cdot 10^3$	200 bis 260

Um den geeigneten Formwerkstoff auswählen zu können, müssen Produkt-, Prozess- und Kostenforderungen gegeneinander abgewogen werden. Tabelle 2.2 gibt eine Übersicht über einige Formwerkstoffe, die im Blasformenbau eingesetzt werden. Aus einer Vielzahl von gefertigten Formen lässt sich die folgende Einteilung ableiten [27]: Großblasformen (> 60 l Volumen) werden aus Zink oder Aluminium gefertigt, wobei für Formen > 1000 l aus Gewichtsgründen Aluminiumguss verwendet wird. Die Schneidkantenbereiche werden, um eine leichte und automatisierbare Entbutzung zu ermöglichen und um die Formstandzeit zu erhöhen, bei Gussformen bzw. Formen aus Blockaluminium häufig als auswechselbare Stahlschneidkanten ausgeführt.

Tabelle 2.3 zeigt unterschiedliche Formmaterialen im Vergleich. Die Eigenschaften der Materialien werden gemäß ihren Eigenschaften zum Werkzeugbau bewertet.

Tabelle 2.3 **Unterschiedliche Formmaterialen im Vergleich**

++ sehr gut + gut +/- ausreichend - mangelhaft -- ungenügend	Schneid-kanten-standzeit	Ober-flächen-behand-lung	Tempera-tur Leit-fähigkeit	Kosten	Form-modelle	Form-gewicht	Wärme-leitfähig-keit (W/(m+K)
Polyurethan	-	--	--	-	++	-	
Epoxidharze gefüllt	-	-	-	+	--	+/-	
Feinzinklegierungen	-	+/-	-	+/-	-	-	
Aluminium gegossen	-	-	+/-	-	+/-	++	
Stahl	++	++	-	+	++	-	35
Aluminium	+	+	++	--	+	++	155
Kupfer Beryllium	++	-	++	--	+	--	130

2.4.2 Gestaltungsrichtlinien

2.4.2.1 Blasformführung

Als Blasformführungen werden meist Führungsstifte und Führungsbuchsen von gängigen Normalien-Lieferanten verwendet. Die Führungslänge sollte 1 × D möglichst nicht überschreiten. Dies ist vor allem bei Formbewegungsmaschinen von Bedeutung, um die Parallelführung der Schließeinheit sowie die Blasformführung nicht zu beschädigen. Die Buchsenbohrung muss zur Werkzeugrückseite hin durchgeführt oder seitlich freigemacht werden, um eingedrücktes Material einfach entfernen zu können und stets ein sauberes Schließen der Blasform zu gewährleisten.

2.4.2.2 Schneidkanten

Die Form schließt sich um den extrudierten Vorformling und quetscht und verschweißt so den Schlauch. Die Schneidkantengeometrie muss sicherstellen, dass die Butzen leicht vom Artikel abgetrennt werden können und eine gute Schweißnahtqualität erreicht wird.

Meist ist hier ein Kompromiss erforderlich, um sowohl eine möglichst gute Schweißnaht zu erhalten als auch ein leichtes Trennen der Butzen vom Artikel zu ermöglichen. Im Zweifelsfall wird aber immer zu Gunsten der Schweißnahtqualität entschieden.

Mit einer langsamen Formendschließgeschwindigkeit erhält man bei einer stumpfen Schneidkante eine gute Verschweißung, aber eine schlechte Butzentrennung. Mit einer schnelleren Formendschließgeschwindigkeit produziert man eine schlechte Schweißnaht, aber dafür eine bessere Butzentrennung.

Weitere wichtige Faktoren der Schweißnahtqualität sind neben der konstruktiv festgelegten Schweißnahtgeometrie und der Butzenkammern, die Maschineneinstellungen und andere Kriterien.

- Zu verarbeitendes Material
- Schlauchwanddicke
- Massetemperatur
- Stützlufteinstellung

Bild 2.54 zeigt eine konventionelle Schneidkantengeometrie im Schnitt. Der Butzenbereich *x* wird zur besseren Kühlung (Vergrößerung der Oberfläche) häufig verrippt ausgeführt. Folgende Richtwerte können zur Schneidkantenauslegung verwendet werden:

- $0{,}3\ \text{mm} \leq b_1 \leq 2{,}5\ \text{mm}$
- $0{,}2\ \overline{s}_2 \leq t_1 \leq 1{,}0\ \overline{s}_2$
- $0{,}4\ \overline{s}_1 \leq t_1 \leq 1{,}0\ \overline{s}_1$
- $1{,}0\ \overline{s}_2 \leq t_2 \leq 2{,}0\ \overline{s}_2$
- $1{,}5\ \overline{s}_1 \leq b_2 \leq 6{,}0\ \overline{s}_1$
- $1{,}0\ \overline{s}_2 \leq b_2 \leq 3{,}0\ \overline{s}_2$
- $1{,}5\ \overline{s}_2 \leq t_3 \leq 2{,}5\ \overline{s}_2$

Die Schneidkantengestaltung beeinflusst ganz wesentlich die zur Butzenvortrennung erforderliche Schließkraft. In Abschnitt 2.3.7 sind einige rohstoffabhängige Richtwerte für die spezifische Schließkraft [N/mm Schneidkantenlänge] angegeben. Schweißnahtkritisch sind insbesondere Coextrusionsteile mit mehrschichtigem Wandaufbau aus unterschiedlichen Materialien sowie Teile auf Basis des Barrierematerials „Selar RB“ (DuPont). Es gibt jedoch für alle Anwendungen passende Schweißnahtgeometrien mit ausreichenden Festigkeitseigenschaften (Bild 2.55).

Bei Coextrusionsschweißnähten ist darauf zu achten, dass der Mehrschichtverbund bis zum Schweißnahtende sauber geschichtet und ungestört vorliegt [28].

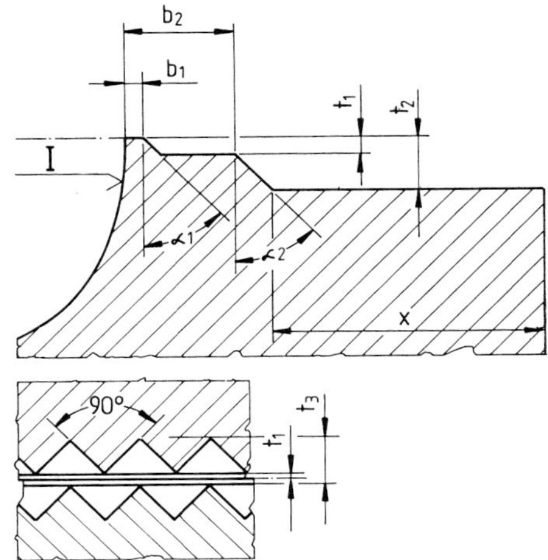

Bild 2.54 Schneidkantengeometrie im Schnitt [50], mit
$\overline{s}_1$: mittlere Artikelwanddicke neben der Schweißnaht [mm],
$\overline{s}_2$: mittlere Schlauchwanddicke im Schweißnahtbereich,
b_1: Schneidkantenbreite,
b_2: Presszonenbreite,
t_1: Presszonentiefe,
t_2: Butzenkammertiefe,
t_3: Rippenabstand

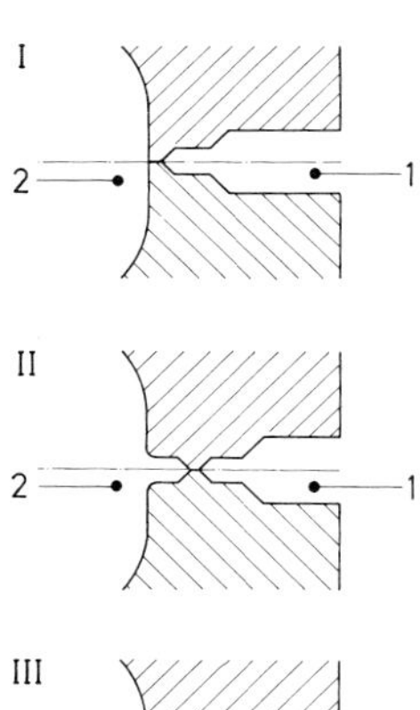

Bild 2.55 Schematische Darstellung unterschiedlicher Schneidkantengeometrien [50]
I: konventionelle Schneidkante,
II: Coextrusions-Schneidkante,
III: Schneidkante für Selar RB
1: Butzenkammer,
2: Formnest

2.4.2.3 Formabstützung

Im Außenbereich erhalten Blasformen Stützflächen, um eine Schneidkantenbeschädigung insbesondere im Einrichtbetrieb, d. h. beim Schließen der Form ohne Kunststoff, zu vermeiden. Die Formabstützung dient ebenfalls zur Übertragung überschüssiger Schließkraft. Dadurch wird die Lebensdauer der Blasformen erhöht und ein paralleler Formschluss erzwungen. Bei Blasformen, welche deutlich kürzer sind als die Maschinenschließplatten, müssen ebenfalls Formabstützungen angebracht werden. So wird die Schließkraft gleichmäßig auf die Schließplatten verteilt. Die meist runden Abstützungen werden einseitig in der Dicke einstellbar ausgeführt, um hier auch eventuell den Schneidkantendruck anzupassen.

2.4.2.4 Formentlüftung

Für eine einwandfreie Artikeloberfläche müssen Blasformen optimal entlüftet werden. Generell werden Blasformen im Bereich der Formtrennung entlüftet; dies gilt sowohl für die Längstrennung zwischen den Formhälften als auch für Quertrennungen zwischen den Formteilen der einzelnen Formhälften. Meist werden Entlüftungsschlitze mit einer Tiefe zwischen 0,03 mm und 0,1 mm eingesetzt. Zur Feinentlüftung und damit auch zur Verbesserung der Formkühlung werden Blasformoberflächen für die Verarbeitung von Polyolefinen querpoliert und anschließend sandgestrahlt. Die Rauigkeit ist abhängig vom Kunststoff, vom Artikelvolumen und vom Artikeldesign.

Bei amorphen, nicht eingefärbten Kunststoffen, z. B. PVC, PETG oder PET, müssen die Oberflächen poliert sein, um die entsprechende Transparenz und Brillanz der Blasteile zu erreichen. Sandgestrahlte Oberflächen liefern bei amorphen Kunststoffen (z. B. PVC) matte Oberflächen.

Abhängig vom Artikel sind mikrosandgestrahlte oder glasperlengestrahlte Formoberflächen zu bevorzugen, da diese einen homogeneren Oberflächeneindruck liefern als polierte Oberflächen.

Blasformen für den „Inline-Fluorierbetrieb“ müssen besonders gut entlüftet werden. Durch das Partialdruckgefälle und das daraus resultierende Diffusionsverhalten des F_2N_2-Gemischs lässt sich eine bestimmte F_2-Konzentration im Formbereich nicht vermeiden. Daraus resultieren dann Ablagerungen in bzw. auf der Blasform. Des Weiteren können Schweißnahtprobleme bzw. Verschweißprobleme bei Einlegeteilen auftreten. Bei Formen für den F_2-Betrieb wird an die Formentlüftung Vakuum angelegt. Als Entlüftungshilfen in kritischen Bereichen eignen sich Schlitzdüsen bzw. Kerbstifte [29].

Bei Formgravuren kann es abhängig von Größe, Tiefe und Lage der Gravur notwendig sein, diese zu entlüften. Eine Entlüftung innerhalb der Gravur kann mittels Mikroentlüftungsbohrungen (Durchmesser von bis zu 0,03 mm) erzielt werden. Mit derart kleinen Bohrungen ist es auch möglich, im Gewindebereich von Flaschenhälsen die Gewindespur zu entlüften, ohne eine störende Markierung auf dem Artikel zu bekommen.

Weiterhin kann man mit Entlüftungsschlitzdüsen oder Entlüftungsringdüsen an kritischen Stellen in der Blasform ein besseres Ausblasen und somit eine bessere

Oberfläche am Blasteil realisieren. Derartige Entlüftungsdüsen sind zum Beispiel bei abgequetschten Griffen an Kanistern unbedingt in der Blasform einzusetzen.

Im Umfangsbereich von Gravureinsätzen in Blasformen kann die Kontur ebenfalls mit einer Entlüftung versehen werden.

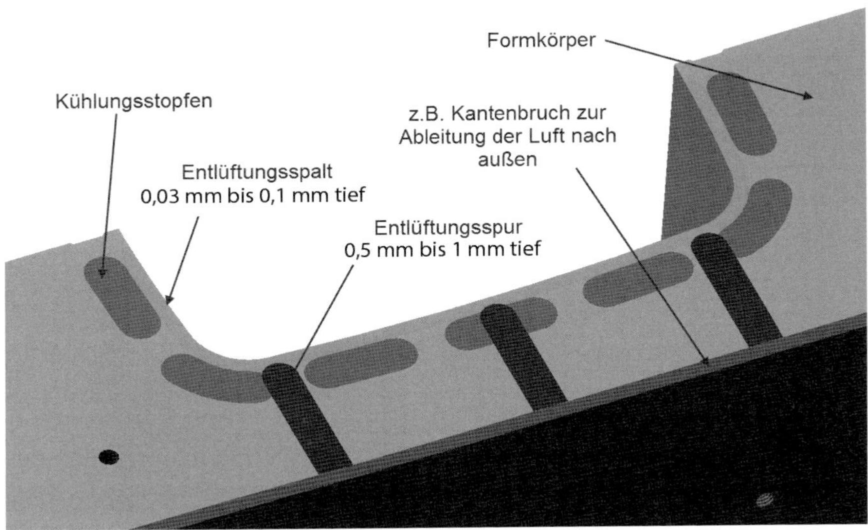

Bild2.56 Entlüftungspuren zwischen den einzelnen Werkzeugteilen (Bild: Werkzeugbau Leiss)

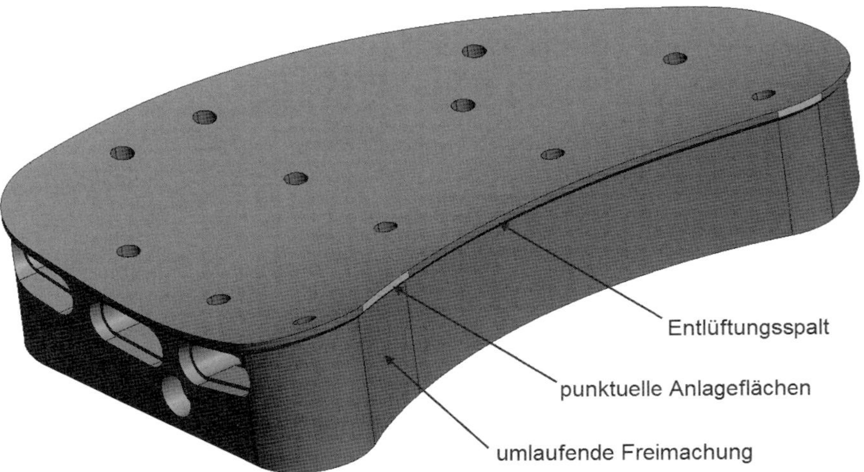

Bild 2.57 Gravureinsatz mit eingebrachter Entlüftung im Umfangsbereich des Einsatzes (Bild: Werkzeugbau Leiss GmbH)

2.4.3 Blasformkühlung

Der wichtigste Punkt in der Artikelfertigungskette ist die Blasformkühlung. Die Kühl- und Blaszeit bestimmt die Zykluszeit der Blasformmaschine und somit die Produktionsstückzahlen. Der Anteil der Kühlzeit an der Gesamtzykluszeit beträgt ca. 70 bis 80 %. Je besser die Formkühlung ist, umso kälter kann der Artikel entformt werden und umso geringer ist die Verformung durch Nachschrumpfen oder Verzug. Die Kühlungsauslegung muss so gewählt sein, dass ein möglichst hoher Kühlwasserdurchfluss mit gleichbleibendem Kühlungsquerschnitt erreicht wird.

Die in Bild 2.58 dargestellten Kühlungen werden im Blasformenbau eingesetzt, wobei entsprechend dem gewählten Formwerkstoff und des zu blasenden Artikels an einer Blasform auch Kühlungen unterschiedlicher Systeme zum Einsatz kommen können. Auch ist der Einsatz von Kühlpatronen und 3D-Metall-Druck-Teilen möglich. Hier ist es beim heutigen Einsatz von 3D-CAD-Programmen sehr leicht, die bestmöglichste Kühlung für die jeweiligen Anforderungen zu erstellen.

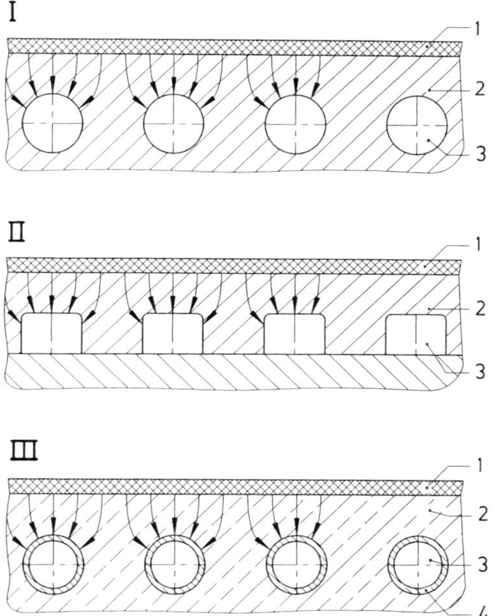

Bild 2.58 Schematische Darstellung unterschiedlicher Blasformkühlungen [50]
I: Gebohrte Kühlung, II: Gefräste Kühlung, III: Eingegossene Rohrkühlung
1: Blasteil, *2:* Formkörper, *3:* Kühlkanäle, *4:* Kühlrohre
(Die Pfeile stellen den Wärmestrom dar.)

2.4.3.1 Gebohrte Kühlung

Gebohrte Kühlungen werden bei Stahlformen, Block-Aluminiumformen und bei Formeinsätzen verwendet. Bei Stahleinsätzen und bei Stahlformen sollten die Kühlbohrungen möglichst nahe an der Formwandung liegen und ein kleiner Bohrungsabstand gewählt werden, um ein gutes Kühlverhalten zu erzielen. Bei Blockaluminium sind größere Kühlabstände möglich als bei Stahl, da Aluminium eine ca. fünffach höhere Wärmeleitfähigkeit besitzt (Tabelle 2.2).

2.4.3.2 Gefräste Kühlung

Gefräste Kühlungen (Schalenkühlungen) werden meist dort eingesetzt, wo intensives Kühlverhalten mit einer gebohrten Kühlung nicht zu verwirklichen ist, z. B. bei Schulterpartien von Verpackungsteilen, eingezogenen Bodenpartien, Halseinsätzen oder in Vorformlingsformen für das Extrusionsstreckblasen.

Bei Fräs- oder Schalenkühlungen ist zu berücksichtigen, dass sich das Kühlmedium strömungstechnisch an die Formwandung anlegt, um ein optimales Kühlverhalten zu erzielen. Als Hilfsmittel werden Umlenkstopfen oder Umlenkbleche als „Schikanen“ eingesetzt.

2.4.3.3 Eingegossene Rohrkühlung

Zinkgussformen erhalten eine Kupferrohrkühlung. Mit Hilfe von Winkelformteilen lässt sich die Formkühlung eng verlegen und sehr gut an die Artikeloberfläche anpassen. Bild 2.59 zeigt einen Kühlkäfig mit zwei Kühlkreisen für einen Fass-Blasformkörper. Kühlrohrabstand ist 40 mm, Abstand der Kühlrohre von der Formkavität ist 10 mm. Die Zinkgussform in Verbindung mit der Kupferrohrkühlung hat sehr gute Wärmeübertragungseigenschaften.

Bild 2.59 Kühlkäfig für Fass-Blasform aus Kupferrohr; Körperkühlung mit zwei Kühlkreisen pro Formhälfte; im Bereich der Gravureinsätze ist die Kühlung versetzt. (Bild: Kautex Maschinenbau)

Bei Aluminiumgussformen wird ein Stahlrohrkäfig eingesetzt, eine Kupferrohrkühlung scheidet wegen der relativ hohen Schmelztemperatur des Aluminiums aus. Der Stahlrohrkäfig ist in der Anfertigung teurer als der Kupferrohrkäfig und hat naturgemäß schlechtere Wärmeübertragungseigenschaften. Bild 2.60 zeigt einen V2A-Stahlrohrkäfig für ein Tankwerkzeug. Es sind hier Bereiche für eine Ausdreheinheit bzw. für Formeinsätze freigestellt.

Die Blasformkühlung muss so ausgelegt sein, dass die maximal mögliche Wärmemenge abgeführt wird, um wirtschaftliche Zykluszeiten zu erreichen. Die Zykluszeit wird jedoch begrenzt durch die Wärmeleitfähigkeit der Kunststoffe.

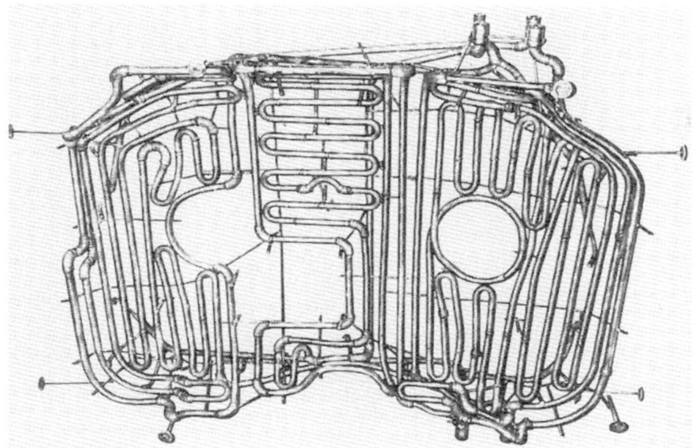

Bild 2.60 V2A-Kühlrohrkäfig für KKB-Blasform; Schieberbereiche und Bereiche für Ausdreheinsätze sind freigestellt. [50]

Generell zeigt die Kühlzeit eine quadratische Abhängigkeit von der Artikelwanddicke. Dies ergibt sich aus der Fourier-Beziehung (Kennzahl für instationäre Wärmeleitvorgänge; die gleiche F_0-Zahl bedeutet gleicher Auskühlgrad des Artikels):

$$F_0 = \frac{a \cdot t_k}{S^2} \tag{2.8}$$

mit t_k Kühlzeit, S Artikelwanddicke, a Temperaturleitfähigkeit

Ein wichtiger Einflussparameter auf die Zykluszeit ist die Kühlmitteltemperatur, die durch den Taupunkt im Formbereich beeinflusst wird. Wird dieser an einer Stelle im Formnest unterschritten, so entsteht Kondenswasser, die Form „schwitzt", und das Blasteil zeigt entsprechende Markierungen. Der Taupunkt lässt sich reduzieren, wenn der Formbereich klimatisiert wird [30].

Die Durchflussquerschnitte der Kühlung werden artikelabhängig angepasst. Wichtig ist es, eine turbulente Strömung bei möglichst geringem Druckabfall zu erreichen.

Um die Zykluszeiten weiter zu reduzieren, ergeben sich folgende Möglichkeiten:

- Innenkühlung des Blasteils mit tiefkalter Luft (Zykluszeitverkürzungen bis 30 %);
- Kühlen mit Nachkühlform (Kühlzeitverkürzungen bis 50 %);
- Reduktion der Nebenzeiten durch Parameteroptimierung und Erhöhung der Maschinengeschwindigkeiten (ist bei modernen Blasformmaschinen weitestgehend ausgeschöpft). Eine weitere Reduzierung bringt die Systeme in Standzeit-Probleme.

2.4.4 Blasformzubehör

2.4.4.1 Masken

Für die automatische Entbutzung der Blasteile in der Blasformmaschine ist es erforderlich, diese in einem Folgeschritt konturgetreu zu fixieren. Für diesen Zweck werden Blasformen mit Maskenteilen kombiniert (Bild 2.61). Die Masken werden entweder über die Formbewegung oder mit einem Artikel-Transportgreifer beschickt.

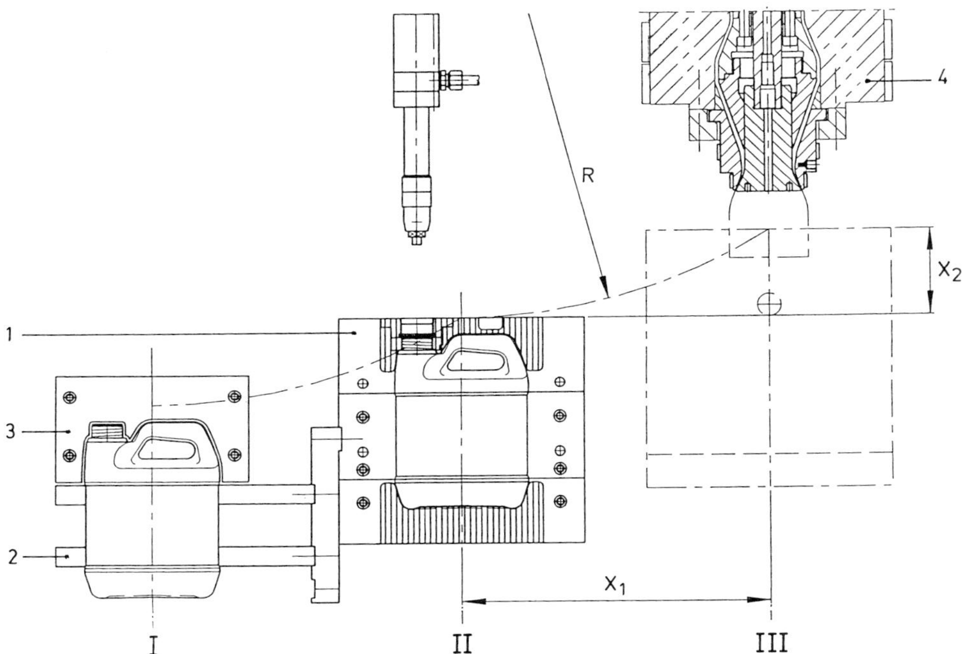

Bild 2.61 Blasform mit Maske und Stanze [50]
I: Stanzstation, II: Blasstation, III: Kopfstation
1: Blasform, *2:* Masken, *3:* Butzenstanze, *4:* Extrusionswerkzeug

2.4.4.2 Spreizdorne

Bei von unten geblasenen Artikeln mit zwei Halsöffnungen wird eine Schlauch-Spreizvorrichtung verwendet, um den Schlauch auseinander zu spreizen. Während des Schlauchausstoßens sind die beiden Dorne zusammengefahren in der Mitte. Der Schlauch wird über die Dorne extrudiert und die Spreizvorrichtung fährt die beiden Dorne jeweils nach außen in die Halsposition und spreizt somit den Vorformling auf die benötige Breite.

Für die Produktion von flächigen Blasformteilen, aber auch bei Hohlkörpern mit exzentrischen Öffnungen werden zum Spreizen und Flachlegen sowie zum Positionieren des unteren Endes am Vorformling ebenfalls Spreizdorne benötigt. Sie können als Blasdorne oder als Hilfsdorne, die nicht in die Kavität hineinragen, ausgeführt sein. Bei Kanistern bilden üblicherweise ein Blasdorn und ein Hilfsdorn eine Spreizvorrichtung. Bei Kraftstofftanks können über eine entsprechende Hubvorrichtung Zusatzteile, wie z. B. ein Schwalltopf, von unten in den Vorformling eingebracht werden, um bei Formschluss mit dem Tank verschweißt zu werden. Hierzu wird der Vorformling durch eine Vier-Finger-Spreizvorrichtung weit geöffnet. Müssen Spreizdorne in die Werkzeugtrennfläche eintauchen, so sind dort entsprechende Aussparungen vorzusehen.

2.4.4.3 Blasdorn

Der Blasdorn (Bild 2.62) dient zum Einbringen der Luft in den Vorformling, und somit zur Ausformung der Blasteile, zur definierten Innenausformung des Artikelhalses (kalibrierter Hals), zum sauberen Abkalibrieren des Halsbutzens und zum Energieaustausch (Abkühlung), wobei bis 40 % der Wärme mit der Spülluft abgeführt werden können. Die in den Blasdorn eingebrachte Wasserkühlung ist erforderlich, um zu vermeiden, dass der Blasdorn sich durch das heiße Kunststoffmaterial zu sehr aufheizt und dadurch nicht mehr die gewünschte Qualität des Halsbereiches des Blasteils erreicht wird.

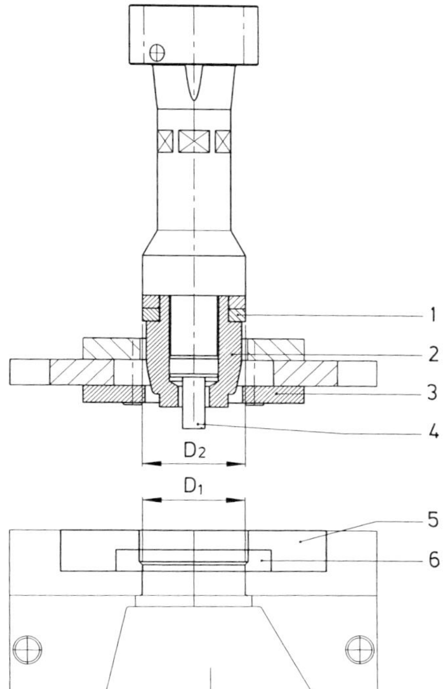

Bild 2.62 Einschießdorn und Einschießöffnung [50]
1: Schneidbuchse,
2: Blasdornspitze,
3: Abstreifer für Halsbutzen,
4: Blasrohr,
5: Schneideinsatz,
6: Schneidring

Der Blasdorn besteht in der Regel aus einem Blasdorngrundkörper, Blasdornspitze, Schneidring zum Abkalibrieren des Halsbutzens und aus einem Rohr-in-Rohr-System für Wasserkühlung, Rückluft und Blasluft. Die einzelnen Rohre sind untereinander mittels O-Ringen abgedichtet. So entstehen für Wasser, Blasluft und Rückluft einzelne Kreisläufe.

Der Blasdorn ist während der Blas- und Kühlzeit ständig mit dem heißen Kunststoff in Berührung und muss somit intensiv gekühlt werden. Dies geschieht mittels Wasser, Stickstoff oder bis zu – 20 ° gekühlter Luft. Die Blasdornspitze sollte aus einem sehr gut wärmeleitfähigen Material gefertigt sein.

Die Abkalibrierung des Halsbutzens erfolgt durch das Einfahren des Blasdorns in die gehärtete Schneidplatte des Werkzeuges. Der ebenfalls gehärtete Blasdornschneidring (etwas weicher als die Schneidplatte) wird mit der notwendigen Kalibrierkraft auf die Schneidplatte gepresst und somit wird der Halsbutzen mittels der Kerbwirkung abgetrennt. Durch das ständige Aufeinanderfahren der beiden gehärteten Bauteile entsteht Verschleiß an den Kanten. Daher sind der Schneidring am Blasdorn und die Schneidplatte in der Form Verschließteile, welche von Zeit zu Zeit erneuert müssen. Eine konische Übergangsstufe ermöglicht eine Abdichtung unabhängig von der Wanddicke des Vorformlings [9].

Es gibt je nach Blasformmaschine verschiedene Arten der Befestigung des Blasdorns in der Maschine. Eine weit verbreitete Möglichkeit ist der sogenannte Blasdornblock. In ihm sind die einzelnen Blasdorne, einstellbar in jeder Achse, eingebracht. Die Blasluft, die Rückluft und das Kühlwasser werden zentral aus der Maschine in den Blasdornblock eingespeist und innerhalb des Blockes in die jeweils einzelnen Blasdorne verteilt. Auf diese Weise ist ein schneller Wechsel der gesamten Blasdorneinheit möglich.

Der Blasdorn dient außer zum Aufblasen auch als Entformungshilfe und zum Artikeltransport von der Blasform in die Entnahme und Stanze.

2.4.4.4 Kalibrierdorn und Kalibrierblasdorn

Neben dem Einbringen der Blasluft hat der Kalibrierblasdorn noch eine formgebende Funktion. Kalibriert wird ein Innendurchmesser an einer Blasteilöffnung. Schließt sich das Werkzeug um den Kalibrierdorn, spricht man von der Schließhubkalibrierung; dringt der Dorn in das geschlossene Werkzeug ein, nennt man dies Dornhubkalibrierung (Bild 2.63). Die Dornhubkalibrierung hat den Vorteil, dass sie eine gratfreie Ringfläche an der Mündung der Öffnung ausformt [6].

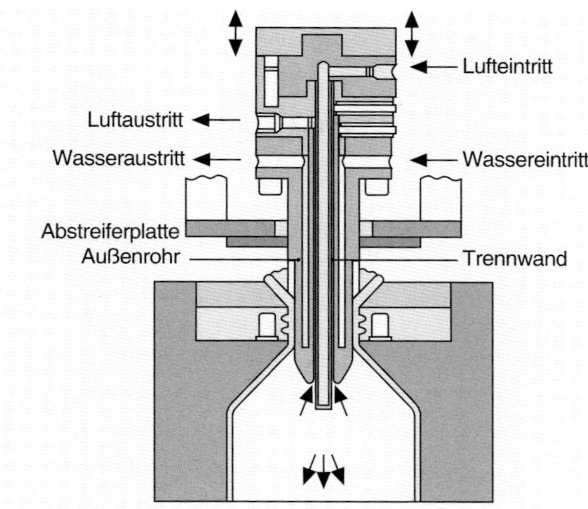

Bild 2.63 Blaswerkzeug: Blasdorn für Dornhubkalibrierung [9]

2.4.4.5 Blasnadel

Die Blasnadel wird zum Aufblasen des Vorformlings benutzt, wenn das Blasteil dort, wo der Vorformling verschlossen werden muss, keine Öffnungen haben darf. Solche Anwendungen findet man häufig z. B. bei Kanistern mit abgequetschtem Griff und vielen technischen Teilen. Die Position der Nadelanblasung kann in der Werkzeugteilung sein oder aber auch an jeder anderen Position in der Blasform. Generell sollte die Position so gewählt sein, dass diese möglichst nah an der Wand des eingequetschten Vorformlings sitzt, wo der Vorformling durch das Werkzeug bereits festgehalten wird, damit die Einstichöffnung nicht ausfranst und der Vorformling durch das Einstechen der Nadel nicht abwandern kann (Bild 2.64) [9].

Die Blasnadel ist ähnlich einer medizinischen Kanüle aufgebaut und besteht aus einem hohlen Rohr welches schräg zu einer Spitze angeschliffen wird. Der Innendurchmesser sollte möglichst groß sein, um in kürzester Zeit möglichst viel Luft in das Blasteil transportieren zu können und somit den Vorformling schnellstmöglichst an die gekühlte Formwand zu pressen.

Die Endposition der Nadelblaseinheit wird zusätzlich mit einem Sensor abgefragt. So ist sichergestellt, dass die Blasnadel komplett aus der Blasform zurückgefahren ist und dadurch Beschädigungen an Blasnadel oder Blasform vermieden werden.

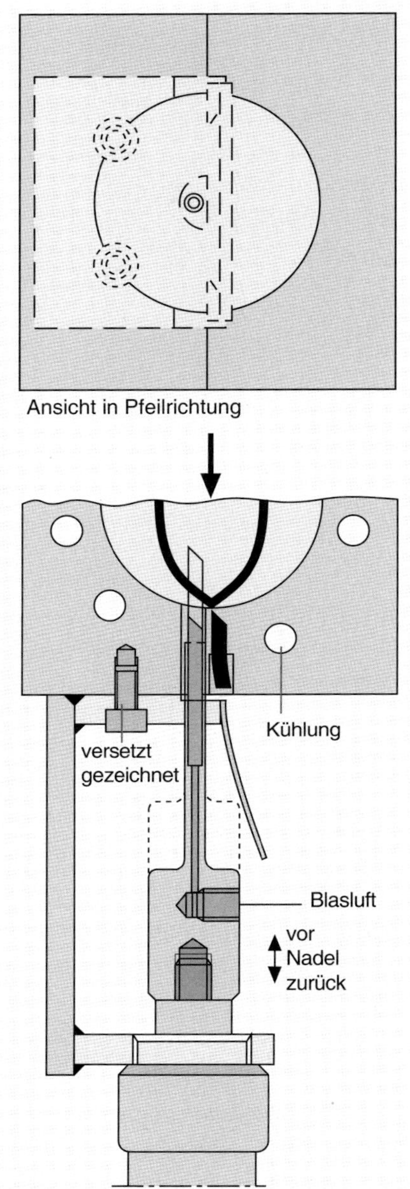

Bild 2.64 Anordnung der Blasnadel; Blaswerkzeug für eine Kugel [9]

2.4.4.6 Schlauchschließvorrichtung

Sie hat die Aufgabe, den Vorformling zu verschließen, damit mit Stützluft vorgeblasen werden kann. Dieses Vorblasen führt bei vielen Formteilen zu gleichmäßigeren Wanddicken. Technische Teile sind in der Mehrzahl aller Fälle ohne Schlauchschließvorrichtung und Vorblasen überhaupt nicht herzustellen. Sie besteht aus zwei gekühlten Leisten (Balken) und ist entweder über ein Federpaket oder über Zylinder (hydraulisch oder pneumatisch) bewegt. Die Kühlung sorgt dafür, dass sich die Leisten nicht aufheizen und der Vorformling anklebt. Außerdem dient die Schlauchschließvorrichtung häufig als weitere Entformungshilfe zusätzlich zu einem Entnahmegreifer. Sie kann über oder unter dem Blaswerkzeug angeordnet oder ein separates Bauteil am Werkzeug sein. Auch die Schließeinheit der Blasformmaschine kann die Vorrichtung tragen. In vielen Fällen umschließen die Schlauchschließbleche Spreiz- und Blasdorne und haben hierfür die entsprechenden Aussparungen [9].

2.4.4.7 Abstreiferplatte

Um beim Blasdornrückzug den Prozess nicht zu stören, ist eine Butzenabstreiferplatte erforderlich (Bild 2.63 und Bild 2.64). Ohne diesen Abstreifer bleibt meist ein Teil des Butzens am Blasdorn hängen bzw. fällt unkontrolliert auf den Artikel und stört somit den Folgeprozess. Eine optional in den Abstreifer eingebrachte Luftdusche bläst zusätzlich nochmals Kühlluft auf den Halsbutzen, damit dieser noch schneller abgekühlt wird und nicht am Blasdorn kleben bleibt. Abstreifer können nestweise oder als komplette Einheit für alle Kavitäten ausgeführt sein.

2.4.4.8 Kopfwerkzeug (Düse und Kern)

Die Größe der einzusetzenden Kopfwerkzeuge, welche individuell für jedes Blasformteil angefertigt werden, richtet sich nach dem zu produzierenden Artikel in Verbindung mit der Blasform. Der Schlauchdurchmesser des Vorformlings wird durch die Düse bestimmt und die Wanddicke durch den Kern. Durch eine Verstellung des Düsenspaltes zwischen der Düse und dem Kern (Wanddickensteuerung, WDS) während der Extrusion des Vorformlings kann die Wanddicke des austretenden Schlauches beeinflusst und somit das richtige Artikelgewicht eingestellt werden. Zusätzlich ist es auch möglich die Düsen zu ovalisieren um auch bei sehr flachen, breiten Artikeln eine optimale Schlauchgeometrie zu erhalten. Maßgeblich für den Schlauchschwellwert, d. h. die Schlauchgröße, sind neben den Rohstoffeigenschaften und dem Kopfwerkzeugdurchmesser die Geometrie der Schlauchbildung, die Ausformgeschwindigkeit, die Verarbeitungstemperatur sowie, falls eingesetzt, die Stützluft.

Neben der normalen WDS gibt es noch andere Wanddickensteuerungen. Hierzu zählen zum Beispiel die partielle Wanddickensteuerung (PWDS) oder der statisch flexible Düsenring (SFDR) (vgl. Abschnitte 2.3.6.1 und 2.3.6.2).

2.4.4.9 Einrichtbuchse

Um beim Einrichten des Blasdorns den Dorn und die Blasform nicht zu beschädigen, kann eine Einrichtbuchse verwendet werden. Diese Rotgussbuchse wird in die

Einschießöffnung der geschlossenen Form eingesetzt. Der Blasdorn kann dann im Einrichtbetrieb mit der Einrichtbuchse zur Einschießöffnung zentriert werden (radiale Zentrierung). Die axiale Adaption wird im Betrieb über Zylinderhubbegrenzung eingestellt.

2.4.5 Prozessintegrierte Folgeverfahren

2.4.5.1 Nachkühlen mit einer Nachkühlform

Um teure Extrusionsblasformmaschinen besser zu nutzen, werden Nachkühlformen eingesetzt (Bild 2.65). Erforderlich ist entweder eine Blasformmaschine mit einer ausreichend großen Schließeinheit, die Blasform und Nachkühlform zusammen aufnehmen kann, oder eine separate Schließeinheit für die Nachkühlform. Diese Schließeinheit sollte mit einer Verriegelung ausgestattet sein, um das Öffnen der Nachkühlform durch den anstehenden Blasdruck zu verhindern. Der Nachkühlprozess muss mit Blasdrücken > 6 bar betrieben werden, um die Zykluszeiten signifikant zu beeinflussen. So können Kühlzeitreduktionen bis zu 50 % realisiert werden. Die Nebenzeiten wirken sich bei den Nachkühlsystemen nicht negativ aus, da während der Nebenzeit eine Temperaturvergleichmäßigung in der Artikelwand auftritt [31].

Bild 2.65 Geöffnete Nachkühlform zur Fertigung von 32 gal. Abfallbehältern [27]

Nachkühlformen sind praktisch immer mit beweglichen Formteilen ausgestattet, um ein einwandfreies Ein- und Ausformen der Artikel zu gewährleisten (Bild 2.65). An dieser Nachkühlform wird der Unterboden abgefahren.

Als Formwerkstoff für Nachkühlformen wird vorzugsweise Aluminium eingesetzt, mit gebohrter bzw. gefräster Kühlung. Im Butzenbereich sollten Nachkühlformen freigestellt werden, um ein einwandfreies Schließen der Nachkühlstation zu gewährleisten. Bei Nachkühlformen ist die Verarbeitungsschwindung in der Blasform zu berücksichtigen, d. h. das Nachkühlformnest ist kleiner als das Blasformnest.

Weiterhin kann mit zusätzlichen wasser- und luftgekühlten Boden- und Schulterstempeln im Zyklus der Nachkühlung z. B. bei Kanistern nochmals an den kritischen Schulter- und Bodenbereichen nachgekühlt werden. So wird ein eventuell auftretender Verzug durch die Abkühlung der geblasenen Artikel weiter minimiert.

Auch zusätzliche Nachkühldorne werden sehr oft eingesetzt, um der Ovalisierung des Halses durch das Abkühlen entgegenzuwirken. Auch hier wird nochmals Kühlluft in die Artikel eingeleitet und so nachgekühlt.

2.4.5.2 Komplettbearbeitung in der Blasformmaschine

Steigende Lohnkosten zwingen die Verarbeiter immer stärker zur Prozessautomatisierung. Die bisher eingesetzte automatische Entbutzung der Artikel alleine reicht oft nicht mehr aus. Immer häufiger werden Schneid-, Bohr-, Fräs-, Stanz- und Kennzeichnungsoperationen in den Prozess integriert, d. h. von der Blasformanlage im Zyklus abgearbeitet. Die Artikel werden innerhalb der Blasformmaschine bzw. einem integrierten Komplettsystem mit möglichst wenigen Taktschritten umfassend, d. h. komplett bearbeitet. Jeder Handlingstakt ist direkt mit Kosten verbunden. Folgende Möglichkeiten der Nachbearbeitung ergeben sich:

Nachbearbeitung in separaten Folgeaggregaten

Die Artikelnachbearbeitungen können als Verfahrensschritte direkt in den Blasmaschinenzyklus integriert oder von diesem abgekoppelt durchgeführt werden. Beide Möglichkeiten erfordern zusätzliche Werkzeugteile und sind somit kostenintensiver als evtl. andere Lösungen. Diese Varianten der Artikelnachbearbeitung sind nur sinnvoll bei geringen Stückzahlen, beim Einsatz älterer Blasformmaschinen oder bei störanfälligen Prozessschritten.

Vorteile:

- Wenn der Blasprozess und der Nachbearbeitungsprozess voneinander abgekoppelt sind, ist eine gegenseitige Beeinflussung ausgeschlossen.
- Nachschwindung, d. h. eine Maßbeeinflussung der nachgearbeiteten Teile ist gering.

Nachteile:

- Ein separates Artikelhandling wird notwendig.
- Eine separate Steuerung der Nachbearbeitungsvorrichtung ist notwendig.
- Ein separater Schutzkreis für die Nachbearbeitung ist notwendig.
- Artikel sind bei der Nachbearbeitung ausgekühlt. Prozessschwankungen aus dem Blasprozess und dadurch bedingte Maß- bzw. Geometrieänderungen wirken sich negativ auf die Lagefixierung der Teile in der Nachbearbeitungsstation aus.

Nachbearbeitung in der Form

Diese Technik beschränkt sich auf Schneid- und Stanzoperationen an Blasformteilen bzw. auf das Etikettieren von Verpackungsteilen (In-Mould-Labelling, IML).

Vorteile:

- Gute Schnittqualitäten gerade bei weichen Werkstoffen (PE-LD, PE-MD, PP, TPE).
- Reduzierung der Arbeitsschritte durch IML.

Nachteile:

- Artikel- und Butzentransport sowie die Separierung bereiten Probleme.
- Positionsänderungen der o.g. Schneid- und Stanzoperationen sind sehr aufwändig.
- Formänderungen verursachen hohe Kosten.
- Eine optimale Form-Kühlung ist nicht immer möglich.
- Durch IML erhöht sich die Zykluszeit (höhere Nebenzeit und reduzierte Kühlung).

Nachbearbeitung in der Maske

Die Nachbearbeitung in der Maske wird direkt in den Maschinenzyklus integriert. Die geblasenen Artikel bleiben nach dem Öffnen der Blasform am Blasdorn hängen. Das Formschließsystem bewegt sich unter den Extruder-Kopf um den bereits extrudierten Vorformling für den nächsten Artikel zu übernehmen. Das Werkzeug schließt sich wieder um den Vorformling und die entweder an den Formhälften angebrachten oder separat an der Maschine angebauten Entnahmemasken übernehmen die Artikel vom Blasdorn. Das Schließsystem mit der Blasform bewegt sich wieder unter den Blasdorn und die von den Entnahmemasken übernommenen Artikel befinden sich in der Entbutzstation. Hier werden die Artikelbutzen entweder pneumatisch oder hydraulisch vom Artikel entfernt. Die Butzen fallen nach unten auf ein Transportband und werden so in die Schneidmühle zum Wiederverwenden transportiert. Danach werden artikelabhängig Bohr-, Fräs-, Schneid- oder weitere Nachbearbeitungsoperationen ausgeführt.

Vorteile:

- Nahezu alle Nachbearbeitungsoperationen lassen sich integrieren;
- kostengünstige Lösungsmöglichkeit;
- Artikeländerungen problemlos;
- nachträgliche Positionierbarkeit;
- Butzenentsorgung und Artikelseparierung sind einfach möglich.

Nachteile:

- Die Schnittqualitäten erfordern etwas größere Toleranzen als beim Schneiden in der Form.

Bild 2.66 zeigt eine Blasform zur Komplettbearbeitung eines Luftführungskanals. Die Einheit ist ausgerüstet mit Multikupplungen für schnellen Formwechsel.

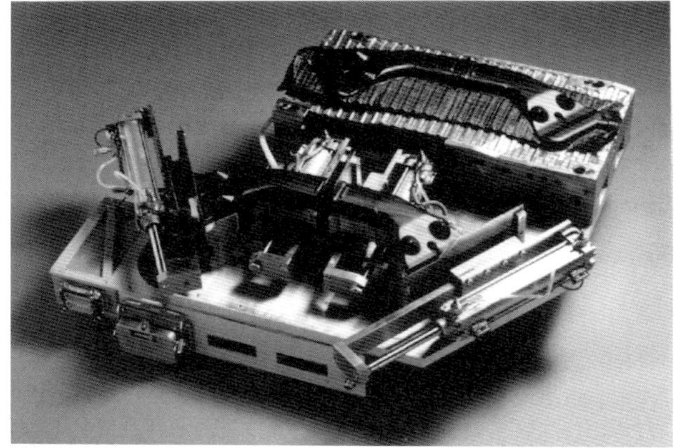

Bild 2.66 Blasformeinheit zur Fertigung von Luftführungskanälen mit Nachbearbeitung in der Maske (Bild: Kautex Maschinenbau)

2.4.6 Spritzblas- und Tauchblasformen

Beim Spritzblasformen wird ein spritzgegossener Vorformling auf dem Spritzgießkern in die Blasform überführt und aufgeblasen (siehe Kapitel 4). Die Geometrie des Spritzgießwerkzeugs ist für das Hohlkörpergewicht und die Wanddickenverteilung ausschlaggebend. Über die Spritzparameter lässt sich das Artikelgewicht hingegen nur geringfügig beeinflussen.

Als Formwerkstoff für die Spritzgießwerkzeuge wird Stahl verwendet. Um den Formfüllvorgang zu verbessern, werden die Werkzeugoberflächen beschichtet [32].

Die Blasformen für Spritz- und Tauchblasen können aus Aluminium gefertigt werden, da keine Schneidkanten erforderlich sind.

2.4.7 Rechnereinsatz beim Blasformenbau

Der Einsatz von modernen Computern und einer guten CAD/CAM-Software ist heute aus dem Blasformenbau und dem Produktdesign nicht mehr wegzudenken.

So kommen die fertigen Artikeldaten oft direkt vom Endkunden und der Werkzeugbauer kann diese 3D-Datensätze direkt für die Berechnung der Schwindung und zur Formkonstruktion verwenden. Bei Artikel- oder Werkzeugänderungen kann aufgrund der Parametrisierung der CAD/CAM-Programme viel Zeit gespart werden. Anhand der heutigen 3D-Systeme können darüber hinaus bereits Messpunkte und

Messdaten zur Artikel- oder Formkontrolle erstellt werden. Während der Konstruktionsphase der Werkzeuge hilft dem Konstrukteur das 3D-System die für den zu blasenden Artikel anzufertigende Blasform mit der bestmöglichsten Kühlung auszulegen.

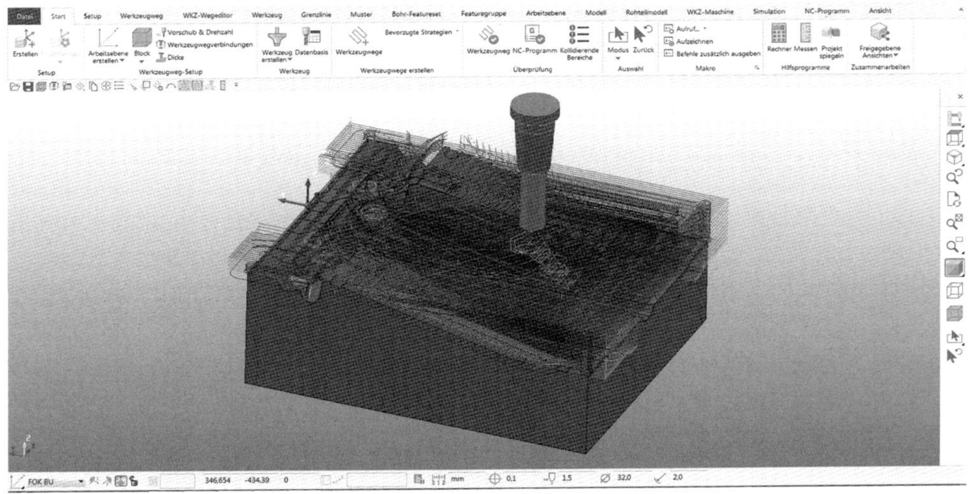

Bild 2.67 3D-CAM-Fräsbahnen auf einem im 3D-CAD-Programm konstruiertem Werkzeug (Bild: Werkzeugbau Leiss GmbH)

An verschiedenen Instituten können unter anderem auch mit den 3D-Daten der Artikel bereits im Vorfeld verschiedene Simulationen durchgeführt werden. So können zum Beispiel im Vorfeld Fall-Tests oder Top-Load-Tests simuliert werden.

Antriebsmotor für die Einführung der 3D-CAD-Systeme war die Automobilindustrie. Automobilhersteller entwickeln ihre Artikel überwiegend in 3D-Technik und stellen den Zulieferanten über die VDA-FS (Flächendatenschnittstelle) Datenfiles zur Verfügung [33]. Diese Flächendaten können dann beim Modell- oder Formenbauer in Modell-Fräsprogramme umgesetzt werden.

Bild 2.68 zeigt einen Luftführungskanal als schattiertes Flächenmodell. Bei Verpackungsteilen lassen sich aus der 3D-Konstruktion relativ einfach das notwendige Füllvolumen und daraus iterativ die erforderlichen Außenabmessungen des Artikels bestimmen. Dadurch werden Volumen- und Maßfehler minimiert, die sonst erhebliche Nacharbeitskosten verursachen.

Der 3D-Druck mit verschiedenen Kunststoffen kann im Produktdesign der Artikel sehr hilfreich sein. So kann dem Kunden bereits in der Phase des Artikeldesigns ein 3D-Anschauungsmodell aus z. B. PLA oder ABS-Kunststoffen aus dem 3D-Drucker zur Verfügung gestellt werden. Eventuelle Artikelanpassungen sind dank der 3D-CAD-Software dann sehr einfach umzusetzen.

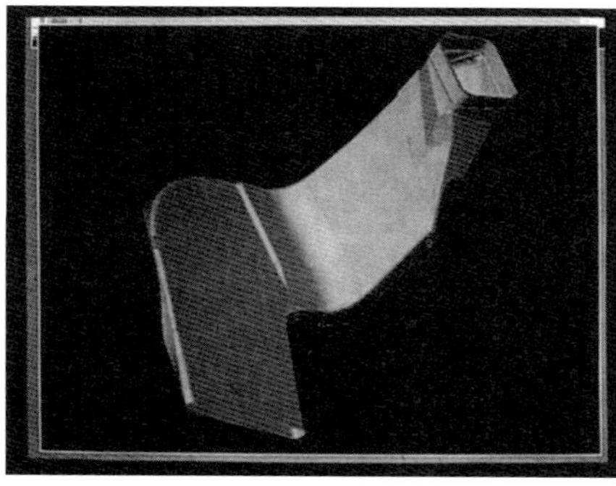

Bild 2.68 Luftführungskanal in schattierter 3D-Darstellung [50]

Auch der 3D-Metall-Druck hält Einzug in den Werkzeugbau. Hier können mit verschiedenen Druckverfahren Formeinsätze mit optimaler Kühlung direkt aus dem 3D-Drucker in die Blasformen integriert werden.

Weiterhin können dank der Laserdigitalisierung z. B. alte Bestandswerkzeuge 1:1 eingescannt, digitalisiert und nachgebaut werden. Diese Möglichkeit besteht auch bei Artikeln zu denen es keine 3D-Daten oder Zeichnungen gibt. So kann man mit Hilfe eines 3D-Scanners viel Zeit und Kosten bei der Abnahme von Formteilen oder Artikeln einsparen.

2.5 Folgeeinrichtungen, Peripherie, „Turnkey“

Mit einer Blasformmaschine und einem Blasformwerkzeug sowie Kühlwasser und Druckluft können grundsätzlich Blasformartikel produziert werden. Allerdings ist eine wirtschaftliche, industrielle Produktion von Artikeln mit einer Blasformmaschine „allein“ nicht möglich.

Für die Produktion von Blasformteilen im industriellen Maßstab ist eine Reihe weiterer Peripheriegeräte erforderlich. Wie zuvor erwähnt, sind zumindest ein Kühlaggregat für die Erzeugung von gekühltem Wasser und ein Kompressor für die Druckluft erforderlich.

Für alle Peripherieeinrichtungen in den folgenden Abschnitten gilt grundsätzlich, dass die Hersteller solcher Geräte bei der Auswahl und dem Layout behilflich sind. Ein solcher Service wird ebenfalls von den Projektabteilungen einiger Blasformmaschinenhersteller angeboten.

2.5.1 Kühlaggregate

Das Kühlwasser für die Kühlung des Blasformwerkzeugs und gegebenenfalls die Einzugszone des Extruders und/oder das Hydraulikaggregat wird in Kühlaggregaten erzeugt, die in den meisten Fällen aus zwei unabhängigen Kreisläufen bestehen. Der Wasserkreislauf führt vom Kühlaggregat zum Blasformwerkzeug (und gegebenenfalls weiteren Verbrauchen) und zurück zum Kühlaggregat. Er ist über einen Wärmetauscher mit dem Kühlmittelkreislauf verbunden. Kühlmittel sind beispielsweise die modernen FCKW-freien R134 a oder R407c. FCKW-haltige Kühlmittel, wie die weit verbreiteten R10, R11, R12, R18, R20, R22 usw., sollen nicht weiter verwendet werden und sind in vielen Ländern inzwischen auch verboten.

Das gasförmige Kühlmittel geht vom Wärmetauscher zu einem Kompressor, wo es auf einen höheren Druck komprimiert wird. Von hier geht es zu einem Kondensator, der in vielen Fällen bei so genannten „Split-Geräten" außerhalb des Gebäudes (z. B. auf dem Dach) untergebracht ist. Nach dem Kondensator wird das nun flüssige Kühlmittel wieder expandiert, wodurch es sich stark abkühlt (Bild 2.69). Dies ist prinzipiell der gleiche Prozess, wie er in einem normalen Haushaltskühlschrank zu finden ist. Für eine Wassertemperatur von 4 bis 6 °C ist eine Kühlmitteltemperatur von 2 bis 3 °C erforderlich. Wird kälteres Kühlwasser gefordert, z. B. um die Zykluszeit zu reduzieren, muss dem Kühlwasser ein Frostschutzmittel beigegeben werden. Die für die Produktion eines bestimmten Produkts erforderliche Kühlkapazität berechnet sich aus der gesamten Menge an Kunststoff, der gekühlt werden muss, der Verarbeitungstemperatur, Enthalpie und z. B. der Leistung des Hydraulikaggregats. Kühlaggregate können für jede einzelne Blasformmaschine installiert werden. Für eine größere Fabrikeinrichtung bietet es sich jedoch an, eine ausreichend große Kühlstation zu installieren, die das Kühlwasser für alle Blasformmaschinen in wirtschaftlicher Weise aufbereitet.

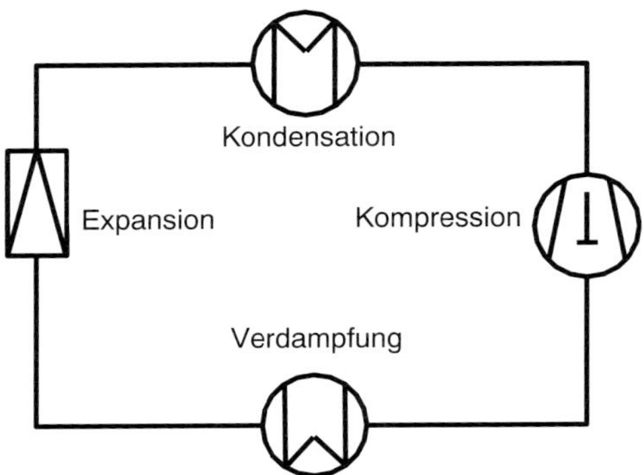

Bild 2.69 Funktionsschema eines Kühlaggregats

Für die Verarbeitung von Polymeren mit höheren Schmelzpunkten (und Erstarrungspunkten) sind Temperieraggregate erforderlich, die mit Wasser oder Öl arbeiten. PA oder PC/ABS-Blends, Rohstoffe für technische Komponenten, brauchen beispielsweise eine Formtemperatur von ca. 80 °C.

2.5.2 Kompressoren

Aufgabe eines Kompressors oder einer Kompressorstation ist es, eine ausreichende Menge an Druckluft zur Verfügung zu stellen. Die Druckluft muss ölfrei und trocken sein, da Feuchtigkeit in Rohren, Ventilen und anderen Ausrüstungsgegenständen Rost verursachen kann. Dies wiederum führt zu erhöhtem Wartungsaufwand, reduzierter Lebensdauer und damit zu Beeinträchtigungen bei der Produktion [6]. Das Layout einer Kompressorstation ist ebenfalls abhängig von Größe und Anzahl der produzierenden Blasformteile sowie von der Anzahl der pneumatischen Funktionen einer Blasformmaschine.

2.5.3 Trockner

Die polymeren Rohstoffe für den Blasformprozess, Neuware wie auch Regenerat, erfahren stets eine gewisse Kontamination mit Feuchtigkeit. Im Blasformprozess kann die Feuchtigkeit unterschiedliche Probleme hervorrufen. Einige Polymere neigen dazu, chemisch mit Wasser zu reagieren. Derartige „Hydrolyse“-Prozesse führen zu Degradation, Abbau des Molekulargewichts und dadurch zu Verarbeitungsproblemen. Bei anderen Polymeren, die diese Art der Reaktion mit Wasser nicht aufweisen, kann die Feuchtigkeit dennoch zu Problemen, wie Oberflächenmarkierungen, Versprödung oder anderen Unregelmäßigkeiten im Blasformprozess, führen. Grundsätzlich können Polymere in zwei unterschiedliche Kategorien klassifiziert werden: hydrophile und hydrophobe Polymere.

Hydrophile Polymere absorbieren Feuchtigkeit in den Granulatkörnern und bilden eine molekulare Bindung zwischen Wasser und Polymer. Solche hydrophilen Polymere sind PA, PET, ABS oder PC. Diese Polymere müssen mit trockener Heißluft getrocknet werden, um die Feuchtigkeit vollständig zu entfernen.

Wenn die Feuchtigkeit lediglich an der äußeren Oberfläche der Granulatkörner haftet und nicht vom Kunststoff aufgenommen wird, so nennt man diese Kunststoffe „hydrophob“. PE, PP oder PS sind beispielsweise hydrophobe Materialien. Diese Kunststoffe können getrocknet werden, indem man lediglich heiße Luft über das Material bläst, um so die Feuchtigkeit zu verdampfen und abzuführen [1].

2.5.4 Entbutzen

Verfahrensbedingt entstehen aus dem Vorformling der extrusionsgeblasene Hohlkörper und Butzenabschnitte. Diese Butzen, an beiden Enden, bei vielen komplexen technischen Teilen auch ganz oder teilweise um das Blasformteil herum, müssen abgetrennt werden. Der Steg, der Butzen und Blasteil noch nach dem Entformen verbindet, kann bis auf einige Zehntel Millimeter dünn ausgeführt werden, sodass das Butzenabtrennen auch bei Produkten mit hoher Zähigkeit keine Schwierigkeiten bereitet [9]. Die Butzenabfälle werden in vielen industriellen Produktionen auch heute noch manuell entfernt. Für hohe Ausstoßleistungen ist es jedoch in vielen Fällen sinnvoll, automatische Entbutzvorrichtungen zu installieren.

In vielen Prozessen, insbesondere bei der kontinuierlichen Extrusion mit bewegter Form, ist die Entbutzvorrichtung inline in der Blasformmaschine installiert (s. a. Abschnitt 2.4.7). Wenn die Blasform nach Abschluss der Kühlzeit öffnet, verbleiben die Blasformteile auf den Blasdornen oder in einer speziellen Haltevorrichtung. Unmittelbar an der Blasform sind spezielle Transfer- bzw. Entbutz-Masken montiert. Wenn die Blasform sich unter dem Kopf um die nächsten Vorformlinge herum schließt, übernehmen diese Masken die bereits geblasenen Teilen und bringen sie, wenn die gesamte Einheit in die Blasposition fährt, in die Entbutzstation. In der Entbutzstation wird der Butzen durch ein entsprechend geformtes Entbutzwerkzeug abgestanzt. Die Butzenabfälle fallen auf ein Förderband und werden direkt in eine Schneidmühle transportiert. In einigen Fällen, beispielsweise bei von unten geblasenen Kanistern, kann der obere Butzen (Bodenbutzen des Kanisters) durch eine entsprechende Entbutzzange abgerissen werden.

Für größere oder sehr komplex geformte Blasformteile werden Offline-Entbutzstationen eingesetzt. Diese können mit Entbutzwerkzeugen ähnlich den oben beschriebenen Inline-Entbutzstationen ausgestattet sein. Für anspruchsvollere Anwendungen können aber auch kalte oder heiße Messer oder auch spezielle Heißluftdüsen eingesetzt werden, die beispielsweise durch einen Roboter am Werkstück entlang geführt werden.

In einigen Fällen muss nach dem automatischen Entbutzen ein verbleibender Grat entfernt werden, was entweder durch manuelles oder automatisches Schleifen geschehen kann. Eine weitere Möglichkeit ist eine Behandlung mit einer Abflammvorrichtung oder heißer Luft.

2.5.5 Schneidmühlen

Butzen und Ausschussteile (beispielsweise aus der Anfahrphase) werden, wenn sie ausreichend sauber sind, in einer speziellen Schneidmühle gemahlen. Das Mahlgut (Regenerat) wird mit Neuware gemischt und unmittelbar dem Prozess zurückgeführt. Da in den meisten Verpackungsanwendungen ca. 30 % des Nettogewichts zusätzlich als Butzenabfall anfallen, sind Regeneratanteile von ca. 30 % im Blasformprozess normal. Abhängig von der Anwendung und dem verwendeten Rohstoff sind aber auch Regeneratanteile von 45 % bis 50 % (gegebenenfalls sogar noch mehr) durchaus möglich.

Die Butzenabfälle und Ausschussteile müssen vor dem Mahlvorgang ausreichend abkühlen. Werden sie der Schneidmühle zu heiß zugeführt, so können sie an den Mühlenmessern ankleben und gegebenenfalls sogar den Motor zum Stillstand bringen. Ein Förderband befördert die Butzen und Ausschussteile in die Einwurföffnung oder den Einwurftrichter der Schneidmühle, von wo aus sie in die Schneidkammer fallen. Hier werden die Kunststoffteile durch Rotormesser zerkleinert, die gegen fest im Gehäuse installierte Statormesser arbeiten. Dieser Zerkleinerungsprozess wird fortgesetzt, bis die Bruchstücke klein genug sind, um durch die Löcher eines unten in der Schneidkammer angeordneten Siebes zu fallen. Durch Auswahl der Lochgröße dieser Siebe kann die maximale Größe der Regeneratkörner „eingestellt“ werden. Die Lochgröße derartiger Siebe sollte nicht kleiner als 3 bis 5 mm für kleine Extruder und nicht größer als 8 mm für große Extruder sein [2, 9].

Die thermische Stabilität moderner Polyolefine ist so hoch, dass ein und dieselbe Stoffmenge einen Extruder mindestens fünfmal durchlaufen kann, ehe Änderungen der Werkstoffeigenschaften erkennbar werden. Voraussetzung ist hierbei jedoch, dass die empfohlenen Temperaturen eingehalten werden und die Verweildauer nicht unnötig ausgedehnt wird.

Mahlgut sollte nicht gelagert, sondern sofort wieder eingearbeitet werden. Mindestens bei größeren Anlagen rentiert es sich, jeder Maschine eine Schneidmühle zuzuordnen. Mischfehler, Materialverwechslungen und -verschmutzung werden ausgeschaltet, wenn das Mahlgut im nicht unterbrochenen Kreislauf bleibt. So wichtig es für die Fertigteilqualität ist, dass über den gesamten Produktionszeitraum gleiche Mischungen von Neugut und Mahlgut verwendet werden, so bedeutend ist auch der Einfluss des Mischungsverhältnisses für die Verarbeitung. Schwankende Schüttdichten als Folge ungenauen Mischens stören die Fördergleichmäßigkeit jedes Extruders. Direkt hiermit verknüpft, ändert sich die Extrudat-Temperatur und die Schmelzeviskosität, mit allen schädlichen Folgen für die Produktionsgleichmäßigkeit [9]. Darüber hinaus hat eine konstante Mahlguttemperatur einen nicht zu unterschätzenden Einfluss auf die Förderstabilität [52].

Nach dem Mahlvorgang wird das Regenerat in Säcken oder Fässern aufgefangen und mittels Luftfördergeräten oder mechanisch arbeitenden Fördervorrichtungen in ein Mischaggregat gefördert, wo es dann mit Neuware vermischt wird, um dem Blasformprozess wieder zugeführt zu werden. Sehr kleine (Staub-)Partikel werden aus dem Regenerat herausgefiltert, da sich diese für den Blasformprozess als nachteilig erweisen. Alle Schneidmühlen sollten mit Metalldetektoren ausgestattet sein, um zu verhindern, dass Metallteile versehentlich in die Schneidkammer geraten und dort die Schneidmesser beschädigen, oder aber – sehr viel wichtiger – zu verhindern, dass Metallteile in die Blasformmaschine geraten. Hier können sie erhebliche Schäden in den Fließkanälen des Extruders und des Schlauchkopfes verursachen.

Besondere Anforderungen an den Mahlprozess und die Wiederverwendung von Regenerat stellt das Coextrusionsverfahren mit Barrierematerialien oder die Verwendung von glasfaserverstärkten Materialien dar.

2.5.6 Material-Handling

Nur in sehr wenigen Fällen wird ein Blasformteil aus dem reinen Basiskunststoff gefertigt. Da die Kunststoffe üblicherweise von den Rohstoffherstellern ohne Pigmentierung ausgeliefert werden, wird in den meisten Fällen zumindest ein Farbmasterbatch zugefügt. Diese Masterbatches sind spezielle Blends aus einem Basiskunststoff mit einem sehr hohen Anteil an Farbpigmenten. So führt beispielsweise der Zusatz von nur 1 bis 3 % schwarzem Masterbatch zu einem nicht eingefärbten Polyethylen in der Produktion zu tief schwarzen Kunststoffkraftstoffbehältern. Die zweite Komponente, die in den meisten Prozessen zugeführt wird, ist Mahlgut (Regenerat) aus Butzenabfällen und Ausschussteilen.

So wird an den meisten Blasformmaschinen ein Drei-Komponentenmischer für Neuware, Farbstoff, und Mahlgut eingesetzt (Bild 2.70). Derartige Mischer können beispielsweise direkt oberhalb des Maschinentrichters installiert werden. In vielen Fällen stehen diese Geräte aber auch auf dem Boden. Die fertige Rohstoffmischung kann dann über Saugförderanlagen oder Spiralförderer zum Maschinenrohstofftrichter gefördert werden. Allerdings geht der Trend zunehmend zu einer Dosierung und Mischung der einzelnen Komponenten direkt oberhalb des Materialtrichters, da beim Transport des neben der Maschine gemischten Materials eine gewisse Entmischung stattfinden kann. Allerdings ist dabei darauf zu achten, dass die Befestigung der Dosier- und Mischeinheit oberhalb des Maschinentrichters von der Nickbewegung des Extruders entkoppelt ist [52]. Ist mehr als eine Blasformmaschine in einer größeren Produktionshalle installiert, so kann eine Materialmisch- und Förderanlage auch für mehrere Maschinen eingesetzt werden, vorausgesetzt, die Maschinen verarbeiten dasselbe Material in derselben Farbe.

Die mengenmäßige Dosierung der einzelnen Komponenten kann volumetrisch oder gravimetrisch erfolgen. Die preiswerteren volumetrischen Dosiereinheiten reichen für die meisten Blasformprozesse aus, einige Anwendungen erfordern jedoch gravimetrische Dosierung. Ein Beispiel hierfür ist die 6-Schicht-Coextrusion mit sehr dünnen Barriere- und Haftvermittlerschichten. Hier wird eine spezielle gravimetrische Dosierung in Verbindung mit einer Durchsatzregelung der einzelnen Extruder eingesetzt.

Bild 2.70 Drei-Komponentenmischer (Bild: Maguire)

2.5.7 Nachkühlung

Mit dem Ziel, die Zykluszeiten so kurz wie möglich zu halten, werden Blasformartikel häufig entformt, sobald der Kunststoff eine minimale Festigkeit erreicht hat. Aufgrund der einseitigen Kühlung ist die Artikelwand innen jedoch immer noch so heiß, dass sich der gesamte Artikel wieder aufheizen und weich werden kann. Aus diesem Grund werden Inline- oder Offline-Nachkühlvorrichtungen eingesetzt.

Die Nachkühlung kann beispielsweise durch einen speziellen Nachkühlblasdorn erfolgen, der in das Blasformteil eingeführt wird und Druckluft einbläst. Der Durchmesser dieses Nachkühlblasdorns ist klein genug, um die aufgewärmte Luft aus dem Teil entweichen zu lassen. Spezielle Nachkühlmasken außerhalb des Artikels verhindern einen Verzug bzw. eine Deformation des Artikels während der Nachkühlphase. Eine noch intensivere Nachkühlung kann durch spezielle Offline-Nachkühlvorrichtungen mit mehreren Stationen erzielt werden. Der entformte Artikel wird in eine Station dieser Nachkühlvorrichtung transportiert und dort an kritischen Stellen fixiert. Nun kann Kühlluft in das Blasformteil hineingeblasen werden. Spezielle Zonen des Formteils, die eine erhöhte Nachkühlung erfordern, können auch direkt von außen angeblasen werden.

Bild 2.71 30-Stationen-Nachkühlvorrichtung (Bild: Kautex Maschinenbau)

Derartige Mehrstationen-Nachkühlvorrichtungen sind häufig in Form von sich taktend drehenden Rädern ausgeführt (Bild 2.71).

Eine sehr intensive Form der Nachkühlung, wie sie stellenweise bei Kunststoffkraftstofftanks eingesetzt wird, ist das Eintauchen in ein Wasserbad.

2.5.8 Dichtigkeitsprüfung

Die Dichtigkeitsprüfung ist eine der wichtigsten Einrichtungen für die Qualitätssicherung, insbesondere für Verpackungsartikel, aber auch für eine Reihe technischer Anwendungen. Bei den meisten Dichtigkeitsprüfverfahren werden alle Öffnungen des Blasformteils verschlossen und ein gewisser Überdruck im Artikel erzeugt (Bild 2.72).

Während einer festgelegten Haltezeit wird der Druck im Blasformteil gemessen; er darf nicht unter einen vorgegebenen Grenzwert fallen. Fällt der Druck im Blasformteil unter diesen Wert, wird der Artikel als Ausschussteil ausgesondert und unmittelbar der Schneidmühle zugeführt.

Eine weitere Variante ist die Inline-Dichtigkeitsprüfung die hauptsächlich bei Verpackungsartikeln zum Einsatz kommt. Dabei werden die geblasenen und entbutzten Artikel während des Transports von der Entbutzposition zum Artikeltransportband auf Dichtigkeit geprüft. Undichte Artikel werden schon während des Transports aussortiert, sodass nur „Gutartikel“ auf das Artikelband gelangen [52]. Aussortierte Flaschen werden vorzugsweise nicht eingemahlen und dem Prozess wieder zugeführt, da die Ursache für Undichtigkeiten in Verunreinigungen des Materials liegen könnte. Derartige Verunreinigungen möchte man dem Prozess natürlich nicht erneut zuführen [54].

Bei Kunststoffkraftstoffbehältern werden unter anderem Wasserbäder eingesetzt. Bei einem komplett verschlossenen und untergetauchten Kraftstofftank weisen Luftblasen auf Undichtigkeit hin. Ein weiterer sehr anspruchsvoller Dichtigkeitstest für Kunststoffkraftstoffbehälter ist der Heliumtest. Hier wird ein Tank mit Helium gefüllt und versiegelt. In einer speziellen Prüfkammer kann dann austretendes Helium im Bereich weniger ppm festgestellt werden.

Bild 2.72 Dichtigkeitsprüfung, hier inline in der Blasformmaschine (Bild: Kautex Maschinenbau)

2.5.9 Füllen

Auf dem Markt sind eine große Zahl unterschiedlicher Typen von Inline-Abfüllmaschinen verfügbar. Ausstoßleistung der Blasformmaschine und Durchsatz des Füllers müssen aufeinander abgestimmt werden.

2.5.10 Verschließen

Nach einem Füllvorgang können Behälter automatisch mit Schnappverschlüssen oder Schraubverschlüssen verschlossen werden. Eine kleine Spritzgießmaschine für Verschlüsse kann durchaus als ein Peripherieaggregat für eine Blasformmaschine angesehen werden. In vielen Fällen werden Behälter mit Aluminiumfolien und Schmelzkleber versiegelt.

2.5.11 Etikettieren

Etiketten für Verpackungsprodukte aus Papier oder Kunststoff können in automatischen Etikettiereinrichtungen quasi „en passant" aufgebracht werden, während die Artikel auf einem Förderband am Etikettierer vorbeilaufen. Die besondere Methode des „In-mould Labelling" wird im Abschnitt 2.6.6 beschrieben.

2.5.12 Bedrucken

Polyolefine sind bekanntermaßen unpolare Werkstoffe, an denen nahezu nichts haftet. Sollen blasgeformte Artikel aus Polyolefinen bedruckt werden, so müssen sie in einem Beflamm- oder Coronaverfahren vorbehandelt werden, um die Oberfläche polar zu machen.

2.5.13 Verpackung

Nach dem Blasformen, Entbutzen, der Dichtigkeitsprüfung, einem Abfüllvorgang, dem Verschließen, Etikettieren oder Bedrucken können die Behälter anschließend in Schrumpffolie eingewickelt und in Kartons und/oder auf Paletten gesetzt werden. Für all diese Schritte gibt es am Markt mehr oder weniger automatisch arbeitende Geräte.

2.5.14 Weitere Peripheriegeräte

Einige weitere Peripherieeinrichtungen um den Blasformprozess herum sollen im Folgenden nur kurz erwähnt werden:

- *Förderbänder* in unterschiedlichen Ausführungen dienen dem Transport der fertigen Blasformteile von einem Peripherieaggregat zum nächsten sowie dem Transport von Butzenabfällen und Ausschussteilen in die Schneidmühle.
- *Waagen* werden benutzt, um das Nettogewicht des Blasformteils zu überprüfen. In einigen Fällen wird auch das obere und/oder untere Butzengewicht überwacht.
- Große Container oder Formteile müssen vorzerkleinert werden, bevor sie in eine Schneidmühle gegeben werden können. Aus diesem Grund ist häufig eine *Bandsäge* in der Nähe der Schneidmühle installiert.
- In Regionen mit hoher Luftfeuchtigkeit und/oder wenn extrem kaltes Kühlwasser eingesetzt wird, neigen die Blasformen zum „Schwitzen" (Kondensation von Luftfeuchtigkeit). Um diesen Effekt, der zu schlechten Artikeloberflächen führen kann, zu vermeiden, werden *Trockenluftschleiergeräte* eingesetzt.

- Behälter für den Transport von Gefahrgütern oder Kunststoffkraftstoffbehältern müssen in einem speziellen *Falltest* geprüft werden.
- Manche Falltests erfordern die Prüfung von gefüllten Behältern bei - 18 bis - 40 °C. Hierfür ist dann eine entsprechende *Kühlkammer* erforderlich.

2.6 Spezielle Verfahrensvarianten

2.6.1 Mehrschicht-(Multilayer)/Coextrusionsblasformen

Die Gründe, Hohlkörper mit einer mehrschichtigen Wandstruktur herzustellen, sind vielfältig. Die naheliegendsten Gründe sind z. B., eingefärbtes Material einzusparen oder Kunststoffabfälle aus Industrie- und Haushaltsabfällen (Post-Consumer-Scrap) einzuarbeiten. Hier werden in der Regel Drei-Schichtsysteme mit z. B. 15 % eingefärbtem Material in der Außenschicht, 15 % nicht eingefärbtem Material (Neuware) in der Innenschicht und 70 % Regenerat aus Kunststoffabfällen in einer Mittelschicht eingesetzt. Flaschen für Molkereiprodukte haben meist eine schwarz eingefärbte Mittelschicht, die das Füllgut gegen UV-Strahlen schützen soll, während die innere und äußere Schicht weiß oder in anderen hellen Farben eingefärbt werden. Höhere Festigkeiten (z. B. für eine verbesserte Stapelbarkeit in heißer Umgebung) können durch die Kombination von Polyolefinen mit Polyamiden oder mit glasfaserverstärkten Typen in der Mittelschicht erreicht werden. Eine dünne Außenschicht aus Polyamid oder EVOH, in Verbindung mit einer dicken Innenschicht aus PE oder PP, führt zu hochglänzenden Außenschichten mit verbesserter Kratzfestigkeit und wird seit den 70er Jahren in der Kosmetikindustrie eingesetzt. Andere Mehrschichtanwendungen finden sich z. B. in der Antistatik-Ausrüstung oder bei der Verbesserung der Bedruckbarkeit (insbesondere für Polyolefine). Dünne Schichten auf der Außenseite aus modifizierten Elastomer-Materialien erlauben die Erzeugung von sogenannten Soft-Touch-Oberflächen, beispielsweise für Babyflaschen oder auch Shampoo-Flaschen. Solche Soft-Touch-Materialien kommen sowohl eingefärbt als auch ohne Farbe, also durchscheinend zum Einsatz.

Die weitaus meisten Mehrschichtanwendungen zeichnen sich allerdings dadurch aus, dass eine spezielle Barriereschicht in weitere Schichten eingebettet ist. Für diese besonderen Fälle hat sich die Nomenklatur „Coextrusionsblasformen“ in der Industrie weitgehend durchgesetzt – wogegen alle anderen oben erwähnten Verfahren „Mehrschicht“- oder „Multilayer“-Blasformen genannt werden.

2.6.1.1 Coextrusion mit Barriereschicht

Abhängig vom Füllgut muss ein Behälter eine besondere Barrierewirkung gegen

- das Eindringen von Sauerstoff, Wasserdampf oder Luft (Lebensmittel, Pharmazeutika),
- den Verlust von Kohlendioxid (Mineralwasser, Erfrischungsgetränke),
- den Verlust von Aroma- oder Geschmacksstoffen (Lebensmittel, Kosmetika),
- den Verlust von Lösungsmitteln (Agrarchemikalien, Lacke) und/oder
- den Verlust von Kohlenwasserstoffen (Kunststoffkraftstoffsysteme: Tanks, Einfüllrohre, Kanister)

aufweisen.

Als erste Barrierematerialien wurden Polyamide in Verbindung mit Polyolefinen als Basiskunststoff eingesetzt. Da die Haftung zwischen den unpolaren Polyolefinen und den meisten anderen Materialien unzureichend ist, muss ein Haftvermittler als Bindeglied zwischen den beiden Materialien eingesetzt werden. Heute wird als Barrierematerial gegen Sauerstoff und Kohlenwasserstoffe neben PA häufig EVOH (Ethylen-Vinylalkohol) verwendet, das ebenfalls zwischen Schichten aus Haftvermittler und Polyolefinen eingesetzt wird. Da EVOH ein hydrophiles Material ist, sollte es nicht als Innen- oder Außenschicht dienen, da es Feuchtigkeit absorbiert und die Barriereeigenschaften nachlassen, sobald das EVOH mit Wasser gesättigt ist. So wurden in den frühen 70er Jahren 5-Schicht-Systeme mit EVOH als Mittelschicht, eingebettet in zwei Haftvermittlerschichten und zwei Außenschichten aus Polyolefinen, eingeführt. In einigen Anwendungsfällen muss EVOH als Kontamination im Mahlgut angesehen werden (beispielsweise bei Kunststoffkraftstoffbehältern). Das Regenerat wird in diesen Fällen in einer speziellen sechsten Schicht verarbeitet.

2.6.1.2 Maschinentechnologie für Mehrschicht/Coextrusion

In den meisten Mehrschichtverfahren wird für jede Schicht ein Extruder eingesetzt. Grundsätzlich kann in einfachen Prozessen auch die innere und äußere Schicht von einem Extruder erzeugt werden, der Materialfluss wird dann entsprechend aufgeteilt. Um jedoch eine größere Flexibilität z. B. für das Einfärben zu erhalten, werden auch hier in den meisten Fällen separate Extruder für jede Schicht eingesetzt. Die einzelnen Extruder speisen die einzelnen konzentrischen Fließkanäle im Mehrschichtkopf. Um Unregelmäßigkeiten im Fließverhalten zu vermeiden, werden die einzelnen Schichten an unterschiedlichen Stellen des Kopfes zusammengeführt (Bild 2.73).

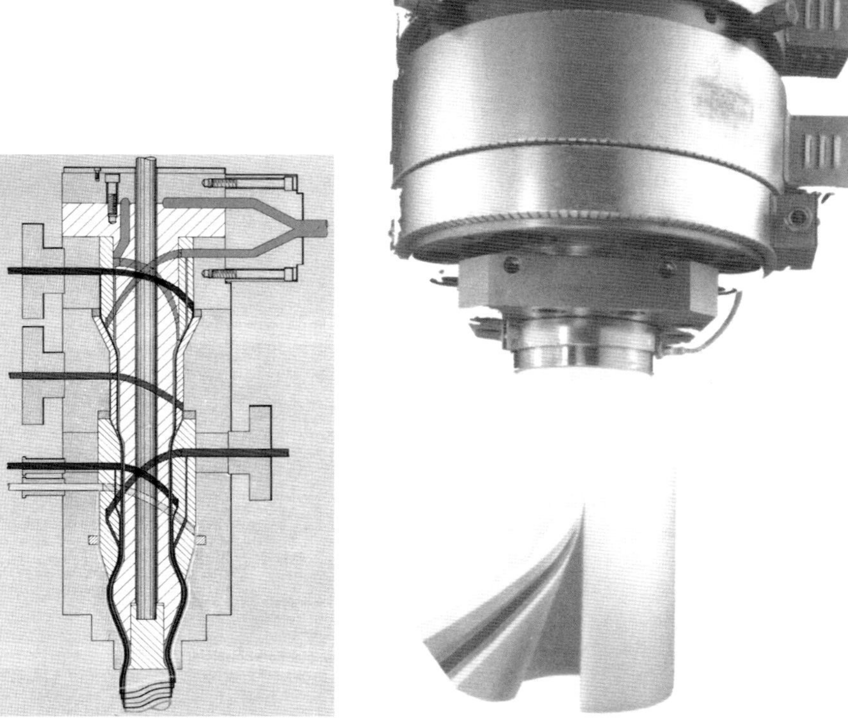

Bild 2.73 Mehrschicht-Schlauchkopf (Bild: Kautex Maschinenbau)

Aus Kostengründen werden die teuren Barriere- und Haftvermittlerschichten sehr dünn ausgeführt. Die Kontrolle der Schichtdicken, insbesondere derjenigen der Barriereschichten, die über die Gebrauchstüchtigkeit des Fertigteils entscheiden, ist im laufenden Betrieb nicht möglich. Sie kann integral über gravimetrische Kontrolle und Regelung der verbrauchten Granulatmenge für die einzelnen Schichten überwacht werden (gravimetrische Durchsatzregelung s. Abschnitt 2.3.2). Sicherheit geben regelmäßig durchgeführte Dünnschnitte und sonstige Kontrollen der Anwesenheit (Einfärben der Barriereschicht, Aufschmelzen des PE etc.) [9].

Sichtstreifen zur Füllstandsüberwachung, beispielsweise bei Motorölkanistern, werden ebenfalls in einer besonderen Form der Coextrusion eingearbeitet (siehe Abschnitt 2.6.7).

2.6.1.3 Kunststoffkraftstoffbehälter

Kraftstofftanks aus hochmolekularen Polyethylenen sind heute Stand der Technik in den meisten Automobile produzierenden Ländern. Die nahezu unbegrenzte Freiheit in der Formgebung mit dem Vorteil, Einbauräume optimal nutzen zu können, die

Gewichtsersparnis, die Korrosionsbeständigkeit, die einfachere, kostengünstige Fertigung durch Extrusionsblasformen und die rationellere Montage bei der Serienfertigung von Fahrzeugen machen den Kunststoff-Kraftstoffbehälter (Bild 2.74) zu einem aus dem modernen Automobilbau kaum mehr wegzudenkenden Erzeugnis [9, 34].

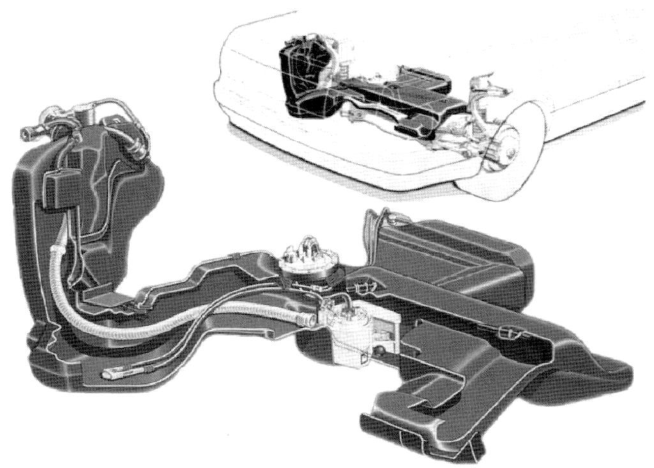

Bild 2.74 Kunststoffkraftstoffbehälter in Schnittdarstellung und eingebaut [35]

Pioniere des KKB in Europa waren die Firmen BASF/Basell, Kautex Maschinenbau und Volkswagen/Porsche, die erstmals 1969 einen Kunststofftank für den Porsche 911 (Bergrennfahrzeug für die Rallye Monte Carlo) entwickelten. Erste Serienfahrzeuge wurden Mitte der siebziger Jahre mit KKBs ausgerüstet. Heute sind über 90 % der in Europa produzierten Fahrzeuge mit KKBs aus PE-HD ausgerüstet [9].

Aufgrund der Umweltgesetzgebung (insbesondere der strengen Vorgaben der kalifornischen und später US-amerikanischen Emissionsgesetzgebung 1995: CARB 95 oder LEVI, 2004: LEVII) erfüllen einschichtige (Monolayer) Kunststoffkraftstofftanks heute nicht mehr die Anforderungen an die Permeation von Kohlenwasserstoffen. Daher wurden verschiedene Methoden zur Sperrschichtbildung bei KKBs entwickelt, die sich bisher großtechnisch auf dem Markt durchgesetzt haben (Bild 2.75):

- Fluorieren,
- Einbringen plättchenförmiger Zusatzstoffe (Selar-Technik, DuPont),
- Coextrusion.

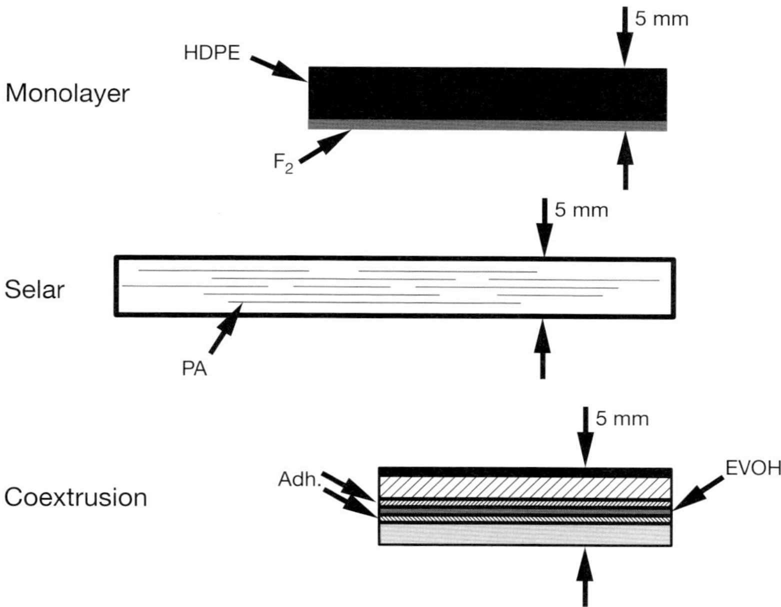

Bild 2.75 Unterschiedliche Verfahren zur Verbesserung der Barrierewirkung bei Kunststoffkraftstoffbehältern (Bild: Kautex Maschinenbau)

Fluorieren

Die erste Methode, die Barriereeigenschaften von Kraftstofftanks zu verbessern, war das Fluorieren der inneren Oberfläche des Tanks. Bei KKBs war das Fluorieren in Europa viele Jahre lang das Standardverfahren. Das Verfahren ist kostengünstig und bietet eine gute Permeationssperre. Bei diesem Verfahren wird mit einem fluorhaltigen Gas ein Teil der H-Atome an der PE-Oberfläche gegen F-Atome ausgetauscht. Je nach Reaktionsbedingungen entstehen CHF-, CF_2- oder CF_3-Gruppen. Beim Fluorieren gibt es unterschiedliche Verfahren.

Bei der *Inline-Fluorierung* wird beim Blasformen der Tankblase ein Fluor-Stickstoff-Gasgemisch (1 % F_2, 99 % N_2, Blasdruck ca. 10 bar) eingesetzt. Da diese Fluorierung keinen zusätzlichen Verfahrensschritt benötigt, halten sich Aufwand und Kosten in Grenzen. Aus Sicherheitsgründen wird die Schließeinheit gekapselt.

Fertige KKB-Blasen werden bei der *Offline-Fluorierung* in einem Autoklaven bei verringertem Druck in einem Fluor-Stickstoff-Gasgemisch fluoriert. Vorteil des Verfahrens: das Fluorieren findet erst nach dem Anschweißen der Anschlüsse statt; damit sind auch die Schweißnähte permeationsgeschützt. Die Prozessführung wird ausschließlich auf die Bildung der Barriereschicht optimiert [9].

Selar

Selar® ist eine Produktbezeichnung der Firma DuPont. Selar RB-901 besteht aus einer Mischung aus PA6 mit Haftvermittler. Auch dieses Verfahren wird heute im Gegensatz zu Kanistern bei Kraftstofftanks kaum noch eingesetzt. Bei der Hohlkörperherstellung werden dem PE-HD-Grieß 4 bis 8% Selar zugegeben. Im Extruder schmelzen zuerst das PE und der Haftvermittler bei 140 °C, dann das PA 6 bei 224 °C. Da PA 6 und PE nicht miteinander mischbar sind, entsteht ein Gemisch aus zwei Phasen. Durch eine spezielle Schneckengestaltung bildet das PA 6 extrem dünne Plättchen, die parallel zur Behälterwand liegen. Da sehr viele Plättchen in der Wand vorliegen, ergibt sich ein Labyrinth, das die Permeationswege deutlich verlängert [6]. Ein ähnliches Material, welches auf Nanotechnologie basiert, ist Hyperier® von LG Chem [60].

Coextrusion

Die am weitesten verbreitete Methode ist die kontinuierliche Sechs-Schicht-Coextrusion mit EVOH als Barriereschicht. Bild 2.76 zeigt einen typischen Schichtenaufbau für einen KKB.

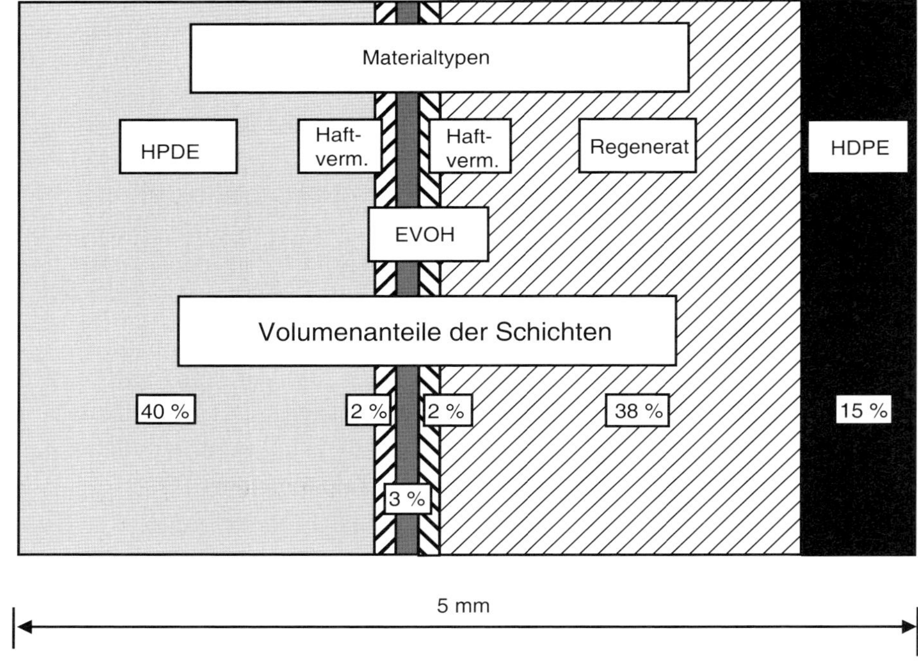

Bild 2.76 Typischer Aufbau einer Sechs-schichtigen KKB-Wandung (Bild: Kautex Maschinenbau)

Dabei ist die zulässige Regenerat-Schichtdicke sowohl von deren Aufbereitung als auch von den Anforderungen an den KKB abhängig. Die Notwendigkeit der Zerkleinerung und Dispergierung der EVOH-Partikel darf nicht mit Schädigung der PE-Matrix einhergehen [9].

Maschinentechnik für die Sechs-Schicht-Coextrusion von KKBs

In den Anfängen ergaben sich durchaus taugliche Lösungen mit Polyamid als Sperrschicht, Speicherkopfbetrieb und Fünfschichtaufbau. Hierbei musste der Mahlgutanteil samt Barrierematerial und Haftvermittler der gesamten PE-HD-Wandung beigemischt werden. Später konzentrierte sich die Verarbeitung auf kontinuierliche Coextrusion von sechs Schichten mit EVOH als Barriereschicht, die auch bei alkoholhaltigen Kraftstoffen eine wirksame Permeationssperre darstellt.

Die kontinuierliche Extrusion ermöglicht durch die stetige Strömung eine Verringerung der Barriere- und Haftvermittler-Schichtdicken auf unter 3 % der Gesamtwanddicke ohne Einlaufeffekte in der Anlaufphase eines Ausstoßes. Der Wegfall der thermischen Beanspruchung im Schmelzespeicher begünstigt die Verarbeitung temperaturempfindlicherer Sperrmaterialien. Die längere Verweilzeit der Schichten unter Temperatur und Druck verbessert die Haftung. Das Handling der schweren Vorformlinge bis über 25 kg gelingt dabei mit speziellen hochmolekularen Typen, die ausreichende Schlauchstandfestigkeiten aufweisen, um den Vorformling nicht im oberen Bereich zu unzulässiger Auslängung kommen zu lassen.

Aufgrund der oft sehr komplexen Geometrie von KKBs werden diese heute in den meisten Fällen mit PWDS/SFDR produziert (Abschnitt 2.3.6.1 und 2.3.6.2), um eine möglichst gleichmäßige Wanddickenverteilung zu erzielen. Dies dient nicht nur der Materialersparnis, sondern auch einem verbesserten Crash-Verhalten im Falltest.

An der Quetschnaht werden üblicherweise sog. Verstärkungsbalken vorgesehen, wobei sich im Markt unterschiedliche Ausprägungen finden lassen (Bild 2.77). Hierzu muss die Quetschzone im Werkzeug modifiziert werden. Die Permeation solcherart coextrudierter Blasen kann effektiv auf ein sehr niedriges Niveau gebracht werden. Als potenzielle Schwachstellen sind Bohrungen in diese permeationsdichte Hülle zu nennen, die anschließend per Schweißung wieder verschlossen werden, wobei die Schweißung nicht die hohe Permeationssperre der unversehrten Wand erreichen kann [9].

Bild 2.77 Dünnschnitt einer Coex-KKB-Quetschnaht (Bild: Kautex Maschinenbau)

Plasmapolymerisation

Mitte der 1990er Jahre wurde mit der Plasmapolymerisation [36] eine weitere Entwicklung zur Verbesserung der Barriere entwickelt. Hier wird eine sehr dünne Barriereschicht auf der Innenseite des Tanks aufgebracht.

2.6.2 Sheet-Forming zur Herstellung von Kraftstofftanks

Neben dem klassischen Blasformen aus einem Schmelzeschlauch haben sich in den letzten Jahren einige *Sheet-* oder *Twin-Sheet-Forming* verfahren etabliert, bei denen der Tank aus einem einseitig offenen Schlauch oder aus zwei flächigen Schmelze-*Sheets oder Platten* erzeugt wird. Wesentlicher Vorteil ist, dass man auf diese Weise eine Reihe von Kraftstoffsystemkomponenten in den Innenraum der Tankblase verlagern kann, mit dem Ziel, das nachträgliche Durchbohren und Befestigen einzusparen. Das ist nicht nur mit einer Kostenersparnis verbunden, sondern auch mit einer höheren Dichtigkeit, da die Anzahl der Öffnungen am Kunststoffkörper reduziert wird [55]. Dazu gehören Kraftstoffpumpe, Schwalltöpfe, Ausgleichsleitungen oder Füllstandgeber.

Es sind eine ganze Reihe unterschiedlicher Systeme am Markt verfügbar. So bietet Kautex Textron ein Twin-Sheet-Verfahren unter der Bezeichnung Next-Generation-Fuel-System oder NGFS® an [56]. Die Firma TI Automotive nennt im Zusammenhang mit ihrem Tank Advanced-Process-Technology (TAPT®) Verfahren auch das Stichwort „Ship-in-a-bottle“, was die Montage der o.g. Komponenten in der Tankblase beschreiben soll [57]. Twin-Sheet-Blow-Molding (TSBM®) ist die Bezeichnung von Plastic Omnium [58] während das chinesische Unternehmen YAPP sei Verfahren YNFT® nennt. Der Vorformling ist beim C3LS®-Verfahren von Kautex Machinenbau nur einseitig offen. Das C steht hier unter anderem für C-förmigen Schlauch [55].

2.6.3 3D-Blasformen

Bei Luftführungskanälen und Rohrverbindungen, z. B. Benzin-Einfüllstutzen und Ladeluft-Rohren für die Automobilindustrie oder Rohrleitungen in Haushaltsgeräten wie Wasch- oder Spülmaschinen, bestimmen Funktionalität und optimale Raumausnutzung das Design. Solche Formteile sind daher meist von komplexer Geometrie und mehrachsig gekrümmt.

Diese Artikel lassen sich grundsätzlich auch im konventionellen Blasformverfahren relativ einfach herstellen. Spreizvorrichtungen und Stützluft dehnen den Vorformling so weit, dass das Blasformwerkzeug das außerhalb des Formnests liegende Material abquetscht. In der Kavität bläst ein Blasdorn oder eine Blasnadel den Artikel auf. Man erhält ein Formteil mit einem großen Anteil von überschüssigem Material, das zudem in großen Bereichen eine Schweißnaht aufweist (Bild 2.78 unten) [37]. Hier können durch den Einsatz spezieller Blasformmaschinen, die eine butzenfreie (oder zumindest butzenarme) Produktion ermöglichen, erhebliche Einsparungen an Material, Energie, Zykluszeit und nicht zuletzt Investment erzielt werden.

In diesen so genannten 3D-Blasformverfahren wird, um die Schweißnaht zu vermeiden und den Materialeinsatz zu reduzieren, ein in seinem Durchmesser auf den Artikelquerschnitt angepasster Vorformling mit speziellen Vorrichtungen deformiert und manipuliert und dann direkt in die Blasformkavität eingebracht. So wird die verbleibende Quetschkante auf ein Minimum an den Artikelenden reduziert.

Bessere Artikel mit zusätzlichen Kostenvorteilen

Abfallarm gefertigte Artikel erfordern lediglich ein Schneiden der verlorenen Köpfe. Sie sind im gesamten Bereich frei von Schweißnähten. Ein Nacharbeiten von Außendurchmessern ist nicht erforderlich. Zudem sind die Wanddicken gleichmäßiger und ihre Toleranzen enger, da der Vorformling mit Hilfe von Stützluft an die Geometrie der jeweiligen Segmente angepasst wird. Dadurch lassen sich ungünstige Reckverhältnisse weitgehend vermeiden.

Die 3D-Technik ermöglicht nicht nur eine bessere Produktqualität, sondern sie bietet auch erhebliche Kostenvorteile in der Produktion. Der Schließkraftbedarf ist aufgrund der kleineren Quetschkantenlänge geringer als beim konventionellen Blasformen. Daher sind 3D-Maschinen mit konstruktiv weniger aufwändigen Schließsystemen und kleinerer, preiswerter Hydraulik realisierbar. Dadurch reduzieren sich die Anschaffungskosten für die Maschine und (aufgrund des geringeren Energiebedarfs) die Betriebskosten der Anlage.

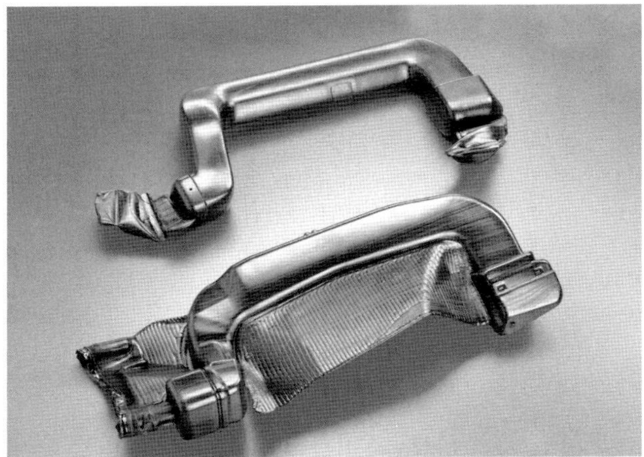

Bild 2.78 Blasgeformte, dreidimensional räumlich gekrümmte Rohre, 3D und konventionell (Bild: Kautex Maschinenbau)

Der im Bild 2.78 unten gezeigte konventionell produzierte Luftführungskanal wiegt mit Butzen 1020 g. Das Bruttogewicht des im 3D-Verfahren hergestellten Artikels beträgt dagegen nur 480 g [37]. Die geringere Plastifizierleistung ermöglicht den Einsatz eines kleineren, preiswerteren Extruders. Die geringere Stromaufnahme führt zu niedrigeren Produktionskosten. Darüber hinaus sinken die Kosten für das Aufbereiten der Butzen, die nach [37] mit etwa 0,10 bis 0,20 Euro/kg angesetzt werden können.

Auch die Eigenschaftsänderung beim Wiederaufbereiten sollte nicht unberücksichtigt bleiben. Bei faserverstärkten Materialien wird z. B. die durchschnittliche Faserlänge durch den wiederholten Mahl- und Plastifizierprozess deutlich reduziert [38]. Der kleinere Regeneratanteil lässt generell ein besseres Eigenschaftsprofil des Produkts erwarten.

Der geringe Aufwand beim Nachbearbeiten führt auch hier zu reduzierten Anlagenkosten.

Diese Faktoren müssen im Einzelfall aufgerechnet werden gegen die ggf. höheren Anschaffungskosten für das 3D-Blasformwerkzeug und den Manipulator (s. Abschnitt 2.6.3.1).

Verarbeitung niedrigviskoser Kunststoffe

Luftführungskanäle und Rohrverbindungen werden größtenteils aus Polyolefinen hergestellt. Aufgrund der strömungstechnischen Optimierung der Fahrzeuge und der stärkeren Kapselung steigen die durchschnittlichen Temperaturen im Motorraum an. Dies bedingt den Einsatz wärmestabiler Materialien. Als Alternative zu den Polyolefinen wird meist Polyamid eingesetzt, bei höheren Anforderungen mit Glasfasern verstärkt. Glasfasergehalt und -länge beeinflussen auch die mechanischen Eigenschaften, die Wärmedehnung und das Schwingungsverhalten [37, 38]. Dies spielt z. B. bei Saugrohren eine entscheidende Rolle, und auch für deren Fertigung bietet sich die 3D-Technik an. Insbesondere bei Formteilen aus faserverstärkten Kunststoffen ist eine Quetschnaht nachteilig. Sie führt zu einer ungleichmäßigen Faserverteilung; dies beeinträchtigt das mechanische Verhalten des Bauteils erheblich. Bild 2.79 zeigt die Querschnitte der in Bild 2.78 dargestellten Luftführungskanäle. Deutlich erkennbar ist die Wanddickenveränderung im Schweißnahtbereich beim konventionellen Blasformen. Die geringere Festigkeit der Schweißnaht infolge der Längsorientierung der Fasern wird in der Regel durch eine größere Wanddicke (und entsprechend größeren Materialeinsatz) kompensiert. Die 3D-Technik vermeidet diesen Nachteil und ermöglicht ein Formteil mit geringem Gewicht und besseren Eigenschaften [37, 39 bis 43].

Bild 2.79 Querschnitte des in Bild 2.78 dargestellten Artikels
links: 3D, *rechts:* konventionell geblasen
(Bild: Kautex Maschinenbau)

2.6.3.1 Unterschiedliche Maschinentechnologien

Aufgrund der erheblichen Vorteile des 3D-Blasformens wurde in den letzten Jahren eine ganze Reihe unterschiedlicher Maschinentechnologien entwickelt. Nicht alle zum Patent angemeldeten Verfahren haben eine entsprechende Marktreife erreicht. Die wichtigsten und bekanntesten Entwicklungen sind das Placo-Verfahren, wo eine schräg gestellte Schließeinheit in Koordinaten bewegt wird, während der Vorformling in die Kavität eingelegt wird. Beim Excell-Verfahren wird der Vorformling durch einen in Koordinaten bewegten Extruder oder in eine bewegte Blasform eingelegt, wogegen beim 3D-System von Etimex der Vorformling von einem Greifersystem ergriffen, über seiner Länge deformiert und schließlich abgelegt wird. ABC entwickelte eine spezielle Version des Saugblasens, die ebenfalls von Fischer W. Müller (heute Kautex Maschinenbau) weiterentwickelt wurde. Das Saugblasen basiert auf einem Patent von Sumitomo und wird weiter unten detaillierter vorgestellt.

Manipulation des Vorformlings in Verbindung mit einer geteilten Blasform

Ein weiteres System der Fa. Kautex Maschinenbau basiert auf einer *Manipulation des Vorformlings in Verbindung mit einer geteilten Blasform.* Dieses System besteht aus einem Vorformlingsmanipulator (Linearsystem oder Sechs-Achsen-Roboter), kombiniert mit einem vergleichsweise aufwändigen und teuren Blasformwerkzeug. Dieses ist in Segmente unterteilt, die unabhängig voneinander geschlossen werden können. Damit ergibt sich prinzipiell folgender Verfahrensablauf wie in Bild 2.80 dargestellt: In der ersten **Phase I** wird der Vorformling ausgestoßen, von einem Manipulator (Greifer, Roboter) übernommen und geschnitten. Der Manipulator transportiert ihn senkrecht nach unten in den Werkzeugbereich, und zwar so, dass ein Teil des Werkzeugs schließen kann, ohne dass der Schlauch gequetscht wird. In **Phase II** legt der Manipulator den Schlauch in die geöffnete Kavität, deren Segmente daraufhin nacheinander schließen und im Bereich des verlorenen Kopfs einen kleinen Restbutzen abquetschen. Bei dem in Bild 2.78 oben gezeigten Luftführungskanal wird der Vorformling unterhalb des Werkzeugs um 90° gebogen. Dazu wird er von einer einfachen Schlauchwendevorrichtung gegriffen und, während der Greifer auf einer Kreisbahn verfahren wird, in die offene Kavität gelegt. In **Phase III** sind alle Werkzeugsegmente geschlossen; der Schlauch wird über Blasnadeln im Bereich der verlorenen Köpfe aufgeblasen. **Phase IV** zeigt die Entnahme des abfallarm blasgeformten Artikels. Zu diesem Zeitpunkt hat der kontinuierlich extrudierte Schlauch die gewünschte Länge erreicht. Der Bewegungsablauf des Greifers ist je nach Anwendungsfall in drei bis sechs Achsen frei programmierbar. Die entsprechenden Daten sind in der Maschinensteuerung abgespeichert. Die komplex aufgebaute Blasform bestimmt die Grenzen dieses Verfahrens.

Saugblasen

Beim Saugblasen wird der Vorformling direkt aus der Düse des Schlauchkopfes (meist Speicherkopf) in die geschlossene Blasform gefördert und über einen Luftstrom durch die Blasform hindurch „gesaugt“ (Bild 2.81). Dieser Luftstrom verhindert auch den vorzeitigen Kontakt des Schlauches mit der Form. Nach Austritt des unteren Endes des Vorformlings aus der Blasform wird dieser durch Schließelemente oben und unten abgequetscht, und der Aufblas- und Kühlvorgang schließen sich an. Das Saugblasverfahren erfordert nur relativ einfache und preiswerte Blasformwerkzeuge und kann unter Umständen bei existierenden Blasformmaschinen nachgerüstet werden.

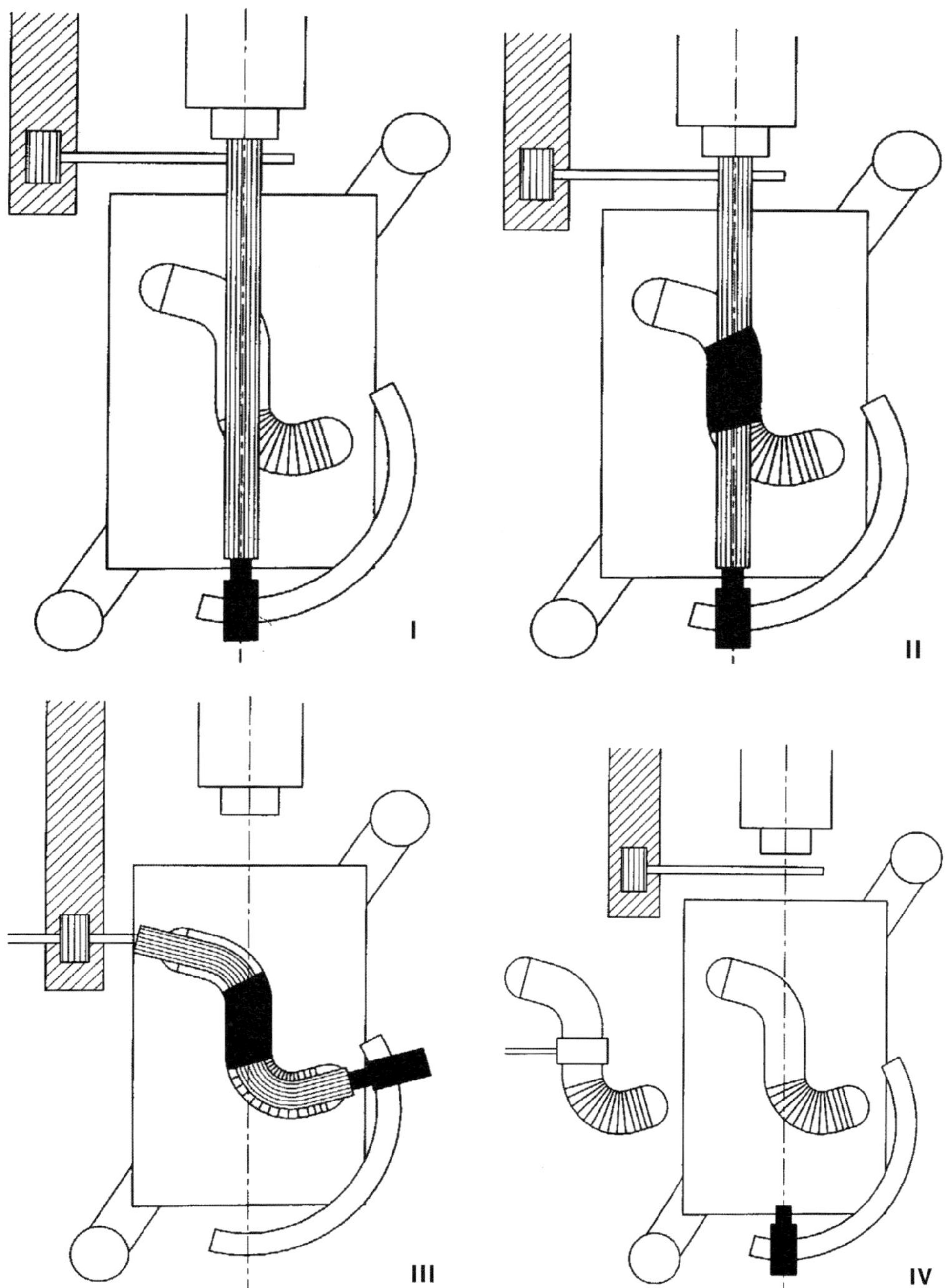

Bild 2.80 Vorformlingsmanipulation mit bewegten Formteilen; Erläuterungen siehe Text. (Bild: Kautex Maschinenbau)

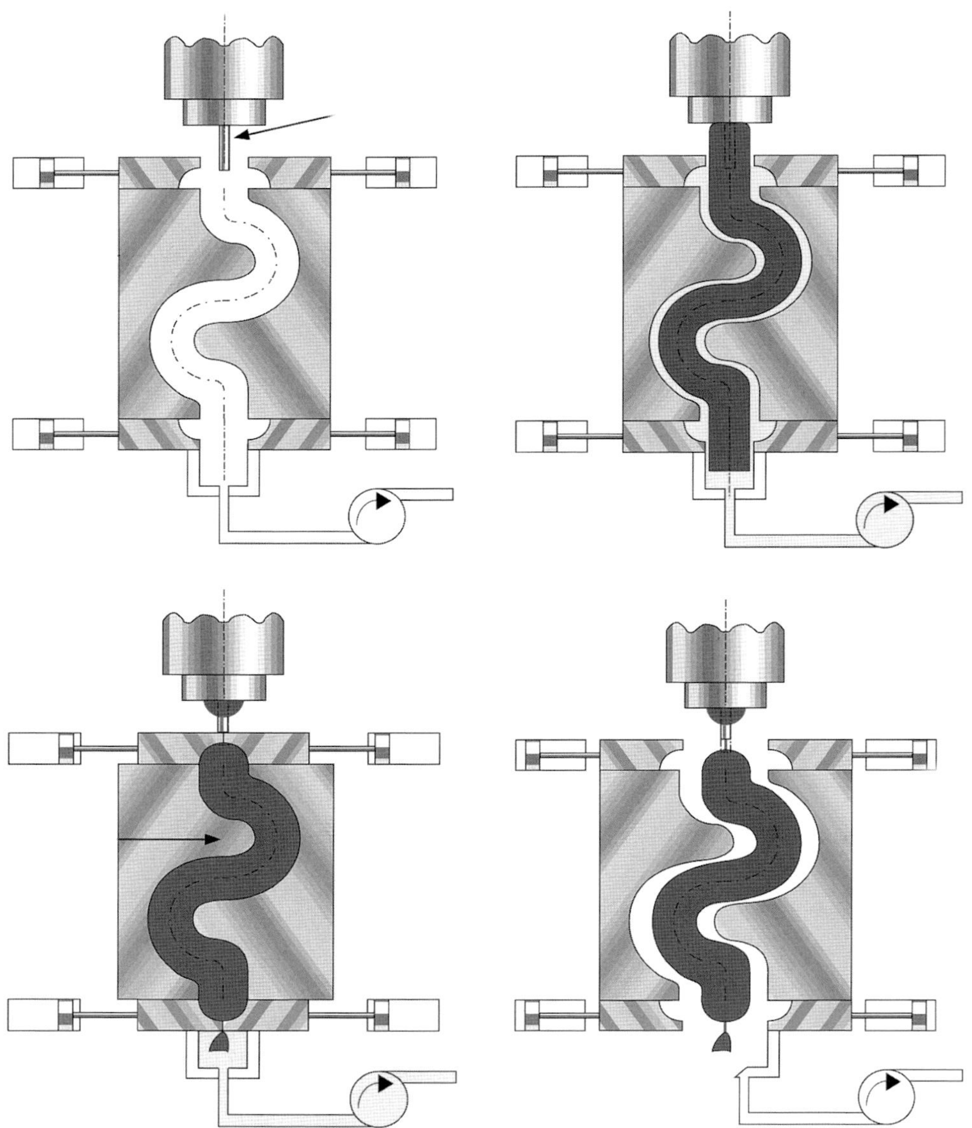

Bild 2.81 Saugblasen (Bild: Kautex Maschinenbau)

Bild 2.82 zeigt ein Saugblasteil aus Polyamid mit einer gestreckten Länge von ca. 1600 mm und einem Vorformlingsdurchmesser von knapp 30 mm. In die Blasform eingelegte Befestigungslaschen können einfach angebracht werden, indem der Vorformling durch sie hindurchgesaugt und angeblasen wird (Bild 2.83).

Bild 2.82 Sauggeblasenes Rohr (Bild: Kautex Maschinenbau)

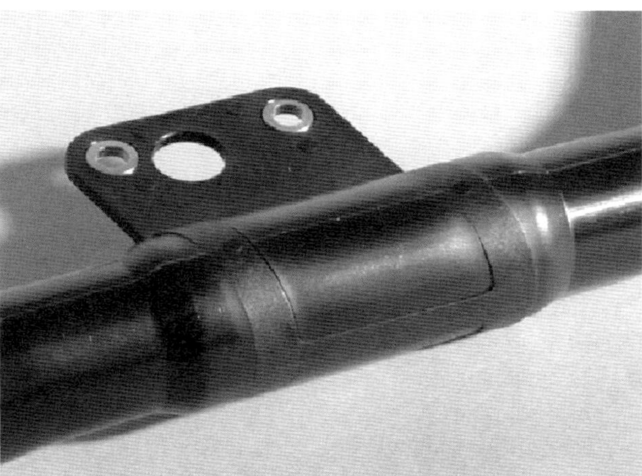

Bild 2.83 „Durchsaugte“ Befestigungslasche (Bild: Kautex Maschinenbau)

Horizontal-Blasformmaschinen

Einfach geteilte und preiswerte Formen kommen auch in so genannten *Horizontal-Blasformmaschinen* zum Einsatz. Hier öffnet und schließt die Schließeinheit in vertikaler Richtung. Die untere Formhälfte wird seitlich herausgefahren, sodass ein Sechs-Achsen-Industrieroboter den Vorformling in die Kavität einlegen kann. Hier kann durch den gesteuerten Verfahrprozess der unteren Formhälfte zu den sechs Achsen des Ablegeroboters noch eine siebte und ggf. durch Querverfahren sogar noch eine achte Achse zur Schlauchmanipulation hinzukommen. Nach dem Ablegevorgang fährt die untere Formhälfte zurück unter die obere Formhälfte, die Schließeinheit wird geschlossen und der Aufblas- und Abkühlprozess können stattfinden (Bild 2.84 und Bild 2.85). Nach dem Abkühlen des Artikels verbleibt dieser, ggf. durch Vakuum unterstützt, in der oberen Formhälfte und kann, nachdem die untere Formhälfte zum Ablegen des nächsten Vorformlings herausgefahren wurde, auf ein darunter angebrachtes Förderband abgeworfen werden. Dieses befördert den Artikel dann aus dem Maschinenbereich heraus. Derartige Maschinen sind auch in Doppelstationenausführung möglich. Diese Technologie wird vorzugsweise für die Herstellung mehrschichtiger Kraftsstoff-Einfüllrohre verwendet.

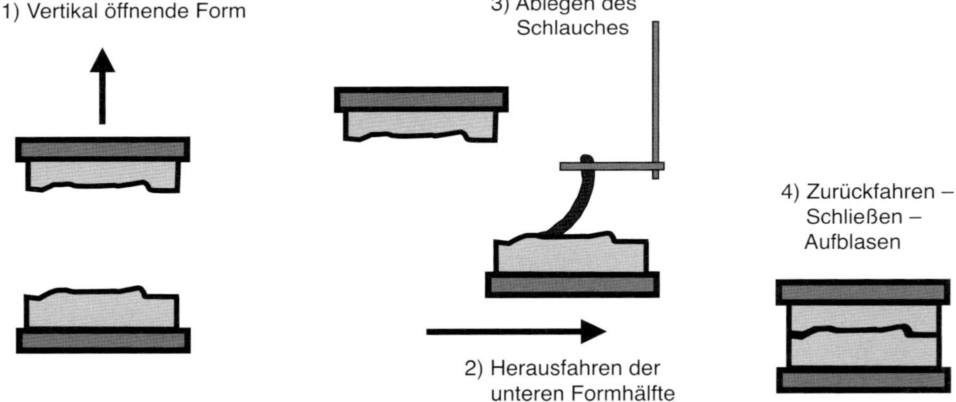

Bild 2.84 Horizontales 3D-Blasformen (Bild: Kautex Maschinenbau)

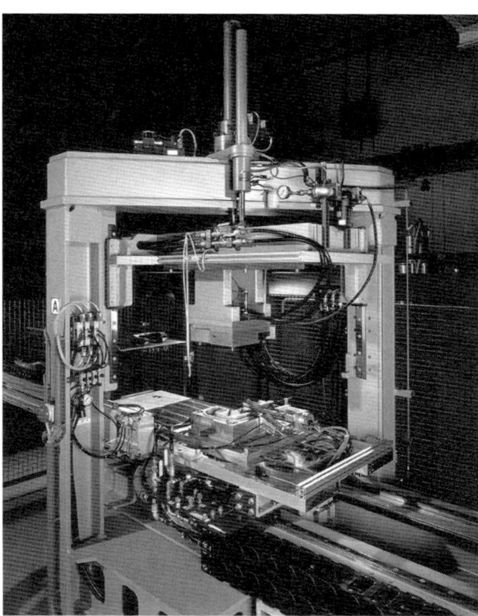

Bild 2.85 Horizontale 3D-Blasformmaschine K3D-HP (Bild: Kautex Maschinenbau)

Schlauchköpfe

Kleine Schlauchgewichte und kurze Zykluszeiten erlauben den Einsatz kontinuierlicher Schlauchköpfe. Bei der Herstellung größerer Artikel oder bei der Verarbeitung von Rohstoffen mit niedriger Schmelzezähigkeit finden Speicherköpfe Verwendung.

2.6.3.2 3D-Blasformen und Coextrusion mit Barriereschicht

Die Kombination der 3D-Blasformtechnologie mit der Sechs-Schicht-Coextrusion mit eingebetteter Barriereschicht aus EVOH, wie im Abschnitt 2.6.1.1 beschrieben, ist ebenfalls Stand der Technik, z. B. für Einfüllrohre für Kunststoffkraftstoffbehälter. Gegebenenfalls kann hier eine elektrisch leitfähige Schicht als siebte Schicht innen oder außen gefahren werden. Dies macht insbesondere bei Kraftstoffsystemen Sinn, da so die antistatischen Eigenschaften des Artikels verbessert werden.

2.6.3.3 Radiale Wanddickensteuerung

Ein Hauptproblem bei stark gekrümmten Blasformteilen sind die sich ergebenden starken Wanddickenunterschiede an Innen- und Außenradien in Bögen, als Folge der unterschiedlichen Reckgrade. Um diesen Effekt zu kompensieren, wurde die Radiale Wanddickensteuerung (RWDS) entwickelt. Sie erlaubt ein Ausbalancieren der Wanddicken zwischen Innen- und Außenradien in Bogenbereichen, auch bei sehr kleinen Vorformlingsdurchmessern. Bei diesem Verfahren wird der äußere Düsenring mit Hilfe von zwei rechtwinklig zueinander angeordneten Hydraulikzylindern verschoben (Bild 2.86). Befinden sich beide Zylinder in der neutralen Mittelposition, so ist der Düsenring zentriert und die Wanddicke über den Vorformlingsumfang konstant. Mit Hilfe der beiden Hydraulikzylinder kann nun der Düsenring in jede beliebige Richtung verschoben werden, sodass sich ein exzentrischer Düsenspalt einstellt. So kann die Wanddicke an jedem Punkt des Umfangs effektiv beeinflusst werden, und die Wanddicke des Blasformteils ist auch in Bogenbereichen gleichförmig.

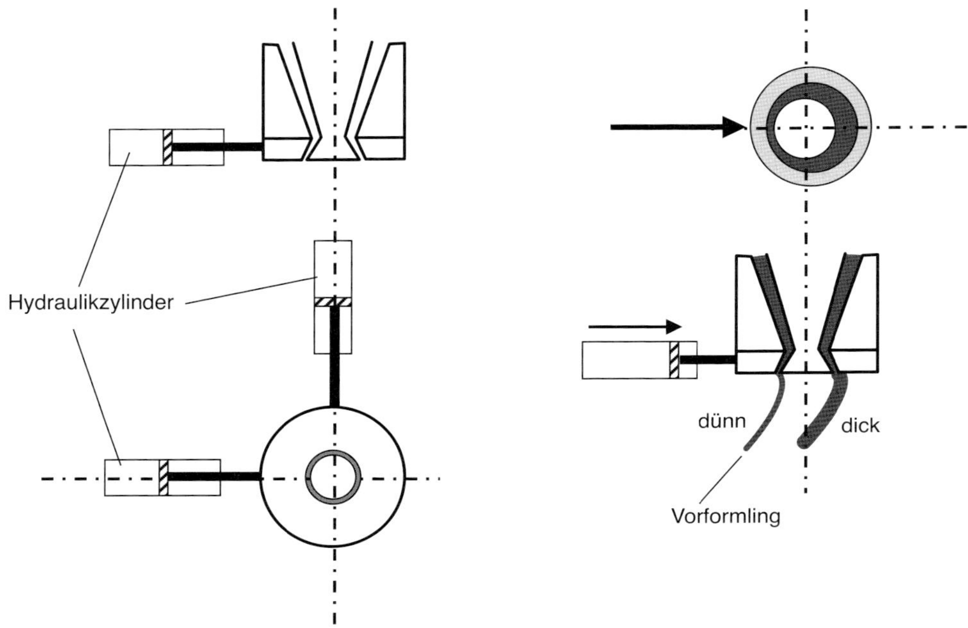

Bild 2.86 Radiale Wanddicken-Steuerung (Bild: Kautex Maschinenbau)

2.6.4 Sequenzielle Coextrusion

In Anlehnung an [37]

Eine spezielle Verfahrensvariante ist die Kombination des 3D-Blasformens mit der sequenziellen Coextrusion (SeCo) etabliert. Sie zeichnet sich dadurch aus, dass zwei unterschiedliche Materialien in alternierender Folge hintereinander ausgestoßen werden. Bevorzugte Materialkombinationen für die sequenzielle Coextrusion sind je nach Einsatz-Umgebungstemperatur PP und EPDM, PA und elastomermodifiziertes PA sowie zunehmend auch PBT/TEEE. Auf diese Weise entsteht ein Vorformling mit in Extrusionsrichtung abschnittsweise unterschiedlicher Materialzusammensetzung. Dieses Verfahren wird häufig auch „Hart-weich-hart"-Verfahren genannt [40]. So können bestimmte Artikelabschnitte durch entsprechende Materialauswahl mit spezifisch erforderlichen Eigenschaften ausgestattet werden, beispielsweise für Artikel mit weichen Enden und hartem Mittelteil oder integrierten weichen Faltenbalg-Bereichen (Bild 2.87). Ein weiteres Beispiel ist die Kombination von temperaturstabilen, etwa verstärkten Kunststoffen mit unverstärkten Materialien an den Anschlussstücken. Auch der mehrfache Wechsel im Formteil ist möglich.

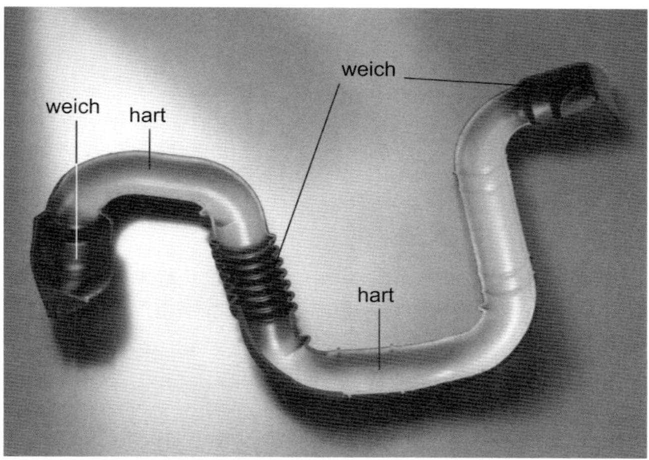

Bild 2.87 Sequenzielle Coextrusion (hart-weich-hart) (Bild: Kautex Maschinenbau)

Eine spezielle Verfahrensvariante der 3D-Blasformtechnik ist die Kombination mit der sequenziellen Coextrusion zur Erweiterung der Gestaltungsmöglichkeiten für derartige Formteile. Die Integration von Faltenbälgen in komplexe, mehrfach gekrümmte Artikel würde in der konventionellen Blasformtechnik zu Schweißnähten im Faltenbereich führen. Die gewünschte Flexibilität ist dann nur senkrecht zur Naht gegeben. Deshalb wurden diese Artikel lange Zeit – und zum Teil noch immer – mehrteilig aus Metall-, Kunststoff- und Kautschukwerkstoffen gefertigt. Sie können mittels der sequenziellen Coextrusion kosten- und zeitsparend in einem Stück hergestellt werden. Die Substitution solcher Baugruppen durch Blasformteile aus thermoplastischen Elastomerwerkstoffen (TPE) bietet eine Fülle von Vorteilen:

Neben kürzeren Zykluszeiten und geringerem Energieaufwand kann bei TPE-Teilen aufgrund ihrer verbesserten Eigenschaften die Wanddicke reduziert werden, was bei vergleichbaren Rohmaterialkosten einen unmittelbaren Kostenvorteil mit sich bringt. Hinzu kommt die einfache Rezyklierbarkeit von TPE, die keine Entsorgungsprobleme entstehen lässt.

Praktische Anwendung findet dies bei Luftführungskanälen im Automobilbereich, wo die weichen Enden die Dichtfunktion an den Anschlüssen übernehmen und das harte Mittelteil genügend hohe Steifigkeit gegen Deformation aufgrund des vorliegenden Unter- bzw. Überdrucks aufweisen muss. Weitere praktische Anwendungsbeispiele sind Verbindungsschläuche und Manschetten für Maschinen, Weißgeräte- oder Automobilbau mit flexiblen Rohrenden, die sowohl eine gute Abdichtung unter

Verwendung von Klemm-Manschetten als auch eine einfache Montierbarkeit ermöglichen. Auch der Aspekt der Kostenreduzierung bei Artikeln, die vollständig aus TPE-Werkstoffen hergestellt werden, kann zum Einsatz der sequenziellen Coextrusion führen. Sofern die weichen Bereiche im Artikel nicht überall benötigt werden, kann die sequenzielle Coextrusion die vormals weichen Bereiche durch harte Materialien ersetzen, deren Rohstoffpreis oft nur ca. 25 % der Weichtype beträgt.

2.6.4.1 Verfahrenstechnik der sequenziellen Coextrusion

Für die sequenzielle Coextrusion ist eine besondere Coextrusionskopftechnologie erforderlich. SeCo-Köpfe sind sowohl kontinuierlich als auch als Fifo (First-In-First-Out)-Akkukopf ausgeführt worden. Der Akkukopf trägt jedoch besser der Tatsache Rechnung, dass die Weichtypen häufig über geringe Schlauchstabilität verfügen und ein Wegsacken des Vorformlings nur mit einem Coextrusionskopf nach dem Fifo-Akkukopfprinzip wirksam verhindert werden kann. Ebenfalls von großer Bedeutung ist der Übergangsbereich der sequenziell coextrudierten Materialien im Vorformling. Besondere konstruktive Maßnahmen ermöglichen es, dass kurze und reproduzierbare Materialübergänge erreicht werden.

Die richtige Auswahl der Materialkombinationen ist für einen guten Materialübergang aber von gleicher Bedeutung. Je näher die Schmelzpunkte und das Reckverhalten bzw. die Dehnviskosität der kombinierten Materialtypen beieinander liegen, desto günstiger sind die Voraussetzungen für kurze und reproduzierbare Übergangszonen.

Das wichtigste Kriterium bei der sequenziellen Coextrusion ist ein einwandfreier Übergang beim Materialwechsel im Vorformling. Die Reaktionszeit des Systems muss möglichst kurz sein und der Übergang reproduzierbar an einer bestimmten Stelle im Blasformteil liegen.

Bei der konventionellen (Mehrschicht-)Coextrusion werden die Materialien im Schlauchkopf separat auf dem Umfang verteilt und anschließend an unterschiedlichen Stellen im Kopf nacheinander miteinander kombiniert (Abschnitt 2.6.1.2). Die Qualität der Schmelzeverteiler entscheidet über das gleichmäßige Anströmen der Zusammenflussstelle und erlaubt bei rohstoffgerechter Auslegung die Ausbildung eines konstanten Strömungsprofils in diesem Bereich [44, 45]. Dieses Profil ist prozessbedingt bei der sequenziellen Coextrusion zeitlich nicht konstant. Bei vielen Formteilen wechseln harte und weiche Bereiche ab. Da die Zusammenflussstelle innerhalb des Schlauchkopfs liegt, erfolgt der Materialwechsel nicht abrupt. Vielmehr entsteht ein Übergang, in dem beide Materialien gleichzeitig vorliegen. Die Reaktionsgeschwindigkeit des Systems – also die für einen Materialwechsel benötigte Zeit – ist damit abhängig von der Menge des Rohstoffs, der bei einem Wechsel bis zum Düsenaustritt „gespült“ werden muss.

Daneben wird der Wechsel durch die rheologischen Eigenschaften der Kunststoffe bestimmt. Da in jedem Zyklus mindestens zweimal gewechselt wird, sind Kunststoffe mit ähnlichen Viskositätseigenschaften von Vorteil. Bei beiden Spülvorgängen treten dann keine unzulässig großen Unterschiede im Fließverhalten auf.

Bei der Auslegung des Coextrusionskopfs ist darauf zu achten, dass die Zusammenflussstelle möglichst nahe am Düsenaustritt liegt, um die Reaktionsgeschwindigkeit des Systems zu erhöhen.

Heute wird meist nicht das gesamte Material „umgeschaltet", sondern nur der prozentuale Anteil eines Rohstoffs verändert. Nach dem Wechsel auf ein weiches Material wird also ein geringer Anteil (3 bis 5 %) des harten Materials weiter extrudiert – beim Wechsel auf hartes Material ist es umgekehrt. Der Vorteil dieser Technik liegt darin, dass sich zwar das Strömungsprofil an der Zusammenflussstelle verändert, aber die aufgrund der Wandhaftung vorliegenden Randschichten nicht betroffen sind. So wird die Weichkomponente meist an der Außenseite des Teils weitergeführt. Das hat den Vorteil, dass das Teil auch im harten Bereich einen gewissen „Soft-Touch" hat. Hartes Material an der Außenseite hingegen würde im Bereich von Faltenbälgen brechen oder zumindest sichtbare Knickmarkierungen hinterlassen. Oft reicht es auch aus, nur die an der Außenseite weitergeführte Komponente einzufärben (Bild 2.88). Daneben besitzt der vollständige Wechsel den Vorteil, dass auch im Bereich des Butzens und der verlorenen Köpfe nur Rohstoff einer Sorte vorliegt. Dies erleichtert die Wiederverwendung des Regenerats.

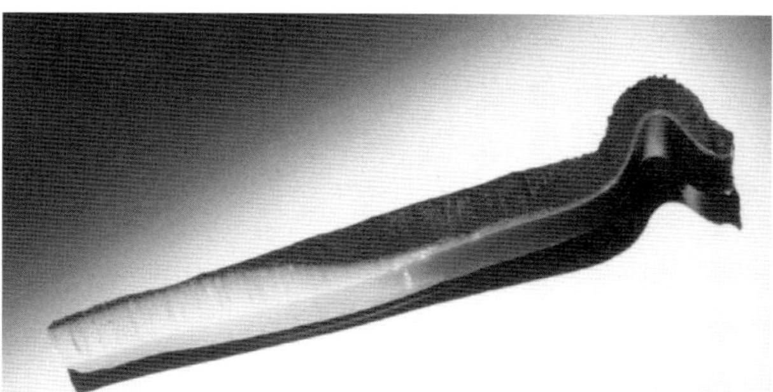

Bild 2.88 Übergang von Hart- *(weiß)* zu Weich-Komponente *(schwarz)* (Bild: Kautex Maschinenbau)

2.6.4.2 Maschinentechnik der sequenziellen Coextrusion

Die Ausrüstung einer Anlage zur sequenziellen Coextrusion besteht mindestens aus zwei Plastifiziereinheiten und einem Coextrusionskopf. Die Forderung nach schnellen Reaktions- und kurzen Spülzeiten führt zu kompakten Coextrusionsköpfen. Speichersysteme werden möglichst nicht integriert, sondern befinden sich außerhalb des Kopfs. Es besteht darüber hinaus die Möglichkeit, neben den Düsenwerkzeugen auch den Bereich der Coextrusionsstelle durch Austausch einfach zu montierender Teile zu modifizieren und an die rheologischen Eigenschaften der verwendeten Materialien anzupassen.

Ein weiterer Vorteil der externen Speicher nach dem FiFo-Prinzip (First-In-First-Out) liegt in der Flexibilität und damit in der Möglichkeit des einfachen nachträglichen Austauschs der Elemente, falls Umstände in der Produktion dies erforderlich machen sollten. Ein wesentlicher Gesichtspunkt ist die exakte Dosierung der auszustoßenden Kunststoffmasse. Dazu ist jeder Speicher mit einem Wegaufnehmer versehen, der auch bei Schwankungen im Förderverhalten des Extruders die Reproduzierbarkeit des Ausstoßvolumens sicherstellt. Darüber hinaus wird während der Füllphase die Plastifizierleistung des Extruders über einen Regelkreis kontrolliert und auf konstantem Niveau gehalten.

Ändert sich die Plastifizierleistung, beispielsweise infolge schwankender Regeneratanteile, so wird dies in der Füllphase von der Steuerung erfasst. Die Regelung passt dann die Extruderdrehzahl an. Die Kombination von Dosierung und Regelung des Ausstoßvolumens und der Plastifizierleistung ermöglicht das praxisgerechte und schnelle Auffinden des gewünschten Betriebspunkts und die erforderliche Reproduziergenauigkeit. Auf der Maschine in Bild 2.85 ist ein SeCo-Speicherkopf zu sehen.

2.6.4.3 Produktionsziel: stabile Verarbeitungsbedingungen

Der zentrale Aspekt der sequenziellen Coextrusion in der Produktion ist neben den verfahrenstechnischen Möglichkeiten des Systems die Prozesssicherheit. Schon eine geringfügige Verschiebung des Materialübergangs im Artikel führt zu Ausschuss.

Versuche bei Battenfeld Fischer Blasformtechnik (heute Kautex Maschinenbau) ergaben, dass die gewünschte Produktionssicherheit nur mit einem Massespeicher sicherzustellen ist. Ohne Massespeicher sind direkte Istwert-Vergleiche als Basis einer Prozessregelung nur schwer anzustellen. Die Ausstoßvorgänge können über den Bildschirm der rechnergesteuerten Blasformmaschine vorgewählt werden. Bild 2.89 zeigt unten den prinzipiellen Ablauf der Ausstoßvorgänge für die Speicher 1 und 2.

Der Startpunkt jedes Ausstoßvorgangs ist frei wählbar. Damit sind z.B. in einem Artikel mehrere Bereiche aus weichem Material möglich. Die Maschinensteuerung gestattet die Wahl unterschiedlicher An- und Abfahrrampen. So lassen sich die Übergänge zwischen den Rohstoffen beeinflussen und auf die rheologischen Materialeigenschaften der Kunststoffe abstimmen. Daneben ist selbstverständlich auch ein Überschneiden der Ausstoßvorgänge oder ein gleichzeitiges Ausstoßen beider Speicher möglich. Die 3D-Blasformtechnik hat bei Verarbeitern und Endabnehmern großes Interesse gefunden. Dies ist sicher auch darauf zurückzuführen, dass sie erhebliche Kostenersparnisse ermöglicht. Mittlerweile ist erwiesen, dass alle gängigen Thermoplaste in diesem Verfahren verarbeitbar sind. Die sequenzielle Coextrusion erschließt mit der Möglichkeit, Artikel zu fertigen, die bislang nicht in einem Stück produziert werden konnten, neue Anwendungsgebiete für die Blasformtechnik.

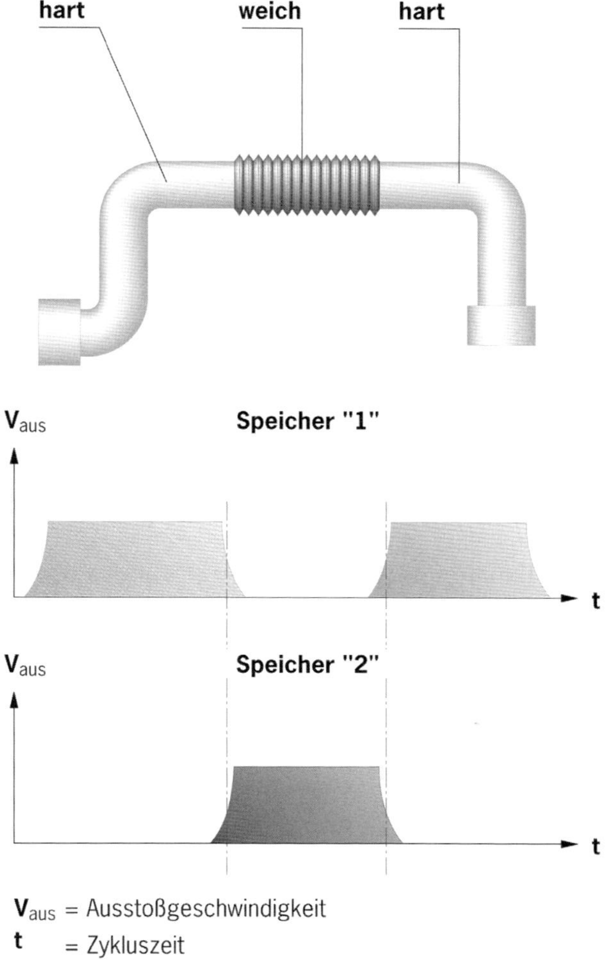

Bild 2.89 Ausstoßvorgänge der Speicher 1 und 2 (Bild: Kautex Maschinenbau)

2.6.5 Extrusionsblasformen von Wasserflaschen aus Polycarbonat

Wasserspender für kaltes oder heißes Trinkwasser finden sich heute weltweit in vielen Büros, Geschäften, Arztpraxen und teilweise auch bereits in Privathaushalten. Die hier eingesetzten großen Wasserflaschen, meist mit fünf Gallonen oder 20 Liter Inhalt, werden je nach Bedarf in unterschiedlichem Design, mit oder ohne Griff sowie aus unterschiedlichen Materialien hergestellt. Die früher weithin gebräuchlichen schweren Glasflaschen werden mehr und mehr von leichteren Kunststoffflaschen aus Polycarbonat (PC, Bild 2.90), PET oder auch Polypropylen ersetzt.

Bild 2.90 Wasserflaschen aus Polycarbonat (Bild: Kautex Maschinenbau)

Bereits Anfang der 70er Jahre wurden in Deutschland in Zusammenarbeit von Maschinenbau und Rohstoffhersteller die verfahrenstechnischen Voraussetzungen geschaffen und schließlich Extrusionsblasformmaschinen für die Herstellung von Wasserflaschen aus Polycarbonat entwickelt [47].

Nachdem der Einsatz von Polycarbonat für Wasserflaschen um die Jahrtausendwende aufgrund der Diskussionen um eine Gesundheitsgefährdung durch Bisphenol A (BPA) zurückgegangen war, sind Wasserbehälter aus PC inzwischen wieder stärker gefragt [61]. In einem wissenschaftlichen Gutachten hat die European Food Safety Authority (EFSA) im Jahr 2015 festgestellt, dass BPA kein Gesundheitsrisiko für Verbraucher darstellt, da die Exposition gegenüber dem chemischen Stoff zu niedrig ist, um Schaden zu verursachen [62].

2.6.5.1 PC bietet Vorteile

Während PET-Flaschen im Streckblasformprozess gefertigt werden, lassen sich PC-Flaschen durch Extrusionsblasformen herstellen. Obwohl der Materialpreis von Polycarbonat deutlich höher als der von Polyethylenterephthalat (PET) ist, stellt die Herstellung von PC-Flaschen eine wirtschaftliche und flexible Alternative dar.

Ein wesentlicher Vorteil der PC-Flaschen liegt darin, dass sie aufgrund der hohen Temperaturbeständigkeit des Polycarbonats beim Waschen nicht schrumpfen. Da Polycarbonat zudem deutlich kratzfester ist als PET, werden die Flaschen im Gebrauch weniger stark beschädigt, sodass 50 bis 60 Flaschenumläufe möglich sind, während eine PET-Flasche nach ca. 10 bis 15 Umläufen ausgesondert werden muss.

Das Extrusionsblasformverfahren bietet zudem den entscheidenden Vorteil, dass hinsichtlich der Flaschengeometrie kaum Grenzen gesetzt sind. Es sind sowohl unterschiedliche Formen als auch Griffe problemlos realisierbar. Bei komplexen Geometrien kann die faltenfreie Produktion im Hals und Griffbereich unter Umständen nur durch vorherige PC-Simulation erreicht werden (Bild 2.91, siehe auch Abschnitt 5.3).

Bild 2.91 Komplexe Hals- und Griffgeometrie, faltenfrei realisiert durch vorherige PC-Simulation [47]

Ein dem Blasformen direkt nachgeschalteter Temperprozess, zum Beispiel durch einen Infrarot-Durchlaufofen, sorgt für homogene Boden- und Schulterschweißnähte und eine Langzeitstabilität der Flaschen. Hier werden eingefrorene Spannungen abgebaut und dadurch die Neigung zu Spannungsrisskorrosion (Stress-Cracking) minimiert.

2.6.5.2 Maschinentechnologie für PC-Wasserflaschen

Die PC-Wasserflaschen können auf konventionelle Weise mit ausgeblasenem Hals gefertigt und außerhalb der Maschine manuell oder halbautomatisch entbutzt werden (Blow-and-Drop). Besonders hochwertige und dichte Hälse sind mit einer speziellen Maschinenausrüstung möglich. Hier werden die PC-Wasserflaschen mit Kalibrier-Blasdorn von unten geblasen. Dadurch ist die Halskontur innen exakt definiert. An der Außenkontur wird das Material im Bereich der Ringfläche der Halsmündung durch eine separat angetriebene Kalibrierhülse nach dem Schließen der Blasform angepresst. Im Gegensatz zu einem ausgeblasenen Hals wird der innen und außen kalibrierte Hals innerhalb des Blasformwerkzeugs komplett fertig gestellt. Durch diese massive Halsausführung entsteht eine absolut plane Dichtfläche an der Mündung des Halses, und die Flaschen sind im Wasserspender zuverlässig dicht (Bild 2.92).

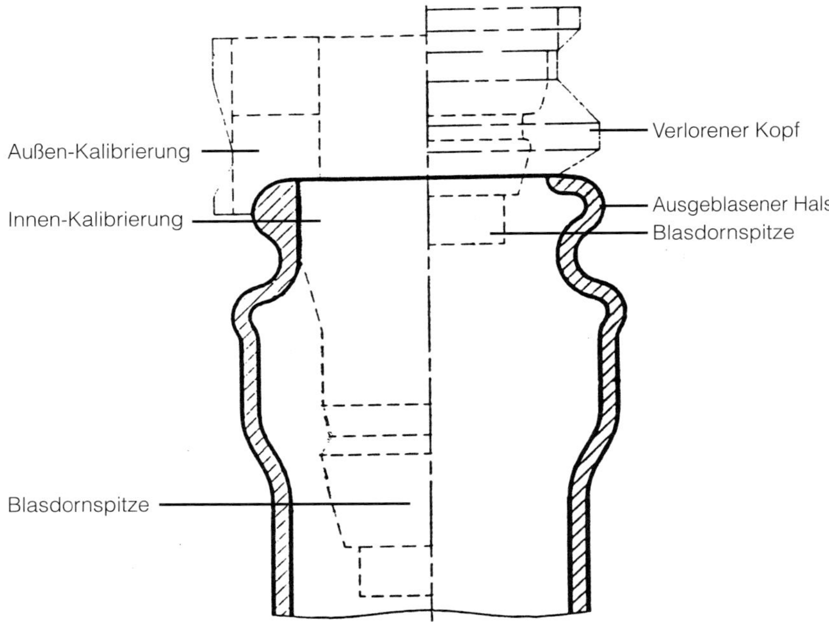

Bild 2.92 Halsausführungen (schematisch) (Bild: Kautex Maschinenbau)
links: innen und außen kalibriert, *rechts:* ausgeblasener Hals (Blow-and-Drop) (Bild: [47])

Eine integrierte Entbutzvorrichtung erlaubt das Entfernen des Schulter- und Bodenbutzens bereits in der Maschine. Nach dem Entbutzen können die Flaschen auf ein Förderband fallen gelassen und aus der Maschine gefördert werden. Alternativ können die Flaschen mit einer 180°-Wendevorrichtung gedreht und mit dem Hals nach oben auf ein Transportband gesetzt werden. Dieses Transportband kann dann direkt in einen nachgeschalteten Infrarot-Durchlauf-Temperofen führen [47].

2.6.6 In-Mould-Labelling

Wenn auch nicht sehr weit verbreitet, ist das In-Mould-Labelling eine interessante Methode, Kunststoffbehälter zu etikettieren. Beim In-Mould-Labelling wird ein gedrucktes Etikett aus Papier oder vorzugsweise Kunststofffolie während des Blasformzyklus in die geöffnete Blasform eingebracht. Auf diese Weise wird das Etikett Teil der Behälterwand und schließt mit dieser bündig ab, d. h., das Etikett steht nicht mehr fühlbar vor (Bild 2.93).

Bild 2.93 Maschine mit In-Mould-Labelling (Bild: Kautex Maschinenbau)

Die Etiketten werden z. B. durch einen Greiferarm aus einem Magazin nahe der Blasform entnommen, wobei der Greifer in der Regel mit Vakuumdüsen ausgerüstet ist, um das Etikett sicher zu halten, zu transportieren und in der Blasform abzulegen. Auch im Blasformwerkzeug wird das Etikett durch Vakuumdüsen exakt in Position gehalten. Eine Überwachung dieses Vakuums in der Blasform dient der Kontrolle, ob ein Etikett anwesend ist oder nicht.

Aufgrund der thermischen Isolationswirkung des Etiketts ist beim Auslegen der Blasform ein um ca. 5 bis 10 % reduzierter Schrumpf um das Etikett zu berücksichtigen. Die Etiketten selbst geben der Flasche zusätzliche Steifigkeit, sodass die Wanddicke gegebenenfalls hier reduziert werden kann. Hierdurch können die erhöhte Zykluszeit aufgrund der thermischen Isolationswirkung und die zusätzlichen Nebenzeiten für das Einlegen der Etiketten zumindest teilweise kompensiert werden.

Abhängig vom Material der Etiketten haften diese über einen Anschmelzvorgang oder über einen auf den Etiketten angebrachten Kleber. Etiketten aus dem gleichen Kunststoff wie das Blasformteil bieten Vorteile beim Recycling.

In-Mould-Labeling ist eine Alternative zu den anderen „Offline"-Etikettierverfahren, wie beispielsweise Sleeve-Etikettierung, Heißklebe- oder Kaltklebe-Papier-Etikettierung. Abhängig von Design, Anwendungsfall, Größe, Füllvorgang etc. ist die optimale Etikettiermethode auszuwählen.

2.6.7 Sichtstreifenausrüstung

Für die Herstellung von Behältern wie Motorölkanister etc. kann eine Zusatzausrüstung am Schlauchkopf installiert werden, um so genannte Sichtstreifen zu erzeugen. Diese Streifen aus nicht eingefärbtem Material dienen der Füllstandsüberwachung im Behälter (Bild 2.94). Ein kleiner Zusatzextruder fördert ungefärbte Schmelze in den unteren Bereich des Schlauchkopfs (Bild 2.95). Hier verdrängt das ungefärbte Material das eingefärbte und bildet einen schmalen durchsichtigen Streifen entlang der Längsachse des Behälters.

Bild 2.94 Behälter mit Sichtstreifen (Bild: Kautex Maschinenbau)

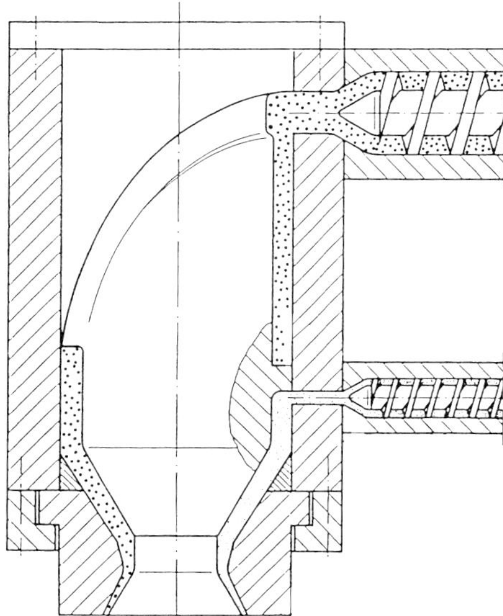

Bild 2.95 Schnitt durch einen Sichtstreifenkopf (Bild: Kautex Maschinenbau)

2.6.8 In-Mould-Decoration

Ähnlich dem In-Mould-Labelling können auch andere Dekorationsmaterialien während des Blasformprozesses in die Blasform eingebracht werden. Viele Artikel, beispielsweise im Automobilbau, werden mit Textilien oder Dekorfolien, z. B. mit lederartigem Oberflächenfinish, kaschiert. Konventionelle Kaschierverfahren erfordern zusätzliche Arbeitsschritte und einen zusätzlichen Kleber. Häufig sind die Basiskomponente und das Dekormaterial aus unterschiedlichen Materialien. So werden Handschuhfachklappen beispielsweise aus ABS mit einer lederartigen Dekorfolie aus ABS/PVC oder Türinnenspiegel aus PP mit einem Polyestergewebe dekoriert. Diese Verfahren sind vergleichsweise teuer, und der Materialmix erschwert das Recycling.

Auch bei einem Dekorverfahren ähnlich dem In-Mould-Labelling können die Formgebung und die Dekoration des Blasformteils in einem einzigen Arbeitsschritt geschehen. Da in vielen Fällen eine Schmelzehaftung oder eine mechanische Haftung durch Eindringen der Kunststoffschmelze in das textile Dekormaterial zum Einsatz kommen, werden in diesen Fällen keine zusätzlichen Kleber benötigt. Diese Verfahren sind preisgünstiger, und das Recycling von derartigen Bauteilen wird deutlich einfacher, wenn die Grundkomponente und das Dekormaterial aus dem gleichen Werkstoff hergestellt werden.

Unterschiedliche am Markt verfügbare Dekormaterialien führen zu unterschiedlichen Haftungsmechanismen (Tabelle 2.4).

Tabelle 2.4 Haftungsmechanismen unterschiedlicher Dekormaterialien

Dekormaterial	Haftungsmechanismus
TPE-Folie (lederartige Struktur) mit Schaumrücken	Schmelzhaftung (z. B. PE, PP)
Textil mit Schaumrücken	Schmelzhaftung (z. B. PE, PP)
Textil mit Textilrücken	mechanische Haftung
Textil mit Vliesrücken	mechanische Haftung

Das In-Mould-Dekorieren gehört beim Spritzgießen zum Stand der Technik. Beim Blasformen ist dieses Dekorverfahren weniger kompliziert, da hier keine Schubbelastung auf das Dekormaterial wirkt. In vielen Fällen kann ein einfacher, nicht vorgeformter Abschnitt von Dekormaterial in die Blasform gehängt werden, der dann während des Aufblasvorgangs in die Kavität hinein deformiert wird. Das größte Problem beim Blasformen tritt bei Anwendungen mit stark gekrümmten Oberflächen auf. Hier können sich in Folien oder Textilien Falten bilden. So mag es hier erforderlich sein, das Dekormaterial vorzuformen, bevor es in die Blasform eingebracht wird. Insbesondere Textilien müssen einen guten Kontakt zur Oberfläche des Blasformwerkzeugs haben, um ein „Durchbluten“ der Schmelze durch das textile Dekormaterial aufgrund des Aufblasdrucks zu vermeiden.

Potenzielle Anwendungen für dieses Dekorverfahren gibt es z.B. in der Automobilindustrie für Handschuhfachdeckel, Hutablagen, Airbag-Abdeckungen, Sonnenblenden, Babysitze usw. oder auch in der Möbelindustrie.

2.6.9 Blow-Moulding-Foam-Technology (BFT)

Eine spezielle Variante des Mehrschichtblasformens ist die „Blow-Moulding-Foam-Technology (BFT)", wo Schichten aus kompaktem und geschäumtem PE konzentrisch coextrudiert werden (Bild 2.96). Für die Schaumschicht wird dem PE ein Treibmittel zugefügt. In einem endothermen Prozess wird dann Kohlendioxid freigesetzt. Dieses Gas bildet die Blasen eines geschlossenzelligen Schaums, sobald der Vorformling die Düse verlässt. Die drei Schichten werden von drei einzelnen Extrudern erzeugt. Auch wenn die innere und äußere Haut prinzipiell aus einem einzelnen Extruder gespeist werden könnte, empfiehlt sich der Einsatz zweier Extruder, um eine entsprechende Flexibilität beim Einfärben der äußeren (sichtbaren) Haut zu erhalten. Die Mittelschicht besteht aus PE, Treibmittel und dem gesamten Mahlgut des Prozesses.

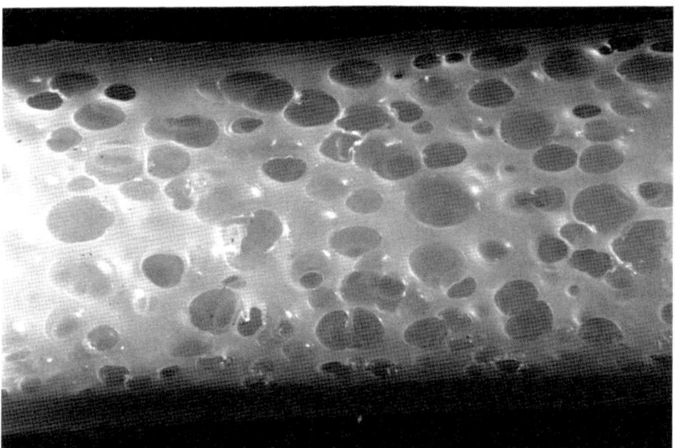

Bild 2.96 Struktur einer geschäumten Wandung (Haut-Schaum-Haut) (Bild: Kautex Maschinenbau)

Um eine gute Schaumstruktur aufrechtzuerhalten, dürfen nur sehr geringe Aufblasdrücke verwendet werden. Zur Unterstützung der Formgebung kann an spezielle Entlüftungsöffnungen in der Blasform ein Vakuum angelegt werden.

Der wesentliche Vorteil von geschäumten Artikeln liegt in der „Sandwich-Struktur", die bei gleichem Gesamtgewicht eine größere Wanddicke erlaubt (Bild 2.97); daraus resultiert eine höhere Biegefestigkeit. Weitere Vorteile sind akustische und thermische Isolationseigenschaften und eine erhöhte Absorptionsfähigkeit für elastische und plastische Energie.

Aufgrund der besonderen Eigenschaften eröffnen sich folgende Hauptanwendungsfelder:

- leichte Transportpaletten mit glatter Außenoberfläche, daher auch für Lebensmittel- und Pharmaanwendungen geeignet (Bild 2.98),
- thermisch isolierende Verpackungen, wie z. B. Flaschen, aber auch klappbare Transportboxen,
- Automobilkomponenten, wie z. B. Stoßfängerträger,
- Möbelteile, flache Panels (Paneele) und
- akustische Komponenten wie Lautsprechergehäuse oder Schallschutzwände.

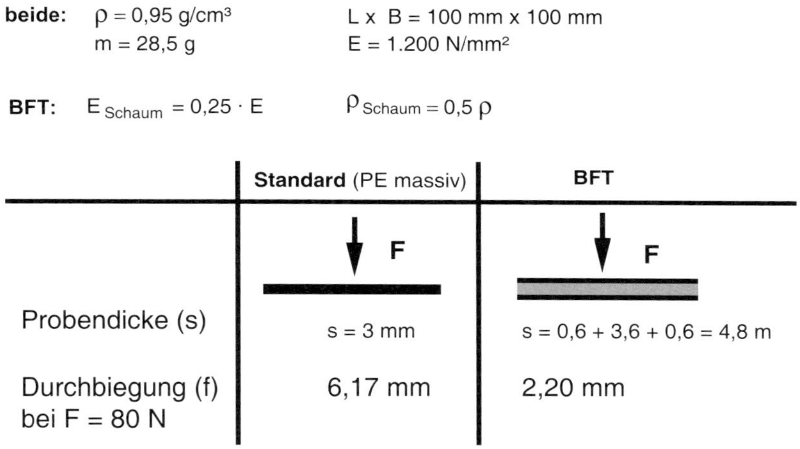

beide: $\rho = 0{,}95$ g/cm³ $\quad$ L x B = 100 mm x 100 mm
m = 28,5 g $\quad$ E = 1.200 N/mm²

BFT: $E_{Schaum} = 0{,}25 \cdot E$ $\quad$ $\rho_{Schaum} = 0{,}5\,\rho$

	Standard (PE massiv)	**BFT**
	F	F
Probendicke (s)	s = 3 mm	s = 0,6 + 3,6 + 0,6 = 4,8 m
Durchbiegung (f) bei F = 80 N	6,17 mm	2,20 mm

Bild 2.97 „Sandwich-Struktur“ führt zu verbesserter Biegesteifigkeit (Bild: Kautex Maschinenbau)

Bild 2.98 Geschäumte Transportpalette (Bild: Kautex Maschinenbau)

2.6.10 Mucell

In Zusammenarbeit mit Sam Dix, Trexel Inc.

Ein weiteres „Schaum"-Verfahren ist die MuCell®-Technologie, die die Firma Trexel im Zuge der Leichtbau-Entwicklungen auf das Blasformen von Luftführungskanälen für die Automobilindustrie ausgeweitet hat. Die Technologie zur Herstellung von mikrozellulären Schäumen bietet unter anderem die folgenden Vorteile:

- Geringere Gesamtkosten
- Geringeres Gewicht bei ähnlicher/gleicher Dicke wie bei Vollmaterial. (bis zu 60 % Gewichtsreduzierung)
- Erhöhte Steifigkeit im Verhältnis zum Gewicht.
- Erhöhte Wärmedämmeigenschaften (Wegfall der Urethanbeschichtung)
- Vergleichbare oder bessere Kondensationseigenschaften
- Verbesserte vibrationsdämpfende Eigenschaften

Das Unternehmen hat hierzu zwei grundsätzlich unterschiedliche Lösungen entwickelt. Die Luftführungskanäle können dabei entweder mit chemischen Treibmitteln (CFA) oder physikalischen Treibmitteln (PBA) geschäumt werden.

Die CFA Produktlinie zeichnet sich durch eine einzige Zersetzungstemperatur aus. Sie eignet sich für alle Maschinentypen, einschließlich solcher mit Nutbuchsenextrudern. Da der Druck auf der Einfüllseite des Extruders im Allgemeinen niedriger ist, während die Temperatur hoch ist, führen chemische Treibmittel mit zwei Zersetzungstemperatur-Peaks zu Problemen, da der niedrigere Peak bereits bei 160 °C beginnt. Dies tritt bei Trexel CFA mit einem höheren, einfachen Zersetzungspeak bei 200 °C nicht auf. Eine patentierte gefällte Kalziummischung hilft eine gute Zellkeimbildung zu initiieren. Es kommen keine anderen Kompatibilisatoren zum Einsatz, die in der Regel anfällig dafür sind, im Laufe der Zeit und bei mehreren Recyclingdurchgängen (Wiederzuführen von Butzen in den Prozess) Rückstände zu hinterlassen. Der Nachteil der chemischen Schäumung besteht jedoch darin, dass der Effekt der Materialeinsparung durch das Schäumen proportional zur Anzahl der durchgeführten Recyclingdurchgänge abnimmt. Je niedriger also das Gewichtsverhältnis zwischen Netto-Artikelgewicht und dem Butzenanteil ausfällt, desto schwieriger ist es, den Einsatz eines chemischen Treibmittels zu rechtfertigen.

Das physikalische Schäumen von Trexel ist die bevorzugte Methode zum Schäumen eines Luftführungskanals. Es ermöglicht die genannten Probleme beim Einsatz von CFA zu vermeiden, indem eine Mischung aus N_2 und einer kleinen Menge eines mineralischen Füllstoffes verwendet wird. Dieser Füllstoff ist preiswerter als der Basiskunststoff und hinterlässt keine Rückstände, die sich beispielsweise im Formwerkzeug anreichern könnten. Trexel bietet für das Schäumverfahren verschiedene Pumpentypen an, die sowohl für Glattrohr- als auch Nutbuchsenextruder verwendet werden können. Sie erfordern nur eine minimale Kommunikation mit der Blasformmaschine und gewährleisten eine reibungslose Verarbeitung bei minimalem Bedienereingriff. Die Pumpen der Typen B120 und B320 eignen sich gut für das Blasformen mit Speicherkopf, da sie in der Lage sind, Druckspitzen vom Kopf während des Ausstoßens auszugleichen und sicherzustellen, dass die Durchflussmenge von Schuss zu Schuss sehr gut reproduzierbar bleibt.

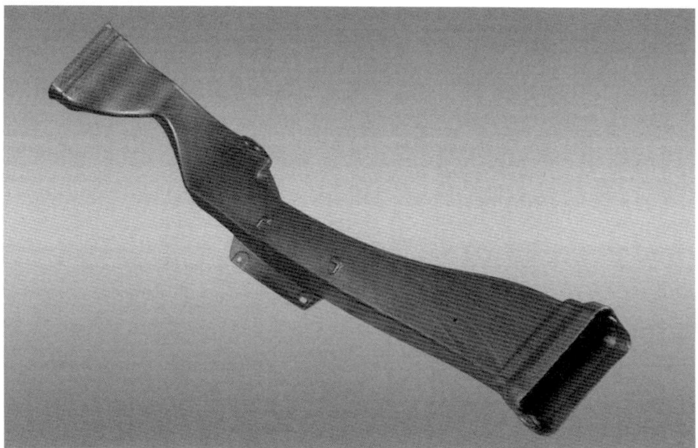

Bild 2.99 MuCell Luftkanal aus blasgeformtem PE mit 41 % Dichtereduzierung im Vergleich zu Vollmaterial

In jüngster Zeit hat Trexel Forschungs- und Entwicklungsaktivitäten durchgeführt, um die Technologie auf 3D-Saugblasteile für Automobilanwendungen bei höheren Temperaturen aus PA66 und PA6 anzuwenden. Die Pumpenkonfiguration wurde optimiert, um die richtigen Dosierkonfigurationen für eine Standardprozessschnecke bereitzustellen.

2.6.11 Blasformen von faserverstärkten Thermoplasten

Bei bestimmten Anwendungen, z. B. in der Automobilindustrie, erfordern steigende Anforderungen an die Komponenten, z. B. höhere Motorraumtemperaturen, den Einsatz höherwertiger Kunststoffe. Daher werden hier mehr und mehr „High Performance Engineering Thermoplaste", aber auch glasfaserverstärkte Kunststoffe eingesetzt. Das Blasformen von glasfaserverstärkten Thermoplasten (meist PP oder PA) erfordert eine spezielle Maschinenausrüstung und spezielle Verarbeitungskenntnisse. Die am häufigsten eingesetzten Werkstoffe sind so genannte kurzglasfaserverstärkte Thermoplaste mit einer mittleren Faserlänge von ca. 0,3 bis 0,4 mm.

Aufgrund der abrasiven Wirkung der Glasfasern müssen speziell gehärtete Schnecken und Extruderzylinder eingesetzt werden. Die Fließkanäle im Schlauchkopf benötigen ebenfalls eine entsprechende Oberflächenbehandlung. Das Düsenschwellen und Durchhängen (Sagging) ist ebenso wie die möglichen Reckgrade bei faserverstärkten Thermoplasten geringer als bei unverstärkten. Verstreckverhältnisse von über 1:2 sind kaum zu realisieren. Glasfaserverstärkte Artikel können bei höheren Temperaturen entformt werden. Die Möglichkeit der Abbildung feiner Oberflächentexturen ist begrenzt.

Glasfasern können die Zugfestigkeit und Steifigkeit von Thermoplasten erheblich verbessern. Die Schlagzähigkeit ist geringer, weil die hohe Anzahl an Faserenden als Fehlstellen und damit Ausgangspunkt für Werkstoffversagen angesehen werden können.

Eine spezielle Entwicklung ist das Blasformverfahren mit langglasfaserverstärkten Thermoplasten [38]. Hier wird ein besonderes Langfasergranulat mit einer Ausgangsfaserlänge von 10 bis 12 mm eingesetzt. Es können mittlere Faserlängen bis zu 7 mm im blasgeformten Teil erzielt werden. Zugfestigkeit und Schlagzähigkeit von langglasfaserverstärktem PP sind signifikant höher, insbesondere bei höheren Temperaturen, verglichen mit kurzfaserverstärktem Material. Aufgrund des recht komplexen Verarbeitungsverfahrens sind die Anwendungsbereiche zurzeit auf flache, panelartige Bauteile limitiert.

2.6.12 Bottlepack-Verfahren

Ein Verfahren zum Blasformen, aseptischen Abfüllen und hermetischen Verschließen in einer Maschine findet insbesondere im Bereich der Pharmazeutika, aber auch bei Softdrinks und chemisch-technischen Produkten Anwendung (Bild 2.100). Mit diesem Verfahren werden Flaschen, Tuben, Ampullen, Kanister, Tropfflaschen sowie Faltenbalg- und Portionsverpackungen bis zu 30 000 Stück je Stunde hergestellt.

Bei dem von der Firma Rommelag patentierten und weltweit eingeführten Verfahren mit der Bezeichnung „Bottlepack“ [46] wird in einem ersten Arbeitsschritt analog zum „traditionellen“ Extrusionsblasformen ein Schlauch extrudiert und von der geöffneten Blasform übernommen (Bild 2.101, **a**). Der Hauptteil der Blasform schließt sich und verschweißt dabei den Boden des Behälters. Im Halsbereich wird eine speziell geformte Blasdorn-Fülleinheit aufgesetzt, die den eigentlichen Behälterbereich zum noch nicht ausgeformten Halsbereich hin abdichtet. Über diesen Blasdorn wird nun der eigentliche Behälter mit Sterilluft aufgeblasen (Bild 2.101, **b**). Kleinere Behälter wie Augentropfen-Eindosisampullen werden durch Vakuum ausgeformt. Der außerhalb verbliebene Teil des Schlauches bleibt während dieses Vorgangs heiß und plastisch verformbar weich. Im nächsten Schritt (Bild 2.101, **c**) wird über die Fülldorne das Füllgut in den Behälter eingefüllt. Nach dem Abheben der Blasdorn-Fülleinheit schließt die Kopfbacke und verschweißt das Behältnis hermetisch dicht.

Gleichzeitig wird die gewünschte Kopf- bzw. Verschlusskontur mittels Vakuum ausgeformt (Bild 2.101, **d**). Mit dem Öffnen der Blasform verlässt der gefüllte, fertige Behälter die Blasform (Bild 2.101, **e**), und der nächste Produktionszyklus beginnt.

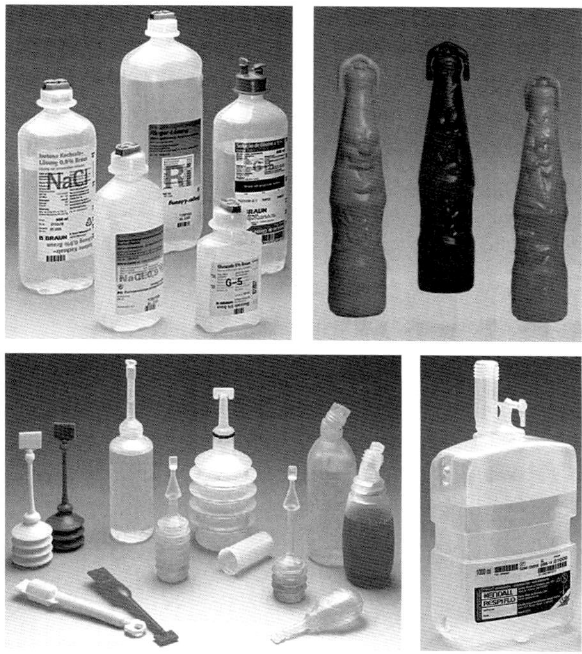

Bild 2.100 Anwendungsbeispiele von Behältern nach dem Bottelpack-Verfahren [46]

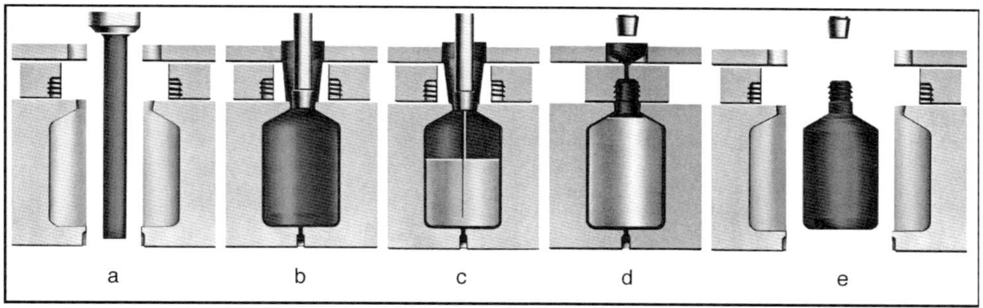

Bild 2.101 Bottlepack-Verfahren – Prozessschritte [46]
Schritte a – e: siehe Text

Bevor der Behälter verschlossen und versiegelt wird, besteht als Option noch die Möglichkeit, automatisch Funktionsteile wie Tropfeinsätze, Gummistopfen oder Kanülen einzusetzen. Danach schließt die Kopfbacke und umschweißt das Einlegeteil bei gleichzeitiger hermetischer Verschlussausformung.

Es sind unterschiedliche Verschlussvarianten möglich, darunter die von Multidose-Ampullen und Augentropfenampullen her bekannten Drehknebelverschlüsse, aber auch Schneidringverschlüsse oder Verschlüsse mit Einstichdorn (Bild 2.102).

Der ganze Prozess findet unter aseptischen Bedingungen (Edelstahl, sterile Blas- und Spülluft etc.) statt, sodass die internationalen Standards (z.B. cGMP, FDA) für aseptische Verpackungen erfüllt werden [48 und 49].

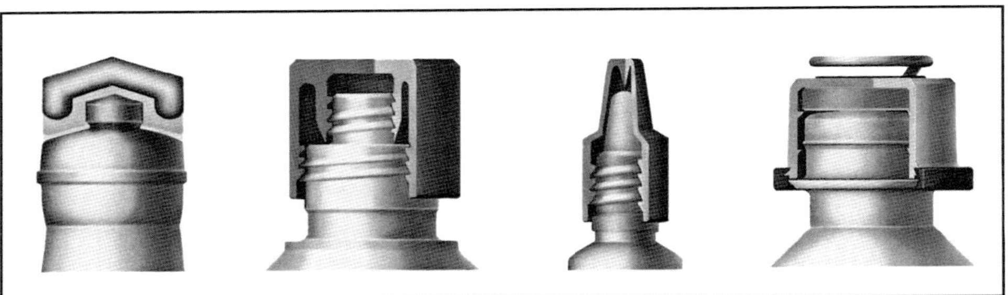

Bild 2.102 Beispiele für Verschlüsse [46]

Literatur zu Kapitel 2

[1] *Dominighaus, H.:* Die Kunststoffe und ihre Eigenschaften, VDI-Gesellschaft Kunststofftechnik, 4. Auflage, VDI-Verlag, Düsseldorf, 1992

[2] *Mantel, R.:* Extrusion Blow Moulding. Lupolen, Novolen Brochure B579e, 4.92, BASF (heute Basell), 1992

[3] *Pahl, M.; Gleißle, W.; Laun, H. M.:* Praktische Rheologie der Kunststoffe und Elastomere, VDI-Gesellschaft Kunststofftechnik, 4. Auflage, VDI-Verlag, Düsseldorf,1995

[4] Internetzugriff am 29.3.2001, *http://www.fb09.fh-frankfurt.de/mhwww/KAT/15Kautsch_Physik.htm* (Link zum Stand 2019 nicht mehr verfügbar, aktuellere Quellen nicht bekannt.)

[5] *N. N.:* Einrichter-Grundkurs-Blasformen, Kursunterlagen der Dr. Reinold-Hagen-Stiftung, 03/95, Bonn, 1995

[6] *Rosato, D.; Rosato, D. (Hrsg.):* Blow Molding Handbook. Hanser, 1989

[7] *Hensen, F.; Knappe, W.; Potente, H.:* Handbuch der Kunststoff-Extrusionstechnik, Band II, Hanser, 1986

[8] *Löw, W.; Schiedrum H.-O.:* Extruder für Blasformanlagen zur Polypropylenverarbeitung, Kunststoffe 79 (1989)1, S. 34 – 36

[9] *Mantel, R.:* Hohlkörperprodukte – Blasformprodukte, Lupolen, Hostalen, Verarbeitung und Anwendungen, Mainz: Basell Polyolefine GmbH, 2002

[10] *Menges, G.:* Einführung in die Kunststoffverarbeitung, Hanser, 1979

[11] *N. N.:* Gravimetrische Durchsatzregelung. Benutzer-Handbuch. Octagon Process Technology, 2000

[12] *Mantel, R.:* Kunststoffverarbeitung im Gespräch, 3. Blasformen. BASF (heute Basell), 1973

[13] *Junk, P. B.:* Betrachtungen zum Schmelzeverhalten beim kontinuierlichen Extrusionsblasformen, Dissertation an der RWTH Aachen, 1978

[14] *Rosato, D.; Rosato, D; DiMattia D.:* Blow Molding Handbook, 2nd revised Edition, Hanser, 2003

[15] *Gust, P.:* The Early Use of Process Simulation to Optimize the Wall Thickness of Blow Molded Plastic Parts. Paper 887, SPE ANTEC, Dallas, May, 2001

[16] *N. N.:* Broschüre der Fa. Feuerherm, Troisdorf, 2002

[17] *Siewert, H., Thielen, M.:* Trends beim Coextrusionsblasformen, Kunststoffe 88 (1998) S. 8

[18] *N. N.:* WDLS; Broschüre der Fa. Feuerherm, Troisdorf, 2002

[19] *Heinigk, J.:* Persönliche Information, SIG Blowtec, 2003

[20] *Holzmann R.:* Gestalten von Blasformteilen, VDI-Verlag, Düsseldorf, 1984

[21] *Speuser, H. G.:* Beschreibung und Gestaltung des Abkühlprozesses beim Extrusionsblasformen, Dissertation an der RWTH Aachen (IKV), 1992

[22] *N. N.:* Internetzugriff am 05.07.2019: *www.beko-technologies.com*

[23] *Gust, P.; Holbach, M.:* Produktivität und Qualität weiter verbessern – Neuentwicklungen beim Blasformen, Kunststoffe 90(2000)10, S. 152 – 157, Hanser, 2000

[24] *Ast, W.:* in: Johannaber, F.: Kunststoffmaschinenführer, 4. Ausgabe, Hanser, 2004

[25] *N. N.:* Innovation taking shape, Broschüre mit CD, Graham Machinery Group, York, PA, USA, 2003

[26] *Dowler, B.:* Graham Machinery Group, persönliche Information, 2003

[27] *Eiselen, O.:* Informationsmaterial und persönliche Information der Fa. Heco Maschinen- und Werkzeugbau GmbH, Kürtener Str. 7a, Bergisch Gladbach, 2004

[28] *Eiselen, O.:* Verfahrenstechnik beim Coextrusions-Blasformen. Kunststoffe 78 (1988) 7

[29] *Kulik, M.:* Vom Vorformling zum Blasteil. In: Blasformen von Polypropylen. VDI-Verlag, Düsseldorf, 1980

[30] *Egle, W:* Vermeiden von Schwitzwasser auf Spritzgieß- und Blaswerkzeugen. Kunststoffe 76 (1986) 1, S. 32–34

[31] *Groh, M.:* Variantenreich: Nachkühlen beim Blasformen reduziert die Produktionsdauer deutlich. Maschinenmarkt 97 (1991) 9, S. 46 – 49

[32] *SKZ-Seminar:* Erodieren, Polieren und Beschichten von Werkzeugen für die Kunststoffverarbeitung, 1993

[33] *Reisbeck, C.:* CAD/CAM. Hoppenstedt Technik Tabellenverlag, Darmstadt, 1990

[34] *Woite, B.:* Kunststoffkraftstoffbehälter – eine Lösung für die Zukunft, in: Kunststoffe im Automobilbau – Anwendung und Wiederverwertung, VDI-Verlag Düsseldorf, 1991

[35] *N. N.:* Top Form, Firmeninformationsschrift Kautex Textron, Bonn, 1998

[36] *Leiber, J.:* Plasmapolymerisation. Dissertation, RWTH Aachen

[37] *Renford-Sasse, E.:* Abfallarmes Blasformen komplexer Formteile, Kunststoffe 83(1993)9, S. 651 – 655

[38] *Thielen, M.:* Blasformen langglasfaserverstärkter Thermoplaste. Dissertation, RWTH Aachen, 1995

[39] *Schüller, F.:* Developments in 3D blow moulding technology. Plastics News International (Australia) July 2000, pp. 18 – 19

[40] *Thielen, M.:* Blow Molding, Sequential Coextrusion: Advanced technology opens door into a new world of tailored parts. Modern Plastics Encyclopaedia '99, P. D5

[41] *Daubenbüchel, W.:* Blowmoulding machine for 3D technology, PPS 10, Tenth Annual Meeting, Akron, Ohio, April, 1994

[42] *N. N.:* Abfallarmes 3D-Blasformen technischer Teile, Plastverarbeiter 44(1993), S. 42 – 43

[43] *N. N.:* Neue Anwendungsgebiete für die Blasformtechnik, Informationsschrift Krupp Kautex Maschinenbau, Bonn-Holzlar, 1993

[44] *Meier, M.:* Ein Beitrag zur rheologischen Auslegung von Coextrusionswerkzeugen. Technisch-wissenschaftlicher Bericht des IKV, Aachen

[45] *Wortberg, I.:* Blasfolienextrusion, Coextrusion und Automatisierung. Kunststoffe 75 (1985) 9, S. 584 – 589

[46] *N. N.:* bottlepack, Verpackungscenter für Flüssigkeiten, Broschüre der Fa. Rommelag, Waiblingen, 2002

[47] *N. N.:* Extrusionsblasformmaschinen für PC-Wasserflaschen, Broschüre der Kautex Maschinenbau GmbH, 2005

[48] *Zimmermann, L.:* Technische Vorkehrungen zur aseptischen Verpackung von Liquida beim „bottlepack-aseptic-system", Pharm. Ind. 45, 11, 1175 – 1181, 1983

[49] *Zimmermann, L.:* Aspekte zur Produktion und zum Design von Infusions- und Spüllösungen bei Verwendung des „bottlepack-aseptic-systems", Firmenschrift, Fa. Rommelag, Waiblingen, 1991

[50] *Mennig, L. G.:* Werkzeuge für die Kunststoffverarbeitung, Carl Hanser Verlag, München, Wien 1995

[51] *Hopmann, C.; Michael, W.:* Einführung in die Kunststoffverarbeitung, Carl Hanser Verlag, München, Wien, 2017

[52] *Hülle, D.:* persönliche Information Dezember 2017

[53] *Wortberg, J.; Karrenberg, G.:* Alternative Plastifizierkonzepte für die High-Speed Extrusion – der High-Speed-S-Truder mit rotierender Schneckenhülse, Zeitschrift Kunststofftechnik 11 (2015), Carl Hanser Verlag, München, Wien

[54] *Holberg, M.:* persönliche Information, Februar 2018

[55] *N. N.:* C3LS, Internetzugriff am 23.04.2018: *www.kautex-group.com/blasformmaschinen/automotive/blasformtechnologie*

[56] *N. N.:* Internetzugriff am 23.04.2018: *www.kautex.de/de/automotive/advanced-fuel-systems*

[57] *N. N.:* Internetzugriff am 23.04.2018: *http://www.tiautomotive.com/ti-automotive-brings-new-plastic-fuel-tank-advanced-process-technology-tapt-into-volume-production/*

[58] *N. N.:* Internetzugriff am 23.04.2018: *https://www.plasticomnium.com/en/automotive-equipment/auto-inergy-division/innovative-systems/plastic-fuel-systems.html*

[59] *N. N.: www.eisbaer.at*

[60] *N. N.:* Internetzugriff am 25.04.2018: *www.lgchem.com/global/ep/hyperier/product-detail-PDBEC004*

[61] *Lubos, P.:* Wasserbehälter aus PC immer gefragter, K-Zeitung Nr 4 (23. Februar 2018), S. 17

[62] *N. N.:* Wissenschaftliches Gutachten zu Bisphenol A (2015), Internetzugriff am 25.04.2018: *www.efsa.europa.eu/sites/default/files/corporate_publications/files/factsheet bpa150121-de.pdf*

[63] *Dix, S.:* Mucell for blow moulding, persönliche Information, Juni 2018

3 Streckblasformen

In Zusammenarbeit mit Klaus Hartwig (SIG Corpoplast, 1. Auflage) und Jochen Forsthövel (Krones)

3.1 Einführung

Im Streckblasverfahren werden qualitativ hochwertige Flaschen aus PET (Polyethylenterephthalat) mit hervorragenden mechanischen, optischen und Barriereeigenschaften bei gleichzeitig niedrigem Gewicht hergestellt. Obwohl sich auch einige andere Materialien noch mehr oder weniger gut für dieses Fertigungsverfahren eignen, ist PET das auf dem Markt vorherrschende Material. Auch wenn Kunststoff generell und insbesondere als Verpackungsmaterial oft in der Kritik steht, ist PET heute das vorherrschende Material für Getränkeverpackungen. Für PET spricht die hervorragende stoffliche Wiederverwertbarkeit, die es zu einem sehr guten Material für eine Kreislaufwirtschaft (Circular Economy) macht. PET kann auch (kommerziell bisher nur zu einem Massenanteil von ca. 30%) biobasiert hergestellt werden. Dabei wird Monoethylenglykol (meist) aus Zuckerrohr (via Bio-Ethanol) hergestellt [16]. Bei Drucklegung stand die Entwicklung biobasierter Terephthalsäure auf der Basis von Bio-Paraxylene vor dem Durchbruch [17]. Biobasiertes PET (teilweise oder vollständig) ist mit konventionellem PET aus fossilen Rohstoffen chemisch identisch, und daher vollständig rezyklierbar, nicht jedoch biologisch abbaubar. Eine weitere Entwicklung in Richtung zu vollständig biobasierten Materialien für Flaschen ist PEF (Polyethyen-Furanoat), wo die Terephthalsäure durch biobasierte Furandicarbonsäure ersetzt wird. PEF weist gegenüber PET bessere Barriereeigenschaften und bessere mechanische Werte auf [18]. Auch PEF ist nicht biologisch abbaubar. Dem gegenüber haben alternative biologisch abbaubare Materialien (z. B. PLA, Polylactic acid) in der Regel eine relativ hohe Wasserdampfdurchlässigkeit, was sie für Getränkeverpackungen für die meisten Anwendungen disqualifiziert.

Die stetige Substitution von Metall- und Glasverpackungen durch streckgeblasene PET-Flaschen führte in den vergangenen Jahrzehnten zu einem starken Wachstum dieser Technologie. Dieses Wachstum resultiert aus einer rasanten Entwicklung im Bereich der Maschinen- und Produktionstechnik sowie der Rohstoffe. Hierdurch werden immer neue Anwendungen für streckgeblasene PET-Flaschen erschlossen.

Im Streckblasverfahren wird ein Vorprodukt, der so genannte Preform, Spritzling oder Vorformling, temperiert und im thermoelastischen Temperaturbereich zum Formteil umgeformt. Für große Produktionsleistungen wird heute weit überwiegend der so genannte zweistufige Streckblasprozess eingesetzt. Hierbei findet die Herstellung des Preforms im Spritzgießverfahren und das Streckblasen dieses Preforms zu einer PET-Flasche in zwei getrennten Prozessschritten statt. Diese beiden stark unterschiedlichen Prozesse des Spritzgießens und des Streckblasens können somit separat und daher jeweils optimal betrieben werden. Im Streckblasprozess wird der Preform zunächst durch IR-Strahlung in einen Temperaturbereich von 90 bis 130 °C erwärmt und dann während des Umformvorgangs gleichzeitig durch eine Reckstange in axialer Richtung verstreckt und mittels Luftdruck im Werkzeug radial ausgeformt (Bild 3.1). Die während der Umformphase in den Werkstoff eingebrachten biaxialen Deformationen führen zu Eigenschaftsverbesserungen des PET (vgl. Abschnitt 3.3).

Heute werden PET-Flaschen für nahezu alle Getränke und zunehmend auch für Haushaltschemikalien und Kosmetika eingesetzt. Bild 3.2 zeigt die breite Anwendbarkeit von PET-Flaschen. So werden heute neben den kohlensäurehaltigen Erfrischungsgetränken, den Mineralwässern und den stillen Wässern auch milch- und fruchthaltige Getränke, Tee- und Kaffeegetränke, Biere, Speiseöle, Lebensmittel sowie Reinigungs- und Körperpflegemittel in PET-Flaschen abgefüllt.

Das rasante Wachstum des PET-Marktes geht auf eine hohe Akzeptanz des Werkstoffs bei den Verbrauchern sowie den Unternehmen der Getränkeindustrie zurück. Diese hohe Akzeptanz basiert auf den positiven Eigenschaften des Werkstoffs und der PET-Flaschen.

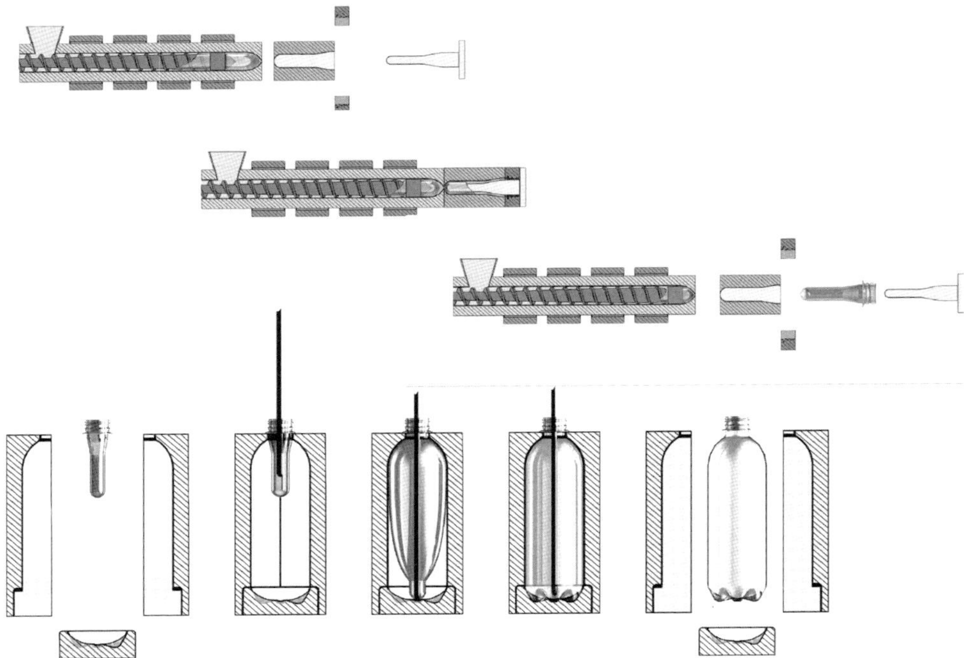

Bild 3.1 Prozessablauf beim Spritzgießen und Streckblasen (Bild: Krones)
oben: Spritzgießen, *unten:* Streckblasformen

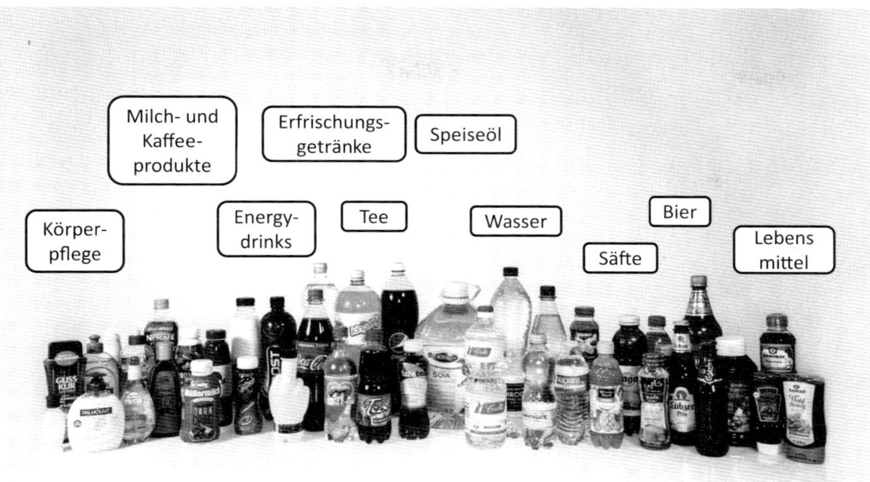

Bild 3.2 Anwendungsbeispiele von PET-Behältern (Bild: Krones)

- Transparenz und Glanz,
- Fall-/Bruchfestigkeit,
- Druckfestigkeit,
- Leichtgewichtigkeit,
- Wiederverschließbarkeit,
- Geschmacksneutralität,
- Gestaltungsfreiheit, Recyclingfähigkeit

Zusätzlich zu diesen Produkt-Vorteilen waren Kostenvorteile der PET-Flaschenproduktion für die Entwicklung dieses Marktes maßgeblich. Sowohl bei der Rohstoffherstellung als auch bei der Flaschenproduktion sind kontinuierlich Entwicklungen zur Reduzierung der Kosten sowie des Flaschengewichtes und zur Steigerung der Produktionsleistung bei optimierter Produktqualität erfolgreich durchgeführt worden.

3.1.1 Anforderungen aus dem Verpackungsmarkt

Die hohe Produktionsleistung einerseits und das breite Anwendungsspektrum von PET-Flaschen andererseits führen zu hohen Qualitätsanforderungen hinsichtlich der Eigenschaften, der optischen Qualität und der niedrigen, zulässigen Toleranzen von PET-Flaschen. Anforderungen aus dem Verpackungsmarkt betreffen insbesondere die physikalischen Eigenschaften sowie die Geometrie.

3.1.1.1 Geometrische Anforderungen

Unabhängig vom Einsatz der PET-Flaschen sind die geometrischen Toleranzen in einer PET-Flaschenproduktion verglichen mit anderen Blasformverfahren relativ klein. Sowohl die Volumenschwankungen als auch die Durchmesser- und Höhenabweichungen in einer typischen PET-Flaschenproduktion liegen heute deutlich unter 1 %.

3.1.1.2 Physikalische Anforderungen

- Mechanische Anforderungen resultieren aus geforderten Steifigkeiten für die Stapelfestigkeit, der maximalen axialen Last, und der Griffsteifigkeit, der maximalen radialen Last. PET-Flaschen für kohlensäurehaltige Erfrischungsgetränke weisen eine hohe Druckfestigkeit auf. Schon bei Raumtemperatur kann der Flaschen-Innendruck abhängig vom Kohlensäuregehalt des Getränks bei ca. 4 bar liegen und steigt mit höheren Lagertemperaturen an.
- Thermische Anforderungen ergeben sich aus den Anwendungen der Flaschen für heißabfüllbare Produkte, die bei Temperaturen von ca. 82 °C bis 95 °C abgefüllt werden, sowie für beispielsweise wiederbefüllbare PET-Flaschen, die bei Temperaturen von 59 °C bis 65 °C gewaschen werden. Jedoch müssen auch für kalt befüllte PET-Flaschen, welche einem Innendruck ausgesetzt sind, die in Transport und Lagerung zu erwartenden Temperaturen berücksichtigt werden.
- Barriereanforderungen hinsichtlich der Diffusion von Sauerstoff und Kohlensäure durch die PET-Flaschenwand sind zunehmend von Bedeutung. Gerade für kohlensäurehaltige Getränke in kleinen Flaschen mit ihrem geringen Volumen/Oberflächenverhältnis verlängert eine zusätzliche Barriere die mögliche Produktlagerfähigkeit (d.h. die Haltbarkeit bzw. das Shelflife des Getränks). Saft- und Fruchtsaft-, einige Sport- und Energie- sowie Tee- und Kaffeegetränke und besonders Biere benötigen Schutz vor Sauerstoffaufnahme, da diese zu Abbaureaktionen und Geschmacks- und Farbveränderungen führen kann.

3.1.1.3 Chemische Anforderungen

Hinsichtlich der chemischen Anforderungen ist in erster Linie die Beständigkeit gegenüber Laugen, Säuren und natürlich auch anderen Produktbestandteilen gefordert.

Insbesondere Laugen können die PET-Flaschen stark beeinträchtigen. Wurden früher noch Laugen („Seife“) als Bandschmiermittel in der Abfüllindustrie verwendet, so sind es heute in der Regel Produktbestandteile und andere Stoffe, die oft unabsichtlich mit den PET-Flaschen in Kontakt gelangen (z.B. „Excess-Alkalinity“ aus einer Wasseraufbereitung mittels Ionenaustauschern). Es kommt dabei hauptsächlich an Flaschen, die einem Innendruck ausgesetzt sind zu Spannungsrissbildung im Flaschenboden. Dabei erfolgt in Bereichen hoher lokaler Spannungen, gerade in den schwach verstreckten Bereichen oder den Übergangsbereichen von verstrecktem zu unverstrecktem Material, ein Kettenabbau (Abbau des Molekulargewichts, „intramolekulare Korrosion"), der zu Rissen und einem Platzen der Flaschen führen kann.

3.1.1.4 Mikrobiologische Anforderungen

Für die Abfüllung sensibler Getränke müssen die Flaschen frei von Keimen wie Bakterien, Hefen und Schimmel sein. Dies kann intrinsisch durch Heißabfüllung (s. o.) oder aber durch die chemische Sterilisation mit zumeist Peroxid oder Peressigsäure erreicht werden. Häufig ist die chemische Sterilisation thermisch aktiviert, sodass die Flaschen auch hierfür verbesserte thermische Eigenschaften aufweisen müssen. Weiterhin muss hierfür das Flaschendesign eine rückstandsfreie Ausspülung der Chemikalien ermöglichen.

In modernen Anlagen kann auch bereits eine Entkeimung der Preforms mittels Peroxid oder Elektronenstrahlung erfolgen. Dies ist besonders ressourcenschonend, da die zu sterilisierende Oberfläche am Preform wesentlich geringer ist, als an der fertigen PET-Flasche. Die benötigte Menge an Peroxid ist dabei stark reduziert. Auch potentielle Rückstände von Chemikalien in der fertigen PET-Flasche werden so bereits minimiert. Im Fall einer Sterilisierung mittels Elektronenstrahlung kann für die Verpackung auf den Einsatz von Sterilisationsmedien vollständig verzichtet werden. Die Weiterverarbeitung der so behandelten Preforms geschieht in solchen Anlagen nachfolgend zur Sterilisierung bis hin zum Verschließen der befüllten Flaschen einem sterilen Raum. Eine thermische Aktivierung ist dann nicht mehr erforderlich, die Behälter können in Folge leichter und im Design freier gestaltet werden.

3.1.1.5 Ästhetische Anforderungen

Die gute Ausformbarkeit des PET bietet vielfältige Gestaltungsmöglichkeiten für PET-Flaschen. Mit diesen Gestaltungsmöglichkeiten erfüllt die PET-Flasche Marketingfunktionen, die über die rein technischen Anforderungen (s. o.) weit hinausgehen. Die Kombination aus Flaschengeometrie, Farbe, Oberflächengestaltung, Etikett, Deckel und Gebindegestaltung wird gezielt zur Differenzierung des Produkts verwendet. Diese Marketingfunktion hat eine zentrale Bedeutung für den Erfolg eines Produkts und führt somit zu hohen ästhetischen Anforderungen an PET-Flaschen.

3.2 Der Rohstoff PET

3.2.1 Synthese von PET

Polyethylenterephtalat (PET) ist ein teilkristalliner Thermoplast. Es wird in einer Polykondensationsreaktion aus Terephtalsäure (TA) und Ethylenglykol (EG) bzw. seltener aus Dimethylterephtalat (DMT) und Ethylenglykol (EG) hergestellt. Die Polykondensation ist eine Gleichgewichtsreaktion, aus der für das Kettenwachstum kontinuierlich Wasser, freies Ethylenglykol und andere Monomere abgeführt werden. Für PET-Flaschenware sind heute zwei Herstellungsprozesse verbreitet. Zum einen der klassische zweistufige Prozess, bei dem in einer Schmelzphasenkondensation bei Temperaturen von 270 bis 300 °C und einem Vakuum (< 5 mbar) Molekulargewichte von ca. $M_n \approx 15\,000$ bis 25 000 erreicht werden. In der anschließenden Festphasenkondensation (SSP, Solid-State-Polymerisation) werden sphärische, zylindrische oder linsenförmige Partikel, so genannte Pellets, bei ca. 210 °C mit trockenem Inertgas umströmt, hierbei kristallisiert, und durch die weitere Polykondensation wird ein Molekulargewicht von $M_n \approx 25\,000$ bis 33 000 erreicht [1].

Zum anderen der Melt-to-Resin-Prozess, bei dem auf die Festphasenkondensation verzichtet wird und in der Schmelzephase eine Aufkondensation des Materials erreicht wird [19].

Der größte Anteil der heute verwendeten PET-Flaschenware ist ein PET-Copoplymer mit zumeist geringen Anteilen der Co-Monomere Isophtalsäure (IPA) und Diethylenglykol (DEG) oder selten Cyclohexan-Dimethanol (CHDM). Der Anteil dieser Co-Monomere liegt zumeist zwischen 1 und 3 Gewichtsprozent.

Dabei entsteht DEG natürlich bei der Synthese des PET und dessen Anteil wird zumeist lediglich stabilisiert. Andere Co-Monomere dagegen werden gezielt zugegeben.

Materialtypen mit dem Co-Monomer Cyclohexan-Dimethanol (CHDM) spielen eine sehr untergeordnete Rolle. Ihr Einsatz insbesondere auch in höheren Anteilen bietet sich dort an, wo eine besonders stark verringerte Kristallisationsneigung des Materials notwendig ist (z. B. großvolumige Behälter, die aus extrem dickwandigen Preformen hergestellt werden). Dieses Material wird auch als „PETG“ (Glykol-modifiziert) bezeichnet.

3.2.2 Materialeigenschaften von PET

Die für den Streckblasprozess entscheidendste Eigenschaft des PET ist die Dehnverfestigung: Beim Verstrecken des amorphen PET werden die Molekülketten stark orientiert und bilden dabei stabile, lamellare Strukturen aus. Dies wird auch als „dehnungsinduzierte Kristallisation" bezeichnet und führt zu einem starken Anstieg der Festigkeit des Materials [2, 3]. Bild 3.4 zeigt am Beispiel einer uniaxial verstreckten Probe die Entstehung der kristallinen Bereiche und das Spannungs-/Dehnungsverhalten von PET.

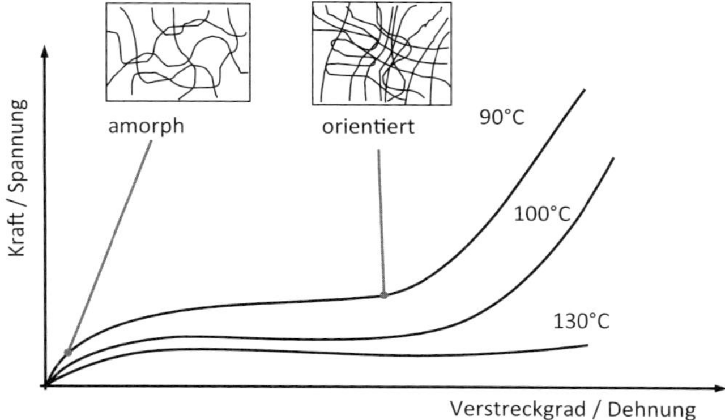

Bild 3.3 Dehnverfestigung von PET beim Zugversuch (Bild: Krones)

Die dargestellten Spannungs-/Dehnungskurven zeigen das charakteristische Verstreckverhalten des PET. Zunächst steigt die Spannung nur geringfügig mit dem Verstreckgrad ($\lambda = l/l_0$), bis die Dehnverfestigung einsetzt und die Spannung bei weiterer Verstreckung exponentiell ansteigt. Wie für Kunststoffe typisch, gilt auch hier das Zeit-Temperatur-Verschiebungsgesetz: Bei höheren Temperaturen setzt die Dehnverfestigung später ein und die Spannungen sind geringer. Bei höheren Verstreckgeschwindigkeiten setzt die Dehnverfestigung früher ein und die Spannungen werden größer.

Somit ist bei der Diskussion des Materialverhaltens von PET immer das Verhalten des amorphen, unverstreckten PET und das des teilkristallinen, verstreckten PET zu differenzieren. Tabelle 3.1 stellt Materialeigenschaften des PET im amorphen und im verstreckten, teilkristallinen Zustand gegenüber. Der Kristallisationsgrad des teilkristallinen PET variiert in den Grenzen von ca. 2 bis 60 %, je nach Zustand bzw. Vorbehandlung. Die Schmelztemperatur liegt im Bereich von 260 °C, der Bereich größten Kristallwachstums bei Temperaturen von 130 bis 150 °C (verstreckt) bzw. von 170 bis 210 °C (amorph, unverstreckt) und der Glasübergangsbereich bei 74 bis 85 °C. Die biaxiale Umformung von PET findet in einem Temperaturbereich von 80 bis 130 °C statt.

Tabelle 3.1 Materialeigenschaften von PET

$\left[-O-CH_2-CH_2-\overset{O}{\overset{\|}{C}}-C_6H_4-\overset{O}{\overset{\|}{C}}-\right]_n$

Polyethylenterephthalat (PET) wird durch Polykondensation aus

- Terephtalsäure dimethylester
- Ethylenglykol

hergestellt. Copolymere sind bspw.

- Isophthalsäure (IPA)
- Cyclohexan Dimethanol (CHDM)
- Diethylenglykol (DEG)

	Amorph (κ~0%)	Teilkristallin (κ~40%)
Dichte [g/cm³]	1,335	1,38
Schmelztemperatur	-	260°C/κ=100%
Erweichungstemperatur [°C]	78	105
E-Modul [10^9Pa]	2,6	14,9
Reißfestigkeit [cN/tex]	11,8	43
Wärmekapazität [kJ/kgK]	1600 (100°C)	-
Wärmeleitfähigkeit [W/mK]	0,15 (100°C)	-
i. Viskosität [dL/g]	0,72 - 0,84	-
Permeabilität CO_2 [10^{-19} m²/sPa]	21	6,6
Permeabilität O_2 [10^{-19} m²/sPa]	5,5	1,9
Permeabilität H_20 [10^{-14} m²/s]	0,6	0,1

Im Temperaturbereich der Umformung ist die Kristallwachstumsgeschwindigkeit von nicht-orientiertem PET sehr gering [2]. Während der Umformung wird das Material sehr stark orientiert; die Umformgrade (l/l0) betragen heute definitionsabhängig ca. 4,5 in Umfangs- und ca. 3 in Längsrichtung. Die sich bildenden lamellaren Kristallstrukturen führen zu einem Kristallisationsgrad von ca. 25 % bis maximal 35 % in der Flaschenwand und weiterhin zu einer Fixierung der hoch orientierten amorphen Bereiche des Formteils. Da infolge der starken Verstreckung keine sphärolithischen Überstrukturen gebildet werden können, bleibt das PET vollständig transparent. Mit der Verstreckungskristallisation (dehnungsinduzierten Kristallisation) und der Orientierung des PET steigen die Festigkeit, die Reißdehnung und die Dichte [3]. Proportional zur Zunahme der Dichte verbessern sich auch die Barriereeigenschaften des PET.

In der PET-Flaschenwand sind die lamellaren Kristallstrukturen in einer amorphen, hochorientierten Matrix eingebunden. Dabei verbinden einzelne Polymerketten benachbarte Kristallite. Diese Verbindungsmoleküle (engl. „tie molecules") sind besonders stark orientiert. Diese hohen eingefrorenen Orientierungen neigen zu Relaxation, wodurch streckgeblasene PET-Flaschen bei erhöhten Temperaturen nicht formstabil sind. Schon bei Temperaturen von ca. 50 °C finden Fließvorgänge in den stark orientierten amorphen Bereichen des PET statt, die über längere Zeiträume zu einer Deformation der Flasche führen können. Für Anwendungen mit thermischen Belastungen, wie beispielsweise bei waschbaren PET-Mehrwegflaschen oder heißabfüllbaren PET-Flaschen für Fruchtsäfte, werden die PET-Flaschen durch gezielte Prozessführung beim Streckblasen relaxiert und durch Anhebung der Glastemperatur thermisch stabilisiert.

Für das Materialverhalten des PET sind weitere Parameter von großer Bedeutung.

3.2.2.1 Die Viskosität des Materials

Die Länge der Molekülketten ist direkt proportional zum Molekulargewicht und entscheidend für die Verarbeitungs- und Gebrauchseigenschaften der PET-Flasche. Typischerweise wird das Molekulargewicht über die Viskosität bzw. die intrinsische Viskosität (i.V. [dl/g], Lösungsviskosität, ISO 1628-5) bestimmt. Diese wiederum wird heute als charakterisierende Größe in der PET-Verarbeitung verwendet. Mit steigender Viskosität setzt beim Verstrecken die Dehnverfestigung früher ein und die Spannungen nehmen dementsprechend zu. Darüber hinaus sind die amorphen Bereiche höher orientiert und der Kristallinitätsgrad steigt. PET-Flaschen mit hoch orientierten Wandungen neigen stärker zum Schrumpfen, reduzieren aber auch die Aufweitung unter Innendruck bspw. bei kohlensäurehaltigen Erfrischungsgetränken. Somit ergeben sich je nach Anwendung – mit oder ohne Kohlensäure/Innendruck – unterschiedliche Spezifikationen für den IV-Wert des verwendeten Materials:

Kohlensäurehaltige Erfrischungsgetränke	i.V. ~ 0,80 bis 0,85 dl/g
Stilles Wasser, Speiseöl, Saft, Kaffee etc., *kalt gefüllt*	i.V. ~ 0,72 bis 0,82 dl/g
Säfte, Tees, Energy Drinks, *heiß gefüllt*	i.V. ~ 0,78 bis 0,84 dl/g

3.2.2.2 Der Comonomer-Anteil

Der größte Teil des heute verarbeiteten PET ist kein Homopolymer, sondern ein Copolymer. Die üblichen Comonomere sind heute Isophtalsäure (IPA) und Diethylenglycol (DEG). Der Comonomer-Anteil verzögert und reduziert die Kristallisation, sowohl die dehnungsinduzierte als auch thermisch induzierte Kristallisation. Dies verbreitert das gesamte Prozessfenster, indem es die Gefahr der thermischen Kristallisation beim Aufheizen und die des Überstreckens beim Streckblasen reduziert.

- *Kristallisation der Preforms beim Abkühlen im Spritzguss:* Beim Abkühlen sehr dickwandiger Preforms, zum Beispiel für wiederbefüllbare PET-Flaschen, kann nur durch die Verwendung von PET-Copolymeren die Kristallisation während des Abkühlvorgangs unterbunden werden. Der Grund dafür ist die vergleichsweise längere notwendige Abkühlzeit.
- *Kristallisation der Preforms beim Aufheizen:* Beim Aufheizen von beispielsweise dickwandigen Preforms für wiederbefüllbare PET-Flaschen kann nur durch die Verwendung von PET-Copolymeren die Kristallisation während des Aufheizvorgangs unterbunden werden.
- *Überrecken des Materials:* Dies wird auch als „Weißbruch" bezeichnet und ist an einer Weißfärbung bzw. leichten Transluzenz der überreckten Bereiche zu erkennen. Es handelt sich hierbei nicht um Kristallisation, sondern hier wird die amorphe Matrix zwischen den dehnungsinduziert kristallinen Strukturen so weit gereckt, bis intramolekulare Fehlstellen entstehen und freies Volumen gebildet wird. Die Brechung des Lichtes an diesen Fehlstellen reduziert die Transparenz. Zunehmender Comonomer-Anteil reduziert die Neigung zu Weißbruch.

Mit zunehmendem Comonomer-Anteil nimmt auch die Glasübergangstemperatur um bis zu 5 °C ab. Dies wiederum kann bei thermischer Belastung die Eigenschaften der PET-Flaschen so verändern, dass diese beispielsweise unter Innendruck stark aufweiten.

Somit ergeben sich je nach Anwendung – mit oder ohne Kohlensäure/Innendruck – unterschiedliche Spezifikationen für den Copolymer-Gehalt des zu verwendenden Materials:

Kohlensäurehaltige Erfrischungsgetränke	2 bis 3,5 % Copolymer-Gehalt
Stilles Wasser, Speiseöl, Saft, Kaffee etc., *kalt gefüllt*	2 bis 5 % Copolymer-Gehalt
Säfte, Tees, Energy Drinks, *heiß gefüllt*	weniger als 2 % Copolymer-Gehalt

3.2.2.3 Die Feuchtigkeit des PET

Wie in Abschnitt 3.2.1 beschrieben, wird bei der Polykondensation von PET unter Wärme und Vakuum kontinuierlich Wasser abgeführt. Diese Reaktion ist reversibel, was beispielsweise beim chemischen Rezyklieren von PET durch Hydrolyse ausgenutzt wird und auch die Notwendigkeit sorgfältiger Trocknung vor dem Spritzgießen bedingt. PET ist hygroskopisch; amorphes PET bindet bis zu 9000 ppm Wasser. Durch Aufnahme von Wasser nimmt die Glasübergangstemperatur ab.

Die Löslichkeit des Wassers beschränkt sich auf die amorphen Bereiche, wodurch in verstrecktem PET entsprechend dem Kristallinitätsgrad eine proportional niedrigere Löslichkeit vorhanden ist. Bei Raumtemperatur bzw. den typischen Lager- und Transportbedingungen von Flaschen binden diese, je nach Luftfeuchtigkeit, bis zu 5000 ppm Wasser.

Das in den Preforms gebundene Wasser wirkt als „intramolekulares Schmiermittel“. Durch die erhöhte molekulare Beweglichkeit wirkt ein steigender Wassergehalt im PET reduzierend auf die Temperatur, bei der die thermische Kristallisation ihr Maximum erreicht. Diese findet beim Aufheizen der Preforms also früher und schneller statt. Im Heizprozess kann dies effektiv die maximale Preformtemperatur begrenzen. Dadurch wird das verfügbare Prozessfenster reduziert.

Während des Lagerns und Transportes von leeren PET-Flaschen reduziert sich durch die Aufnahme von Wasser die Glasübergangstemperatur, was später bei speziellen Anwendungen zu einer merklichen Veränderung der Flascheneigenschaften führen kann. Dies ist besonders bei der Heißabfüllung der Fall, wo die Reduktion der Glasübergangstemperatur, je nach Kristallinitätsgrad um bis zu 10 °C, zu einer starken Deformation während der Heißabfüllung führen kann.

3.2.2.4 Thermische Eigenschaften

Bild 3.5 zeigt das Transmissionsspektrum des PET und das Planksche Strahlungsspektrum eines schwarzen Strahlers bei 2400 K (am Beispiel eines Infrarotstrahlers). Danach ist das Absorptionsverhalten des PET stark von der Wellenlänge der einfallenden Strahlung abhängig.

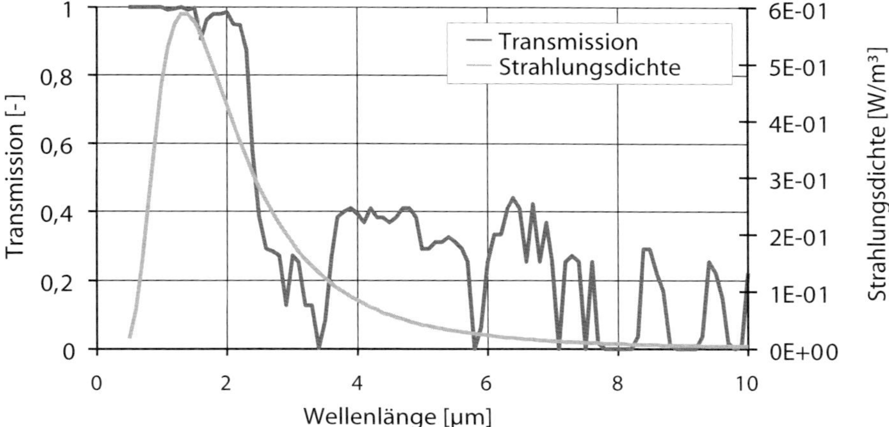

Bild 3.4 Transmissionsspektrum von PET (Bild: KHS Corpoplast)

Die effektive Eindringtiefe der Strahlungswärme in den PET-Preform kann durch Integration über das Strahlungsspektrum und Wichtung mit der Intensitätsverteilung des schwarzen Körpers berechnet werden. Diese so genannte integrale Eindringtiefe bezeichnet den Punkt im Strahlengang durch die Preformwand, bei dem bereits 63 % der Strahlungswärme absorbiert wurden. Für eine mittlere Strahlertemperatur von 2150 K wird eine integrale Eindringtiefe von nur 0,37 mm berechnet [4]. Somit wird der größte Anteil der Strahlungswärme bereits an der Preformoberfläche bzw. in wandnahen Schichten absorbiert. Mit abnehmender Strahlertemperatur verringert sich die Eindringtiefe, und mit höheren Strahlertemperaturen werden größere Eindringtiefen erreicht. Dieses Absorptionsverhalten ist Ursache dafür, dass beim Streckblasen von PET mit sehr hohen Strahlertemperaturen und gleichzeitiger konvektiver Kühlung der Oberflächen gearbeitet wird.

Die für den Aufheizvorgang des PET relevanten thermischen Stoffdaten sind in Bild 3.6 dargestellt. Hier sind spez. Volumen, die Wärmeleitfähigkeit und die Wärmekapazität für amorphes PET dargestellt. Die Messungen wurden bei hohen Aufheizgeschwindigkeiten durchgeführt, sodass das PET nicht kristallisieren konnte. Für die Betrachtung des Abkühlvorgangs beim Spritzgießen können diese Stoffdaten ebenfalls angesetzt werden. Hingegen sind diese Stoffdaten nicht für die Betrachtung des Abkühlvorgangs beim Streckblasen anzuwenden, da hier das Material teilkristallin und nicht amorph vorliegt. Sowohl die Werte für die Dichte als auch für die Wärmeleitfähigkeit und Wärmekapazität sind im teilkristallinen Zustand je nach Kristallinitätsgrad deutlich höher.

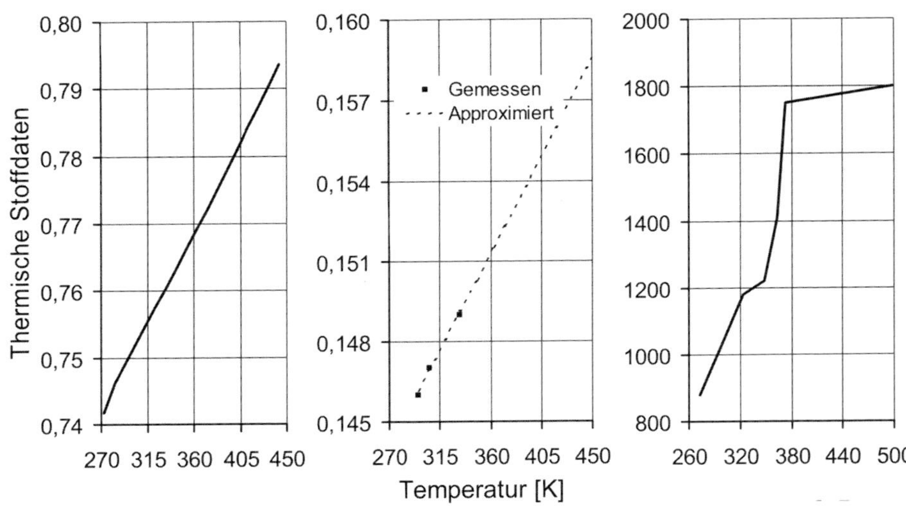

Bild 3.5 Thermische Stoffdaten von PET
links: spez. Volumen V [cm^3/g],
Mitte: Wärmeleitfähigkeit λ [W/mK],
rechts: spez. Wärmekapazität c_p [kJ/kgK]) (Bild: KHS Corpoplast)

3.2.2.5 Acetaldehyd-Gehalt

Durch thermische Degradation und Scherung des PET beim Spritzgießen entstehen, begünstigt durch Restfeuchte im hygroskopischen PET, geringe Mengen Acetaldehyd (AA) im PET. Wenn Acetaldehyd durch Migration aus der PET-Flaschenwand in bspw. Mineralwässer gelangt, erzeugt es einen ausgesprochenen fruchtigen Geschmack, der als solcher nicht akzeptabel ist, aus medizinischer Sicht jedoch als vollkommen unbedenklich gilt (AA kommt in deutlich höheren Konzentationen beispielsweise in Zitrusfrüchten vor). Durch moderne Synthesemethoden und eine optimierte Prozessführung beim Spritzgießen wird der Anteil des entstehenden Acetaldehyds reduziert.

Um eine unerlaubte geschmackliche Veränderung von beispielsweise Mineralwässern durch Migration von Acetaldehyd zu verhindern, können so genannte „Acetaldehyd-Blocker" bei der Herstellung der Preforms eingebracht werden. Diese binden das Acetaldehyd in der Flaschenwand chemisch.

3.3 Grundlagen der PET-Streckblastechnik

Hinsichtlich der Prozessführung werden zwei Verarbeitungskonzepte unterschieden:

- *einstufiger Prozess* bzw. Verfahren aus erster Wärme und
- *zweistufiger Prozess* bzw. Verfahren aus zweiter Wärme.

Wie aus den Bezeichnungen bereits hervorgeht, unterscheiden sich die Prozesse prinzipiell in der Temperaturgeschichte der verarbeiteten Thermoplaste. Dieser Unterschied wird in Bild 3.6 aufgezeigt.

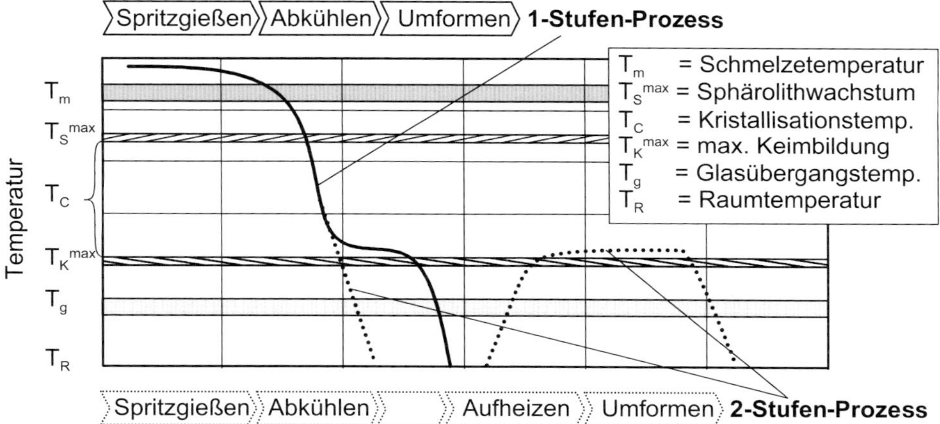

Bild 3.6 Temperaturführung im Streckblasverfahren (Bild: KHS Corpoplast)

Für beide Verfahren werden die Preforms heute fast ausschließlich im Spritzgießverfahren produziert. Hierbei wird bereits das Mundstück mit Gewinde passgenau mit sehr geringen Toleranzen hergestellt. Nach dem Einspritzen werden die Preforms schnell abgekühlt und entformt. Im einstufigen Verfahren werden diese bis in den Bereich der Umformtemperatur abgekühlt und ggf. noch zusätzlich temperiert. Im direkt anschließenden Streckblasschritt wird der Preform dann zu Flaschen ausgeformt und als fertiges Formteil unter die Glasübergangstemperatur abgekühlt. Im zweistufigen Streckblasprozess werden die Preforms nach dem Spritzgießen unmittelbar unter die Glasübergangstemperatur abgekühlt. Die Weiterverarbeitung findet meistens zu einem späteren Zeitpunkt an einem anderen Produktionsort statt. Seltener wird in so genannter „in line“-Verarbeitung die Preformproduktion direkt mittles Förderbändern an die Streckblasanlage angeschlossen.

3.3.1 Allgemeines

Die Behälterherstellung kann im einstufigen oder auch im zweistufigen Verfahren erfolgen.

Der einstufige Streckblasprozess bzw. das Verfahren aus erster Wärme unterscheidet sich nur insofern vom zweistufigen Streckblasen, als hier weder eine zeitliche noch eine örtliche Trennung der Preformherstellung und der Weiterverarbeitung zum fertigen Formteil besteht. Bild 3.7 zeigt die Verfahrensschritte des einstufigen Streckblasverfahrens.

Nach dem Spritzgießen wird der Preform bis in den Umformtemperaturbereich (vgl. Bild 3.6) abgekühlt und entformt. Je nach Maschinenkonzept wird er anschließend zur thermischen Konditionierung in eine weitere Station oder direkt in das Umformwerkzeug transportiert. Die thermische Konditionierung ist bei großen bzw. komplexen Formteilen erforderlich, da hier ein fein abgestimmtes Temperaturprofil im Preform zur Beeinflussung der Materialverteilung im Blasprozess notwendig ist. Die Konzepte zur thermischen Konditionierung unterscheiden sich je nach Maschinenhersteller und nach dem zu verarbeitenden Material. Die konventionelle Technik ist die berührungslose Temperierung über Heizbänder, Bild 3.7 (**a**). Der Wärmeaustausch findet hier ausschließlich über Wärmestrahlung statt. Bei einer weiteren Methode wird der Preform in einem Konditionierwerkzeug mittels Innendruck gegen die Werkzeugwand gedrückt, Bild 3.7 (**b**). Der Wärmeaustausch findet durch Wärmeübergang in der Kontaktfläche statt. Das Konditionierwerkzeug wird durch getrennte Ölkreisläufe temperiert.

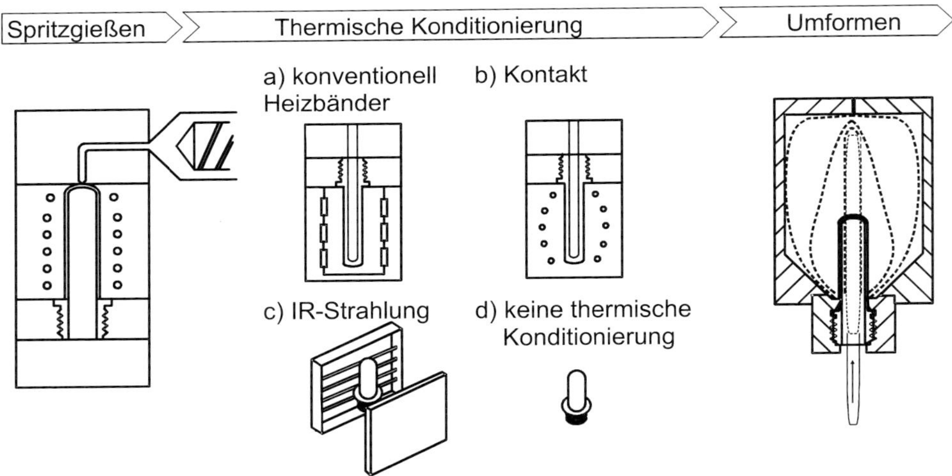

Bild 3.7 Verfahrensschritte des einstufigen Streckblasverfahrens (Bild: KHS Corpoplast)

Bei beiden zuvor beschriebenen Konzepten zur Konditionierung (Bild 3.7, a und b) können die Preforms im Innern zusätzlich durch einen Dorn temperiert werden. Dies wird dann angewendet, wenn neben dem axialen und radialen Temperaturprofil im Preform ein solches in Umfangsrichtung aufgeprägt werden soll. Eine weitere Methode zur thermischen Konditionierung der Preforms stellt die berührungslose Temperierung mit kurzwelliger Infrarotstrahlung dar (c). Hierbei durchläuft der Preform je nach Anlagenkonzept eine große oder mehrere kleinere Heizstationen.

Nach der thermischen Konditionierung wird der Preform in die so genannte Formstation transportiert und hier in einem Blaswerkzeug biaxial ausgeformt. Zunächst wird der Preform axial durch die Reckstange verstreckt. Zeitgleich, etwas später startend, wirkt ein „Vorblasdruck“ auf die Preforminnenwand, der einerseits das Einschnüren und damit das Anlegen des heißen Preforms an die Reckstange verhindert und andererseits schon Material an die Blasformwand drückt, wodurch es abkühlt. Dieser Vorgang ist die wichtigste Stellschraube für die Materialverteilung der hergestellten Flasche. Erst nach vollständiger axialer Verstreckung wird der „Fertigblasdruck“ zugeschaltet, der ein Mehrfaches des Vordrucks beträgt und zur vollständigen radialen Ausformung des Formteils führt. Dieses erkaltet an der Werkzeugwand und wird dann entformt.

Die unterschiedlichen Stationen des einstufigen Streckblasprozesses sind in den Fällen (a), (b) und (d) in Bild 3.7 überwiegend auf einem einzigen Maschinentisch angeordnet.

Im zweistufigen Verfahren hingegen sind der Spritzgießprozess einerseits und der Temperier- und Verstreckprozess andererseits zeitlich und zumeist auch räumlich getrennt. Die Preforms werden nach dem Spritzgießprozess bis auf Raumtemperatur abgekühlt und erst zu einem späteren Zeitpunkt wieder aufgeheizt und verstreckt. Der Verfahrensablauf ist schematisch in Bild 3.8 dargestellt.

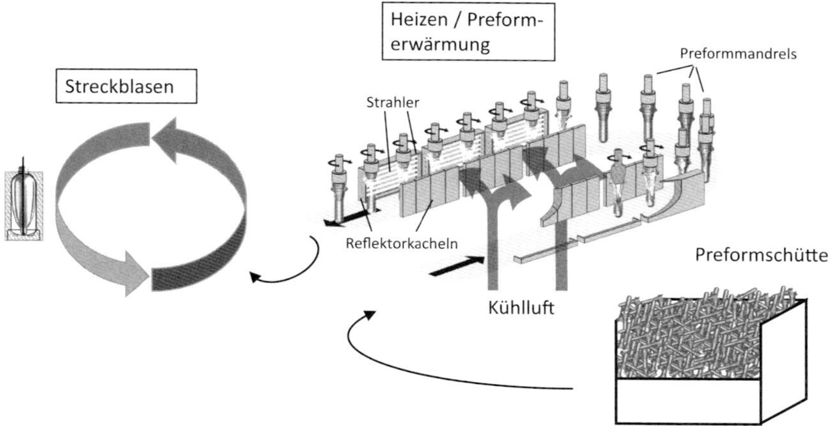

Bild 3.8 Verfahrensschritte des zweistufigen Streckblasprozesses (Bild: Krones)

Der kalte Preform durchläuft eine große oder mehrere kleinere Heizstationen. Während des Aufheizvorgangs rotiert der Preform, um über dem Umfang gleichmäßig beheizt zu werden. Hierbei wird kurzwellige, energiereiche Strahlung verwendet. Als Strahler werden zumeist Quarzrohrstrahler mit Farbtemperaturen von bis zu 2700 K eingesetzt. Diese Strahler werden in der Literatur auch als Hellstrahler bezeichnet. Aufgrund ihrer Wellenlänge dringt die Strahlung tief in die Preforms ein. Ein nennenswerter Anteil der Strahlung wird jedoch an der Oberfläche des Preforms absorbiert. Hiervon muss ein nicht unerheblicher Anteil konvektiv durch Lüfter abgeführt werden, um eine thermische Schädigung oder Kristallisation der Oberflächenschichten zu verhindern. Nach dem Durchlaufen der Heizstation schließt sich eine Ausgleichsphase an, in der die Temperaturverteilung im Preform durch Wärmeleitung homogenisiert wird. Der anschließende Verstreckvorgang unterscheidet sich nicht von dem des einstufigen Prozesses.

3.3.2 Spritzgießen von PET (Preforms)

Die Preforms werden im Spritzgießverfahren hergestellt. Dabei wird das Flaschenmundstück mit dem Verschlussgewinde passgenau mit sehr geringen Toleranzen hergestellt. Nach dem Spritzen werden die Preforms sehr schnell auf Temperaturen unterhalb der Kristallisationstemperatur abgekühlt und entformt damit keine Kristallinität und somit klare amorphe Preforms entstehen.

Die Spritzgießsysteme sind heute mit typischerweise 24, 32, 48, 72, 96, 128 und 144 Kavitäten verfügbar (es gibt spezielle Lösungen mit weniger als 24 und mehr als 144 Kavitäten) und erreichen eine maximale Produktionsleistung von bis zu 100 000 Preforms/h. Die Spritzgießmaschine selbst unterscheidet sich nicht generell von einer solchen für andere Anwendungen. Das System weist jedoch Besonderheiten speziell für die Verarbeitung von PET Material auf:

- Korrektes Trocknen des hygroskopischen Granulats je nach Hersteller mit Adsorptionstrockner (Adsorption) oder Trockner mit Molekularsieb.
- Recht hohe notwendige Plastifizierleistungen für das benötigte Schussgewicht durch kurze Zykluszeiten, deshalb meist ein hohes L/D-Verhältnis (Schneckenlänge zu Durchmesser) und spezielle Schneckengeometrien (Barriereschnecken) welche das Material schonend und trotzdem effizient aufbereitet.
- Entkopplung der Nachdruck- und Dosierphase durch Einspritzzylinder („shooting pot“) oder Nachdruckbausteine;
- Nachkühlen der Preforms in einem Entnahmeroboter damit der Preform schnellstmöglich abkühlt und somit Kristallinität verhindert wird (Verringerung der Zykluszeit, maximale Ausnutzung des teuren Spritzgießwerkzeuges).

Das hygroskopische PET muss vor der Verarbeitung sorgfältig getrocknet werden. Daher verfügt jedes System über einen PET-Trockner bzw. wird aus einem zentralen Trockner gespeist. Das PET wird typischerweise für ca. 5 bis 6 h bei ca. 160 °C auf eine Restfeuchte von unter 50 ppm getrocknet und gleichzeitig das Granulat auf die korrekte Temperatur gebracht.

Die Schneckengeometrie ist für die Verarbeitung von PET optimiert, um die Scherung, die thermische Belastung und die Verweilzeit der Schmelze zu reduzieren damit übermäßige AA-Generation und übermäßiger IV-Drop verhindert werden. Die Zylindertemperaturen liegen typischerweise zwischen 260 °C und 295 °C, je nach Anwendungsfall und Maschinenhersteller können verschiedene Temperaturprofile notwendig sein. Dabei wird das thermische Gleichgewicht so eingestellt, dass dem System zu keinem Zeitpunkt Wärme durch äußere Kühlung entzogen werden muss. Die Schmelzetemperatur wird so niedrig wie möglich gehalten, um sowohl die thermische Belastung des Materials als auch die Zykluszeiten zu reduzieren und so hoch wie notwendig um die Preformkavitäten prozesssicher und ohne zu viel Spannungen oder kristalline Schlieren füllen zu können.

Zur Entkopplung der Nachdruck- und Plastifizierphase sind diese Systeme immer mit einem Einspritzzylinder oder aber einem so genannten Nachdruckbaustein ausgestattet.

Im Fall des Einspritzzylinders („Shooting-Pot") wird das gesamte Einspritzvolumen der Schmelze zunächst in einen Einspritzzylinder und von diesem in das Werkzeug gefördert. Auf diese Weise können kurze Zykluszeiten bei gleichzeitig geringeren Schneckendurchmessern und einer schonenderen Aufbereitung der Schmelze erreicht werden (kontinuierlich mit geringerer Drehzahl laufender Extruder).

Bei der mittlerweile unüblicheren Verwendung eines Nachdruckbausteins wird ein kleiner Zylinder während des Einspritzens mit Schmelze gefüllt. Wenn die Schnecke vollständig verfahren wurde, wird der Scheckenvorraum durch ein Ventil verschlossen und der gesamte Nachdruck durch den kleinen, mit Schmelze gefüllten Zylinder aufgebracht, während die Schnecke bereits wieder dosieren kann.

Die Werkzeuge werden immer mit rheologisch oder natürlich balancierten Heißkanalverteilern und nahezu immer mit Nadelverschlussdüsen konstruiert. Bei der geometrischen Balancierung ist der Fließkanal zwischen Einspritzdüse und Kavität für alle Kavitäten gleich lang. Bei der rheologischen Balancierung wird trotz unterschiedlicher Fließweglängen der Druckverlust zwischen Einspritzdüse und Kavität für alle Fließkanäle vereinheitlicht. Dies wird durch Abstimmung der Durchmesser bei jeweils unterschiedlichen Längen erreicht. Die Balancierung gewährleistet, dass alle Kavitäten zum gleichen Zeitpunkt mit gleicher Füllgeschwindigkeit gefüllt werden. Die rheologische Balancierung führt effektiv zu einem geringeren Schmelzevolumen im Heißkanalverteiler und damit zu geringeren Scherungen, Verweilzeiten und letztendlich zu einer geringeren thermischen Belastung der Schmelze. Da diese

Balancierung aber für eine Fließkurve bzw. Viskositätskurve eines Materials bei vorgegebener Temperatur optimiert wird, ist die rheologische Balancierung gegenüber Material- oder Temperaturschwankungen sensibler.

Die Anforderungen an die thermische Trennung zwischen Heißkanaldüse und gekühlter Kavität sowie an die Werkzeugkühlung sind aufgrund der immer kürzer werdenden Zykluszeiten extrem. Die Werkzeugtemperatur beträgt typischerweise 8 bis 12 °C, wodurch aufgrund der Kondensationsproblematik eine Klimatisierung der Produktionshalle oder aber, wie es zumeist der Fall ist, eine Trockenluftbeschleierung für den Werkzeugraum erforderlich ist.

Weiterhin sind diese spezialisierten Spritzgießsysteme immer mit Entnahmerobotern ausgestattet, die die Vorformlinge entweder in gekühlten Hülsen oder aber auf gekühlten Dornen aufnehmen und zumeist für weitere 3 bis 5 Zyklen kühlen. Hierbei können bei Bedarf noch zusätzliche Luftkühlungen zum Einsatz kommen. Die Preforms werden zum frühest möglichen Zeitpunkt bei mittleren Temperaturen von ca. 120 °C (je nach Preformwanddicken) entformt und an diese Roboter übergeben. Durch die weitere Volumenschwindung reduziert sich der Außen- und Innendurchmesser weiter. Es gibt verschiedenste Systeme um die Kühlung trotz des Schrumpfes zu optimieren und verzugsfreie und dimensionsgenaue Preforms bei geringen Zykluszeiten zu gewährleisten.

Die verschiedenen Systembauarten auf dem Markt unterscheiden sich in der Formöffnungsrichtung (horizontal oder vertikal), in der Anordnung der Preformentnahme (engl.: side entry und top entry), in der Art des Formschlusses (hydraulisch, elektrisch oder Kniehebel) und in der Antriebsart der Plastifizierung (hydraulisch oder elektrisch).

3.3.3 Grundlagen der Herstellung von PET-Flaschen

Die Eigenschaften der PET-Flasche werden in weiten Teilen durch die Flaschengeometrie und die Gestaltung des Preforms vorgegeben. Bei der Preformgestaltung sind zunächst das Preformgewicht sowie das Verhältnis von Flaschen- zu Preformgeometrie von Bedeutung. Letzteres bestimmt die axiale und radiale Verstreckung des Preforms und gibt die erzielbare Wanddickenverteilung vor. Die Wanddickenverteilung sowie die aus dem Prozess resultierende Morphologie des verstreckten PET wird darüber hinaus von den Prozessparametern des Aufheiz- und Umformvorganges beeinflusst. Die wichtigsten Prozessparameter sind in der nachfolgenden Tabelle dargestellt:

Tabelle 3.2 Prozessparameter des Aufheiz- und Umformvorgangs

	Aufheizprozess	Blasprozess
Prozessparameter	Eingestellte Intensität der Strahler	Reckgeschwindigkeit
	Aktivieren/Deaktivieren einzelner Strahler (entspricht Nutzung der verfügbaren Heizstrecke als Heiz-/Ausgleichszeit)	Zeitliche Abstimmung des Vorblasbeginns zur Reckbewegung
	Rotationsgeschwindigkeit des Preforms	Vorblasdruck
	Ansteuerung der Lüfter zur Oberflächenkühlung	Drosselung des Vorblasluftstroms
	Ansteuerung der Lüfter zur Mündungskühlung	Fertigblasdruck
		Beginn der Druckentlastung
Ergebnis	Temperaturprofil am Preform	Ausformen der Flasche mit definierter Materialverteilung
	entlang der Längsachse	Ausprägung der Kontur
	über der Wanddicke	Entformbarkeit
	in Umfangsrichtung	

3.3.3.1 Aufheizprozess

Die aus dem Aufheizvorgang resultierende Temperaturverteilung führt zu lokal unterschiedlichem Spannungs-Dehnungs-Verhalten entlang der Preformachse (siehe auch Abschnitt 3.2.2). Demnach können kältere Querschnitte weniger als wärmere Querschnitte verstreckt werden. Entsprechend werden die Querschnitte des Preforms verstreckt und führen zu unterschiedlichen resultierenden Wanddicken der entsprechenden Querschnitte der Flasche.

Der Gewindebereich von der Öffnung bis zum Stützring (Neckring) wird im Spritzgießverfahren sehr maßgenau mit geringsten Toleranzen gefertigt. Damit dieser beim Verstrecken des Preforms nicht deformiert, wird er gegen die Strahlung abgeschirmt und zumeist aktiv durch Konvektion gekühlt; der Gewindebereich und Stützring sollten nicht wärmer als 45 bis 50 °C werden.

Das Temperaturprofil entlang der Preformachse zeigt unterhalb des Stützrings idealerweise einen „M“-Verlauf auf.

- Unterhalb des Stützrings ist der stärkste Gradient des Temperaturverlaufs. Hier steigt die Temperatur entlang der Preformachse in Richtung der Preformkuppe mit typischerweise > 10 °C/mm auf den Maximalwert von 100 bis 130 °C an.
- Im Bereich des Preformkörpers fällt das Temperaturprofil um ca. 10 °C ab und steigt zur Kuppe hin wieder an.
- Der Maximalwert oberhalb der Kuppe ist etwas geringer als der unterhalb des Stützrings. Bis zum Zentrum der Kuppe fällt die Temperatur auf ca. 70 bis 80 °C ab.

Mit diesem Temperaturverlauf wird sichergestellt, dass die Verstreckung und radiale Ausformung im so genannten Abzugsbereich direkt unterhalb des Stützrings beginnt und von hier aus zum Kuppenbereich bzw. Flaschenboden hin verläuft. Der Abzugsbereich weist in den typischen Preformdesigns die geringste Wanddicke auf. Die Verstreckung im Abzugsbereich selbst ist dabei stark abhängig vom Verhältnis der Querschnittsfläche im Abzugsbereich zu der Querschnittsfläche im Preformkörper. Wird die Querschnittsfläche im Abzugsbereich größer als im Preformkörper so kann eine effiziente Materialverteilung stark erschwert werden.

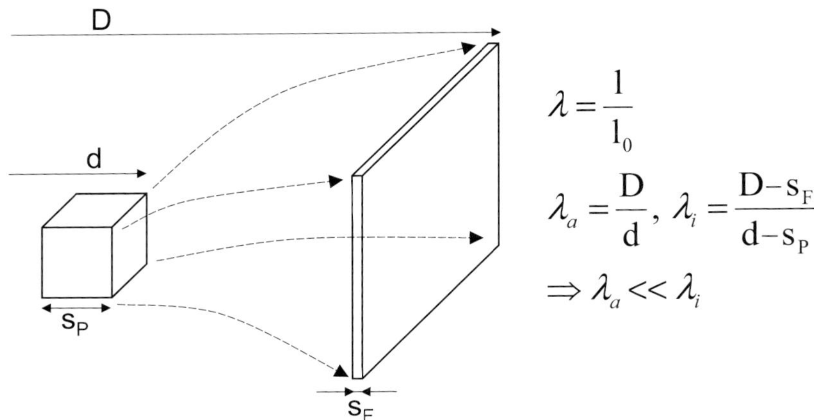

Bild 3.9 Verstreckgrade über der Wanddicke des Preforms (Bild: KHS Corpoplast)

Das Temperaturprofil über der Wanddicke ist für den Verstreckprozess genauso wie das Profil entlang der Preformachse wichtig. Durch die Temperaturverteilung über der Wanddicke wird jedoch nicht der Verstreckvorgang gesteuert. Hingegen muss das Temperaturprofil über der Wanddicke dem Verstreckprozess entsprechen: Die Innenwand des Preforms wird stärker verstreckt als die Außenwand des Preforms, wie dies in Bild 3.10 dargestellt ist. Somit sollte möglichst auch die Temperatur an der Preform-Innenwand höher sein als an der Preform-Außenwand.

Die Temperaturverteilung über dem Umfang wird in den allermeisten Fällen nicht aktiv gesteuert. Nur im Fall der „Ovalbeheizung" oder mittels gezielter Kühlung (siehe Abschnitt 3.6.3) wird hier entlang des Umfangs definiert ein Temperaturprofil aufgeprägt. In allen anderen Fällen ist es das Ziel der Prozessführung, eine möglichst gleichmäßige Temperaturverteilung auf dem Umfang zu erreichen.

Die Kristallinität des Preforms ist ein Qualitätsmerkmal des Spritzgießprozesses und muss so gering wie möglich sein ($\kappa_P < 4\,\%$), insbesondere im Bereich der Preformkuppe. Während des Aufheizens des Preforms darf keine sichtbare Kristallinität erzeugt werden. Dazu wird der Aufheizprozess schnell durchgeführt und die Maximaltemperatur des Preforms durch die Oberflächenkühlung so weit reduziert, dass dort keine Kristallinität entsteht.

3.3.3.2 Verstreckprozess

Der Verstreckprozess des Preforms zur Flasche erfolgt axial durch mechanisches Verstrecken mit der Reckstange und radial durch Druckausformung. Der Prozessablauf ist schematisch in Bild 3.11 dargestellt.

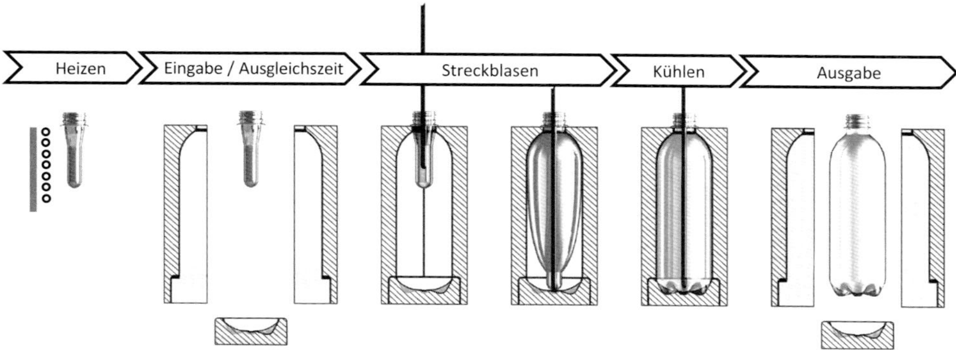

Bild 3.10 Streckblasen Preform zur Flasche (Bild: Krones)

Betrachtet wird der Prozess, nachdem die Blasform um den temperierten Preform herum geschlossen und verriegelt wird. Zunächst wird der Preform rein mechanisch durch die Reckstange in axialer Richtung verstreckt. Der erste Kontakt der Reckstange markiert einen wichtigen Punkt im Prozessablauf, dieser wird historisch bedingt oft als „P_0“ bezeichnet. Zu diesem Punkt zeitlich abgestimmt wird der Vorblasdruck von ca. 7 bis 15 bar hinzugeschaltet, der zunächst das Anlegen des Preforms an die Reckstange verhindert und weiterhin zu einer radialen Ausformung des Preforms führt. Üblicherweise wird dabei mittels einer variablen Drossel der Strom der Vorblasluft eingestellt. Wenn die Reckstange den Preform vollständig axial auf Flaschenlänge verstreckt hat ist ein weiterer markanter Punkt im Prozessablauf erreicht, der oft als „P_{10}“ bezeichnet wird. Je nach Flaschen- und Preformgeometrie wird an diesem Punkt oder auch bereits vorher der volle Fertigblasdruck zugeschaltet. Eine weitest mögliche Reduktion des Fertigblasdrucks wird aus Gründen der Energieeffizienz angestrebt. Maßgeblich abhängig von der Preform- und Flaschengeometrie sowie deren Verhältnis, dem verwendeten PET-Material und dessen Eigenschaften und den an die fertige Flasche gestellten Anforderungen kann ein Fertigblasdruck von ca. 15 bis 35 bar notwendig sein. In den meisten Fällen ist die Flasche bereits vor dem Zuschalten des Fertigblasdrucks nahezu vollständig ausgeformt. Der Fertigblasdruck vollendet dann die Abprägung des Flaschenbodens, der feinen Konturen, Muster oder beispielsweise von Logos und Schriftzügen. Durch den Fertigblasdruck wird das warme und unter hohen Eigenspannungen stehende Material an die gekühlte Formwand angepresst, so dass hier ein guter Wärmeübergang für eine schnelle Abkühlung erzielt wird. Die erforderliche Halte- bzw. Kühlzeit richtet sich nach der Blas- und Formtemperatur und nach der größten zu kühlenden Wanddicke der ausgeformten Flasche. Die Kühl- bzw. Haltezeiten liegen heute in der Größenordnung von ca. 0,5 bis 1,5 s.

3.4 Zweistufen-Streckblastechnik

Für Anwendungen mit hohen erforderlichen Ausstoßleistungen, wie dies typischerweise in der Getränkeindustrie der Fall ist, hat sich heute der zweistufige Streckblasprozess gegenüber dem einstufigen Prozess (s. Abschnitt 3.5) durchgesetzt. Durch die Trennung des Spritzgieß- und Streckblasprozesses können beide Prozesse unabhängig voneinander optimiert werden. Bei einer typischen Zykluszeit von ca. 10 s im Spritzgieß- und 1,5 s im Streckblasprozess könnten beide Prozesse nur dann gemeinsam optimal betrieben werden, wenn mehrere Spritzgießeinheiten mit einer Streckblaseinheit verknüpft werden. Dies hat einen hohen Handhabungsaufwand zur Folge. Darüber hinaus muss gewährleistet sein, dass die Preforms vor dem Streckblasen die gleiche axiale und radiale Temperaturverteilung aufweisen. Dies ist bei der Verknüpfung dieser beiden unterschiedlich zyklischen Prozesse technisch sehr aufwändig und führt zu einer sehr geringen Flexibilität. Darüber hinaus ist das Verhältnis der technisch geringsten Zykluszeiten vom Spritzgießen zum Blasprozess deutlich unterschiedlich je nach Preform-Flaschen-Kombination, so dass bei einer geblockten Anlage der Wechsel auf ein anderes Format zwangsläufig zu einer stark überdimensionierten entweder Spritz- oder Blasseite führt.

3.4.1 Prozessablauf beim zweistufigen Streckblasprozess

Wie bei allen Kunststoffverarbeitungsprozessen sind auch beim Streckblasen von PET-Flaschen die Wärmetransportvorgänge beim Aufheizen des Preforms und beim Abkühlen der ausgeformten Flasche von essenzieller Bedeutung.

Das Aufheizen erfordert in der Regel Zeiten in der Größenordnung von 10 bis 30 Sekunden, während der Blasvorgang (also bei einem Rundläufer eine komplette Umdrehung des Blasrades) Zeiten in der Größenordnung von 1,5 bis 3 s erfordert.

Aufgrund der stark unterschiedlichen Zeiten für das Aufheizen und Ausformen sind diese beiden Schritte zwar maschinentechnisch gekoppelt, technologisch jedoch immer entkoppelt. Maschinentechnisch wird hier differenziert nach

- der Heizung und
- der Blasstation.

Das Aufheizen der dickwandigen PET-Preforms nimmt den Großteil der gesamten Zykluszeit in Anspruch. Die Zeit im Ofen bis zum Eingeben in die Blasstation teilt sich in die Zeit, in der sich der Preform tatsächlich vor einem Strahler befindet und die sogenannte Ausgleichszeit. Den größeren Anteil dieser Ausgleichszeit macht in der Regel der Transfer von Heiz- zu Blasmodul aus. Es gibt aber auch noch kleinere Zwischenausgleichszeiten, z.B. bei einem Linearofen in der hinteren Umlenkung oder zwischen den Heizkästen. Die Ausgleichszeit ist wichtig für die Ausbildung eines geeigneten Temperaturprofils, insbesondere um das Temperaturprofil im Preform über der Wanddicke durch Wärmeleitvorgänge auszugleichen. Durch Wärmeleitung wird die absorbierte Strahlungswärme von der äußeren Preformwand zur inneren Preformwand geleitet.

Der eigentliche Streckblasprozess – das axiale Verstrecken des Preforms mittels Reckstange und das radiale Ausformen unter Hochdruck – geht sehr schnell, diese Zeiten liegen in der Größenordnung von einer halben Sekunde.

Die Kühlzeit liegt auch in dieser Größenordnung. Bestimmend für die erforderliche Kühlzeit ist der Querschnitt der Flasche mit der größten Wanddicke. Dies ist in fast allen Fällen das Zentrum des Flaschenbodens, das nur gering verstreckt ist (sowie bei einem Petaloidboden, siehe auch Abschnitt 5.5.2, die Zugbänder). Dieses muss so stark abgekühlt werden, dass die Rückstellkräfte des orientierten PET eingefroren werden. Die Geschwindigkeit des Abkühlprozesses ist dabei maßgeblich für die erreichbare Produktionsleistung der Streckblasmaschine. Zur Steigerung der Produktionsleistung wird teilweise eine zusätzliche Kühlung innerhalb der Blasstation angewandt. Dabei wird Luft durch eine hohle Reckstange über die Innenseite des Flaschenbodens geführt und entzieht diesem zusätzliche Wärme (so genanntes „In-Bottle-Base-Cooling").

Im Anschluss an das Abkühlen der geblasenen PET-Flasche findet das so genannte Auspuffen, die Druckentlastung der Flasche, statt. Dazu entweicht der hohe Druck aus der ausgeformten Flasche über einen Schalldämpfer in die Umgebung. Um eine Beschädigung der Flasche und der Blasstation zu verhindern, kann diese erst nach vollständiger Druckentlastung geöffnet werden. Dieser Prozessschritt dauert fast so lang wie das Ausformen der Flasche.

Um die Energieeffizienz des Blasprozesses zu steigern, werden in der Regel so genannte Luftrecycling-Systeme eingesetzt. Diese agieren unmittelbar zu Beginn der Druckentlastung. Sie ermöglichen es, einen Teil der unter hohem Druck stehenden Luft in der Flasche in das pneumatische System der Blasmaschine zurückzuführen und damit auf einem geringeren Druckniveau zu „recyceln". Dadurch wird der Luftbedarf der Blasanlage im Betrieb deutlich reduziert. Begrenzt wird dieses so genannte „interne Recycling" durch das niedrigste, innerhalb der Blasanlage genutzte Druckniveau. Darüber hinaus kann Luft auch aus der Blasanlage herausgeführt und in anderen Anlagen genutzt werden. Dies reduziert an diesen Anlagen den Energiebedarf, jedoch nicht den Luftbedarf der Blasanlage selbst. Zur weiteren Steigerung der Produktionsleistung der Streckblasmaschine können so genannte „Bodennachkühlungen" zum Einsatz kommen. Diese erlauben es die eigentlich innerhalb der

Blasstation notwendige Kühlzeit zu unterschreiten. Dadurch kann die Zykluszeit verringert und der Ausstoß an Flaschen erhöht werden.

Die Kühlung findet dann auf dem Transportweg nach dem Blasen statt. Die Bodennachkühlungen lassen sich in trockene und nasse Systeme einteilen. Nasse Bodennachkühlungen sind durch den hervorragenden Wärmeübergang an das flüssige Kühlmedium in ihrer Wirkung sehr effizient, bedingen jedoch einen gewissen Aufwand zur Handhabung des Kühlmediums. Anhaftendes Wasser am Behälter sowie Spritzwasser kann jedoch für nachfolgende Prozesse oder umgebende Anlagenteile störend sein. Trockene Bodenkühlungen mittels teils gekühlter Luft vermeiden beides, sind jedoch weniger effizient in ihrer Wirkung.

3.4.1.1 Aufheizprozess

In der Regel erfolgt die Aufheizung der Preforms mit Infrarotstrahlern, bislang haben sich andere Heizsysteme wie Mikrowellen- oder Laserheizung nicht am Markt durchgesetzt.

Strahlereinstellung

Die Heizung einer Streckblasanlage ist fast immer aus mehreren so genannten Strahlerkästen aufgebaut. In diesen Strahlerkästen sind 5 bis 9 Strahlerröhren übereinander angeordnet. Das axiale Temperaturprofil des Preforms wird durch verschiedene Parameter vorgegeben.

Geometrische Größen werden nicht elektronisch geregelt, sondern durch den Bediener der Maschine eingestellt bzw. vorgegeben. Dies sind:

- der vertikale Abstand des Kühlschilds vom Stützring des Preforms;
- der vertikale Abstand der Strahler vom Stützring des Preforms;
- der horizontale Abstand aller Strahler von der Preformachse, der zumeist individuell einstellbar ist; insbesondere zur Herstellung von Flaschen mit großem Volumen wird ein Strahler unter die Preformkuppe verschoben, um diese direkt und damit effizienter zu erwärmen;

Die Einstellung dieser geometrischen Größen ist mit einem großen Zeitaufwand verbunden. In der Regel wird versucht, eine für alle Preform-Flaschen-Kombinationen einer Blasanlage geeignete „Standard“-Einstellung zu finden und beizubehalten.

Die *elektrische Leistung* der Strahler kann durch verschiedene Parameter vorgegeben werden:

- Für jede vertikale Strahlerposition (eine so genannte „Heizzone“) kann über die Maschinensteuerung angegeben werden, wieviel Prozent der Maximalleistung diese Strahler leisten sollen.
- Für alle Strahler wird darüber hinaus ein gemeinsamer Regelwert vorgegeben, der für alle Strahler gemeinsam einen Prozentwert der jeweils eingestellten Leis-

tung angibt. Somit wird die maximale Strahlerleistung für jeden Strahler auf einen individuellen Prozentwert reduziert und dieser wiederum für alle Strahler gemeinsam auf einen Prozentwert, den so genannten Regelwert der Heizung, reduziert. Mit diesem Regelwert der Heizung wird die Temperatur der Preforms geregelt. Am Ende der Heizstrecke befindet sich zumindest ein Strahlungspyrometer, das für einen charakteristischen Querschnitt des Preforms die Temperatur ermittelt. Verändert sich die Preformtemperatur durch Veränderung der Anfangs- und Umgebungstemperatur oder durch das Erwärmen der Maschine selbst, so wird über den Regelwert der Heizung eine entsprechende Leistungsanpassung vorgenommen.

- Für jeden Strahlerkasten kann eingestellt werden, ob die Leistung der Strahler über diese Temperaturregelung geregelt werden soll oder aber konstant bleibt.

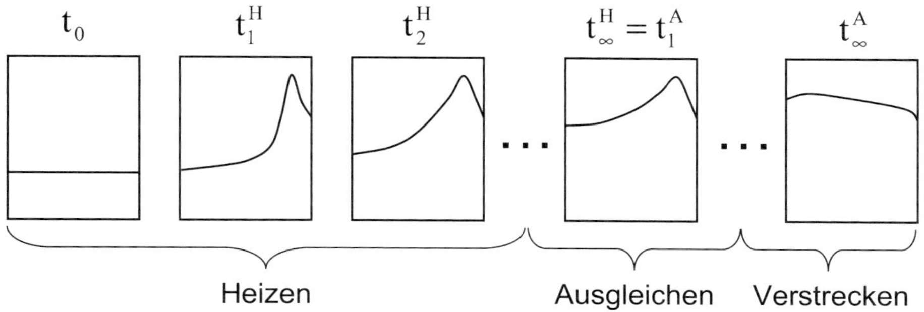

Bild 3.11 Entwicklung des Temperaturprofils im Preform (Bild: KHS Corpoplast)

Die Leistungseinstellung der Strahler wird für jede neue Flasche bzw. auch bei gleicher Flasche und neuem Preform vorgenommen. Die Einstellwerte können meist als so genanntes Rezept in der Maschinensteuerung gespeichert und bei Produktwechsel aktiviert werden.

Ausgleichszeiten

Ausgleichszeiten werden die Zeiten entlang der Heizstrecke genannt, während derer der Preform nicht durch Strahlung erwärmt wird und ein Wärmeausgleich im Preform durch Wärmeleitung erfolgt. (Streng genommen ist die gesamte Heizzeit gleichzeitig Ausgleichszeit, da eben dieser Wärmeausgleich permanent stattfindet.) Erwünscht ist insbesondere der Wärmeausgleich über der Wanddicke, der zu einer Erwärmung der innen liegenden und zu einer Abkühlung der außen liegenden Schichten der Preformwand führt. Dies ist in Bild 3.12 dargestellt. Ein zu großer Wärmeausgleich entlang der Preformachse ist unerwünscht und führt zu einer Vergleichmäßigung des zuvor aufgeprägten Temperaturprofils.

Gebläse

Gebläse kühlen während der gesamten Heizzeit die Oberfläche der Preforms, um ein Kristallisieren und ggf. eine thermische Schädigung der Preformoberfläche zu verhindern (s. Abschnitt 3.2.2 und 3.3.1). Die verwendeten Quarzglasstrahler mit ihren hohen Strahlertemperaturen von bis zu 2700 K emittieren kurzwellige Strahlung und erreichen dadurch eine hohe Eindringtiefe. Die Absorption über der Wanddicke folgt einem exponentiellen, mit von außen nach innen stark abfallendem Verlauf. Es liegt allerdings auch ein nennenswerter relativ langwelliger Strahlungsbereich vor (Strahler und aufgeheizter Ofen), der komplett an der Preformoberfläche absorbiert wird. Somit wird der größte Anteil der Strahlungsenergie von den äußeren Schichten des Preforms absorbiert und muss hier konvektiv abgeführt werden, um eine Kristallisation oder Materialschädigung zu verhindern.

Die Leistung der Gebläse kann vom Maschinenbediener eingestellt werden und wird als Prozessparameter in dem so genannten Rezept gespeichert. Bei manchen Maschinen wird die Oberflächenkühlung auch geregelt:

- *Temperaturregelung des Luftstroms:* Hier wird ein Teil des Luftstroms umgewälzt und durch das Mischungsverhältnis der angesaugten Umgebungsluft und der umgewälzten Luft die Temperatur der die Preformoberflächen kühlenden Luft geregelt.
- *Leistungsregelung der Lüfter:* Hier wird die Lüfterleistung zusammen mit der Leistung der Strahler als Funktion der am Heizungsaustritt gemessenen Preformtemperatur geregelt.

Regelung der Heizung

Die Regelung der Heizung gewährleistet eine konstante Temperatur der Preforms am Austritt aus dem Ofen durch Regelung der Strahlerleistung und ggf. der Leistung der Lüfter oder aber der Temperatur der Luftströmung. *Störgrößen* sind:

- die Anfangstemperatur der Preforms, die sich mit den Lagerbedingungen verändern kann,
- die Umgebungstemperatur und damit die Temperatur der angesaugten Luft für die Oberflächenkühlung sowie
- die Erwärmung der Maschinenbauteile in den ersten Minuten nach Produktionsaufnahme. Die sich erwärmenden Bauteile der Heizung geben diese Wärme sowohl an die Luft der Oberflächenkühlung als auch in Form von Sekundärstrahlung an die Preforms ab. Diese Sekundärstrahlung ist deutlich langwelliger als die Primärstrahlung durch die Quarzglasstrahler und wirkt daher fast ausschließlich an der Oberfläche der Preforms.

Die Temperatur der Preforms wird durch ein oder mehrere Pyrometer am Austritt aus dem Ofen gemessen. Zusätzlich wird fast immer die Temperatur der angesaugten und umgewälzten Luft sowie seltener die Temperatur der Preforms am Einlauf der Maschine gemessen und für die Regelung verwendet.

Ausformprozess

Der Ausformprozess im zweistufigen Streckblasprozess ist analog zu dem im einstufigen Streckblasprozess und wurde bereits in Abschnitt 3.3.3 beschrieben.

3.4.2 Maschinentechnik für den zweistufigen Streckblasprozess

Hinsichtlich der Maschinentechnik für den zweistufigen Streckblasprozess kann eine Differenzierung nach Linear- und Rundläufermaschinen erfolgen. Bei den Linearmaschinen werden die Preforms nach dem Beheizen in eine stationäre Blasstation übergeben. Bei den Rundläufermaschinen befinden sich hingegen mehrere Blasstationen auf einem rotierenden Karussell.

Tabelle 3.3 Linear- und Rundläufermaschinen

Linearmaschine	Rundläufermaschine
Eine stationäre Blasstation	4 bis 40 auf Karussel umlaufende Blasstationen
1 bis 6 Blaskavitäten pro Station	1 bis 2 Blaskavitäten pro Station

Die Preformzuführung ist bei allen Maschinentypen identisch. Es gibt sogenannte Rollensortierer und Scheibensortierer, wobei letztere eher selten sind und sich aufgrund der aufwändigeren Technik auf wenige Anwendungen beschränken.

Die Preforms werden also in der Regel aus einer Schütte über einen Steilförderer in einen Rollensortierer gefördert. Der Rollensortierer besteht aus zwei parallelen, ggf. profilierten Walzen. Diese Walzen sind in Richtung des Preformtransports geneigt. Zwischen den Walzen befindet sich ein Spalt, der etwas größer ist als der Durchmesser des Preformschafts, jedoch kleiner, als der Durchmesser des Stützrings. Durch die gegenläufige Rotation der Walzen werden die Preforms in diesen Spalt gefördert und an ihren Stützringen gehalten. Am Ende des Rollensortierers sind alle Preforms vertikal ausgerichtet und hängen an ihren Stützringen zwischen diesen Rollen. Von dem Rollensortierer werden die Preforms an zwei parallele Schienen übergeben. Auf diesen Schienen gleiten die Preforms, an ihren Stützringen hängend, in die Maschine. Die Schienen sind geneigt, und das Eigengewicht der Preforms erzeugt den notwendigen Staudruck zum Einfädeln und Vereinzeln der Preforms in der Maschine.

Bild 3.12 Rollensortierer Contifeed (Bild: Krones)

In der Streckblasmaschine werden die Preforms vereinzelt und im Gewindebereich entweder von innen durch Dorne oder aber seltener von außen durch Hülsen fixiert. Für den Transport der Preforms wird zwischen hängendem und stehendem Transport unterschieden. Die unterschiedlichen Varianten werden in Bild 3.13 dargestellt.

Eingabe	Heizung	Blasstation	Ausgabe	Wendungen
↓	↓	↓	↓	0
↓	↑	↑	↓	2
↓	↑	↓	↓	2

Bild 3.13 Preformtransport in Zweistufen-Streckblasmaschinen (Bild: KHS Corpoplast)

Die Preforms werden immer hängend in die Blasmaschinen eingeführt, so wie auch die Flaschen stets hängend aus der Blasmaschine ausgegeben werden. Sowohl beim Heizen als auch beim Blasen gibt es jedoch die beiden Alternativen der hängenden und der stehenden Prozessführung.

Der Preformtransport ohne Wendung ist maschinentechnisch am einfachsten. Die Gewichtskraft des nach unten hängenden Preforms stabilisiert ihn dabei in sich gegen seitliche Auslenkungen durch seine gleichzeitige Rotationsbewegung. Diese Art des Transports birgt jedoch die Gefahr der Erwärmung des Gewindebereichs infolge freier Konvektion im Ofen sowie das Risiko, dass Preforms vom Dorn abgleiten und in der Heizstrecke verloren werden. Weiterhin könnte, sofern wassergekühlte Kühlschilde zum Einsatz kommen, gegebenenfalls Kondenswasser auf die Preforms tropfen. Um dies konzeptionell auszuschließen werden Preforms in manchen Anlagen stehend beheizt. Dies erfordert zwei Wendungen.

Verbreiteter ist jedoch das hängende Heizen der Preform. Durch eine gezielte erzwungene Luftführung und Kühlung im Gewindebereich kann die Erwärmung des Gewindebereichs kontrolliert werden. Gleichzeitig kann dieser Luftstrom zur Umströmung rein luftgekühlter Kühlschilde eingesetzt werden. Eine geeignete Konstruktion des Dorns trägt die Preforms ausreichend sicher.

Für den weiteren Transport durch die Blasmaschine muss zwischen Linear- und Rundläufermaschinen unterschieden werden.

3.4.2.1 Linearmaschinen

Bei einer Bauform von Linearmaschinen werden die Preforms auf Transportelementen fixiert, die durch die Maschine geführt werden. Diese Transportelemente gleiten in Schienen und werden mit der Zykluszeit der Blasstation kontinuierlich oder taktend durch die Heizung und taktend durch die Blasstation gefördert. Die Blasstationen der Linearmaschinen sind parallele Schließeinheiten mit einer oder mehreren Blaskavitäten. Die beheizten Preforms werden von einer Seite in die geöffnete Blasstation hineingefördert, die fertig geblasenen Flaschen werden auf der anderen Seite der Blasstation hinausgefördert. Bei Linearmaschinen mit einer Blaskavität werden die Preforms jeweils pro Takt eine Position weiter transportiert. Sie durchlaufen damit alle Positionen der Blasmaschine. Hingegen werden bei einer Linearmaschine mit beispielsweise vier Blaskavitäten alle Preforms pro Takt über vier Positionen verschoben. Somit nimmt jeder Preform nur jede vierte Position ein. In der Regel laufen die Preforms hingegen kontinuierlich durch die Heizstrecke und werden nur durch den Blasprozess getaktet.

Um sicherzustellen, dass alle Preforms die gleiche thermische Geschichte aufweisen, müssen für die gesamte Heizstrecke möglichst identische Bedingungen gewährleistet sein. Dies muss für die konvektive Oberflächenkühlung und die Infrarotstrahlung sichergestellt werden. Darüber hinaus ergibt sich durch das kontinuierliche Verfahren mehrerer Preforms aus der Heizstrecke hinaus eine unterschiedliche Verweilzeit: Während der erste Preform relativ schnell aus der Heizstrecke hinausgefahren ist, wird der letzte Preform fast während der gesamten Bewegungszeit weiter beheizt. Bei dünnwandigen Preforms oder niedrigen Produktionsgeschwindigkeiten kann dies zu unterschiedlichen Blastemperaturen führen.

Nachdem die Preforms mit den Transportelementen in die Blasstation eingeführt wurden, werden die beiden Schlitten der Station gegeneinander verfahren, und die Schließkraft wird aufgebracht. Über die Blasdüse, welche die Mündung je nach Preformart umschließt oder oben dichtet, wird die Blasluft in den Preform geleitet. Die

Reckstange leitet den Blasprozess mechanisch ein. Der Blasluftanschluss hat drei oder vier direkte oder zentrale Anschlüsse für den Vorblasdruck, das Zwischenblasen, den Fertigblasdruck und die Druckentlastung. Die Reckstange wird zumeist durch einen Linearantrieb verfahren. So kann das Profil der Verstreckgeschwindigkeit reproduzierbar vorgegeben werden. Die Blasluft und der Auspuff werden über Servoventile geschaltet. Für die Geschwindigkeit des Druckanstiegs und der Druckentlastung ist das Leitungsvolumen zwischen den Servoventilen und dem Preform bzw. der Flasche von großer Bedeutung (Totraumvolumen). Bei Linearmaschinen mit mehreren Blaskavitäten können daher nicht beliebig viele Blaskavitäten über denselben Ventilblock versorgt werden, ohne dass hierdurch die Nebenzeiten und damit die Zykluszeit des Prozesses ansteigen.

Bei einer anderen Bauform der Linearmaschine werden die Preforms durch ein Heizmodul mit Dornen auf einer kontinuierlich bewegten Kette zum Aufstecken der Preforms, ähnlich wie bei Rundläufermaschinen geführt. Hier wird dann in der Regel auch ein Greiferklammersystem zum Handling von Preforms in die Blasstation und zur Entnahme von Flaschen verwendet. Auf den Tragring oder die Mundstücksoberkante wird die Blasdüse (-glocke) aufgesetzt.

Der Abtransport der fertig geblasenen Flaschen erfolgt dann in der Regel über ein Auslaufband.

3.4.2.2 Rundläufermaschinen

Bei den Rundläufermaschinen werden die Preforms nach der Vereinzelung zunächst auf Dorne aufgesteckt oder seltener in Hülsen fixiert. Diese Dorne oder Hülsen sind entweder Bestandteil von Gliedern einer umlaufenden Kette oder werden an diesen fixiert und mit diesen durch die Heizstrecke gefördert. Im Gegensatz zu den Linearmaschinen wird bei den Rundläufermaschinen durch den Karussellbetrieb ein kontinuierlicher Materialtransport erreicht. Die Preforms werden nach dem Heizen in einer Übergabestation oder auf einem Teilungsverzugsstern auf die Geschwindigkeit des Blasrades beschleunigt und an dieses übergeben.

Nachdem der Preform in die Blasstation eingegeben wurde, schließt diese und wird mechanisch verriegelt. Die Verbindung zwischen Blasdüse/Blasluftanschluss und Preform kann auf unterschiedliche Weisen erfolgen:

- Der Preform wird aus der Heizung auf einem Transportdorn in das Blasrad übergeben. In diesem Fall wird der Blasluftanschluss gegen das dem Preform gegenüberliegende Ende des Transportdornes gepresst.
- Der Preform wird in der Heizung vom Transportdorn genommen und allein in das Blasrad übergeben:
  - Die Blasdüse wird direkt gegen die Dichtfläche des Preforms gedrückt und hier abgedichtet.

- Die Blasdüse wird wie eine Glocke über den Gewindebereich des Preforms geschoben und entweder gegen den Stützring oder gegen die Blasform abgedichtet. In diesem Fall befindet sich der Gewindebereich während des gesamten Blasvorgangs in einem Kräftegleichgewicht, und es besteht keine Gefahr einer Verformung des Gewindes.

Die Blasdüse hat mindestens drei direkte oder zentrale Anschlüsse für den Vorblasdruck, den Blasdruck und die Druckentlastung/den Auspuff.

Neben der rein mechanischen Verriegelung der Blasstationen wird heute fast immer eine dynamische Formverriegelung, auch Druckkissen genannt, eingesetzt. Dies hat den Vorteil, dass keine Kraft beim Schließen und Verriegeln der Blasstation aufgebracht werden muss; die beiden Formhälften haben nach dem rein mechanischen Verriegeln noch keinen Kontakt zueinander. Die dynamische Formverriegelung erzeugt diesen Kontakt und die erforderliche Schließkraft zu dem Zeitpunkt, wenn die Flasche geblasen wird, und verhindert dadurch die Ausbildung einer sichtbaren Trennebene auf der Flasche. Diese dynamische Formverriegelung wird dadurch realisiert, dass sich in einer Trennebene zwischen der Blasform und der Blasstation eine Druckkammer befindet. Diese Druckkammer wird über eine Ausgleichsleitung mit dem Blasluftanschluss verbunden. Die in die Trennebene projizierte Fläche der Druckkammer ist immer größer als die der Flasche. Hierdurch ist auch immer die die Form verschließende Druckkraft größer als die durch den Flascheninnendruck erzeugte Kraft auf die beiden Formhälften.

Mit höherem mechanischem Aufwand kann aber auch eine Verriegelung, die die beiden Formhälften nahezu spaltfrei verriegelt, realisiert werden. In dem Fall kann das Druckkissen entfallen, der Druckluftverbrauch wird gesenkt. Der verringerte notwendige Bauraum führt zu geringeren Maschinengrößen was wieder höhere Maschinengeschwindigkeiten ermöglicht.

Die Reckstange kann kurvengesteuert oder direkt-elektrisch angetrieben verfahren. Hier werden unterschiedliche Konzepte verfolgt:

- Die Reckstange wird pneumatisch angetrieben, jedoch mit einer Rolle entlang einer Kurve geführt, die einen oberen Anschlag bildet. Bei ausreichendem Reckdruck ist sichergestellt, dass die Rolle und damit auch die Reckstange dem Kurvenverlauf folgen und somit alle Preforms das gleiche Profil der Reckgeschwindigkeit erfahren.
- Die Reckstange wird in einer geschlossenen Kurve geführt. Somit ist in jedem Fall sichergestellt, dass alle Preforms das gleiche Profil der Reckgeschwindigkeit erfahren. Gleichzeitig entfallen hierdurch die Reckzylinder und der Luftdruckverbrauch für das Recken, der für die Betriebskosten nicht unerheblich ist.
- Die Reckstange wird energieeffizient über ein Spindelhubgetriebe elektrisch angesteuert. Es wird dafür keine Druckluft verbraucht und die Reckgeschwindigkeit kann unabhängig von der Maschinengeschwindigkeit immer prozesstechnisch optimal gewählt werden.

- Die Reckstange wird energieeffizient und dauerhaft spielfrei über einen tubularen linearen Direktantrieb angesteuert („linearer Servomotor“). Es wird dafür keine Druckluft verbraucht und die Reckgeschwindigkeit kann unabhängig von der Maschinengeschwindigkeit immer prozesstechnisch optimal gewählt werden.

Die Blasluft und der Auspuff werden heute fast immer über Servoventile geschaltet. Die Servoventile liegen bei modernen Rundläufermaschinen unmittelbar am Blasluftanschluss, wodurch das Leitungsvolumen reduziert ist. Das Totraumvolumen dieses Systems, zwischen dem geschlossenen Ventil und der Blasform, ist ein Parameter für den Blasluftverbrauch.

Moderne Maschinen haben in der Regel Luft Recycling Systeme, bei denen die Druckluft, die nach Abschluss des Blasprozesses entlastet wird, auf einem niedrigeren Druckniveau (in Kaskaden) recycelt wird. Sie wird dann für das Ausformen der Flaschen, die gerade aufgeblasen werden, verwendet. Bei diesem internen Recycling können bis zu 4 verschiedene Druckstufen in der Maschine verwendet werden. Mit diesen Maßnahmen hat sich der Luftbedarf des Blasprozesses in den letzten Jahrzehnten um 80 % reduziert.

Es gibt auch die Möglichkeit diese Luft aus der Maschine hinauszuführen (externes Recycling) und für andere Anwendungen oder auch für die erste Druckstufe des Hochdruckkompressors zu verwenden.

Bild 3.14 Blaskarussell, Contiform-3-Speed ohne Druckkissen (Bild: Krones)

Bild 3.14 zeigt die Blasstationen einer Rundläufer-Streckblasmaschine. Bei diesem Maschinentyp wird die Flasche mit dem Verschlussgewinde nach oben geblasen. Der Preform wird hängend auf einen Mandrel (Preforminnengreifer) aufgesteckt durch das Heizmodul gefahren. Die Blasluftventile sind in einem Ventilblock direkt oberhalb des Formträgers zusammengefasst. Die Bewegungen des Formträgers und der Blasdüse sind über Kurven an die Maschinendrehung gekoppelt, die Reckstangenbewegung wird flexibel und reproduzierbar über einen tubularen Linearantrieb realisiert.

Da das durchschnittliche Flaschenvolumen in den vergangenen Jahren von ca. 1,5 l in 1990 auf ca. 0,75 l zu Beginn des neuen Jahrtausends abgenommen hat, wurden Maschinen speziell für die Herstellung kleiner Flaschen entwickelt. Hier wurden zwei unterschiedliche Konzepte verfolgt:

- Doppelkavitätenmaschinen haben pro Blasstation nicht eine, sondern zwei Blaskavitäten. Somit werden in jeder Station bei jeder Umdrehung des Blasrades zwei Flaschen gleichzeitig hergestellt. Dies hat den Vorteil, dass sämtliche Versorgungen, beispielsweise zum Kühlen der Form, für die Blasluft und auch der Antrieb der Reckstangen für beide Kavitäten gemeinsam genutzt werden können.
- Kleinkavitätenmaschinen haben spezielle Blasstationen, die nur zur Herstellung von kleinen Flaschen geeignet sind. Diese Stationen können sehr dicht auf dem Blasrad angeordnet werden. Hier wird die identische Technik in kleinerem Maßstab wie für Standardmaschinen eingesetzt. Gegenüber den Doppelkavitätenmaschinen hat dies den Nachteil, dass keine Bauteile wie Ventile oder Reckvorrichtungen eingespart werden können. Demgegenüber hat es aber den Vorteil, dass der Preformtransfer in die Blasstation und die Flaschenentnahme einfacher sind und hierdurch sowie durch die kompakteren Blasstationen die Stationsleistung – der Flaschenausstoß pro Station und Zeiteinheit – höher ist als der der Doppelkavitätenmaschinen.

Bild 3.15 zeigt beispielhaft eine Doppelkavitätenmaschine mit zwei Blaskavitäten. Die Blaskavitäten sind hintereinander angeordnet. Sowohl die Bodenformen als auch die Blasluftanschlüsse sind in je einem gemeinsamen Block zusammengefasst.

Die Produktionsleistung einer Streckblasmaschine ergibt sich aus der Anzahl der Blaskavitäten und der Stationsleistung, der spezifischen Leistung einer Blasstation in Flaschen pro Stunde. Diese wiederum hängt ab von

- der Maschinentechnik (mechanische Leistungsgrenze) und
- der zu produzierenden Flasche und Spezifikation (verfahrenstechnische Leistungsgrenze).

Bild 3.15 Blasstation einer Doppelkavitäten-Streckblasmaschine (Blomax 16D) (Bild: KHS Corpoplast)

Das Maschinenkonzept und die Ausführung der Konstruktion geben eine maximal erreichbare Produktions- bzw. Umfangsgeschwindigkeit des Blasrads vor. Diese wird durch maximal erreichbare Beschleunigungen und den damit verbundenen, maximal zulässigen Reaktionskräften auf beispielsweise Kurven und Führungen vorgegeben. Die für den eigentlichen Blasprozess verbleibende Zeit ergibt sich aus der Zeit für eine Blasradumdrehung abzüglich der Bewegungszeiten vor, während und nach der Übergabe:

- Entriegeln der Blasform,
- Öffnen der Blasform,
- Öffnen der Bodenform,
- Ausgabe der Flasche,
- Schließen der Bodenform,
- Eingabe des Preforms,
- Schließen der Blasform,
- Verriegeln der Blasform.

Diese Bewegungszeiten nehmen heute nur ca. 15 bis 30 % der gesamten Zeit einer Blasradumdrehung in Anspruch. Während der eigentlichen Prozesszeit wird die Flasche ausgeformt, abgekühlt und der Innendruck über den Auspuff abgebaut. Diese technologischen Zeiten werden durch die Flaschengröße, die Flaschengeometrie, das Gewicht des Preforms sowie dessen Geometrie und die Anwendung bzw. die darauf abzielende Flaschensspezifikation vorgegeben.

3.4.3 Peripherieaggregate für die Produktion

Neben der eigentlichen Streckblasanlage sind weitere mittelbare und unmittelbare Peripherieaggregate für die Produktion von PET-Flaschen erforderlich. Unmittelbare Peripherieaggregate sind in erster Linie Kompressoren und Temperier- bzw. Kühlaggregate. Mittelbar für die Produktion erforderlich sind Einrichtungen und Geräte für die Zuführung von Preforms und den Abtransport der Flaschen sowie zur Qualitätssicherung der Flaschenproduktion (Tabelle 3.4).

Tabelle 3.4 Peripherieaggregate für die PET-Flaschenproduktion

Mittelbare	Unmittelbare
▪ Kompressoren ▪ Temperiergeräte	▪ Preformtransport und -handling ▪ Flaschenabtransport und -weiterbehandlung ▪ Qualitätssicherung

Wie in Abschnitt 6.2 dargestellt, werden PET-Flaschen heute überwiegend nicht mehr vom Kunststoffverarbeiter für den Abfüller produziert, sondern zumeist direkt beim Abfüller in der Abfülllinie hergestellt. Ist dies der Fall, so ist die Blasmaschine das erste Aggregat der Abfülllinie, und die Flaschen werden unmittelbar nach der Herstellung befüllt, verschlossen, etikettiert und weiterverpackt.

3.4.3.1 Kompressoren

Kompressoren versorgen die Blasmaschine mit Arbeits- und Blasluft. Die Arbeitsluft beträgt ca. 7 bar und wird dem Hausnetz am Produktionsstandort entnommen oder in der Blasmaschine von der Blasluft abgezweigt. Der Blasdruck beträgt bis zu 40 bar und wird in separaten Hochdruck-Kompressoren aufbereitet. Die Investitionskosten für eine Kompressoranlage betragen in der Getränkeproduktion ca. 10 % der Kosten, und der Energieverbrauch macht etwa die Hälfte des gesamten Energieverbrauches des kompletten Streckblassystems aus. Somit ist dieses Aggregat nicht nur für die Produktionsleistung und die Flaschenqualität, sondern für die gesamte Wirtschaftlichkeit der Produktion von größter Bedeutung. Die richtige Dimensionierung des Kompressors ist von vielen Parametern abhängig.

Die Größe und Art des auszuwählenden Kompressors hängen vom erforderlichen Druckniveau und dem zu komprimierenden Volumenstrom der Luft ab. Maßgeblich sind immer die auf einer Anlage herzustellende Flasche mit dem höchsten Bedarf an Blasdruck und Volumen. Tabelle 3.5 zeigt eine Zusammenstellung aller zu berücksichtigenden Parameter.

Tabelle 3.5 Parameter der Kompressorauslegung

	Flaschenparameter	Maschinenparameter	Aufstellparameter
Druck	■ Flaschenkontur (Rillen, Gravuren, Logos, Bodenkontur) ■ Reckverhältnis (Preform ↔ Flasche) ■ Viskosität des Materials ■ Wanddicke	■ Druckverlust vom Maschineneintritt bis zur Blasform	
Volumen	■ Flaschenvolumen (einschließlich Kopfraum)	■ Ausstoßleistung (Flaschen pro Stunde) ■ Leitungsvolumen zwischen Ventil und Flasche (einschließlich dynamischer Formverriegelung	■ Geodätische Höhe (Höhe über NN) ■ Umgebungstemperatur ($\vartheta_{Umgebung} - \vartheta_{Standard}$ [=20°C])

Für den erforderlichen Blasdruck sind in erster Linie die Flaschenkontur mit den auszuformenden Abprägungen der Oberfläche und dem Bodentyp entscheidend. Weiterhin sind das verwendete Material (die intrinsische Viskosität *iV*) sowie die Reckverhältnisse und Wanddicken für den erforderlichen Druck maßgebend. Auch der Druckverlust zwischen Eintritt in die Maschine und der Form ist zu berücksichtigen.

Die Geometrie, Kontur und die Anforderungen an die herzustellende Flasche spielen ebenfalls eine Rolle. Der hohe Druck ist jedoch nicht ausschließlich zur Ausformung der Konturen erforderlich, sondern auch während der Kühlzeit für einen guten Kontakt aller Flaschenbereiche mit der Formkontur notwendig. Heute werden auf einer Blasanlage während der Betriebsdauer der Anlage viele unterschiedliche Flaschentypen hergestellt. Diese sind zum Zeitpunkt der Anlagengestaltung und Installation oft nicht bekannt. Es wird für die Auslegung von Kompressoren heute in der Regel ein Druckbedarf zwischen 25 und 38 bar angenommen.

Für das zu komprimierende Volumen sind das Flaschenvolumen, die Produktionsleistung der Blasmaschine, das Leitungsvolumen in der Blasmaschine sowie die Aufstellbedingungen des Kompressors (spezifisches Volumen der angesaugten Luft) zu berücksichtigen.

Zur Bestimmung der erforderlichen Luftfördermenge des Kompressors werden das vollständige Flaschenvolumen, die Ausstoßleistung der Maschine und alle mit der Flasche verbundenen Leitungs- und Kammervolumina berücksichtigt. Die Aufstellung des Kompressors hat einen Einfluss auf die Dichte der angesaugten Luft. So nimmt die Dichte der Luft mit steigender geodätischer Höhe und höherer Temperatur ab. Da die technischen Spezifikationen der Kompressoren jedoch auf Standardbedingungen bei Meeresspiegel und 20 °C bezogen sind, muss die Aufstellung bei der Auslegung des Kompressors berücksichtigt werden. Hierzu können folgende vereinfachende Annahmen verwendet werden:

- ca. 1 % höhere Luftfördermenge [Nm^3/h] je 100 m Höhe über NN,
- ca. 0,3 % höhere Luftfördermenge [Nm^3/h] je 1 °C über 20 °C.

Ein Beispiel einer Kompressorauslegung ist in Tabelle 3.6 dargestellt. Hier wird für eine 1,5 l-Flasche mit angenommenen Werten für die Leitungsvolumina der Blasmaschine und einer Produktionsleistung von 20 000 Flaschen pro Stunde der Luftbedarf für einen Druck von 37 bar und einer Aufstellung bei 400 m über dem Meeresspiegel und 28 °C Umgebungstemperatur berechnet.

Tabelle 3.6 Beispiel einer Kompressorauslegung

Flaschenvolumen	1,5 [l]
Kopfraum	0,05 [l]
Leitungsvolumen zwischen Hochdruckventil und Flasche	0,3 [l]
Hubvolumen der dynamischen Formverriegelung	0,01 [l]
Leitungsvolumen der dynamischen Formverriegelung	0,04 [l]
Summe des pro Flasche zu füllenden Volumens	1,90 [l]
* Produktionsleistung (20 000 Flaschen/h)	38 [m^3/h]
* Kompressionsverhältnis (37 bar/1 bar)	1406 [Nm^3/h]
Höhenkorrektur, 400 m (~ 1 % je 100 m über Meeresspiegel)	56 [Nm^3/h]
Temperaturkorrektur, 28 °C (~ 0,3 % je °C über 20 °C)	34 [Nm^3/h]
Nennvolumenstrom des Kompressors	1496 [Nm^3/h]

Recht genaue Berechnungen werden in der Regel von den Herstellern der Blasmaschinen erstellt.

3.4.3.2 Kühler

Der Energieverbrauch eines Hochdruckkompressors liegt bei ca. 16 kW pro 100 m^3/h Förderleistung. Ein extrem hoher Anteil dieses Energieverbrauchs muss durch Kühlung abgeführt werden. Dies sind heute fast 15 kW pro 100 m^3/h. Hierfür sind leistungsstarke Kühler oder je nach Umgebungstemperatur sogar Kühltürme erforderlich.

Kühler sind auch zur Wärmeabfuhr an der Blasmaschine erforderlich. Die im Ofen durch die Quarzglasstrahler erzeugte Wärme wird an verschiedenen Stellen der Blasmaschine wieder abgeführt. Näherungsweise kann davon ausgegangen werden, dass die Heizleistung einer Blasmaschine – je nach Prozess und Prozessart – 6 bis 15 kW pro Produktionsleistung von 1000 Flaschen pro Stunde beträgt. In grober Näherung werden 50 bis 60 % dieser Heizenergie bereits im Ofen durch Konvektion abgeführt. Dies ist die Wärmeenergie, die durch erzwungene Konvektion an der Preformoberfläche abgeführt wird, und jene, die durch freie Konvektion an den Oberflächen der im Ofen verbauten Bauteile abgeführt wird. Diese wird entweder in die Produktionshalle oder aber über eine Absaugvorrichtung in die Umwelt abgeführt.

Die verbleibende Energie wird wiederum zu einem großen Anteil in die Kühlschilde eingestrahlt, die die Transportdorne und Gewinde der Preforms vor Strahlung und damit Erhitzung schützen. Die effektiv im Preform verbleibende Wärme beträgt ca. 20 % der Heizleistung. Die fertig geblasenen Flaschen werden in den Blasformen auf Entformungstemperatur gekühlt. Hier wird ca. 50 bis 60 % der im Ofen absorbierten Wärmeenergie über die Blasformen abgeführt.

Blasformen und bei manchen Bauarten auch die Kühlschilde sind wassergekühlt und dann über – zumeist zwei – getrennte Kreisläufe mit einem Kühler verbunden. Während die Blasformen idealerweise auf 7 bis 12 °C gekühlt werden, ist bei den Kühlschilden eine Temperatur von ca. 25 °C ausreichend.

Wiederum in grober Näherung kann die Kühlleistung einer Blasmaschine mit 2 bis 2,5 kW pro Produktionsleistung von 1000 Flaschen pro Stunde abgeschätzt werden.

3.4.3.3 Inspektionssysteme

In Zusammenarbeit mit Stefan Piana, Krones AG und Frank Haesendonckx, KHS Corpoplast

Auch eine gute Streckblasformmaschine kann nur dann perfekte Flaschen produzieren, wenn der Vorformling von guter Qualität ist. Inspektionssysteme zur Qualitätsmessung von Vorformlingen und Flaschen tragen zu einer höheren Effizienz der gesamten Linie bei.

Oberstes Gebot für den Hersteller von Maschinen zur Produktion von PET-Flaschen ist eine hohe Gesamtanlageneffektivität (Overall Equipment Efficiency, OEE) bei hoher Artikelqualität und Prozessfähigkeit. Gleichzeitig ist deutlich geworden, dass die Qualität des Eingangsmaterials angesichts des steigenden Drucks auf die Verpackungspreise, durch selbstverständlich wünschenswerten Rezyklateinsatz und durch starken Wettbewerb auf dem Markt zunehmenden Schwankungen unterworfen ist. Es wird daher immer wichtiger, die Qualität der produzierten Flasche zu überprüfen. Schließlich hat eine fehlerhafte Flasche, die in die Abfüllanlage gelangt nicht nur einen unmittelbaren Einfluss auf die Gesamteffizienz der Anlage und damit auf die gesamten Kosten der Verpackung, sondern gegebenenfalls auch auf das Markenimage und damit mittelfristig auf den Absatz des Produktes.

Zwar stellen moderne Streckblasformmaschinen sicher, dass die Vorformlinge nach dem Einbringen in die Maschine möglichst wenig oder keinen unangemessenen Kräften oder Beschädigungen ausgesetzt werden, aber auch die fortgeschrittenste Maschinentechnik kann nicht verhindern, dass fehlerhaft spritzgegossene, beim Transport beschädigte oder ansonsten fehlerhafte Vorformlinge in die Maschine eingespeist werden [6].

Die Integration eines Preform-Inspektionssystems z. B. auf der Basis eines Bildverarbeitungssystems (Bild 3.16 [7]) in die Preformzuführung einer Streckblasmaschine ermöglicht die Prüfung der Vorformlinge auf nicht vollständig ausgeformte, beschädigte oder ovale Mündungen. Diese Fehler könnten im weiteren Prozess das Handling der Preforms oder die Dichtigkeit von aufgebrachten Verschlüssen beeinträchtigen. Weiterhin stehen auch Systeme zur Kontrolle von Seitenwand und Boden der Preforms zur Verfügung, um Fehler wie Einschlüsse, Materialinhomogenitäten, Verformungen („Banane") oder falsche Färbung oder Formate zu erkennen, die einen reibungslosen Streckblasprozess stören könnten. Sehr aufwendige Preform-Inspektoren erlauben darüber hinaus auch die Kontrolle von Schraubgewinde, Tragring oder Lesung der Mouldnummer aus der Preformherstellung. Dadurch können minderwertige oder problematische Vorformlinge bereits vor dem Eintritt in die Blasformanlage ausgeschleust werden.

Fertige Flaschen können mit einem PET-Inspektionssystem mit mehreren Kameraeinheiten typischerweise im Auslauf der Streckblasmaschine auf Fehler kontrolliert werden. Hier kann zum einen die Dichtfläche der Flaschen nochmals auf zu große Ovalität, auf Beschädigung oder auf Verschmutzung überwacht werden. Zum anderen können Boden und Seitenwand auf Maßhaltigkeit, Schmutz und Fremdkörper, Eintrübungen oder Löcher untersucht werden. Die Messung der Exzentrizität des Anspritzpunkts im Boden erlaubt Rückschlüsse auf eine ungleichmäßige Materialverteilung durch inhomogene Erwärmung des Vorformlings oder ungeeignete Prozessparameter.

Fehlerhafte Flaschen werden dann üblicherweise vor der Übergabe auf eine Transporteurstrecke ausgeleitet, um nachfolgende Prozessschritte wie Füllen, Verschließen, Etikettieren, Transportieren, Palettieren etc. reibungslos zu gestalten sowie eine durchgängig hohe Produktqualität für den Endkunden zu gewährleisten.

Bild 3.16 Preform-Inspektionssystem im Preform-Zuführsystem (Bild: Krones)

Kleine Löcher können während des Aufblasens mit einem Drucksensor erkannt werden, der an jedem Blasventil installiert werden kann. Dieser Sensor erkennt einen Druckverlust beim Aufblasen, wenn eine Flasche undicht ist. Durch sorgfältig gewählte Grenzwerte wird dieser Druckverlust von der Maschinensteuerung erfasst, und die fehlerhafte Flasche wird vor der Übergabe an die Folgemaschine oder Luftförderstrecke ausgeschleust [8].

Für bestimmte Anwendungen kann es notwendig sein, die Wanddicke an bestimmten Positionen der Flasche zu messen, da diese maßgeblichen Einfluss auf das Kriechverhalten oder die Festigkeit der Flasche gegenüber Belastungen von oben (z. B. beim Stapeln auf der Palette) hat. Zu diesem Zweck können Wanddickenmesssysteme eingesetzt werden [7]. Durch das Abtasten der Flaschenwand an einer definierten Höhenposition z. B. mit Infrarot-Sensoren wird eine Messung der Wanddicke der Flasche ermöglicht. Wenn dieser Wert außerhalb einer vorgewählten Toleranz liegt, wird der Maschinenbediener darauf aufmerksam gemacht, sodass der Prozess rechtzeitig wieder optimiert werden kann. In Ausnahmefällen, wenn die Flasche nicht mehr akzeptabel ist, wird diese vor der Übergabe an die Luftförderstrecke ausgeschleust.

Das in Bild 3.17 gezeigte Inspektionssystem erkennt typische Fehler wie Abweichungen in der Flaschenkontur, Falten, Defekte am Anspritzpunkt sowie Oberflächenunregelmäßigkeiten, Kerben, Dellen und Kratzer im Mündungsbereich.

Bild 3.17 Leerflascheninspektion PET-View im Ausgabestern der Blasmaschine (Bild: Krones)

3.5 Einstufen-Streckblastechnik

Ausgehend vom Zweistufenprozess wird der Einstufenprozess durch die Integration einer Spritzgießmaschine an eine Blasmaschine charakterisiert. Diese kombinierte Maschine produziert synchronisiert PET-Behälter aus der „ersten Wärme“. Ein Vorzug liegt in der Unabhängigkeit der Flaschenproduzenten von Preformherstellern und insbesondere von Mundstücksstandards sowie der einfacheren Logistik (Granulat statt Preforms). Es ist kein Stützring notwendig und es müssen keine Preforms zwischengelagert, transportiert und wieder zum Blasen aufgeheizt werden. Dies ist nicht nur in energetischer Hinsicht ein Vorteil, sondern auch in hygienischer, da die Preforms nicht bei Zwischenlagerung und Handling verschmutzen können. Weiterhin besteht keine Gefahr der Verkratzung, da die Preforms bis zur Flasche nie in loser Schütte liegen. Im Vergleich zum Zweistufenprozess sind Maschineninvestition und Stellflächen geringer, während die Werkzeugkosten höher sind. Doch vor allem ist die vergleichsweise hohe Flexibilität in Produktgestaltung und Produktion von großer Bedeutung. Der Einstufenprozess ist auf Ausstoßleistungen bis ca. 12 000 Flaschen pro Stunde wirtschaftlich sinnvoll, wogegen beim Zweistufenprozess heute 84 000 Flaschen pro Stunde erreicht werden können [9].

3.5.1 Einsatzgebiete für Einstufenmaschinen

Einstufenmaschinen waren zunächst für die Herstellung von Verpackungen für Detergentien, Kosmetika oder bei Speiseölen zu finden. Hier sind vor allem kleinere Losgrößen gefragt, wodurch die Normung der Artikel oder das geringstmögliche Verpackungsgewicht eher eine untergeordnete Rolle spielt. Hier haben Flexibilität und das optisch einwandfreie Erscheinungsbild die höchste Priorität.

Weitere Einsatzgebiete für den Einstufenprozess sind z. B. spezielle Behälter im Food- und Non-Food-Sektor. Der Einstufenprozess ist unter anderem bei ungewöhnlichen und großen Mundstücken vorteilhaft, wo sich die Preforms nicht ineinander verhaken können, da sie nicht als Schüttgut angeliefert werden wie beim Zweistufenprozess [10]. Die hohe Designflexibilität bei kleineren Losgrößen macht diese Maschinentechnik auch für diese Anwendergruppe interessant.

3.5.2 Verfahrensvarianten

Es gibt eine Fülle unterschiedlicher Maschinenkonzepte für Ein- oder Eineinhalb-(1,5)-Stufen-Maschinen, von denen die wichtigsten hier vorgestellt werden.

3.5.2.1 Drei-Stationen-Prinzip

In der Einstufen-Drei-Stationen-Maschine wird im ersten Schritt der Preform konventionell in einem vertikal öffnenden Spritzgießwerkzeug spritzgegossen. Die Temperaturführung im Werkzeug erfolgt derart, dass die Preforms vor dem Streckblasen weder „konditioniert“ noch erneut aufgeheizt werden müssen. Man spricht vom „Konditionieren im Spritzgießwerkzeug“ [11]. So können die Preforms bereits in der zweiten Station streckgeblasen werden. Die dritte Station ist die Artikelausgabe. Alle drei Stationen sind auf einem revolvierenden Rad installiert (Bild 3.18). Es sind Maschinen mit bis zu 20 Spritzgieß- und Blasformkavitäten im Einsatz.

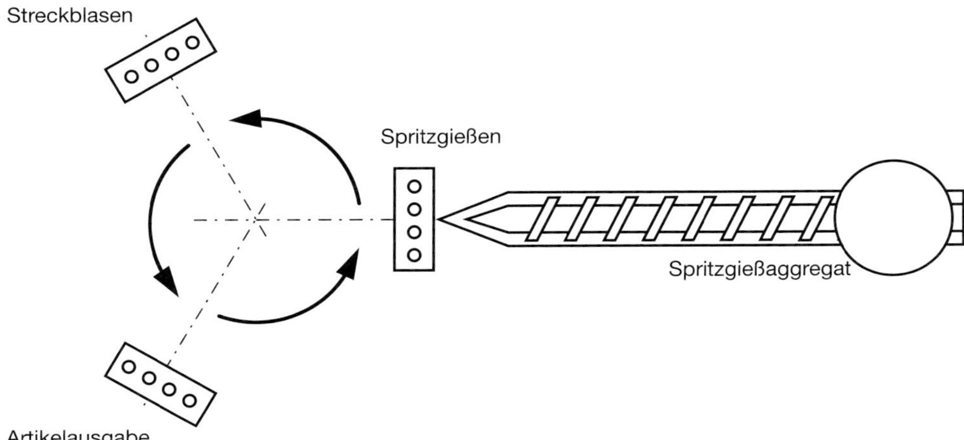

Bild 3.18 Einstufen-Drei-Stationen-Prinzip [13]

3.5.2.2 Vier-Stationen-Prinzip

Die Einstufen-Vier-Stationen-Maschine unterscheidet sich von der erstgenannten im Wesentlichen dadurch, dass es zwischen der Spritzgieß- und Blasformstation noch eine separate Konditionierstation gibt. Hier wird der Preform entweder frei hängend oder aktiv thermisch konditioniert, um über der Wanddicke und der Preformachse das optimale Temperaturprofil zu erreichen (s. a. Abschnitt 3.5.4). Ansonsten unterscheidet sich diese Prozessvariante (Bild 3.19) nicht wesentlich vom Drei-Stationen-Prinzip.

Während dies ein „echter“ Einstufenprozess ist, bezeichnet z. B. [9] den im Folgenden dargestellten Prozess als Eineinhalb (1,5)-Stufenprozess.

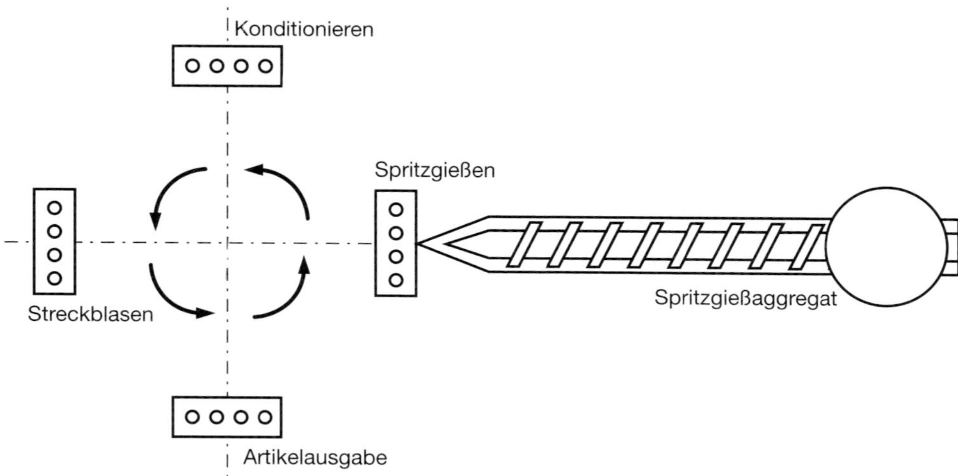

Bild 3.19 Einstufen-Vier-Stationen-Prinzip [13]

3.5.2.3 Optimierte Nutzung der Ausstoßleistung von Spritzgieß- und Blaskavitäten

Ein vergleichsweise neues Maschinenprinzip versucht, die unterschiedlichen Zykluszeiten von Spritzgieß- und Streckblasprozess optimal zu kombinieren. Durch den zwingend notwendig synchronen Lauf des Spritzgieß- und des Blasformprozesses sind diese Prozesse voneinander abhängig, wodurch eine Ausstoßleistung der Maschine wie im Zweistufenprozess nicht erreicht werden kann. Bei üblichen Preformwanddicken liegt die Zykluszeit des Spritzgießprozesses in der Größenordnung 10 s. Die Zykluszeit des Streckblasprozesses hingegen bewegt sich inklusive Nebenzeiten wie Öffnen/Schließen und Dekompression bei ca. 1,5 bis 3 s.

Zur Optimierung des Gesamtprozesses ergibt sich also ein Verhältnis von durchschnittlich 1 : 3 bis 1 : 4. Daraus folgt, dass zur optimalen Auslastung einer Blaskavität eine größere Anzahl von Spritzgießkavitäten zur Verfügung stehen sollte.

Bei dem in Bild 3.20 und Bild 3.21 dargestellten Maschinenkonzept stehen einem 8-fach-Spritzgießwerkzeug vier Blasstationen gegenüber. Nach dem Spritzen von acht Preforms werden diese entformt und von einer Entnahmekassette aus dem Bereich der Schließeinheit entfernt, um den nächsten Spritzzyklus starten zu können.

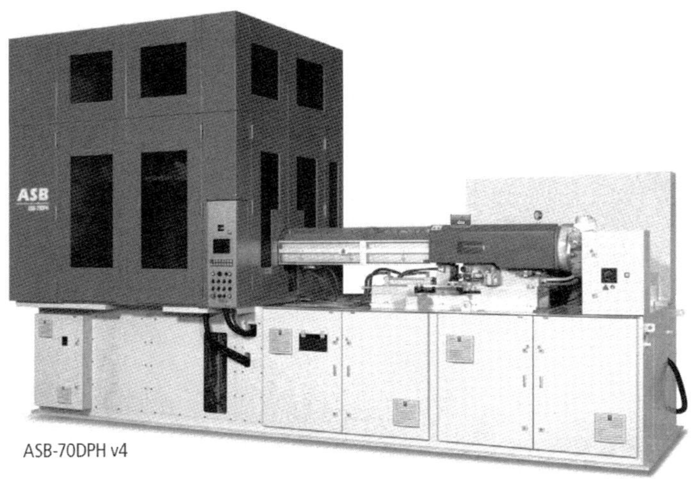

Bild 3.20 Einstufenmaschine mit Achtfach-Spritzgießwerkzeug [12] (Bild: Nissei)

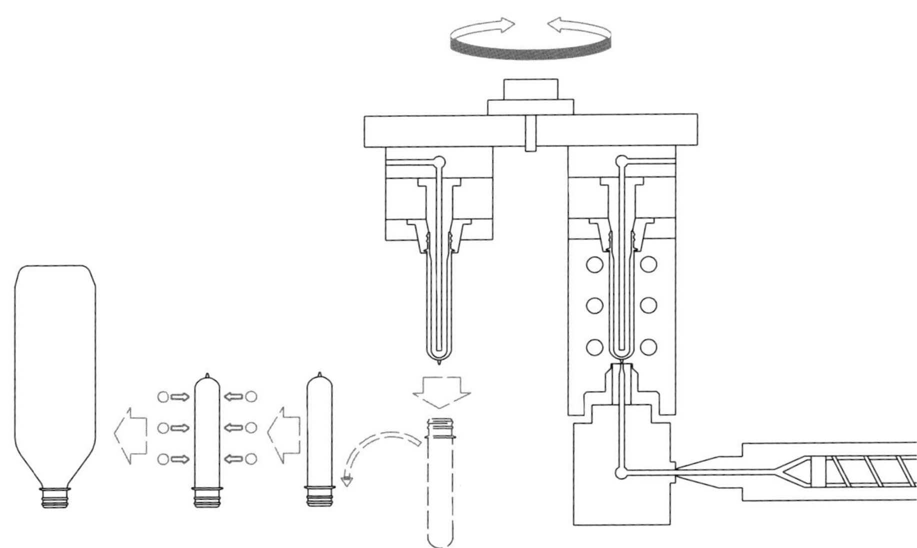

Bild 3.21 Einstufenmaschinenkonzept nach [12] (Bild: Nissei)

Die entnommenen Preforms werden nun in einen Zwischenspeicher abgesetzt. Ihre Temperatur an der Außenhaut ist unter die Glastemperatur abgekühlt, während sie im Inneren der Wand noch eine höhere Temperatur haben. Die Kompensation dieser Temperaturunterschiede erfolgt in diesem Zwischenspeicher. Hier verweilen die Preforms bis zum Ausgleich des inneren Temperaturprofils und werden dann paarweise mittels Greifer in ein im Blaszyklus taktendes Blasrad übergeben.

Das Blasrad führt in den folgenden beiden Takten nach der Übergabe die sich gleichmäßig um ihre Achse drehenden Preforms durch eine Infrarot-Heizstrecke. Hier werden die Preforms wieder auf die optimale Streckblastemperatur aufgeheizt. Durch Gebläse wird die Luft in den Heizkästen bewegt, um ein Überhitzen der Preforms an der Oberfläche zu vermeiden. Im Anschluss an die Heizstrecke befindet sich zum Ausgleich des Wärmeprofils eine weitere Ausgleichstation für die Preforms, bevor sie in der darauf folgenden Station paarweise zu Hohlkörpern gereckt und geblasen werden.

3.5.2.4 Stark ovale Behälter

Bei gleichmäßig um ihre Achse rotierenden Preforms lässt sich nur ein axiales Wärmeprofil erzeugen, das jedoch für eine optimale Wanddickenverteilung an ovalen Flaschen nicht ausreichend ist – und bei extrem ovalen Flaschen nicht einmal das vollständige Aufblasen erlaubt. Um dies zu verbessern, gibt es spezielle Beheizungs- und Behandlungsverfahren. Zum einen gibt es das so genannte *Preferential-Heating*, das durch die Beheizung im Ofen nicht nur axial, sondern auch umfänglich ein Temperaturprofil auf dem Preform erzeugt. Weiterhin können in der Konditionierstation auch noch komplexe Heiz-/Kühlprofile auf den Preform aufgebracht werden [20]. Im Zwei-Stufen-Verfahren gibt es noch das so genannte *ProShape-Verfahren*, bei dem ein gleichmäßig aufgeheizter Preform durch das Aufprägen eines Temperaturprofils zwischen Ofen und Blasrad ein umfängliches Profil erhält (s. a. Abschnitt 3.6.3).

Alternativ gibt es die Möglichkeit, optimale Wanddicken an ovalen Flaschen aufwändig durch unterschiedliche Wanddicken am Preform zu realisieren. Durch diese Technik können stark ovale Behältnisse realisiert werden, um den Preis, dass der Blasprozess und die Materialverteilung im Preformdesign stecken und bezüglich der Wanddickenverteilung um den Umfang kaum noch mit dem Prozess beeinflussbar sind.

3.5.3 Spritzgießen der Preforms

Einstufenmaschinen können mit konventionellen hydraulisch oder elektrisch angetriebenen Spritzaggregaten ausgestattet sein [9, 11]. Die Schnecke wird beim Plastifizieren gegen einen hydraulischen Staudruck in Richtung ihres Antriebs verschoben und speichert die Schmelze für den nächsten Schuss vor der Schneckenspitze. Ist das erforderliche Volumen erreicht, kommt die Schnecke zum Stillstand und wird dann – als Kolben wirkend – hydraulisch wieder in ihre vordere Endlage geschoben, wobei die Schmelze in das Preformwerkzeug eingespritzt wird. Die Schnecke drückt in der Nachdruckphase bis zum Siegelpunkt oder bis zum Verschließen der Nadeln bei Nadelverschlussdüsen mit geregelten Drücken nach, bevor sie schließlich dekomprimiert und beginnt, das Material für den nächsten Schuss zu plastifizieren.

Abgesehen von der verfahrenstechnischen Betrachtungsweise liegt ein Vorteil des elektrisch angetriebenen Extruders mit Shooting Pot (Schmelzespeicher) im Vergleich zum Spritzgießaggregat vor allem in der Aggregatgröße: Während beim Spritzgießaggregat die Plastifizierzeit bei ca. 30 bis 50 % der Zykluszeit liegt, läuft der Extruder mit gleicher Ausstoßleistung kontinuierlich durch. Hierdurch reicht der Einsatz eines nur halb so leistungsfähigen Aggregats aus, wodurch die installierte Antriebsleistung ebenso halbiert werden kann (Bild 3.22 und Bild 3.23).

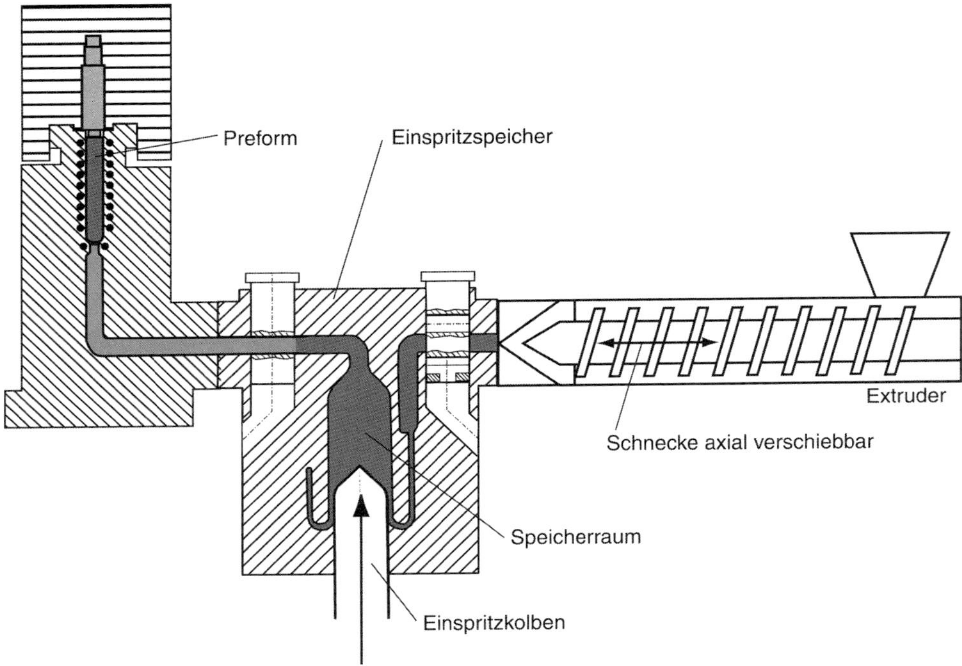

Bild 3.22 Schema des Extruders im Zusammenspiel mit dem Schmelzespeicher [13] (Bild: KHS Corpoplast)

Darüber hinaus gibt es weitere verfahrenstechnische Vorteile: Während der Aufschmelzvorgang in einem Spritzgießaggregat nicht konstanten Bedingungen unterliegt, weist ein durchlaufender Extruder (mit axial beweglicher Schnecke) wesentlich stabilere Verhältnisse auf. Die Möglichkeit, die Schnecke konstant rotieren zu lassen, ist unter Betrachtung der Wärmehomogenität in der Schmelze von großem Vorteil, da der Kunststoff dadurch unter nahezu gleich bleibenden Bedingungen plastifiziert wird. Der immer gleich bleibend aufrechterhaltene Staudruck wird durch die axial bewegliche Schnecke gewährleistet [14].

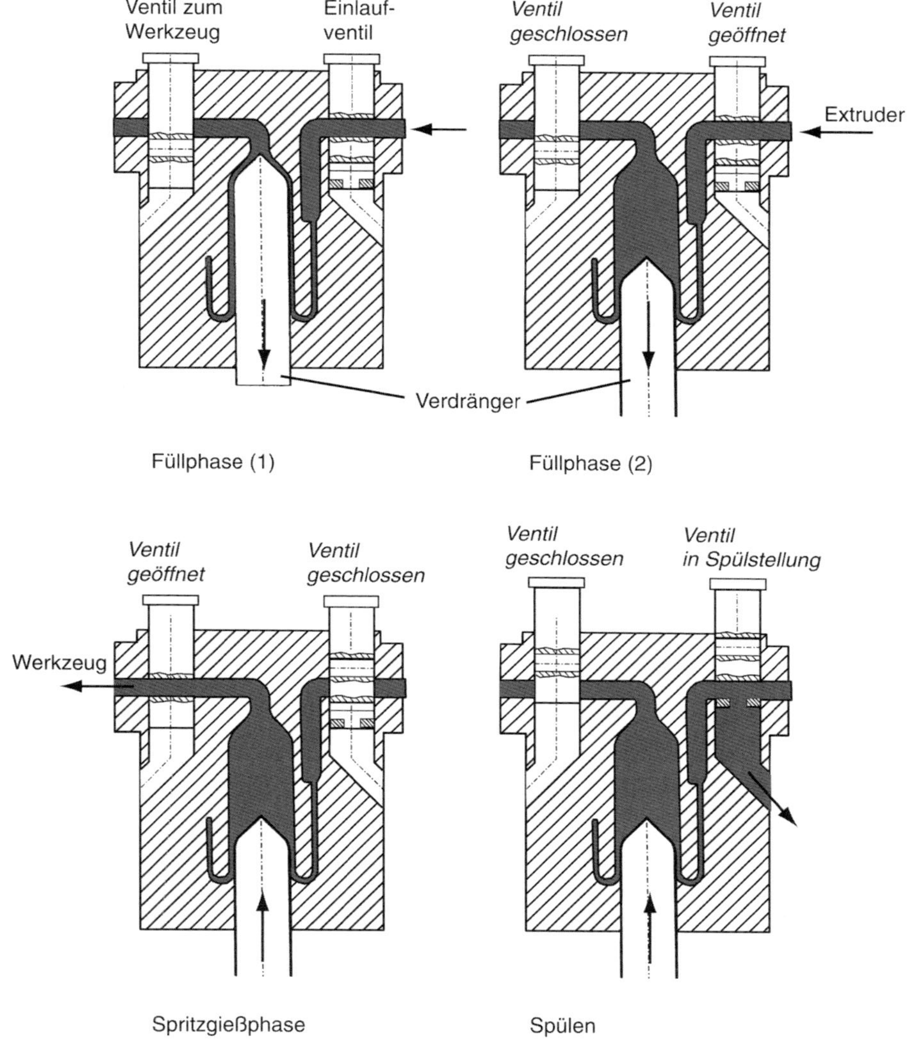

Bild 3.23 Schmelzespeicher [13] (Bild: KHS Corpoplast)

3.5.4 Der Wärmehaushalt im Preform

Im Gegensatz zum Zweistufenprozess, bei dem der Preform auf Umgebungstemperatur abgekühlt und anschließend wieder mit hoher Präzision aufgeheizt werden muss, wird beim modernen Einstufenprozess bereits ein großer Teil der Spritzgießwärme für den Blasprozess verwendet; der Preform hat bei der Weiterverarbeitung ein Temperaturniveau von 80 bis 100 °C. Daher ist es beim Einstufenprozess sehr wichtig, dass schon bei der Herstellung der Preforms durch Spritzgießen für jeden

Preform ein stabiler und reproduzierbarer Wärmehaushalt sowie eine gleiche Temperaturverteilung für den anschließenden Blasprozess gewährleistet sind, da die thermische Prozessführung bereits im Spritzgießprozess die Qualität des Artikels bestimmt.

PET reagiert auf geringfügige Wärmeschwankungen im Blasprozess sehr empfindlich, wodurch nach einem stabil laufenden Spritzvorgang auch die thermische Weiterbehandlung des Preforms bis hin zum Blasprozess qualitätsentscheidend ist. Die durch den Kontakt des Spritzgießwerkzeugs erstarrte Außenhaut des Preforms wird – je nach Wanddicke – durch das wärmere Material im Inneren der Preformwandung beeinflusst, da hier ein natürlicher Wärmeausgleich stattfindet (Bild 3.24).

Dieser Wärmeausgleich verläuft asymptotisch, sodass vor dem Blasformprozess eine gewisse Ausgleichszeit notwendig ist. Zur Sicherung der Reproduzierbarkeit der Artikelqualität kann vor der Blasstation noch eine kurze Heizstrecke vorhanden sein, die auch zur Wärmeprofilierung und zur Ovalbeheizung (siehe oben) geeignet ist.

Einen weiteren wichtigen Einflussfaktor stellt die Preformgestaltung dar. Dickwandige Preforms reagieren träger beim Wärmeausgleich, sind dafür aber in der Wärmestruktur homogener – der Prozess ist leichter zu kontrollieren. Dünnwandige Preforms sind dagegen temperaturempfindlicher, weil sie zudem ihr blasfähiges Temperaturniveau verlieren können.

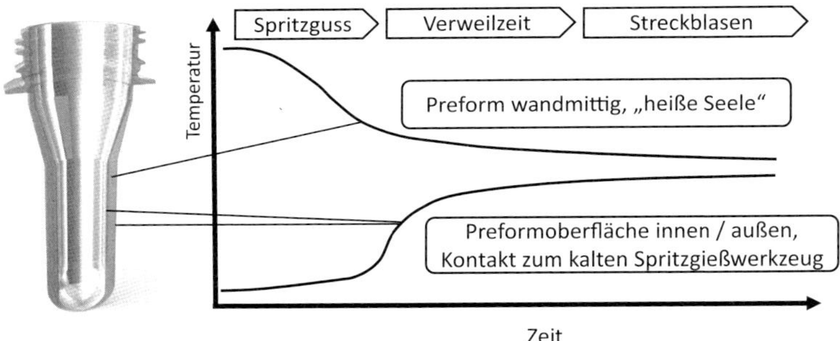

Bild 3.24 Thermischer Wärmeausgleich am spritzgegossenen Preform (Bild: Krones)

3.5.5 Handgriffe

Es besteht die Möglichkeit, Handgriffe direkt im Spritzwerkzeug zu fertigen oder die Flaschen so zu formen, dass Handgriffe in eine dafür vorgesehene Griffmulde eingeklickt werden können. Dies ist eine Besonderheit im Gegensatz zu Haltegriffen, die, beispielsweise bei 5-Liter-Mineralwasser-Flaschen, einfach über den Flaschenhals gestülpt werden. Beim Einstufen-Prozess lassen sich Handgriffe, wie sie häufig für Detergenzien gefordert werden, in den Hohlkörper einbringen.

Für Flaschen in der Größenordnung von 5 bis 20 Liter kommen integrierte Handgriffe zum Einsatz, die mit dem Vorformling zusammen gespritzt oder vor dem Blasprozess mittels Roboter ins Blaswerkzeug eingelegt werden, um ein Herauslösen des Haltegriffs dauerhaft zu vermeiden [15].

3.6 Prozesstechnologie für den PET-Verpackungsmarkt

3.6.1 Der Relaxationsprozess

Die Temperatur der Blasform hat einen entscheidenden Einfluss auf das Schrumpfverhalten der hergestellten Behälter. Je höher die Temperatur der Formwand ist, desto geringer ist der Schrumpf der Flasche nach dem Entformen. Für Produktionen, bei denen alternativ frisch geblasene und eingelagerte Flaschen in eine Abfülllinie gespeist werden, wurde der so genannte Relaxationsprozess entwickelt. Ein derartiges Produktionsszenario ergibt sich beispielsweise, wenn in einer integrierten Blas-/Abfülllinie ein Puffer (beispielsweise Silo) integriert ist. Hierdurch werden dann bei An- oder Abfahrtsvorgängen bzw. bei Produktionsunterbrechungen der Blasmaschine gealterte Flaschen aus dem Silo in den Füller eingespeist, während im stationären Betrieb immer frische Flaschen in den Füller gelangen ohne dass sich das in schwankenden Füllspiegeln oder Füllmengen niederschlägt. Auch für die aseptische Abfüllung, bei der die Flasche sterilisiert wird, kommt der Relax-Blasprozess zur Anwendung. Durch die geringere Schrumpfneigung wirken sich kleine Änderungen in der Temperaturführung des Flaschensterilisationsprozesses nicht mehr zu stark auf das Flaschenvolumen aus.

Im Relaxationsprozess wird die Alterung der Flasche und der einhergehende Schrumpf, die während der Lagerung auftreten, zum Teil vorweggenommen. Der Abbau von Molekülorientierungen (Relaxation) ist ein zeit- und temperaturabhängiger Prozess. Dies tritt bei Normalklima (23 °C, 75 % r. H.) nahezu vollständig in den ersten 72 Stunden nach dem Blasen auf. Der Volumenschrumpf liegt in der Größenordnung 1 % und ist in der Regel stärker vom Durchmesserschrumpf als vom Höhenschrumpf beeinflusst. Bei Rillenflaschen ist der Volumenschrumpf etwas geringer. Durch eine erhöhte Formtemperatur im Relaxationsprozess von 65 ± 5 °C wird diese Alterung beschleunigt und bereits während der Haltezeit in der Blasform bzw. unmittelbar nach der Entformung erzielt.

3.6.2 Der Prozess für heißabfüllbare PET-Flaschen

Neben Erfrischungsgetränken und Mineralwässern werden zunehmend mikrobiologisch sensible Getränke wie Fruchtsäfte, fruchtsafthaltige Getränke, isotonische Getränke (Sportgetränke) sowie Tee- und Kaffeegetränke und nicht zuletzt auch Milch und Milchmischgetränke in PET-Flaschen abgefüllt. Diese Getränke werden vor der Abfüllung klassischerweise durch Wärmebehandlung mikrobiologisch stabilisiert. Darüber hinaus muss während der Abfüllung eine Rekontamination beispielsweise aus der Umgebungsluft oder aber aus der Verpackung (Flasche und Deckel) verhindert werden.

Drei unterschiedliche Technologien werden heute angewendet, um sicherzustellen, dass das abgefüllte Produkt mikrobiologisch stabil ist:

- *Aseptische Abfüllung:* Das Getränk, die Flasche und der Verschluss werden unabhängig voneinander sterilisiert und in einem Sterilraum zur Abfüllung zusammengeführt. Das Getränk wird zumeist in Rohrbündel- oder Plattenwärmetauschern kurzzeitig erhitzt und vor der Abfüllung abgekühlt.
- Die Flaschen und Verschlüsse werden heute in der Regel chemisch sterilisiert und vor der Abfüllung mit Wasser oder Heißluft ausgespült. Man unterscheidet zwischen Nassaseptik, bei der Peressigsäure in wässriger Lösung als Sterilisationsmedium verwendet wird, und Trockenaseptik, bei der Wasserstoffperoxid in heißer Luft benutzt wird. Es gibt heute auch die Variante, dass der Preform anstatt der Flasche sterilisiert wird (nur H_2O_2) und die Sterilität bis zur Befüllung durch Verwendung einer sterilen Blasmaschine bis nach dem Streckblasen aufrecht erhalten wird. Durch die deutlich kleineren Oberflächen des Preforms gegenüber der Flasche kann der Verbrauch an Sterilisationsmedien signifikant reduziert werden und die Flaschen können durch den Wegfall der thermischen Belastung an der Flasche leichter werden.
- Ein Nischendasein führt bislang die Entkeimung mittels Elektronenstrahlen.
- Ein Teil der Füllanlage stellt bei der aseptischen Abfüllung einen Sterilraum dar. Die Flasche wird in diesem Sterilraum verschlossen und erst dann ausgeschleust. Mit der aseptischen Abfüllung können selbst bei sensitiven Füllgütern mit relativ hohem pH-Wert (neutrale Getränke) wie Milch sehr lange mikrobiologische Haltbarkeiten garantiert werden. Der Vorteil liegt bei dem aseptischen Abfüllen in der größtmöglichen Schonung des Füllgutes durch sehr kurze Heißhaltezeiten bei gleichzeitigem Verzicht auf Konservierungsstoffe.
- *Pasteurisation:* Bei der Pasteurisation wird das abgefüllte Getränk in der verschlossenen Flasche durch einen so genannten Pasteurisationstunnel hindurchgeführt. Die thermische Behandlung für das Getränk und die Verpackung finden hier simultan statt. Hier werden typischerweise Temperaturen von 62 bis 75 °C und Wirkzeiten von 20 bis 60 min angewendet. Insbesondere bei karbonisierten Füllgütern, wo ohnehin nur eine leichte Karbonisierung in Verbindung mit Pasteu-

risation realisierbar ist, ist das ein Vorgang, der nie ganz ohne Deformation der Flaschen auskommt.

- *Heißabfüllung:* Hier wird das Getränk zunächst wiederum thermisch behandelt und auf Temperaturen von 82 bis 95 °C abgekühlt. Das Getränk wird bei dieser Temperatur in die Flasche gefüllt, und die Flasche wird verschlossen. Die Wärmebehandlung der Flasche und des Deckels findet hierbei also über das Produkt statt. Dazu wird die verschlossene Flasche sowohl aufrecht als auch liegend für 2 bis 5 min gelagert und erst danach abgekühlt (Bild 3.25).

Eine weitere Anwendung, bei der PET-Flaschen hohen Temperaturbelastungen ausgesetzt sind, ist das Waschen bei wiederbefüllbaren Flaschen. Bild 3.26 zeigt die thermische Belastung (Zeit und Temperaturen) für diese Anwendungen. Die Kurve zeigt schematisch die mechanische Stabilität des PET bei den entsprechenden Belastungen.

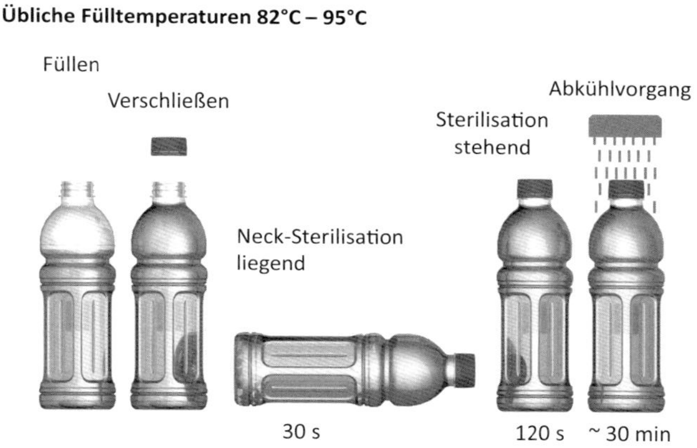

Übliche Fülltemperaturen 82°C – 95°C

Füllen

Verschließen

Neck-Sterilisation liegend

Sterilisation stehend

Abkühlvorgang

30 s

120 s

~ 30 min

Bild 3.25 Klassische Heißabfüllung von PET Flaschen (Bild: Krones)

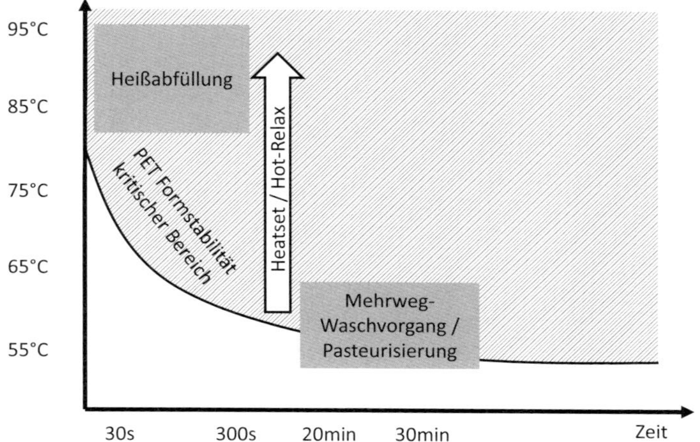

Bild 3.26 Thermische Belastung PET-Flaschen, verschiedene Anwendungsfälle (Bild: Krones)

Wie in Abschnitt 3.2 beschrieben, entstehen beim Verstrecken des amorphen PET vom Preform zur Flasche so genannte dehnungsinduzierte, kristalline Bereiche. Diese lamellaren Kristallstrukturen sind in einer amorphen, hochorientierten Matrix eingebunden. Dabei verbinden einzelne Polymerketten benachbarte Kristallite. Diese Verbindungsmoleküle (engl. „tie molecules") sind besonders stark orientiert. Bei einer Wiedererwärmung des verstreckten PET erweichen die amorphen Bereiche bei der Glasübergangstemperatur (T_g ~ 75 bis 80 °C). Die hochorientierte, amorphe Matrix und besonders die Verbindungsmoleküle relaxieren und gehen in eine ungeordnete Knäuelstruktur über, was makroskopisch zu Deformationen bzw. Schrumpf der Flaschen führt. Bild 3.27 zeigt diesen Zusammenhang.

Dieses Verhalten macht deutlich, dass einfach verstrecktes PET bei Temperaturen im Bereich des Glasübergangs, ab ca. 60 °C beginnend, nicht unbedingt formstabil bleibt. Deshalb muss es für die Heißabfüllung während des Streckblasprozesses modifiziert werden. Durch eine gezielte Prozessführung beim Streckblasen der PET-Flaschen kann der Temperaturbereich, in dem PET zu erweichen beginnt, zu höheren Temperaturen verschoben werden. Hier wird die molekulare Struktur des PET durch Kristallisation und Relaxation thermisch stabilisiert. Bild 3.28 zeigt, wie die Erweichungstemperatur des PET von dem Kristallinitätsgrad abhängt.

Ein Kristallinitätsgrad von bis zu 30 % wird durch das biaxiale Verstrecken während der Formgebung erreicht. Um die Kristallinität auf über 30 % zu erhöhen, muss zusätzlich zu der lamellaren auch spherolitische Kristallinität durch Temperaturbehandlung in das Material eingebracht werden. Hierdurch kann die Erweichungstemperatur auf Temperaturen von bis zu 95 °C erhöht werden. Gleichzeitig werden die Eigenspannungen in der Flaschenwand abgebaut.

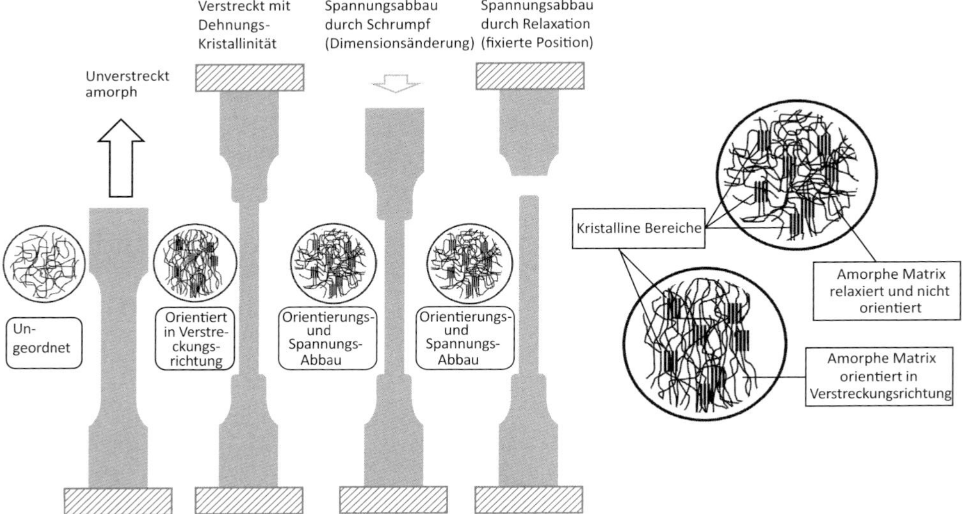

Bild 3.27 Verstreckung, Schrumpf und Relaxation (Bild: Krones)

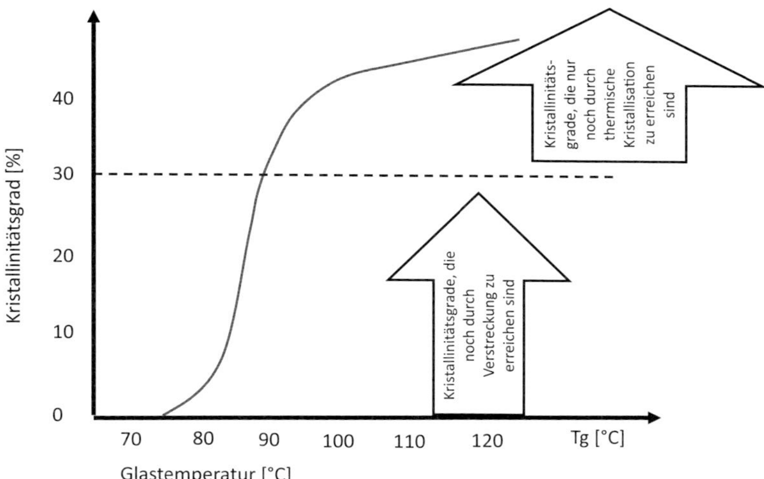

Bild 3.28 Erweichungstemperatur/Glasübergangstemperatur von PET in Anhängigkeit vom Kristallinitätsgrad (Bild: Krones)

Die zusätzliche Kristallisation und Relaxation des verstreckten PET findet in der beheizten Blasform unter Formzwang statt. Im Gegensatz zu dem Standard-Prozess, bei dem das Material an der kalten Formwand unter Formzwang abgekühlt und die Orientierungen eingefroren werden, wird das Material in diesem Prozess unter Formzwang an der heißen Blasform auf Temperaturen bis zu 165 °C aufgeheizt. Vor dem Entformen der Flasche wird diese durch Spülluft von innen abgekühlt. Dazu wird die Entlüftung aktiviert und Luft unter Hochdruck durch die Reckstange in die Flasche eingeblasen. Die hohlgebohrte Reckstange weist auf dem Umfang Bohrungen von ca. 1 mm Durchmesser auf, die die Luft gezielt in Richtung der zu kühlenden Querschnitte der Flasche leiten. Diese Art von Reckstange wird Spülstange genannt. Bild 3.29 zeigt den prinzipiellen Prozessverlauf.

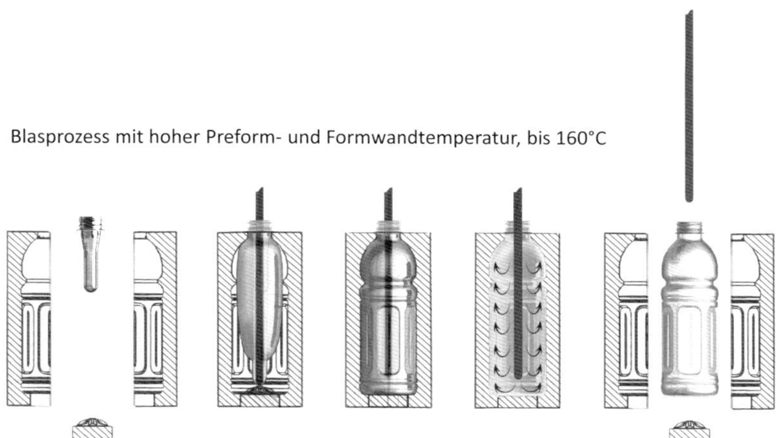

Bild 3.29 Der Heatset-Prozess (Bild: Krones)

Kristallisation und Relaxation sind zeit- und temperaturabhängige molekulare Reorganisationen, die zusätzlich von Materialeigenschaften wie Viskosität, Copolymeranteil, Katalysatorrückständen und Feuchtigkeitsgrad beeinflusst werden. Bild 3.30 zeigt die Temperaturabhängigkeit der Halbwertszeit der Kristallisation sowie zusätzlich, wie sich die Zeiten durch die oben genannten Parameter verschieben.

Grundlage des so genannten Heatset-Prozesses ist die präzise Kontrolle aller Prozessstufen von der Preformtemperatur über den Verstreckvorgang bis zur Temperatur der Blasform. Unter Innendruck wird die Flaschenwand nach der Formgebung gegen die erhitzte Formwandung gedrückt. Hierdurch wird der erforderliche Kristallinitätsgrad und der Spannungsabbau (durch Relaxation) erreicht.

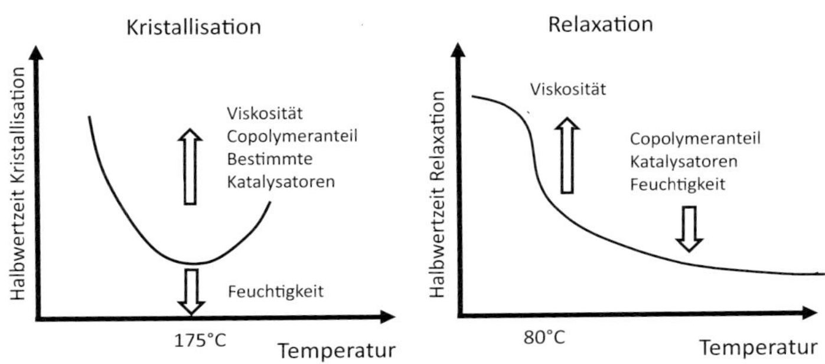

Bild 3.30 Einflüsse Kristallisation und Relaxation (Bild: Krones)

Die Eigenschaften der so hergestellten Flaschen hängen überwiegend von drei Merkmalen ab:

- *Wanddickenverteilung.* Sie muss hinsichtlich der mechanischen Steifigkeit der Flasche optimiert sein. Zur Gestaltung heiß abfüllbarer Flaschen siehe auch Abschnitt 5.5.2.3.
- *Induzierte Kristallinität* (dehnungsinduziert und temperaturinduziert). Wie oben dargestellt, hat die Kristallinität einen Einfluss auf die Temperatur, bei der das PET zu erweichen beginnt. Dieser Wert muss deshalb so hoch wie möglich sein.
- *Eigenspannung in der Flaschenwand.* Eigenspannungen führen zu guten Eigenschaften bei Standardflaschen, wie CSD-Flaschen. Hierdurch werden die Barriereeigenschaften verbessert und das Aufweiten der Flasche unter Innendruck reduziert. Weil sich diese Eigenspannungen unter erhöhten Temperaturen mit einhergehender größerer Molekülbeweglichkeit relaxieren und zu Schrumpf der Flaschen führen, sind sie für Flaschen zur Heißabfüllung nachteilig und müssen reduziert werden.

Die wichtigsten Parameter während des Aufheizens der Preforms und des Blasens der Flasche mit ihrem jeweiligen Einfluss auf die Flaschenmerkmale sind in Tabelle 3.7 aufgeführt. Es wird hier das Standardverfahren mit dem Verfahren zur Heißabfüllung verglichen. Die Pfeile zeigen an, welche Richtung der Parameteränderung betrachtet wird. Im Einzelnen gilt:

- *Heizvorgang:* Möglichst hohe Preform-/Blastemperatur durch hohe Strahlertemperatur und effektive Kühlung der Oberfläche. Viel Strahlungsenergie. Sehr gute Profilierung. Möglichst geringe Ausgleichszeit. Beim Heatsetprozess wird die Preformtemperatur möglichst hoch gewählt. Deshalb trägt die Dehnungsverfestigung des Materials nicht so gut zur gleichmäßigen Verteilung des Materials auf eine gleichmäßige Wanddicke bei wie beim Standardprozess und deshalb müssen Heiz- und Blasprozess deutlich genauer eingestellt werden. Bezüglich des Heizens werden deshalb oft auch so genannte Zonenseparierungen, keramikbeschichtete Glasplättchen zwischen den einzelnen Heizlampen, verwendet.
- *Verstreck- und Blasvorgang:* Der Streckvorgang des Preforms ist präzise gesteuert, und die Zuführung der Blasluft erfolgt über servohydraulische Magnetventile. Dies zusammen führt zu einer guten Reproduzierbarkeit des Formteil-Bildungsprozesses.
- *Innenkühlung:* Vor dem Entformen der Flaschen werden diese innen durch Spülen mit kalter Luft abgekühlt. Die Luft wird durch ein Bohrbild in der Reckstange/Spülstange entspannt und gegen die Flaschenwand geblasen. Die hohe Strömungsgeschwindigkeit führt zu hohen Wärmeübergangskoeffizienten, während die Dekompression gleichzeitig eine Absenkung der Lufttemperatur bewirkt. Dies führt zu kurzen Kühlzeiten und damit zu einer hohen Prozessgeschwindigkeit.

Tabelle 3.7 Einfluss der Prozessparameter auf die Hauptcharakteristika der Flasche (SIG Corpoplast)

		Anwendung	Standard			Heißabfüllung		
		Ziel-Parameter	wtd ↑	κ_d ↑	σ ↑	wtd ↑	κ_t ↑	σ ↓
Heizung	Heizzeit	↑					+	
	Ausgleichszeit	↑	-			-	+	
	Blastemperatur	↑	-	-	-	-	+	+
Blasen	Verstreckgeschwindigkeit	↑	+	+	+	+		-
	Verstreckgrad	↑	+	+	+	+	-	-
	Formtemperatur	↑			-		+	+
	Verweilzeit	↑					+	+

wtd = Wanddickenverteilung
k_d = Dehnungsinduzierte Kristallinität
k_t = Thermischinduzierte Kristallinität
σ = Eigenspannungen

(dunkel) = Positiver Einfluss
(hell) = Negativer Einfluss

Über diese Anforderungen an den Prozess hinaus ergeben sich weitere Anforderungen an den zu verwendenden Rohstoff. Das Ziel ist eine möglichst hohe Erweichungstemperatur in der geblasenen Flasche. Die gewünschte, hohe Kristallisationsgeschwindigkeit wird von der Materialseite durch einen geringen Copolymergehalt (eine geringe Anzahl von Störstellen) und eine hohe Anzahl von Kristallisationskeimen (Nukleierung) unterstützt. Bezüglich der Höhe der Viskosität gibt es gegenläufige Effekte. Einerseits führt ein geringer IV-Wert zu einer höheren Kristallisationsgeschwindigkeit und damit zu mehr Kristallinität in der Flasche. Andererseits bringt ein hoher IV-Wert von sich aus schon eine höhere Glastemperatur und Stabilität mit. In der Praxis sind IV-Werte von 0,78 bis 0,84 dl/g üblich und angemessen. Bezüglich des Feuchtigkeitsgehaltes der Preforms würde zwar eine höhere Preformfeuchte durch erhöhte Molekülbeweglichkeit (das Wasser wirkt als Gleitmittel zwischen den Molekülen) die Kristallisationsgeschwindigkeit erhöhen, aber ebenso in der geblasenen Flasche die Deformation erleichtern. Deshalb wird für heißfüllbare Flaschen eine geringe Preformfeuchte spezifiziert.

Weiterhin wird aus diesem Grund eine geblockte Produktion angestrebt (Blas-Füll-Block, keine Zwischenlagerung von Flaschen), das heißt, dass die Flaschen nach dem Blasen direkt gefüllt werden. So wird verhindert, dass nach dem Blasen der Flaschen, über die nun ca. 10 bis 15-fach größere Oberfläche, vor dem Füllen Wasser aus der Luft aufgenommen wird und die effektive Glasübergangstemperatur des Materials sinkt. Wenn durch diese Art der Produktion sichergestellt wird, dass die Materialfeuchte der Flaschen sehr gering ist, können prozesssicher etwas geringere Flaschengewichte realisiert werden.

Für das Design von Flaschen zur Heißabfüllung gibt es zwei Ansätze:

- Zum einen ein Design, das sowohl die strukturelle Steifigkeit erhöht als auch druckausgleichend bei leichtem Unterdruck wirkt; hierdurch wird die Dichte- und damit Volumenänderung bei der Abkühlung des Füllgutes kompensiert.
- Klassisch ist das ein Hotfill-Paneldesign mit Panels in der Seitenwand der Flasche.

Es gibt auch schwerere Flaschen mit „Bodenpanel", das wiederum passiv – also durch den Unterdruck in der Flasche betätigt sein kann – oder aktiv – durch eine Vorrichtung in der Getränkelinie.

Zum anderen gibt es die Möglichkeit vor dem Verschließen der Flasche in den Kopfraum flüssigen Stickstoff zu tropfen („Stickstoffdroppler") und dadurch den Flascheninnendruck so weit zu erhöhen, dass nach dem Abkühlen immer noch ein geringer Überdruck vorhanden ist. Für diese, Nitro-Hotfill genannte Verfahren, kommen ähnliche Designs zum Einsatz wie für karbonisierte Getränke.

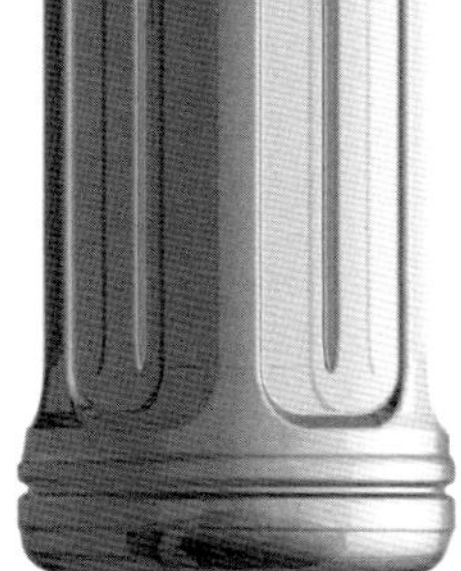

Bild 3.31 Hotfill-Panelflasche (Bild: Krones)

Bild 3.32 Nitro-Hotfill-Flasche (Bild: Krones)

Die erreichbare Produktionsleistung im Heatset-Prozess hängt von einer großen Anzahl von Faktoren ab:

- Flaschenvolumen,
- Flaschendesign,
- Reckgrade (Preform- zu Flaschendesign),
- Wanddicke,
- Fülltemperatur,
- Preformfeuchtigkeit und -material,
- Spezifikationen der Flasche (z. B. Schrumpf nach Befüllung).

Generell kann festgestellt werden, dass die Produktionsleistung in einem Prozess für heißabfüllbare Flaschen deutlich unter der für Standardflaschen liegt. Dieser Abfall an Produktionsgeschwindigkeit liegt an der höheren Prozesszeit in der geschlossenen Form. Im Vergleich zu einem Standardprozess findet sich im Blasradzyklus noch eine Haltezeit für die Relaxation und Kristallisation wieder. Eine Haltezeit von beispielsweise 0,35 s entspricht dabei bereits, bezogen auf einen Standardprozess mit maximaler Produktionsleistung von 1800 Flaschen/h, einer Leistungsreduzierung von 400 Flaschen/h.

3.6.2.1 Pasteurisierbare PET-Flaschen

Pasteurisierbare PET-Flaschen werden Temperaturen von bis zu 65 °C über eine Zeitspanne von bis zu 30 min ausgesetzt. Aus diesem Grund sind manchmal auch Flaschen für die Pasteurisierung thermisch stabilisiert. Hier ist jedoch nach zwei Anwendungsfeldern zu unterscheiden: Flaschen für stille Getränke (Säfte etc.) und Flaschen für karbonisierte Getränke (z. B. Bier).

Für die Pasteurisation von stillen Getränken muss die Flasche bei einem Maximum an Kristallinität und minimalen Eigenspannungen stabilisiert werden. Werden Flaschen mit karbonisierten Getränken pasteurisiert, so bildet sich ein sehr großer Innendruck von bis zu 6 bar. Diese Belastung mit Innendruck muss daher durch Eigenspannungen in der Flaschenwand kompensiert werden. Der Grad der hierzu notwendigen Eigenspannungen hängt von drei Faktoren ab:

- Pasteurisationsprozess (Temperatur und Zeit),
- Karbonisierungsgrad und
- Volumen sowie Kontur der Flasche.

Hier muss ein optimaler Prozesspunkt, besonders in Hinsicht auf die Formtemperatur und die Prozessgeschwindigkeit, eingestellt werden: Bei unzureichender Relaxation wird die Flasche während der Pasteurisation schrumpfen, während bei zu hoher Relaxation die Flasche infolge des Innendrucks stark gedehnt und deformiert wird.

3.6.3 Herstellung ovaler und flachovaler PET-Flaschen

Ovale Flaschen können im Standardprozess hergestellt werden. Dies führt allerdings zu einer ungleichmäßigen Materialverteilung. Die flacheren Wände nah am Preform werden relativ dick, während die vom Preform weiter entfernten Ecken nur noch vergleichsweise wenig Material erhalten und deshalb recht dünnwandig werden.

Um bei der Herstellung ovaler und flachovaler Behälter eine gleichmäßige Wandstärkenverteilung zu erreichen sind abweichende Prozessvarianten erforderlich.

Hier gibt es drei Möglichkeiten.

- Preferential-Heating
- ProShape (Preferential-Cooling) und
- ein Preformdesign mit ungleichmäßiger Wanddickenverteilung (selten, eigentlich nur im Einstufenbereich)

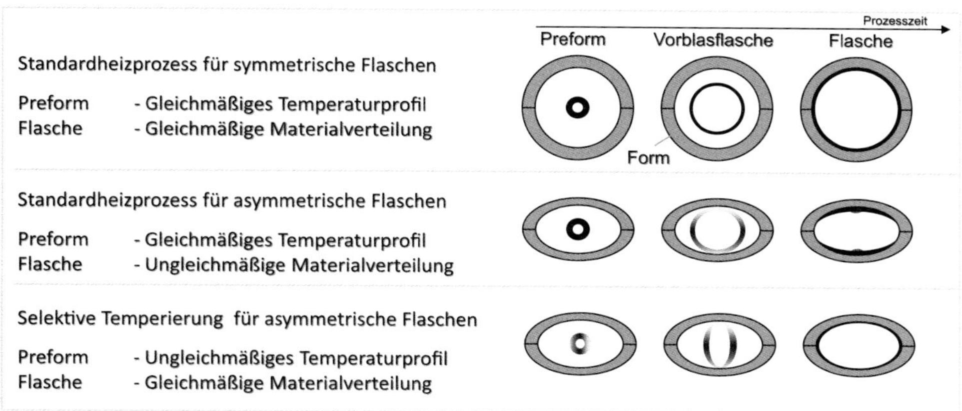

Bild 3.33 Streckblasen ovaler Behälter (Bild: Krones)

Sowohl das Preferential-Heating, als auch das ProShape-Verfahren zielen darauf ab mittels radialer Temperaturprofile am Preform die Wandstärke des Behälters optimal an dessen ovale Form anzupassen. Zielsetzungen sind dabei eine Reduktion des eingesetzten PET Materials sowie ein optimales Griffgefühl beim Entleeren des Behälters. Dieses wird maßgeblich von der Wandstärke der schmalen Seiten bestimmt, da diese bei der Entleerung als Feder wirken und so den Wiederstand des Behälters bilden.

Ohne diese speziellen Verfahren der Profilierung läuft der Blasvorgang rotationssymmetrisch ab, was bedeutet, dass die entstehende Blase die Form zuerst dort berührt wo der Abstand zueinander am geringsten ist. Zumeist ist dies der Bereich der später das Etikett tragen wird. Dort kann das Material bereits abkühlen bevor es in den entfernten Ecken überhaupt mit der Form in Kontakt kommt. Dadurch kommt es zu einer ungleichen Materialverteilung mit Dickstellen an der breiten Seite und Dünnstellen an der schmalen Seite des Behälters.

Um diese ungleiche Verteilung zu verbessern muss das radiale Temperaturprofil des Preforms beeinflusst werden. An den schmalen Seiten der Flaschen muss der Preform zu Beginn des Blasprozesses dazu etwas kühler, an den breiten Seiten etwas wärmer sein. So können die Bereiche an den Flachseiten schneller verstreckt werden, währen das PET Material an den kühleren Bereichen etwas mehr Wiederstand bietet und nicht mehr so stark ausdünnt. Über die Manipulation dieses Temperaturunterschiedes am Preform kann so die Wandstärke für die verschiedenen Bereiche des Behälters optimiert werden.

In der Praxis sind beim Zweistufen-Verfahren dabei die folgenden Technologien im Einsatz:

- Preferential-Heating mit *passiver Profilierung* über dem Umfang: Hier werden Abschnitte der Heizung gezielt abgeschirmt, sodass der rotierende Preform während des Durchlaufens der Heizung jeweils auf zwei Seiten weniger beheizt wird als auf den beiden hierzu um 90° versetzten Seiten.

- Preferential-Heating mit *aktiver Profilierung* über dem Umfang: Die Rotation des Preforms wird mit der Bewegung durch die Heizstrecke synchronisiert. Dabei wird die Rotation vor bestimmten Ofenabschnitten gezielt unterbrochen, um wiederum auf zwei Seiten des Preforms stärker zu heizen, als auf den beiden hierzu um 90 ° versetzten Seiten. Das Prinzip dieses Systems wird in Bild 3.34 gezeigt
- ProShape™ mit Preferential-Cooling: Hier wird der Preform zuerst konventionell beheizt und im Anschluss mit temperierten Platten kontaktiert, welche das gewünschte Profil für die schmalen Seiten des Behälters aufbringen (Bild 3.35).

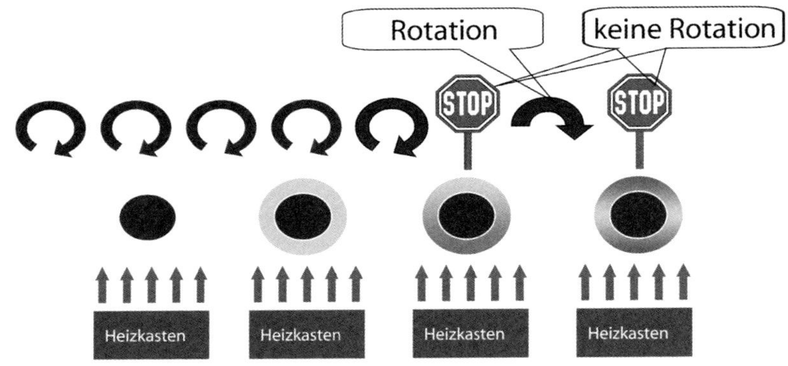

Bild 3.34 Prinzipielle Darstellung des Preferential-Heating (Bild: KHS Corpoplast)

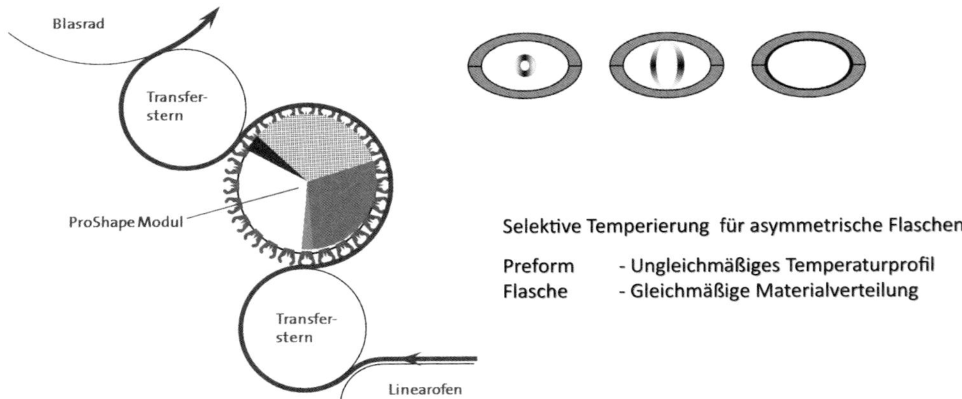

Bild 3.35 Prinzipielle Darstellung des Prinzips zum ProShape/Preferential-Cooling (Bild: Krones)

Während eine passive Profilierung zu einer Verlängerung der Heizstrecke beiträgt, kann eine aktive Profilierung wie beim ProShape diese verkürzen und effizienter gestalten. Über die Kontaktplatten kann jede beliebige Kontur auf den Preform gebracht werden, unabhängig von dessen optischen Eigenschaften (transparent/opak/Effektpigment). Auf der anderen Seite bedeutet das natürlich zusätzliche Garniturenteile.

Mit Hilfe dieser Techniken zur Profilierung können Flaschen mit Durchmesserverhältnissen ($Ø_{min}/Ø_{max}$) zwischen 1,6 und 2,6 hergestellt werden. Dabei fällt die Entscheidung im Bereich geringerer Ovalitäten oft aufgrund hoher Qualitätsansprüche bei der Wandstärke zugunsten einer Ovalbeheizung. Bei höchsten Ovalitätsraten ist zudem auf einen ausreichenden Abstand zwischen Preform und Blasform zu achten (ca. 6 mm), da andernfalls keine Blasenentwicklung stattfinden kann und ein Teil des Preforms nahezu unverstreckt mit der Blasform in Kontakt tritt und abkühlt.

Zusätzlich wird an viele Ovalbehälter noch die Anforderung eines gerichteten Gewindestarts an der Mündung gestellt, um Klappdeckel optimal zum Etikett auszurichten. Dazu müssen die Preforms eine Markierung im Tragring vorweisen, welche vor dem Aufbringen des Profils mechanisch oder elektrisch per Bilderkennung orientiert wird. Generell haben mechanische Orientierungsverfahren den Nachteil von mehr Preformabrieb.

Je nach Art der Weiterverarbeitung müssen die Behälter für den weiteren Transport ebenfalls orientiert werden. Da die Behälter die Blasform üblicherweise schon gerichtet verlassen, ist oft nur eine Korrektur des Winkels durch eine spezielle Übergabe notwendig.

3.7 Barrieretechnologien für PET-Flaschen

Zur Steigerung der Permeationsbarriere einer PET-Flasche gibt es fünf prinzipiell unterschiedliche Technologien. Diese fünf Technologien sind skizzenhaft in Bild 3.37 dargestellt.

- *Die Wand besteht aus einem einzigen Material (Monolayer):* Ist die Flasche aus PET hergestellt, so beträgt die Haltbarkeit beispielsweise von Bier bei Abfüllung in einer 0,5 l-Flasche weniger als drei Wochen und bei Abfüllung von Saft in einer 0,5 l-Flasche weniger als drei Monate. Um bei dieser Technologie die Barrierewirkung der Flasche zu steigern, können andere Materialien eingesetzt werden. Dies ist beispielsweise Polyethylen-Naphthalat (PEN), PEF (Polyethylenfuranoat) oder Polyacrylnitril („Barex“). Durch Verwendung des PEN kann das Shelf-life einer 0,5 l-Bierflasche auf sechs Monate und einer 0,5 l-Saftflasche auf 12 Monate gesteigert werden. Darüber hinaus gibt es noch PET-Derivate, die als Barrierematerialien eingesetzt werden können. Dies sind in erster Linie hochmodifizierte Copolymere des PET, die häufig einen hohen Anteil des Comonomers Isophthalsäure (IPA) aufweisen.

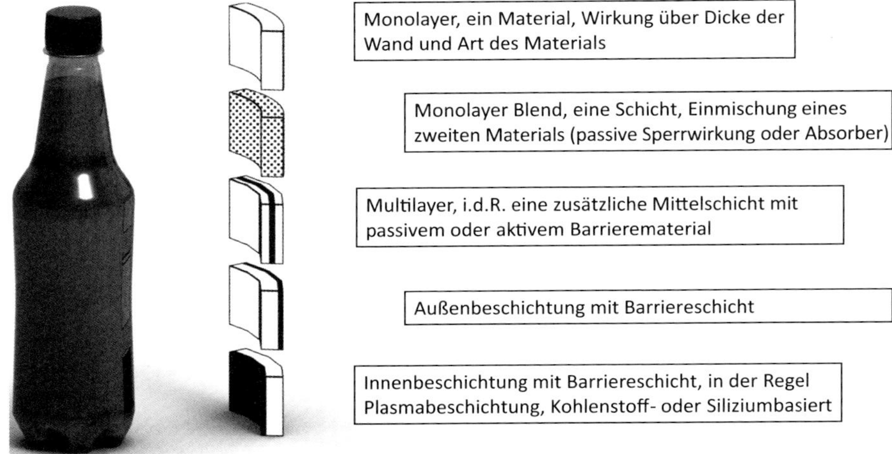

Bild 3.36 Barrieretechnologien für PET-Flaschen (Bild: Krones)

- *Materialblends (ebenso Monolayer):* Durch Einmischen („Blenden“) von im PET unlöslichen Barrierematerialien bzw. Partikeln kann die Permeabilität der Flaschenwand reduziert werden. Hier gibt es wiederum drei unterschiedliche Möglichkeiten. So können zunächst Kunststoffe mit hoher Barrierewirkung in die PET-Matrix eingemischt werden. Hier wird zumeist spezielles Barrierepolyamid (z. B. MXD6) verwendet. Darüber hinaus können auch nichtpolymere Zusätze wie Nanopartikel oder im einfachsten Fall mineralische Füllstoffe wie beispielsweise Kreide beigemischt werden. Die dritte Möglichkeit ist die Beimischung von so genannten Sauerstoff-Absorbern (Scavenger), sauerstoffbindende chemische Substanzen. Im Fall der Beimischung von polymeren bzw. nichtpolymeren Zusatzstoffen steigt die Barrierewirkung der PET-Matrix bzw. Flaschenwand mit dem Anteil der beigemischten Barrierekomponente. Gleichzeitig nimmt die Transparenz der Flaschenwandung ab und die Flaschenwand wird opak bzw. leicht farbstichig. Die Barrierewirkung der Flaschenwand kann durch diese Maßnahmen etwa verdoppelt werden. Die Beimischung aktiver, sauerstoffzehrender Substanzen reduziert ausschließlich die Permeation von Sauerstoff und kann somit die Haltbarkeit von z. B. Fruchtsäften um den Faktor 5 erhöhen.
- *Mehrschichtiger Aufbau der Flaschenwand:* Im Spritzgießverfahren kann durch die Verwendung mehrerer Plastifizieraggregate und bei geeigneter Gestaltung des Heißkanalverteilers sowie der Einspritzdüsen ein mehrschichtiger Preform hergestellt werden. So können neben dem PET weitere Materialien wie ein Barrierematerial und/oder Recyclingmaterial so eingespritzt werden, dass sich ein zumeist

dreischichtiger (selten fünfschichtiger) Aufbau ergibt. Als Barrierematerialien werden hier vorwiegend entweder modifiziertes Polyamid (MXD6 etc.) oder aber ein Ethylvinylalkoholcopolymer (EVOH) eingesetzt. Hierdurch kann eine Barriereverbesserung gegenüber der reinen PET-Flasche von ca. einem Faktor von 3 bis 5 erreicht werden. Darüber hinaus gibt es auch hier Technologien, aktive, sauerstoffzehrende Substanzen in einem mehrschichtigen Aufbau einzubinden. Dies kann wiederum ein PET-Copolymer sein, das Sauerstoff bindet, oder aber ein Blend aus PET und sauerstoffbindenden Substanzen. Darüber hinaus kann Polyamid (MXD6) so modifiziert werden, dass es Sauerstoff bindet und somit eine passive als auch aktive Barrierewirkung zeigt.

- Eine weitere Sondervariante ist das sogenannte *Overmoulding*, bei dem erst eine innere Preformschicht gespritzt wird, über die dann in einer zweiten Kavität eine weitere äußere Schicht gespritzt wird. Im Markt ist diese Variante für Milchanwendungen, bei denen durch eine dunkel eingefärbte Innenschicht eine hohe Lichtbarriere gewährleistet wird, die durch eine weiße äußere Schicht verdeckt wird.
- *Aufbringung äußerer Barriereschichten:* Durch Lackieren entweder im Sprüh- oder Tauchverfahren kann eine dünne Barriereschicht mit einem Gewichtsanteil von ca. 1,5 % auf die äußere Flaschenwand aufgebracht werden. Hierdurch kann eine Barriereverbesserung um den Faktor 2 bis 9 erreicht werden. Darüber hinaus kann durch Überspritzen des PET-Preforms in einem zweiten Spritzgießprozess ein zweischichtiger Preform hergestellt werden, bei dem die eine Schicht eine Barriere darstellt. Weiterhin kann in einem Vakuumbeschichtungsprozess eine sehr dünne Permeationssperrschicht auf die PET-Flasche aufgebracht werden. Dies ist im Fall transparenter Schichten zumeist eine quarzglasähnliche Schicht aus SIO_X. Die erreichte Barriereverbesserung bei den Vakuumbeschichtungstechnologien auf der Außenwand der PET-Flasche erreicht einen Faktor von 2 bis 3.
- *Innenbeschichtung (Plasma):* In einem Vakuumbeschichtungsprozess kann eine innere Barriereschicht auf die Flaschenwand aufgebracht werden. Diese sind heute zumeist dünne Schichten aus Kohlenwasserstoffverbindungen oder aber auch dünne quarzglasähnliche Schichten (SIO_X). Die Dicken dieser Schichten liegen im Bereich von 50 bis 150 nm. Die Verbesserung der Sperrwirkung gegenüber der reinen PET-Flasche liegt im Bereich von 10. Bild 3.37 unterscheidet diese unterschiedlichen Technologien anhand mehrerer Kriterien. Hier ist zunächst die Barriereverbesserung gegenüber der Sauerstoff- und der Kohlensäurepermeation dargestellt. Die beste Barrierewirkung wird durch die Vakuumbeschichtungstechnologie, gefolgt von der Mehrschichttechnologie, erzeugt. In Hinsicht auf die Transparenz der Barrieretechnologie zeigen alle materialbasierten Lösungen, also die Verwendung von modifiziertem Material bzw. PEN oder Acrylnitryl als auch das Blenden bzw. die Verwendung von Absorbern, ein Defizit auf.

Hinsichtlich der Haltbarkeit der Barriereschicht bzw. des Barrierematerials gibt es bei den Vakuumbeschichtungen eine Einschränkung. Diese extrem dünnen Schichten sind deutlich härter und steifer und somit auch deutlich weniger flexibel als die PET-Wandung. So kommt es bei großen Deformationen der PET-Flasche z. B. unter Innendruck bei kohlensäurehaltigen Erfrischungsgetränken zu Rissen in der Schicht und damit zu Einschränkungen in der Barrierewirkung. Bei Multilayerflaschen kann durch mechanische Beeinflussung beispielsweise durch Innendruck bei kohlensäurehaltigen Erfrischungsgetränken eine Delamination zwischen dem PET und der Barriereschicht auftreten. Dies führt wiederum zu optischen Defiziten bis hin zur Bildung einer Gasblase zwischen der inneren PET-Schicht und der Barriereschicht, die beim Öffnen der Flasche entspannt.

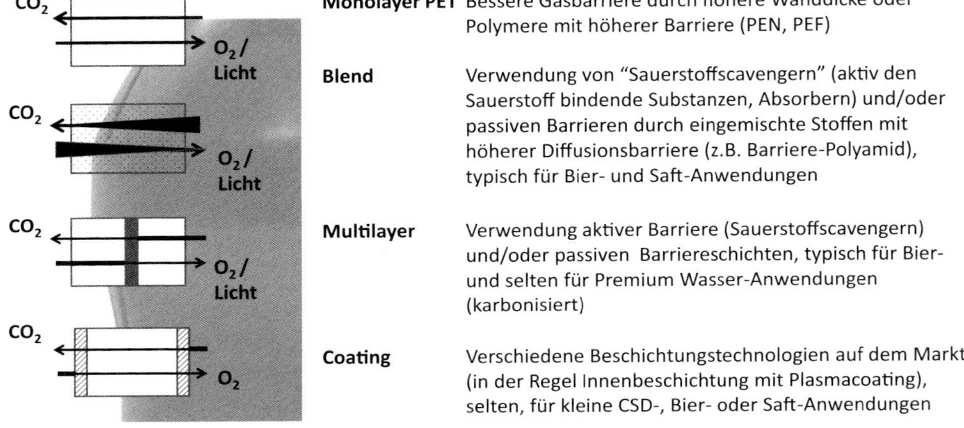

Bild 3.37 Vergleich der Barrieretechnologien für PET-Flaschen (Bild: Krones)

Für jede Barrieretechnologie ist die Fähigkeit zum Rezyklieren bzw. die Konformität zu den bestehenden Recyclingsystemen von großer Bedeutung. Hier hat sicherlich das Blenden von Polymeren bzw. nicht polymeren Barrierematerialien in die PET-Matrix einen negativen Einfluss auf die Rezyklierbarkeit der Flaschen im PET-Wertstoffkreislauf. Auch die Verwendung von PEN-Flaschen ist problematisch, da diese separat in einem eigenen Kreislauf rezykliert werden müssten, wofür es keine Lösung gibt. Im Fall des Spraycoating und bei mehrschichtigen Flaschen gibt es heute Technologien, die eine Trennung der Materialien und eine fast sortenfreie Rezyklierung der PET-Wertstofffraktion ermöglicht. Der Aufwand hierfür ist jedoch groß, und es kann bislang eine geringfügige Restkontamination durch das Barrierematerial nicht verhindert werden. Approvals solcher Technologien für Recyclingsysteme nehmen deshalb in der Regel einen relativ kleinen Anteil am Gesamt-Materialstrom an. Hingegen haben bei vakuumbeschichteten PET-Flaschen mehrere Studien gezeigt, dass die extrem geringen Mengen der Barrierekomponente (SiO_x) einerseits entfernt werden können und andererseits nicht zu einer Beeinträchtigung der Werkstoffqualität beim Flasche-zu-Flasche-Recycling führen.

Es sind auch nicht alle fünf Technologien gleichermaßen verfügbar. Für das Spraycoating gibt es heute auf kommerzieller Basis sowohl für die Maschinentechnik als auch für das Beschichtungsmaterial nur einen kommerziellen Anbieter.

Die preformgebundenen Technologien (Monolayer, Monolayer-Blend und Multilayer) haben allerdings den Vorteil einer höheren Flexibilität (wenn beispielsweise nur ein Teil des Produkt-Portfolios zusätzliche Barriere braucht) und sind - zumindest für den Abfüller - auch nicht mit hohen Investitionen verbunden, da ja keine eigene Maschine beschafft und installiert werden muss. Dementsprechend ist bei Angabe von Kosten für bestimmte Barrieresysteme immer darauf zu achten, unter welchen Annahmen und Voraussetzungen die Zahlen zustande kommen.

Im Zusammenhang mit barriereverbessernden Maßnahmen wird oft vom „Barrier-Improvement-Factor", kurz BIF, gesprochen. Ein BIF von 2 bedeutet eine Halbierung der Gasdiffusion. Dieses Maß ist recht griffig, hat aber auch nur begrenzte Aussagekraft. Zum einen ist die Bezugsflasche wichtig, die in der Regel unterschiedlich ist, ein BIF von 2 bezogen auf eine dünnwandige Flasche ist leichter zu erreichen als bei einer dickwandigen Flasche, die von Haus aus eine höhere Barriere mitbringt. Zum anderen bedeutet eine Erhöhung des BIF keine Verlängerung der Produkthaltbarkeit in gleichem Maße, da Faktoren wie eine Aufweitung der Flasche unter Innendruck, und z. B. in der Flaschenwand gelöstes Gas in diesen Faktor keinen Eingang finden. Auch aktive Systeme für die Sauerstoffbarriere (Scavengersysteme, Absorber) lassen sich damit nicht vernünftig beurteilen. In deren Lebensdauer sinkt eine anfangs sehr hohe Sauerstoffbarriere dann ab wenn der Absorber verbraucht ist.

Zusammenfassend lässt sich feststellen, dass für Anwendungen, die ausschließlich eine erhöhte Barrierewirkung gegenüber Sauerstoffdiffusion benötigen, die Verwendung von Absorbern gut geeignet ist. Für alle Anwendungen sind technisch gleichermaßen die Mehrschichttechnologie als auch die Plasmabeschichtungstechnologie einsetzbar.

Literatur zu Kapitel 3

[1] *Schumann, H.-D.; Thiele, U.:* Polyester Producing Plants - Principles and Technologies; Verlag Moderne Industrie, Landsberg/Lech, 1996

[2] *N. N.:* Strain Induced Crystallization of Poly(ethylene Terephthalat); Polymer Engineering and Science, 32 (1992) 18

[3] *Axtel, F. H.; Haworth, B.:* Elongational deformation and stretch blow molding of poly(ethylene terephthalat); Plastics, Rubber and Composites Processing and Applications; 22 (1994)

[4] *Hartwig, K.:* Simulation des Streckblasverfahrens und Charakterisierung des Prozeßrelevanten Materialverhaltens; Dissertation an der RWTH Aachen, 1996

[5] *N. N.:* Husky: Index-Systems: *www.husky.ca*

[6] *N. N.:* Qualitätsprüfung bei SIG Corpoplast Blasformanlagen, Presseinformation sig-cp93, Press-Office, *www.sigbeverages.com*, 2005

[7] *N. N.:* VPI-Vorforminspektion, AgrTopWave, Internetauftritt, *www.agrintl.de*

[8] *Haesendonckx, F.:* Qualitätsprüfung - Inspektionssysteme für BLOMAX, Kundenzeitschrift SIG Corpoplast, Hamburg, sig.biz/beverages, Heft 01/2005

[9] N. N.: *www.sipa.it, Internetzugriff April 2019*

[10] *Müller, M.:* persönliche Information, SIG Blowtec, Troisdorf, 2004

[11] *N. N.:* General Catalog, AOKI Technical Laboratory, Inc., Minamijo, Japan, 2002

[12] *N. N.-5.:* Maschine Type PF8-4B – Werkbild Nissei ASB GmbH, Düsseldorf, 2005

[13] *N. N.:* Unterlagen zur Maschine ECOMAX der Fa. SIG Blowtec, Troisdorf 2002

[14] *Bock, S.:* Der moderne Einstufenprozess, VDI-Blasformtagung, Baden-Baden, 2001

[15] *Schreyl, R.:* mündliche Information, Nissei ASB GmbH, Düsseldorf, 2005

[16] *Thielen, M.:* Coca-Cola Biobottle Uses Biobased Ethylene Glycol, bioplastics MAGAZINE, 04/2009

[17] *N. N.:* News, bioplastics MAGAZINE, 02/2019

[18] *Mangnus, P.:* The world's next-generation polyester 100 % biobased polyethylene furanoate (PEF), bioplastics MAGAZINE, 04/2012

[19] *N. N.:* MTR® Melt-To-Resin, ThyssenKrupp, Broschüre *https://d13qmi8c46i38w.cloudfront.net/media/UCPthyssenkruppBAIS/assets.files/products___services/chemical_plants___processes/polymer_plants/brochure_pet.pdf*, Internetzugriff April 2019

[20] *N. N.:* ASB General_D20200(4)2018-09_E_p

4 Andere Blasformverfahren

4.1 „Reciprocating-Screw"-Maschinen

Dieser intermittierend arbeitende, auch Schubschneckenmaschine genannte Maschinentyp ist in Europa nicht sehr weit verbreitet. Es kommt ein Extruder mit zurückfahrender Schnecke zum Einsatz. Dieses Verfahrensprinzip ähnelt dem Spritzgießprozess. Die vom Extruder erzeugte Schmelze wird im Schneckenvorraum gespeichert, wobei die Schnecke selbst während des Plastifizierprozesses zurückfährt. Die Schließeinheit mit der Blasform wird lediglich geöffnet und geschlossen, sie wird nicht verfahren. Wenn die Rückwärtsbewegung der Schnecke einen vordefinierten Wert (entsprechend einer dem Schussgewicht entsprechenden Schmelzemenge) erreicht hat, wird ein Hydraulikzylinder aktiviert, der die Schnecke nach vorne drückt. Die Schmelze wird nun durch einen (meist Mehrfach-)Schlauchkopf gepresst und zu Vorformlingen für die einzelnen Blasformwerkzeuge ausgeformt. Auf diese Weise werden mit einer einzelnen Maschine hohe Produktionsgeschwindigkeiten erreicht. Der Blasdorn ist in der Mitte des Schlauchkopfes untergebracht; die Blasluft wird durch den Kopf zugeführt. Da die Blasformteile nur aus der Blasform herausfallen können, beispielsweise auf ein Förderband, nennt man diesen Prozess (wie einige andere auch) häufig „Blow-and-Drop".

Eine In-line-Entbutzung, wie in Abschnitt 2.5.4 beschrieben, ist bei diesem Verfahren nicht möglich.

4.2 Spritzblasformen

Ein Blasformprozess, der insbesondere für kleinere Flaschen und Weithalsbehälter zum Einsatz kommt, ist das Spritzblasformen [1].

Hier wird in einem Spritzgießprozess ein Vorformling erzeugt, wobei die plastifizierte Formmasse mit relativ niedrigem Druck in die temperierte Spritzkavität eingespritzt und dort bis in den thermoelastischen Bereich des jeweiligen Kunststoffs konditioniert wird. Für die Weiterverarbeitung des Vorformlings sind vor allem die

Temperaturverhältnisse in der Spritzform entscheidend [2]. Der spritzgegossene Vorformling wird dann entformt, wobei er auf dem inneren formgebenden Teil der Spritzgießkavität, dem Dorn (Transportdorn), verbleibt und mit diesem in die Blasform transferiert wird. Hier wird der Vorformling durch einen Ringspaltkanal, der sich im Dorn befindet, aufgeblasen (Bild 4.1).

Um eine gleichmäßige Wanddicke eines spritzgeblasenen Formteils zu erzielen, muss die Vorformlingswanddicke in der Spritzkavität entsprechend gestaltet werden (Bild 4.2).

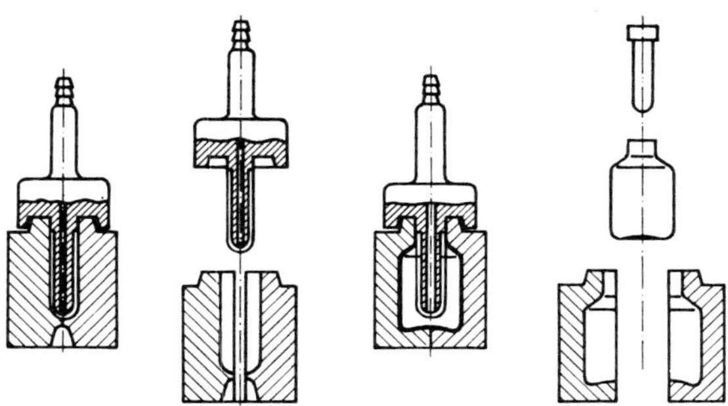

Bild 4.1 Spritzblasen, schematisch (nach [2])

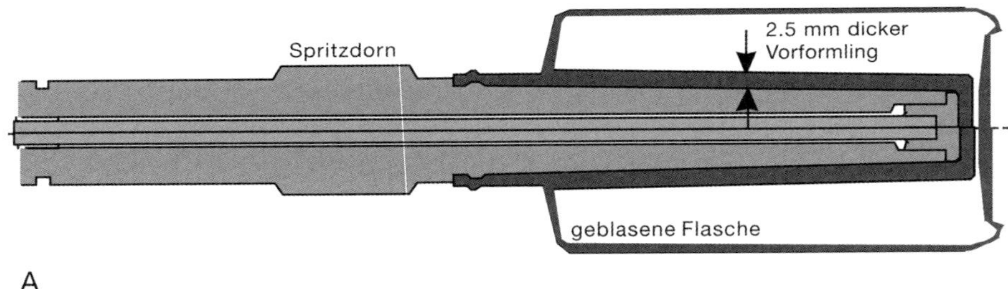

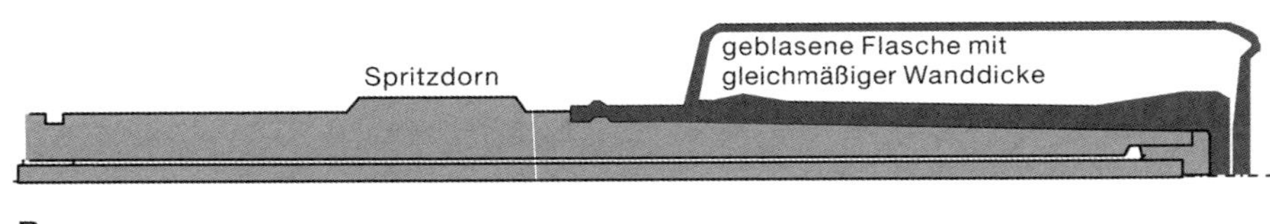

Bild 4.2 Wanddickeneinstellung beim Spritzblasen [2]
A: Preform mit gleichmäßiger Wanddicke – Flasche mit ungleichmäßiger Wanddicke
B: Im Preform in bestimmten Bereichen gezielt mehr Material – Flasche mit gleichmäßiger Wanddicke

Die Verfahrensschritte Spritzgießen des Vorformlings, Transport in die Blasform, Aufblasen und Auswerfen des Fertigteils laufen zum Erzielen einer hohen Wirtschaftlichkeit auf einer Maschine mit entsprechenden Stationen simultan ab. Die zahlreichen Bauarten von Spritzblasmaschinen unterscheiden sich im Wesentlichen nach der Art des Vorformlingtransfers und der Lage von Spritz- und Blasaggregat zueinander [3].

Es sind Anlagen mit:

- 1 bis 12 Formkavitäten,
- 1 bis 2 Stationen,
- 1 ml bis ca. 5 Liter (selten bis über 20 Liter) Artikelvolumen und
- 500 bis 3000 Stück/h Ausstoßleistung

im Einsatz.

Den *Vorteilen* des Spritzblasformens, wie:

- gleichbleibendes Schussgewicht,
- hohe Oberflächengüte,
- partielle Verstreckung ohne Reckhilfe,
- sehr enge Toleranzen im Bereich des Halses (Halsgewindes),
- kein Butzenabfall,
- keine Quetschnähte,

stehen als *Nachteile* gegenüber:

- Zykluszeit ist abhängig vom Spritzgießzyklus;
- Zykluszeiten länger als beim Extrusionsblasformen;
- mögliche Artikelgröße ist begrenzt;
- keine Behälter mit Griff möglich;
- keine außermittige Anordnung des Halses möglich (oder aber zumindest sehr schwierig zu realisieren);
- zwei Sätze von Formen erforderlich (Spritzgieß- und Blasformwerkzeug);
- Einrichten und Anfahren von Spritzblasmaschinen dauert länger und ist schwieriger als bei Extrusionsblasmaschinen.

In den meisten Spritzblasformmaschinen kommen zurückfahrende Schnecken zum Einsatz, wie sie in Spritzgießmaschinen üblich sind. Die Schmelze wird auf mehrere Spritzgießkavitäten verteilt, sodass auch auf diesen Maschinen hohe Ausstoßleistungen realisiert werden können.

In der Spritzblastechnik können alle Standardkunststoffe (PE, PP, PS etc.) verarbeitet werden. Darüber hinaus können aber auch technische Kunststoffe zum Einsatz kommen, deren Verarbeitbarkeit beim Extrusionsblasen begrenzt ist (z. B. Polyacrylnitril, Acryl-Kunststoffe, ABS, TPE etc.). Ideal für das Spritzblasen sind Extrusionstypen, wie sie in der Verpackungsindustrie eingesetzt werden. Diese Typen weisen gute Schlagzähigkeiten und Beständigkeiten gegen Spannungsrisskorrosion auf. Die Verarbeitungseigenschaften der eingesetzten Polyethylene (PE-HD, -LD, -MD) und in einigen Fällen auch PP können durch Zugabe von Additiven (innere Gleitmittel wie Zinkstearate, Calciumstearate und Antistatika) verbessert werden. Vorteile sind verbesserte Zykluszeiten beim Spritzgießen. Die Vorformlinge können früher aus der Spritzkavität entformt werden, und ein früheres Lösen vom Spritzdorn führt zu besserer Wanddickenverteilung beim Blasformen [2].

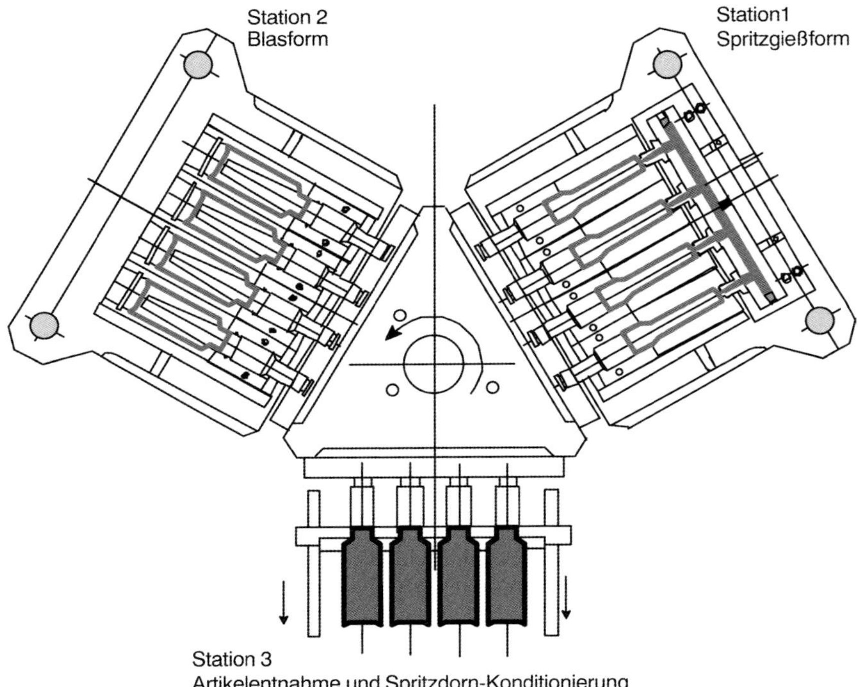

Bild 4.3 Drei Stationen einer Spritzblasmaschine (Bild: Jomar Corp.)

Es können sowohl Homopolymer- und Copolymer-PP-Typen verarbeitet werden. Darüber hinaus wurden Maschinen und Werkzeuge entwickelt, um PP-Random-Copolymere und spezielle Typen für „kontakt-transparente“ Flaschen zu verarbeiten. PS, das in der Extrusionsblasformtechnik kaum verarbeitet werden kann, wurde in Großbritannien und den USA lange Zeit für kristallklare Tablettenfläschchen eingesetzt [1, 2]. Bei entsprechender Gestaltung der Vorformlingsgeometrie sind auch ovale Flaschen und Weithalsbehälter möglich.

4.2.1 Pressblower-Prozess

Für Hohlkörper mit maßgenauen Kopfteilen und wanddickengenauen Behältern wie Kunststofftuben, Flaschen, Ampullen, Faltenbälgen kann auch das so genannte Pressblower-Verfahren zum Einsatz kommen [4]. In diesen Spritzblasmaschinen wird ein abfallloses Spritzgießen eines Kopfteils mit dem Ziehen des Vorformlings zum anschließenden Blasformen des Körperteils in fließendem Übergang kombiniert.

Zu Beginn eines jeden Arbeitszyklus fährt zunächst ein Spritzgießwerkzeug mit der eingearbeiteten Form des künftigen Kopfteils dicht schließend auf eine Ringspaltdüse. Die so gewonnene Spritzform füllt sich im ersten Arbeitstakt mit einer dosierten Kunststoffmenge, die nach dem Kühlvorgang das fertige Kopfteil bildet. So kann der entscheidende Teil des Hohlkörpers, also Gewinde oder Halsinnen- und -außendurchmesser, Kanüle, Sollbruchstelle, Membrane, Ringwulst etc., maßgenau gefertigt werden. Während anschließend im zweiten Arbeitstakt das Spritzgießwerkzeug nach oben wegfährt, fließt aus der Ringspaltdüse eine der Abzugsgeschwindigkeit zugeordnete Kunststoffmenge nach. Eingespannt einerseits im Spritzgießwerkzeug und andererseits in der zentrierten Ringspaltdüse, bildet sich auf diese Weise ein röhrenförmiger Vorformling mit genauer Wanddicke. Nach dem Ziehvorgang schließen sich um den Vorformling zwei Blasformhälften, die gegen das Spritzgießwerkzeug und gegen die Düse abdichten. In dieser so entstandenen Blasform wird der Vorformling zum Endprodukt fertig geblasen. Nach Ablauf einer entsprechenden Kühlzeit öffnen sich Spritz- und Blaswerkzeug, ein Abnehmer nimmt das gefertigte Stück von der Düse weg und übergibt es einem Schneidwerk. Bei Hohlkörpern mit offenem Boden wie Tuben, Hülsen, Röhrchen entfernt ein rotierendes Messer des Schneidwerks den Bodenrest und gibt dem Teil damit seine exakte Fertiglänge. Bei Flaschen wird der Bodenbutzen abgeschnitten, bei Konturen durch Stanzen beseitigt. Bild 4.4 zeigt die vier Fertigungsschritte.

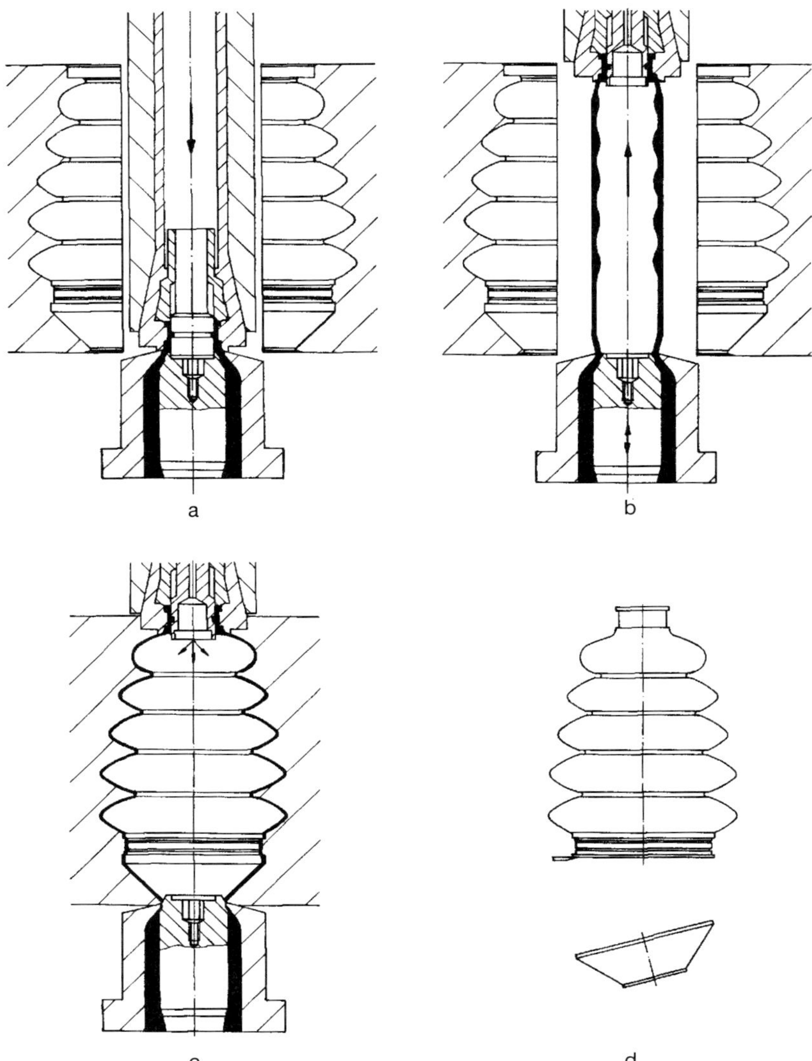

Bild 4.4 Spritzblasen mit Wanddickensteuerung (hier von Faltenbälgen) nach dem Pressblower-Verfahren [4]

4.3 Tauchblasen

Beim Tauchblasformen taucht der Blasdorn in die Tauchkammer ein [5, 6]. Nach dem Füllen der Halsöffnung wird der Tauchblasdorn zurückgezogen. Über die geregelte Bewegung des Tauchkammerkolbens wird die axiale Artikelwanddicke eingestellt. Bild 4.5 zeigt das Prinzip der Vorformlingsherstellung. Der Vorformling wird von der Blasform übernommen und aufgeblasen. Danach zieht der Tauchblasdorn zurück, und der Blasprozess wird mit einem Hilfsblasdorn fortgesetzt.

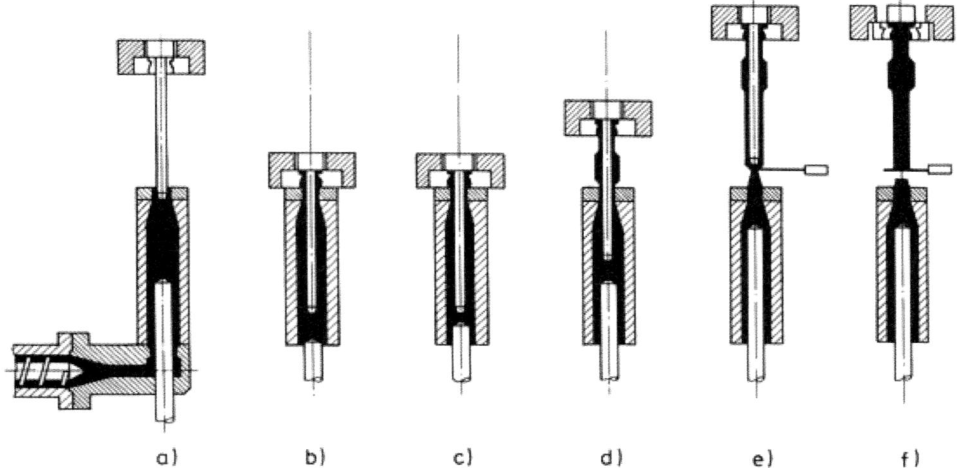

Bild 4.5 Prinzip der Vorformlingsherstellung beim Tauchblasformen [7]
a: Blasdorn taucht in Tauchkammer ein,
b: Halswerkzeug sitzt auf Tauchkammer auf,
c: Halsteil wird angespritzt,
d: Blasdorn und Tauchkolben bewegen sich gleichsinnig,
e: Tauchkammerkolbenbewegung beendet,
f: Messerschnitt beendet die Vorformlingherstellung

Literatur zu Kapitel 4

[1] *Rosato, D.; Rosato, D. (Hrsg.):* Blow Molding Handbook, Hanser, 1989

[2] *Wortley, M.:* Injection Blow Molding, Broschüre mit CD, Jomar Corporation, Pleasantville, NJ, USA, 2003

[3] *Heyn H.:* Technologien des Blasformens, in: Blasformen, Grundlagen und Praxis, VDI-Seminar, Bonn-Holzlar, 2002

[4] *N. N.:* Pressblower Präzisions-Spritzblasmaschinen, DUO 30/DUO 40, Broschüre, Ossberger & Co, Weißenburg, 2001

[5] *Gust, P.:* Prozess-Simulation des Extrusionsblasformens von Kunststoffhohlkörpern, Dissertation Universität Siegen, 2001

[6] *N. N.:* Technologien des Blasformens, VDI-Verlag, Düsseldorf, 1977

[7] *Mennig, L. G.:* Werkzeuge für die Kunststoffverarbeitung, Carl Hanser Verlag, München, Wien 1995

5 Produktentwicklung

Der wirtschaftliche Erfolg eines Produkts entscheidet sich im Wesentlichen durch die Differenz aus den Produktionskosten und dem vom Kunden zu zahlenden Preis. Die Produktionskosten werden zu einem sehr frühen Zeitpunkt während der Produktentwicklung festgelegt. Die Kosten für eine Änderung steigen mit dem Produktentwicklungsfortschritt exponentiell an. Z.B. ist eine Radiusänderung in der Zeichnung in Sekunden durchgeführt. Am Werkzeug ist diese teuer und zeitaufwändig, zumal Stillstandszeiten an der Maschine hinzukommen können. Eine Rückrufaktion für ein Produkt kann Millionen Euro kosten. Dies verdeutlicht, dass die Produktentwicklung für ein Unternehmen von besonderer Bedeutung ist.

Bild 5.1 zeigt den Verlauf von Fehlerentstehung und Fehlerbehebung. Wird die kostenanteilige Fehlerquote über den Phasen eines Produktlebenslaufs von der Definition bis zum Einsatz betrachtet, so ist festzustellen, dass ein Großteil der Fehler (bis zu 75 %) in den ersten drei Phasen der Produktentstehung gemacht werden. Ganz im Gegensatz dazu steht der Zeitpunkt der Fehlerbehebung. So werden mehr als 2/3 aller Fehler erst in den Phasen der Prüfung und des Einsatzes gefunden und behoben [2].

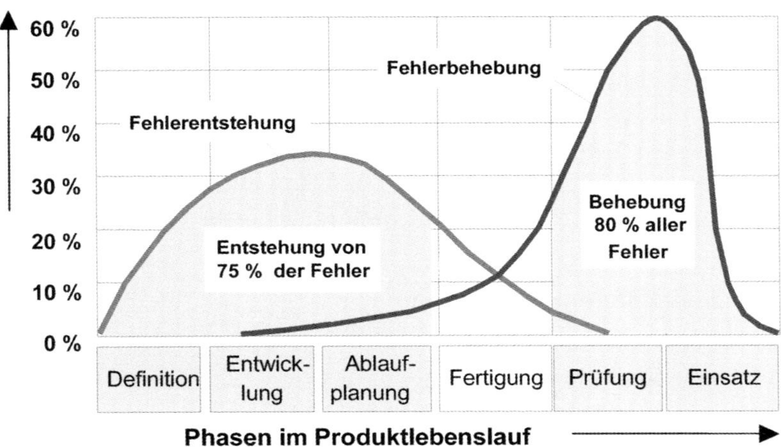

Bild 5.1 Fehlerentstehung und Fehlerbehebung im Produktlebenszyklus (nach Jahn [1])

Aus dieser Darstellung kann abgeleitet werden, dass eine intelligente und abgestimmte Produktentwicklung mit hohem Einsatz aller Unternehmensressourcen zu einem frühen Zeitpunkt des Produktlebenslaufs für eine erfolgreiche Serienfertigung sinnvoll bzw. notwendig ist.

Für die Produktentwicklung können neben einer allgemeinen betriebswirtschaftlichen Zielsetzung nach maximalem Gewinn zusätzliche allgemeine Ziele für die Produktentwicklung angegeben werden [3]:

- werkstoffgerecht,
- beanspruchungsgerecht,
- fertigungsgerecht,
- verbindungsgerecht,
- nutzungsgerecht,
- recyclinggerecht.

Diese Ziele sind durch eine geeignete Entwicklung und Konstruktion umzusetzen und müssen durch entsprechende Prüfverfahren bzgl. ihres Erfüllungsgrads überprüft werden.

5.1 Produkterprobung und Prüfung

Durch die Produkterprobung wird ein Produkt während des Entwicklungsprozesses validiert und so ermittelt, in welcher Güte die oben genannten Zielsetzungen erreicht werden. Durch die Produktprüfung wird vor und während der Produktion geprüft, ob die nach der Erprobung festgelegten Produkteigenschaften erfüllt sind. Für Kunststoffhohlkörper gibt es genormte Prüfrichtlinien (s. u.).

Neben diesen genormten Verfahren werden für die Produktprüfung klassische Prüf- bzw. Messverfahren genutzt. Z. B. kann der Blasprozess durch die Überprüfung des Produktgewichts nach der Fertigung überwacht werden. Für extrusionsgeblasene Körper wird zwischen dem Produktgewicht und dem Butzengewicht unterschieden, bzw. diese werden kombiniert betrachtet. Weitere mögliche *Prüfungen* sind [4]:

- chemische Beständigkeit,
- Durchlässigkeit, Diffusion, Permeation,
- Transportverhalten (Stapelbarkeit),
- künstliche und natürliche Bewitterung,
- künstliche und natürliche Belichtung,
- Gestaltänderung,
- sensorische Prüfung.

In [16] ist das grundsätzliche Verhalten beschrieben und es wird auf Standardprüfverfahren eingegangen. Im Folgenden werden beispielhaft spezielle Prüfverfahren bzw. Prüfrichtlinien für Kunststoffhohlkörper genannt:

1. DIN EN 14401 Formstabile Kunststoffbehälter – Verfahren zur Prüfung von Verschlüssen auf Dichtheit, 2004
2. Für Kraftstoffbehälter hat die Firma Moog ein interessantes Testsystem entwickelt. Ein beweglich gelagerter Kraftstofftank kann in allen sechs Freiheitsgeraden dynamisch belastet werden. Aufgezeichnete Fahrbeschleunigungen werden nachgebildet und so reale Belastungen erprobt [17].
3. DIN EN ISO 1167-4:2008-02 für die Innendruckprüfung von Rohren [18]
4. Kunststoffe – Bestimmung dynamisch-mechanischer Eigenschaften – Teil 1: Allgemeine Grundlagen (ISO/DIS 6721-1:2018) [19]
5. Zur Prüfung des Bruchwiderstandes gefüllter, verschlossener Flaschen aus Kunststoff nach freiem Fall kann die DIN 55441-2 angewendet werden [20]

Welche Prüfungen am fertigen Blasteil durchzuführen sind, muss mit dem Kunden, auf Basis der gesetzlichen Vorschriften, abgestimmt werden. Hier ist darauf zu achten, dass alle notwendigen und nicht alle möglichen Prüfungen durchgeführt werden [4].

Auf die praktische Umsetzung der Prüfungen wird in Abschnitt 6.3 „Qualitätsmanagement, Umweltmanagement und Arbeitssicherheit“ eingegangen.

5.2 Blasformgerechtes Konstruieren

An den mit dem Kunden vereinbarten oder gesetzlich vorgeschriebenen Prüfungen orientiert sich die Auslegung des Blasteils in Bezug auf die Materialauswahl oder z. B. die Festlegung der notwendigen Wanddicken. Zur Konstruktion von Kunststoffhohlkörpern können verschiedene praktische Hinweise gegeben werden [5, 21].

Nur die äußere Oberfläche des Artikels wird durch das Blasformwerkzeug bestimmt

Aufgrund des Blasformprozesses ist eine exakte Definition der inneren Gestalt und Oberfläche des Formteils nicht möglich. Dies bedeutet auch, dass die Wanddicke innerhalb des Artikels nicht exakt definiert werden kann. Durch den Einsatz komplexer Wanddickensteuerungssysteme (s. Abschnitt 2.3.6) kann die mittlere Wanddicke eines Bauteils in weiten Bereichen relativ genau eingestellt werden.

Die Aufblasluft muss in das Blasformteil hineingebracht werden

In ein vollständig geschlossenes Formteil, wie z.B. ein Spielzeug oder einen Kunststoffkraftstoffbehälter, wird die Blasluft meist durch eine Blasnadel, die den Vorformling durchstößt, eingebracht. Hierbei bleibt ein Loch im fertigen Artikel zurück. Der Konstrukteur sollte hierfür eine unauffällige Stelle im Artikel auswählen oder das Einstichloch in einen Bereich legen, der später ohnehin aus- oder abgeschnitten wird. Bei Kunststoffkraftstoffbehältern kann dies beispielsweise eine Öffnung für den Tankgeber oder die Pumpe sein, bei Rohrleitungen ein „verlorener Kopf". Falls erforderlich, kann das Loch später in einem zusätzlichen Arbeitsschritt geschlossen werden, wobei die Stelle allerdings sichtbar bleibt. Dieses Problem ergibt sich nicht bei offenen Containern, wie Flaschen oder Kanistern, weil die Blasluft hier durch einen Blasdorn eingebracht werden kann, der in die Füll- bzw. Ausgießöffnung des Behälters eingeführt wird und dieser darüber hinaus eine exakte Innenkontur verleihen kann (Kalibrier-Blasdorn).

Keine Verstärkungsrippen möglich

Die innere Oberfläche der Wandung eines Blasformteils ist prozessbedingt unzugänglich. So können hier, anders als beim Spritzgießen, keine Rippen angebracht werden. Eine Möglichkeit, die Steifigkeit, insbesondere für flache Teile, zu erhöhen, ist das Einbringen von sickenartigen Strukturen in die Hohlkörperwand. Sicken haben in großen flachen Bereichen einen ähnlichen Versteifungseffekt wie Rippen. Da die Erhöhung der Steifigkeit eine komplexe Funktion der Wanddicke sowie der Geometrie der Sicken ist, ist es schwierig, den Versteifungseffekt im Voraus zu berechnen. Dies kann über die Finite Elemente Methode oder, wie in den meisten Fällen, durch Experimente ermittelt werden [5]. Eine weitere Möglichkeit, die Steifigkeit flacher panelartiger Strukturen zu verbessern, ist, die Blasform so zu konstruieren, dass die gegenüberliegenden Wände des Blasformteils in bestimmten ausgewählten Bereichen gegeneinander gedrückt (durchkontaktiert) werden (Bild 5.2).

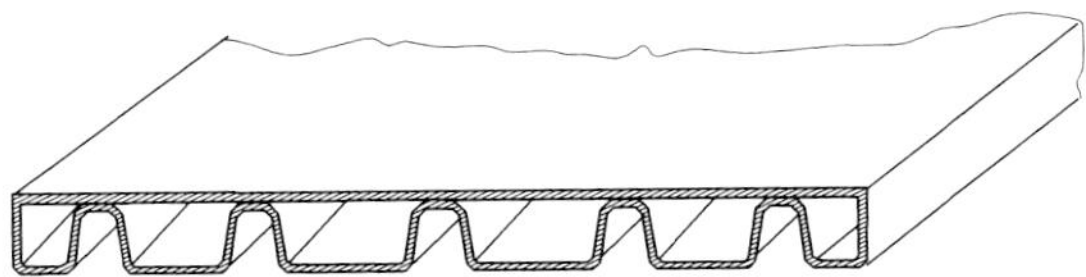

Bild 5.2 Flaches Bauteil mit Sicken und Durchkontaktierungen

Keine scharfen Ecken oder Kanten

Das Ausformen der hochviskosen Polymere in scharfe Ecken oder Kanten einer Form durch die Aufblasluft mit 6 bis 8 bar hat verfahrensbedingte Grenzen. Die Wanddicke nimmt während des Aufblasprozesses beim Anlegen des Vorformlings an die gekühlte Werkzeugwand in Ecken überproportional ab. In [6] wird analytisch beschrieben, wie sich für einfache Geometrien die Wanddicke in scharfen Ecken ausbildet (Bild 5.3).

Die Formel

$$\frac{s}{s_0} = \left(\frac{R}{R_0}\right)^{\frac{4}{\pi}-1} = \left(\frac{R}{R_0}\right)^{0,273} \qquad (5.1)$$

sagt aus, dass die Wanddicke mit kleiner werdendem Radius abnimmt. Eingeschränkt wurde diese Methode auch für 3D-Geometrien eingesetzt. Letztlich resultiert aus der Gleichung, dass der Konstrukteur „runde Ecken und Kanten" mit möglichst großen Radien wählen sollte. Ecken- oder Kantenradien kleiner als 2 mm sind kaum zu reproduzieren.

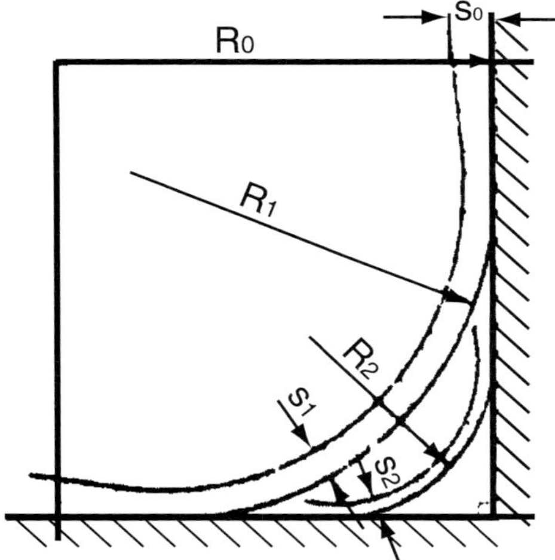

Bild 5.3 Vereinfachte Wanddickenberechnung (nach [6])

Schrumpf bzw. Schwindung berücksichtigen

Alle Thermoplaste schrumpfen, wenn sie aus dem schmelzeförmigen Zustand heraus abgekühlt werden (s. a. Abschnitt 2.2). Dieser Schrumpf ist bei der Konstruktion eines Blasformwerkzeugs entsprechend zu berücksichtigen. Die folgende Auflistung gibt eine grobe Übersicht über die Schrumpfwerte einiger wichtiger Kunststoffe:

- ABS: 0,5 % in allen Richtungen,
- PE-HD: 1,6 % (Höhe)/2,2 % (Breite)/2 % (Wanddicke),
- PE-LD: 0,7 % (Höhe)/2,7 % (Breite)/2,2 % (Wanddicke),
- PE-HMW: 1,6 % (Höhe)/2,5 % (Breite)/2 % (Wanddicke),
- PP: 1,5 bis 1,6 in allen Richtungen,
- PC: 1 % in allen Richtungen,
- EPDM: 2 % in allen Richtungen,
- PET: 0,6 % bis 0,8 % (Höhe)/1 % (Breite und Wanddicke),
- PVC: 0,5 % in allen Richtungen.

Auch wenn die oben angegebenen Werte nicht zur Berechnung einer konkreten Blasform herangezogen werden sollen, so zeigt sich doch, dass die Berücksichtigung von Schrumpf sehr wichtig ist. Auch ist zu berücksichtigen, dass Bereiche hoher Wanddicke stärker schrumpfen als die mit geringer Wanddicke. Weitere Werte für das Schrumpfen und Schwinden von Thermoplasten und vor allem Angaben zur möglichen Genauigkeit von Bauteilen aus thermoplastischem Kunststoff sind in der DIN 16742 „Kunststoff-Formteile – Toleranzen und Abnahmebedingungen" [22] enthalten. Für das Extrusionsblasformen können zusätzlich die folgenden Konstruktionshinweise gegeben werden:

Sichtbare Abquetschlinien berücksichtigen

Beim Blasformprozess muss überschüssiges Material zumindest an einem Ende des Formteils – in den meisten Fällen an beiden Enden oder bei komplexeren Formteilen teilweise oder komplett um das gesamte Teil herum – abgestanzt oder abgeschnitten werden. Die Quetschkante des Blasformwerkzeugs erzeugt einen dünnen Steg, der den Butzenabfall mit dem Blasformteil verbindet. Der Konstrukteur muss berücksichtigen, dass eine sichtbare Linie zurückbleibt, nachdem der Butzen entfernt wurde. Abhängig vom Anwendungsfall ist jedoch deutlich wichtiger, dass der Bereich der Abquetschkante eine Schwachstelle im Blasformteil erzeugen kann. Einige Grundregeln für das Design des Abquetschbereiches werden z. B. in Abschnitt 2.4.2.2 sowie in [5, 13] gegeben. In jedem Fall sollte der Konstrukteur versuchen, das Blasformteil und das Blasformwerkzeug (Lage der Kavität im Werkzeug) so zu konstruieren, dass die Menge an Butzenabfall – und damit auch die Länge der Abquetschkante – minimiert wird. In einigen Fällen bestimmt die Lage des Blasformteils in der Form auch den erforderlichen Düsendurchmesser und damit auch die Größe des Vorformlings und die Menge des Butzenabfalls (Bild 5.4).

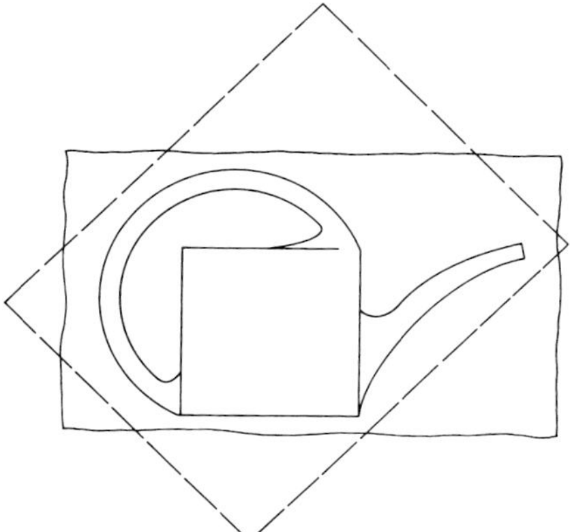

Bild 5.4 Optimierte Lage eines Blasformteils im Blasformwerkzeug [7]

Das Verhältnis von Vorformlingsdurchmesser und Artikeldurchmesser/Breite ist begrenzt

Es ist stets zu berücksichtigen, dass der Vorformling über seiner gesamten Länge einen konstanten Durchmesser aufweist und das maximale Verstreckverhältnis des schmelzeförmigen Kunststoffs begrenzt ist. So sollten starke Änderungen im Artikeldurchmesser, bzw. der Artikelbreite, innerhalb eines Blasformteils vermieden werden. Helfend können hier Vorblasluft oder auch so genannte „Schlauch-Spreizvorrichtungen" bei flachen Teilen eingesetzt werden. Jedoch haben auch diese Verfahrensschritte ihre Grenzen.

5.3 CAE, Simulationsverfahren: Prozess- und Produkt-Simulation

Bild 5.1 verdeutlicht, dass es sinnvoll ist, durch Einsatz geeigneter Verfahren schon zu einem frühen Zeitpunkt Produktideen zu validieren. Häufig wird erst am fertigen Bauteil kontrolliert, ob die gestellten Anforderungen erfüllt sind. Durch Einsatz von CAE-Werkzeugen wird eine frühe Bewertung eines Produkts möglich. Nicht mehr die Fehlerdiagnose am fertigen Produkt, sondern der präventive Einsatz in der Design- und Entwicklungsphase ist gefordert [8]. Diese Betrachtungsweise wird durch den Begriff des „Virtual-Prototyping" umschrieben. Entscheidungshilfe ist nicht nur der real existierende Prototyp, sondern es können durch Einsatz der Simulation virtuelle Varianten verbessert und Risikoabschätzungen vorgenommen werden. Werden zusätzlich zu den Simulationsverfahren die Methoden des Rapid-Prototypings und Rapid-Toolings integriert, ergibt sich ein Konzept zum „Rapid-Product-Development" (Bild 5.5).

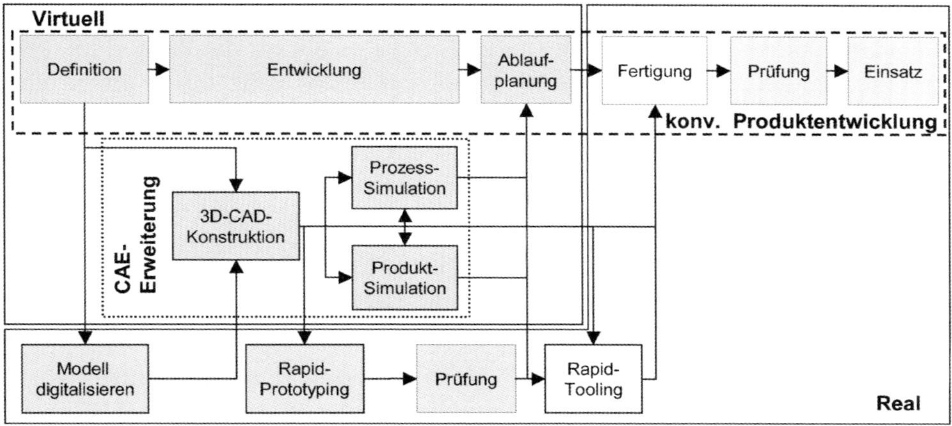

Bild 5.5 Modulübersicht des Rapid-Product-Development

In der grafischen Darstellung des Entwicklungskonzeptes, Bild 5.5, steht an erster Stelle die Definition der neuen Produktidee. Eine ansprechende äußere Form für z. B. eine Verpackung wird vom Designer erarbeitet und in einem Gipsmodell festgehalten. Eingangsgröße für die Produktentwicklung ist ein Datensatz dieser Geometrie, der mittels „Digitalisieren und Flächenrückführung“ im 3D-CAD erstellt wird.

Schon hier kann das Produkt in Bezug auf Optimierungsziele, wie z. B. minimales Artikelgewicht, ausgelegt werden. Für blasgeformte Produkte werden im CAD die Produktgeometrie mit Rundungsradien und für das Werkzeug die Trennfläche, evtl. Schieber und Auswerfer, festgelegt. Das 3D-CAD-Modell bildet die Datenbasis für das Konzept und steht im Mittelpunkt des Datentransfers. Alle Änderungen müssen im 3D-CAD-Modell durchgeführt oder in das Modell zurückgeführt werden.

Die Daten des CAD-Modells werden in unterschiedlicher Form an die Simulation (IGES, STL, Neutral-File-Format), an das Rapid-Prototyping (STL) und an die Fertigung (IGES, DXF, STEP) übergeben.

Mit den Modulen Prozess- und Produkt-Simulation kann das Produkt mittels FEM in mehreren Iterationsschleifen am Rechner optimiert werden. Grundlage für die Finite-Elemente-Methode ist der ingenieurmäßige Ansatz, große Systeme zur Lösung in „leicht“ berechenbare Teilsysteme aufzugliedern. Das Volumen des zu berechnenden Bauteils wird durch geometrisch einfache, finite, d. h. endliche Elemente zusammengesetzt. Nach [9] sind Zug-Druckstäbe, Balken, Scheiben, Platten, Schalen, Tetraeder usw. typische Elemente. Für jedes Element wird der Formänderungszustand im Innern des Elements durch eine Linearkombination von Ansatzfunktionen und Zustandsgrößen an ausgezeichneten Knotenpunkten angenähert. Durch das Zusammenfügen der einzelnen Elemente ergibt sich ein mathematisches Modell in Form einer Systemgleichung für den diskretisierten Vorformling. Durch Lösung der Systemgleichung unter Berücksichtigung der Randbedingungen, z. B. der Einspannungen, werden die Verschiebungen der Knotenpunkte des Vorformlings bestimmt.

Für die Entwicklung blasgeformter Produkte kann keine feste Reihenfolge für die Prozess- und Produkt-Simulation angegeben werden. Diese hängt von den Anforderungen, die an das Bauteil gestellt werden, ab. Ist es ein für die Blastechnik sehr komplexes Bauteil, steht die Prozess-Simulation an erster Stelle, um zu überprüfen, ob bzw. wie das Bauteil gefertigt werden kann. Ist es ein für die Blastechnik einfaches Bauteil, bei dem keine Probleme in Bezug auf die Erreichung geforderter Wanddicken zu erwarten sind, aber hohe Ansprüche an die mechanische Festigkeit gestellt werden, steht die Produkt-Simulation an erster Stelle.

Die Prozess-Simulation dient zur grundsätzlichen Überprüfung, ob das Bauteil unter Einhaltung von Vorgaben für z. B. minimale Wanddicken gefertigt werden kann bzw. zur Optimierung des Produktionsprozesses.

Durch Einsatz der Produkt-Simulation können die oben genannten Prüfverfahren oder das Verhalten des Blasteils in der praktischen Anwendung nachgebildet werden. So ergibt sich die Aussage, ob das Bauteil die gestellten Anforderungen erfüllt bzw. ob Änderungen notwendig sind. Durch mathematische Optimierungsmethoden können z. B. die Wanddicken bzgl. eines maximalen Berstdrucks berechnet werden [10].

Um eine Bewertung des so optimierten Produkts durchzuführen, ist es sinnvoll, ein Rapid-Prototyping-Modell (RP-Modell) anzufertigen. Mit einem physikalischen Modell, das das zukünftige Produkt in definierten Grenzen repräsentiert, erhalten das Entwicklungsteam und vor allem der Kunde eine bessere Anschauung. Die motivierende Wirkung, das zukünftige Produkt zu einem sehr frühen Zeitpunkt „anfassen" und bewerten zu können, ist ein anerkannter Vorteil der RP-Verfahren. Je nach Ausführung des Prototyps können erste Prüfungen über das zukünftige Bauteilverhalten durchgeführt werden.

Das Rapid-Tooling stellt Verfahren zur Verfügung, mit denen auf der Basis des im Rapid-Prototyping erstellten Modells ein Werkzeug angefertigt wird. Als Beispiel ist das Keel-Tool-Verfahren zu nennen [11]. Das Keel-Tool-Verfahren findet zunehmend Anwendung für den Bau von Spritzgusswerkzeugen. Zukünftig sind ähnliche Entwicklungen für den Bau von Blasformwerkzeugen zu erwarten. Zumal die Komplexität der Werkzeuge durch immer anspruchsvollere Anwendungen steigt und so die Nachfrage nach neuen Methoden zur Lösung der steigenden Ansprüche zunimmt.

Abschließend muss darauf hingewiesen werden, dass im Konzept zum „Rapid-Product-Development", Bild 5.5, mögliche Rücksprünge in der Entwicklung, um z. B. eine Wanddickenverteilung eines Blasteils zu optimieren, nicht dargestellt, letztlich aber immer notwendig sind. Nur durch mehrfaches Durchlaufen des Konzepts und eine entsprechende Anpassung der Parameter hin zum optimalen Blasteil in Bezug auf das Produkt und die Produktion wird die Chance zur frühen Fehlervermeidung genutzt (s. Bild 5.1).

■ 5.4 Produktentwicklung beim Extrusionsblasformen

Für die Prozessoptimierung werden die Eingangsparameter so variiert, dass am Ende ein im Hinblick auf definierte Zielgrößen optimales Ergebnis entsteht. Die Zielgrößen müssen je nach Anwendung gewählt werden und sind folglich nicht immer gleich. Als *Zielgrößen* für einen optimalen Blasformprozess können die folgenden Größen genannt werden:

- homogene oder gezielt unterschiedliche Wanddickenverteilungen am fertigen Blasteil,
- stabiler Blasformprozess eines faltenfreien Blasteils,

- minimierter Materialeinsatz, d. h. minimaler Butzenanteil,
- minimierte Dehnungen im Material,
- minimaler Verzug und minimale Schwindung,
- minimierte Zykluszeit.

Das erstgenannte Optimierungsziel, die optimale Wanddickenverteilung, beeinflusst in hohem Maße die im Folgenden genannten Ziele. Geringer Verzug wird z. B. durch eine homogene Wanddickenverteilung erreicht. Daraus ergibt sich, dass die optimale Wanddickenverteilung als generelles Ziel für die Optimierung von Blasformartikeln genannt werden kann.

Das Ergebnis der Produkt-Simulation, z. B. bei der Berechnung des Berstinnendrucks eines blasgeformten Druckbehälters, hängt maßgeblich von der Wanddickenverteilung des Blasteils ab. Das heißt, als Erstes muss die Wanddicke des Blasteils durch Anwendung der Prozess-Simulation berechnet werden. Damit ist die in der Blasformsimulation berechnete Wanddickenverteilung Eingangsgröße der Produkt-Simulation.

Um die oben genannten Ziele zu erreichen, sind folgende *Stellgrößen* zu nennen:

- Lage der Trennebene,
- Geometrie des Blasteils,
- Einsatz von Schiebern,
- Position des Schlauches zum Werkzeug und zu Spreizkörpern und Schließblechen,
- Auswahl geeigneter Wanddickensteuerungsverfahren (AWDS, PWDS, SFDR),
- Einstellgrößen für die Wanddickenprogrammierungsverfahren, z. B. AWDS-Kurve,
- Auswahl und Einstellung von Spreizkörpern und Schließblechen,
- geeignetes Vorblasen und/oder Verfahren,
- zeitlicher Ablauf des Gesamtprozesses,
- Materialauswahl,
- Sonderverfahren, wie z. B. das Anblasen mit kalter Luft, um den Schlauch partiell abzukühlen und so an der Verformung zu hindern.

Die genannten Stellgrößen werden in der Praxis anhand von Erfahrungswerten und in Abhängigkeit von der gestellten Aufgabe gewählt. Die Optimierung der Wanddickenverteilung kann durch Einsatz der Simulation numerisch erfolgen. Die Anwendung dieser CAE-Methoden kann am besten in Form eines Beispiels dargestellt werden.

5.5 Machbarkeitsanalyse Sandkasten

Für die Firma Big-Spielwarenfabrik, Fürth, ist eine Machbarkeitsanalyse für das Blasformen eines Sandkastens durchgeführt worden [12]. Der Sandkasten soll in einem Stück geblasen werden, wobei die Unterseite halbschalenförmig ist. Diese wird vom Oberteil getrennt und als Abdeckung für den Sandkasten genutzt (Bild 5.6).

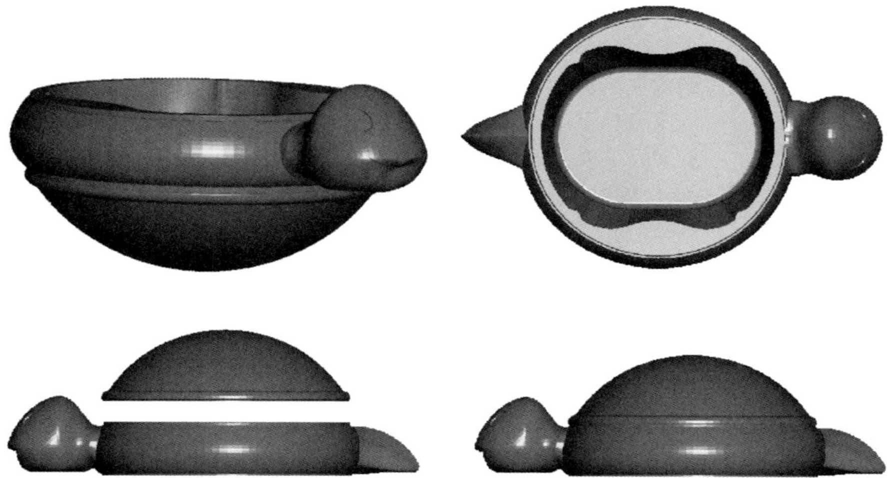

Bild 5.6 Geometrie des Blasteils *(oben)* und Zusammenbau des blasgeformten Sandkastens *(unten)*

Restriktion für die Fertigung des Sandkastens ist die Größe der zur Verfügung stehenden Maschinen. Es soll überprüft werden, ob der Sandkasten als im Vergleich zu den aktuellen Produkten sehr großes Bauteil auf einer der vorhandenen Maschinen gefertigt werden kann. Forderung ist dabei, dass der Sandkasten eine genügende Stabilität besitzt und mehrere Kinder gleichzeitig im Sandkasten spielen können.

Als Erstes wird eine Simulationsstudie mit konstanter Eingangswanddicke durchgeführt. Die Eingangswanddicke wird so gewählt, dass die minimale Wanddicke am aufgeblasenen Artikel einen Grenzwert nicht unterschreitet. Ausgehend von dieser ersten Simulation, wird dann mit den Wanddickensteuerungsverfahren die Wanddicke an den Stellen, wo sie den Minimalwert weit übersteigt, verringert. Ergebnis ist das zur Fertigung des so optimierten Blaskörpers notwendige Materialvolumen. In Bild 5.7 ist das Ergebnis dieser Simulationsstudie zu sehen.

Als Endergebnis ergibt sich, dass das erforderliche Materialvolumen zu hoch ist und die Wanddicken in den seitlichen Sitzflächen des Sandkastens zu dünn sind. Zur Verbesserung muss das CAD-Modell überarbeitet werden, um die Aufblasverhältnisse entsprechend zu beeinflussen. So ist es möglich, das Verhältnis von dickster zu dünnster Wandstärke zu verringern und so den Materialverbrauch, bei gleichzeitiger Erhöhung der Wanddickenminima, zu reduzieren.

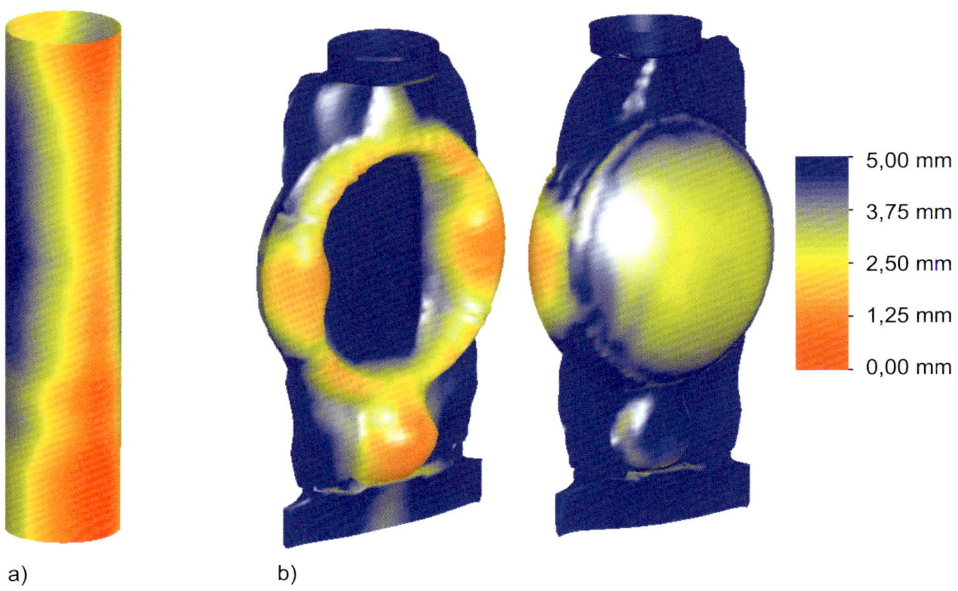

Bild 5.7 Simulationsstudie mit angepasster Eingangswandstärke
a) Vorformling, *b)* aufgeblasener Artikel in Vorder- und in Rückenansicht

Durch Einsatz der Simulation wurde der Entschluss gefasst, nicht ohne Änderungen den Bau eines Prototypenwerkzeugs zu veranlassen. Dieses Beispiel zeigt den Vorteil, die Simulation „früh" in der Produktentwicklung einzusetzen. Die sehr hohen Werkzeugkosten für den Bau eines Prototypenwerkzeugs in dieser Größe konnten eingespart werden. Bei dem hohen Risiko, den Artikel in der vorliegenden Geometrie nicht fertigen zu können, ist der finanzielle Aufwand für die Simulation von ca. $^1/_{15}$ der Werkzeugkosten als sehr gering zu werten.

■ 5.6 Berechnung Berstinnendruck eines Scheibenwischwasserbehälters

Der Wasserbehälter für die Scheibenreinigungsanlage eines Kfzs hat ein Volumen von 2 l und eine Einfüllöffnung an der Oberseite, die blastechnisch als verlorener Kopf ausgebildet ist (Bild 5.8). Zur Durchführung einer Simulationsstudie [12] wird als Erstes, ausgehend von einem 3D-CAD-Modell, das Netz für das Werkzeug generiert. In der Regel liegen nur die CAD-Daten für die Artikelgeometrie vor, d. h. die Quetschflächen des Werkzeugs müssen zusätzlich generiert werden.

a)

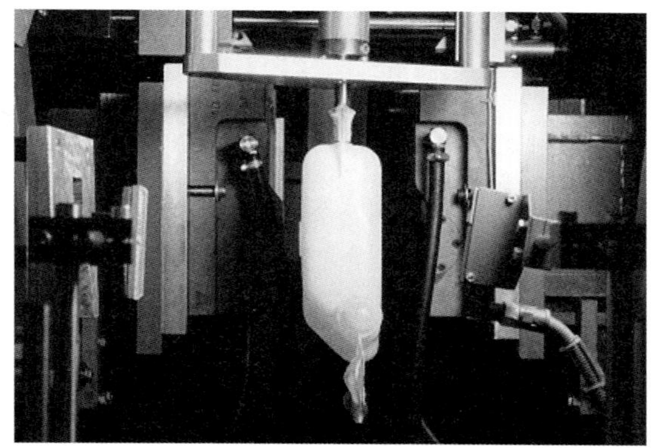

b)

Bild 5.8 *a)* Entnahme des Wasserbehälters aus dem Werkzeug,
b) geöffnetes Werkzeug (Bild: Dr. Reinhold Hagen Stiftung)

Im nächsten Schritt wird der Vorformling generiert. Mit heute gängigen Simulationsprogrammen kann analog zur Maschine die Wanddickenverteilung des Vorformlings durch Angabe von Parametern für z. B. die axiale Wanddickensteuerung berechnet werden.

Nach der Positionierung des Schlauchs zum Werkzeug kann die Simulation gestartet werden. Entweder kann parallel zur Berechnung oder nach einer Berechnung die Verformung des Vorformlings schrittweise angezeigt werden. In Bild 5.9 sind vier Schritte einer Simulationsstudie für den Wasserbehälter ohne Wanddickenprofil dargestellt. Anhand der Grafik lässt sich das Verformungsverhalten des Schlauchs sehr gut beurteilen. Z. B. kann die Lage des Schlauchs im Werkzeug variiert werden, um den Butzenbereich zu minimieren.

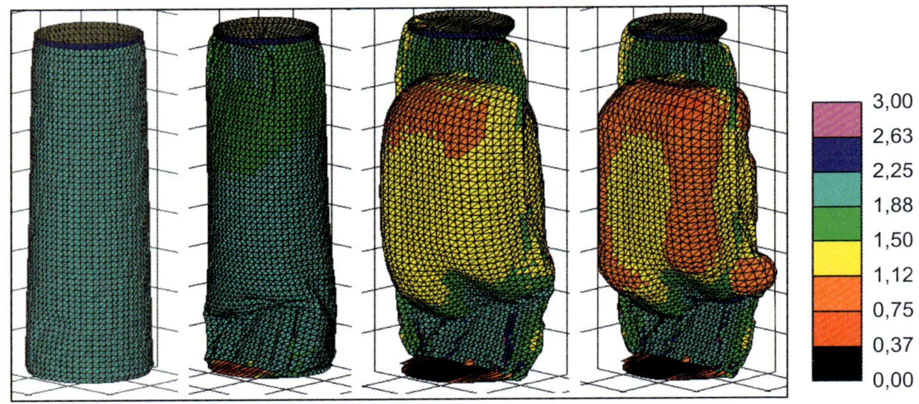

Bild 5.9 Simulationsstudie für einen Wasserbehälter; die unterschiedlichen Farben repräsentieren die Wanddickenverteilung gemäß der angegebenen Skala Wanddicke in mm

In Bild 5.10 ist der Wanddickenvergleich des profilierten Wasserbehälters mit den Ergebnissen für den vermessenen Behälter und für den simulierten Behälter dargestellt. Der Verlauf der Messergebnisse wird durch die Werte aus der Simulation gut wiedergegeben. Die Einzelwerte liegen alle in einer Streubreite von +/- 0,2 mm. Bezogen auf die Startwanddicke, ist das eine Toleranz von ca. 10 %.

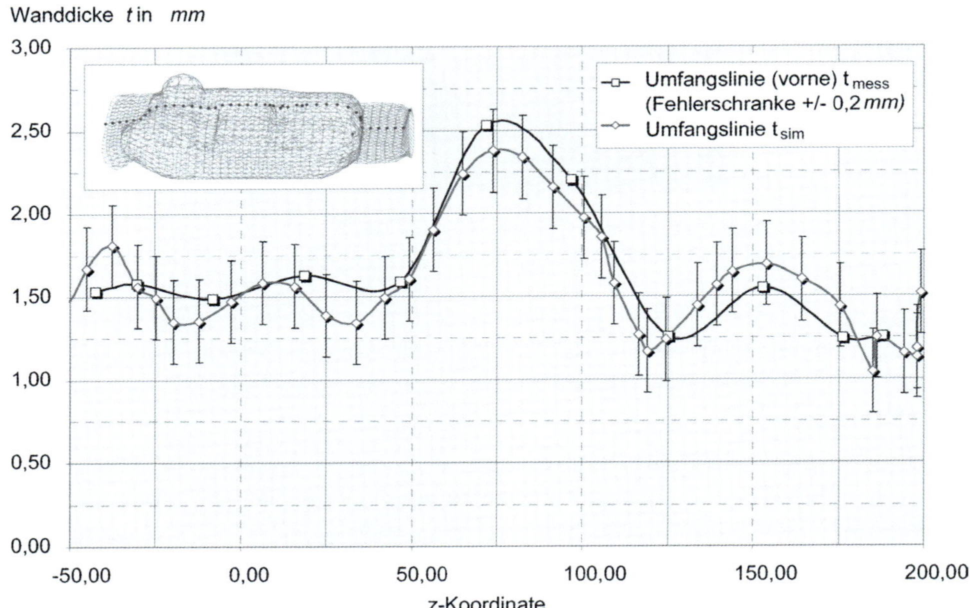

Bild 5.10 Wanddickenvergleich entlang einer Umfangslinie des Wasserbehälters

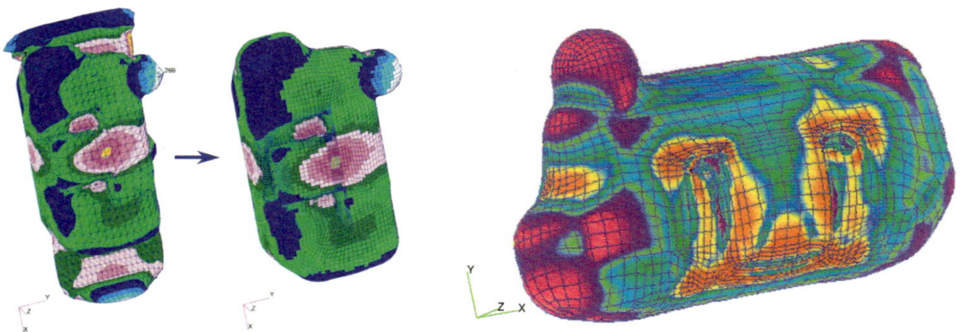

Bild 5.11 Produkt-Simulation zur Berechnung des Bauteilverhaltens
links: Übertragung der Wanddickenverteilung;
rechts: Vergleichsspannung nach *von Mises* bei einerm Innendruck von p = 3,5 bar (nach [12])

Die Wanddickenverteilung des Produkts als Ergebnis der Simulationsstudie kann mittels eines FEM-Pre- bzw. -Postprozessors auf ein FEM-Netz für die Produkt-Simulation übertragen werden. Erst mit einer solchen Wanddickenverteilung für die Produkt-Simulation ist eine realistische Berechnung des Bauteilverhaltens möglich. In Bild 5.11 ist für den Wasserbehälter die Übertragung der Wanddickenverteilung aus der Prozess-Simulation zur Produkt-Simulation (ein neues Netz) und die Geometrie unter einer Innendruckbelastung dargestellt. An Bereichen mit hohen Spannungsspitzen kann jetzt geprüft werden, ob durch eine Beeinflussung der Wanddickenverteilung eine Reduzierung der Spannungen und damit eine geringere Belastung des Bauteils erzielt werden kann.

■ 5.7 Produktentwicklung beim Streckblasformen

In Zusammenarbeit mit Frank Haesendonckx (KHS Corpoplast) und Jochen Forsthövel (Krones)

5.7.1 Der passende Preform

Warum muss der Preform überhaupt zur Flasche passen?

PET zeigt bei der Verarbeitung eine Dehnungsverfestigung (siehe Bild 3.3). Wenn also eine bestimmte „Verstreckung" des Materials vom Preform zur Flasche vorhanden ist, dann erleichtert das die gleichmäßige Verteilung des vorhandenen Materials auf die verschiedenen Bereiche der Flasche.

Wenn zu wenig verstreckt wird, der Preform also zu groß oder zu lang ist, dann wird zu viel Material im Boden oder Hals der Flasche landen. Dort nützt es nicht und ist verschwendet. Es schadet sogar, da Materialanhäufungen in diesen Bereichen gekühlt werden müssen bis die Flasche formstabil ist. Die dafür nötige Zeit wird größer mit zunehmender Wanddicke und Materialmenge. Entsprechend der verlängerten Zykluszeit nimmt der mögliche Maschinenausstoß ab.

Umgekehrt muss ein Preform, der zu klein oder zu kurz ist – wenn der erforderliche Reckgrad überhaupt realisierbar ist – sehr stark geheizt werden, damit sich das PET entsprechend stark verstrecken lässt. Andernfalls tritt Weißbruch auf, ein beginnendes Reißen einzelner Molekülketten, das einen perlmuttartigen Schimmer erzeugt. Bei solchen sehr hohen Preformtemperaturen nimmt dann die Dehnungsverfestigung des Materials ab und es wird zunehmend schwieriger die Materialverteilung zu kontrollieren.

Durch die Preformauslegung kann für eine Flasche ein unter den gegebenen Randbedingungen idealer Preform ermittelt werden. Die optimale Auslegung beruht auf z. T. komplexen Berechnungen, umfangreichen Untersuchungen und zumeist viel Erfahrung.

Die hier beschriebene Preformauslegung erläutert kurz die Zusammenhänge, anhand derer ein Preform auf Eignung abgeschätzt werden kann. Die technischen Abhängigkeiten zwischen Preform, Maschinen- und Prozesstechnik, Flaschengeometrie und den Anforderungen an den Behälter sind komplex.

Für die Auslegung werden die Reckverhältnisse ($\lambda = l/l_0$) als Kenngröße herangezogen, um den richtigen Durchmesser und die korrekte Länge des Preforms zu berechnen. Generell ist einem hohen Reckgrad eine hohe Orientierung bzw. Verstreckung des Materials zuzuordnen. Man spricht von Querverstreckung (auf den Durchmesser bezogen, auch Radialverstreckung), von Längsverstreckung (auf bestimmte Längen oder Höhen bezogen, auch Axialverstreckung) und von Flächenverstreckung (als dem Produkt von Längs- und Querverstreckung).

Das Mundstück bleibt vom Preform zur Flasche unverändert. Der gerade Bereich unter dem Mundstück sollte 0,5 bis 1 mm (je nach Anwendung und zu erwartender Preformtemperatur) kleiner im Durchmesser sein als das entsprechende Maß der Flasche.

Es gibt – bei identischen physikalischen Verhältnissen, also bei identischer Flasche und identischem Preform – verschiedene Methoden die Verstreckverhältnisse zu berechnen.

Die einfachste und zugleich am wenigsten leistungsfähige der Methoden ist die simple Berechnung einer Längsverstreckung mittels der „Nettolängen“ von Flasche und Preform. Die Querverstreckung wird über das Durchmesserverhältnis von Flasche und Preform berechnet, wobei meist entweder der Innendurchmesser des Preforms oder der mittlere Durchmesser (gemittelt zwischen Außen- und Innendurchmesser) herangezogen wird.

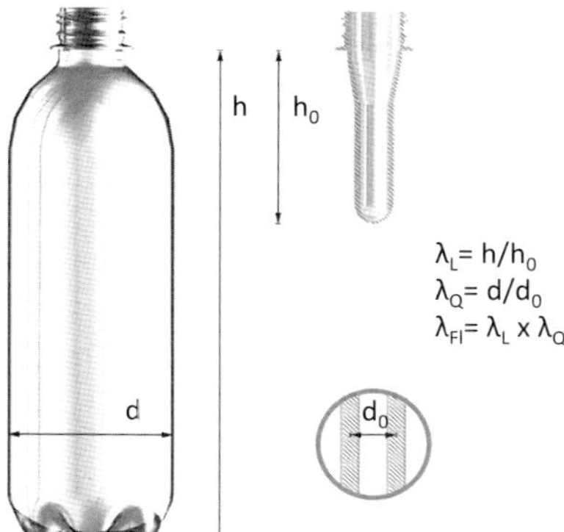

Bild 5.12 Nettolängenmethode (Bild: Krones)

Hierbei werden weder die Flaschengeometrie (Kontur, Struktur), noch unterschiedliche notwendige Bodengewichte berücksichtigt. Unterschiedliche Bodengewichte sind notwendig je nach Bodendesign und Anforderungen an die Performance (z. B. Druckbeständigkeit).

Bei der Methode der sogenannten „abgewickelten Länge" wird die Flaschengeometrie berücksichtigt. Die Querverstreckung wird berechnet wie bei der vorangegangenen Methode (meist mit dem mittleren Durchmesser des Preforms), für die Definition der Längsverstreckung jedoch werden die abgewickelten Längen von Flasche (längster Weg) und Preform vom Tragring abwärts bis zum Anspritzpunkt herangezogen.

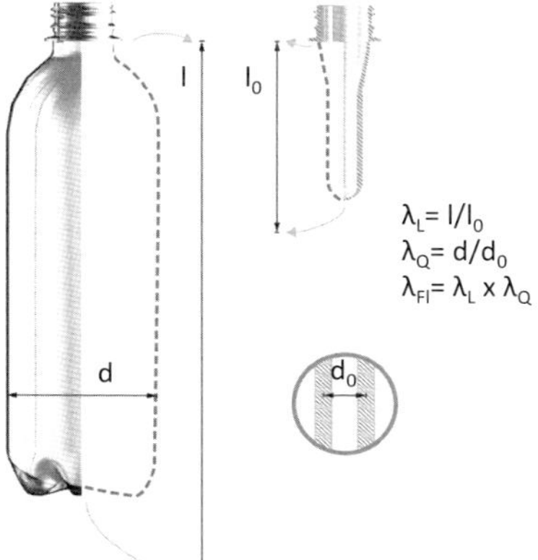

Bild 5.13 Methode abgewickelte Länge (Bild: Krones)

Die Flaschengeometrie wird hier also berücksichtigt, aber für verschiedene Anwendungen mit unterschiedlichen notwendigen Bodengewichten müssen hier verschiedene Verstreckverhältnisse zugrunde gelegt werden. Dies deshalb, weil die weniger verstreckten Bereiche der Flasche, also Schulter und Boden, implizit in diese Verstreckgradberechnung mit eingehen. Ein schwererer Boden sorgt bei ansonsten gleichen Verhältnissen dafür, dass das Material im Rest der Flasche stärker verstreckt werden muss, obwohl bei dieser Methode die berechnete Verstreckung dieselbe ist wie bei einem sehr leichten Boden. Die Verstreckung ist hier über die ganze Flasche gemittelt, man weiß also nicht ob das Material im Boden oder in der Seitenwand steckt. Die für verschiedene Anwendungen wie CSD, Stillwasser oder Hotfill machbaren Verstreckgrade werden bei diesem System in der Regel als Bereiche in einem Längs-Quer-Verstreckungs-Diagramm angegeben.

Als „zonenweise Berechnung“ wird die Methode bezeichnet, die das jeweilig notwendige oder erwartete Bodengewicht mit berücksichtigt (je nach Anwendung und Geometrie des Bodens). Hierzu wird die Flasche in fünf Bereiche unterteilt: Mundstück, gerader (zylindrischer) Bereich unterhalb desselben, Schulter, Flaschenkörper und Boden.

Entsprechend gibt es auch im Preform die unterschiedlichen Bereiche Mundstück (engl.: neck), gerader Bereich, Konus (engl.: taper), Körper (engl.: body) und Preformkuppe (engl.: base), die aber nicht 1 : 1 den Bereichen in der Flasche zugeordnet werden können. Der Boden der Flasche wird z. B. in der Regel aus der Preformkuppe und einem Stück des Preformkörpers geblasen.

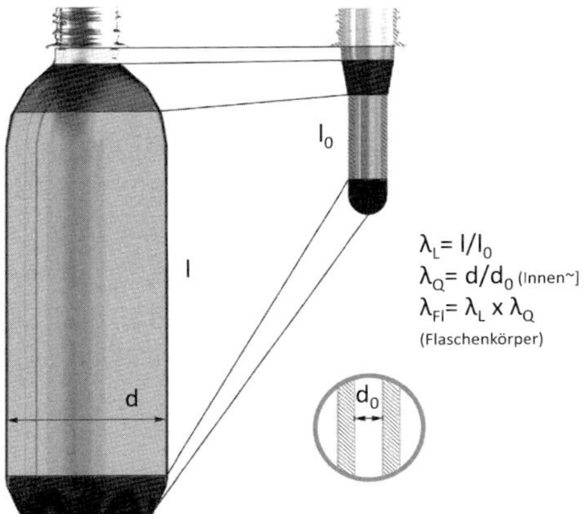

Bild 5.14 Methode „Zonenweise Berechnung“

Für die Preformdimensionierung oder die Beurteilung von vorhandenen Preforms hinsichtlich der Eignung für eine bestimmte Flasche gibt es datenbasierte Formeln, die verschiedene Geometriemerkmale und einige weitere Faktoren berücksichtigen. Das bedeutet, dass mit einem erfahrungsbasierten Formelwerk die Bereiche unterhalb des Tragringes von Preform zu Flasche (oder in die andere Richtung) berechnet werden können.

Dabei beziehen sich dann die in der Regel angegebenen Verstreckgrade auf den Flaschenkörper (ohne Schulter und Boden), also auf den größten Bereich mit relativ gleichmäßiger Verstreckung.

Bei der Beurteilung eines Preforms für die Eignung für eine bestimmte Flasche werden zunächst die Bereiche Schulter, Boden und der gerade Bereich unterhalb des

Mundstücks kalkuliert. Dann wird der Flaschenkörper betrachtet auf welchen sich die schlussendlich angegebene Verstreckung bezieht. Die Längsverstreckung ergibt sich aus dem Verhältnis der Höhe des Flaschenkörpers zur Höhe des zugeordneten Bereiches im Preform. Für die Querverstreckung wird bei dieser Methode in der Regel der Innendurchmesser des Preforms herangezogen.

Bei der Auslegung/Dimensionierung eines Preforms wird der umgekehrte Weg gegangen. Ausgehend von der Flaschengeometrie, dem gewünschten Preformgewicht und der Anwendung (CSD, Stillwasser etc.) werden Soll-Verstreckgrade definiert. Mit dieser Verstreckung wird dann in einem iterativen Prozess die Preformgeometrie so berechnet, dass sich ein angemessenes Bodengewicht (das wiederum von der Preform- und Flaschengeometrie abhängt) und ein passender Schulterbereich ergibt.

Da diese Vorgehensweise ein Bodengewicht berücksichtigt, kann hier auch korrigierend eingegriffen werden, z. B. wenn bekannt ist, dass ein bestimmtes Bodendesign oder eine bestimmte Flaschenspezifikation ein bestimmtes Mindest-Bodengewicht benötigt.

Vernünftige Längsverstreckungen liegen je nach Methode in der Regel in der Größenordnung l/l_0 ~ 2 bis 3, vernünftige Querverstreckungen in der Größenordnung d/d_0 ~ 4 bis 5.

Eine besonders ungünstige Konstellation, die deshalb unbedingt zu vermeiden ist, ist eine hohe Querverstreckung gepaart mit einer geringen Längsverstreckung. Damit bei der hohen Querverstreckung kein Weißbruch auftritt, muss eine relativ hohe Preformtemperatur gefahren werden, die dann mit der geringen Längsverstreckung eine vernünftige Verteilung des Materials verhindert – Boden oder Schulter werden zu schwer.

5.7.2 Produktentwicklung PET-Flaschen

5.7.2.1 Der Entwicklungsprozess mit seinen Randbedingungen

Als „Primärverpackung“ wird die direkte Umhüllung des Produktes verstanden, die „Sekundärverpackung“ ist hingegen die Umhüllung mehrerer Packgüter. Eine PET-Flasche ist somit also eine Primärverpackung.

Eine Verpackung hat vielfältige Aufgaben. Sie schützt das Produkt, ermöglicht Transport und Lagerung, sie unterstützt bei der Handhabung und auch beim Konsum des Produktes und sie transportiert Informationen und meist auch noch ein Produkt- und Markenimage. Das ist der Mehrwert, den eine Verpackung liefert. Das gilt natürlich auch für eine Flasche.

Insofern müssen hier bei einem guten Verpackungsdesign nicht nur die mechanischen und funktionellen Eigenschaften mit Blick auf eine optimale Handhabung und Befüllung berücksichtigt werden. Es ist ebenso wichtig, die Materialeigenschaften so weit wie möglich auszunutzen, um die Verpackung so zu formen, dass sie in der Lage ist, auch ein Marketingkonzept für das Füllgut zu transportieren. Und dies zu Kosten, die vom Markt akzeptiert werden.

Die Entwicklung eines Behälterdesigns erfolgt in der Regel in mehreren grundsätzlichen Schritten: Zusammen mit dem Kunden wird zunächst festgestellt, welche Randbedingungen für den zu entwickelnden Behälter gelten. Das geht von so profanen Behältereigenschaften wie gewünschtem Volumen und Flaschendurchmesser über das Füllgut und die in Frage kommenden vorhandenen oder zu beschaffenden Produktionsanlagen bis hin zum gewünschten „Style". Ebenso wichtig sind die mechanischen Eigenschaften, z. B. Belastbarkeit der Verpackung beim Transport und beim Verbraucher und der zu erzielenden Produkthaltbarkeit.

Definition der Anforderungen an den Behälter

In einer ersten Phase, dem Briefing, wird geklärt, welche Art und welcher Umfang von Entwicklung notwendig und gewünscht ist.

Eine relativ einfache Entwicklung besteht beispielsweise dann, wenn in einer neuen Produktionsanlage ein weiteres Volumenformat zu bereits bestehenden Behältern ergänzt wird. Deutlich komplexer wird die Aufgabenstellung, wenn ein neues Produkt in den Markt eingeführt werden soll. Dementsprechend mehr oder minder aufwendig ist dabei die Klärungs- und Briefingphase.

Im einfachsten Fall kann manchmal ohne Verzögerung mit der Produktion der Serienformen gestartet werden („Quick-Start"). Im interessantesten und aufwändigsten Fall werden ausgehend vom Markt und vom Produkt zunächst „Concept-Designs" erstellt, um die technische Machbarkeit, deren optische Auswirkungen und das gewünschte Markenimage festzulegen.

Schon hierbei werden die bekannten Randbedingungen durch Produkt, Abfülltechnologie und Produktionsanlage berücksichtigt.

Das Produkt, also das Füllgut, kann eine gewisse Druckbeständigkeit der Flasche erfordern. Karbonisierung erzeugt je nach Temperatur mehrere bar Innendruck. Ein geringerer Druck von vielleicht einem halben bar wird beispielsweise erzeugt durch das „Droppeln" von Flüssigstickstoff vor dem Verschließen. Flascheninnendruck erfordert geeignete Flaschenmundstücke, Böden und Designs. Beispielsweise können rechteckige Flaschenquerschnitte einem Innendruck ohne Deformation nicht standhalten.

Ohne Flascheninnendruck ist in der Regel die mögliche Stapellast der gefüllten Flasche eine kritische Größe („Topload-Test"). Dies ist auch beim Transport ein wichtiger Faktor, mit dem Hintergrund von unterschiedlichen Logistikketten und beispielsweise auch unterschiedlichen Straßenverhältnissen.

Bei der klassischen Heißabfüllung stellt sich in der Flasche nach dem Verschließen durch den entstehenden Dampfdruck erst ein kleiner Überdruck ein, der dann mit der Abkühlung des Produktes und dem einhergehenden Volumenschrumpf in einen Unterdruck übergeht. Bei der Nitro-Heißabfüllung wird vor dem Verschließen Flüssigstickstoff „gedroppelt" (der dann verdampft), so dass die Flasche auch nach dem Abkühlen einen leichten Überdruck behält. Für diese Zustände muss die Verpackung geeignet sein und ohne unzulässige Deformation die Abfüllung überstehen. In aseptischen Füllern wird die Flasche heiß sterilisiert und gerinst (gespült), hier unterscheiden sich die Parameter je nach Füllertyp und Füllgut.

Unterschiedliche Produktionsanlagen können wiederum auch unterschiedliche Anforderungen an das Design bedeuten. Die Flaschen werden gegriffen und durch die Anlage geschoben. Ältere Anlagen beispielsweise, mit groben Mattenketten in den Transportbändern, erfordern größere Füßchenbreiten im Bodendesign, eine nicht ganz so sanft laufende Transportbandsteuerung größere Standkreisdurchmesser und nicht zu kleine Kippwinkel. Das sind Designmerkmale, die für das Funktionieren der Produktion notwendig sind, aber natürlich zusätzliches Verpackungsgewicht erfordern.

Weitere wichtige Einflussparameter sind noch das gewünschte Flaschengewicht und die gewünschte Ausstoßleistung. Höheres Gewicht ermöglicht einerseits bestimmte Bereiche stabiler zu gestalten, hat andererseits aber auch Einfluss auf den Aufheizprozess und vor allen Dingen aber auch auf die nötigen Abkühlzeiten und damit auf die mögliche Prozesszeit und den Maschinenausstoß.

Flaschenspezifikation und weitere Marktanforderungen

Angelehnt an die Anforderungen wird eine so genannte Flaschenspezifikation festgelegt, in der Dimensionen und die physikalische Stabilität der Flasche festgelegt, toleriert und somit spezifiziert werden. Diese Flaschenspezifikation bestimmt welche Eigenschaften der Behälter aufweisen muss. Basis für die zugesagte Performance sind natürlich immer auch die weiteren relevanten Eingangsgrößen/Randbedingungen wie Preform/Material, Maschinentechnik und Maschinengeschwindigkeit (Kavitätenleistung).

Die Vermarktung eines Produktes wird von der Verpackung unterstützt, auch und besonders bei Getränkeverpackungen.

Die Kommunikation der Marke und der Getränkeart an den Kunden, die Form und Farbe des Behälters und des Labels spielen in diesem Zusammenhang immer eine große Rolle. Die Verpackung muss sich in gegebene Konventionen einfügen, Palettenmaße, Supermarktregale und Kühlschrankgrößen sind in verschiedenen Märkten oft leicht unterschiedlich. Ebenso wie die Vorlieben der Konsumenten. Der angenehme und bequeme Konsum des Produktes muss von der Verpackung unterstützt werden. Griffmulden haben hier ihren Ursprung und auch verschiedene Mundstücksgrößen.

Bild 5.15 Produktpräsentation am „Point-of-Sale“ (Bild: Krones)

Das alles steckt im Design des Behälters. Entweder indirekt, wenn bei etablierten Produkten das Design vorgegeben ist, oder bei neuen Produkten, wenn dieses ganze Feld von Grund auf bearbeitet wird.

Wenn diese Zusammenhänge hinreichend geklärt sind, kann der Behälter konstruiert und dreidimensional modelliert („in 3D aufgebaut“) werden.

Diese Zeichnungsableitung des 3D-Körpers ist der Ausgangspunkt für die Auslegung und Konstruktion, Herstellung und schließlich der Abmusterung einer Blasform. Hier ist der Blasprozess einzustellen und zu optimieren und nachzuweisen, dass die Behälterspezifikationen die ursprünglichen Anforderungen an die Verpackung erfüllen. Gegebenenfalls, wenn die Ergebnisse noch nicht den Anforderungen entsprechen, ist eine weitere Schleife notwendig und je nach aufgetretenem Problem wird ein Teil des Vorgehens wiederholt.

Blasformgerechtes Konstruieren

Das Verfahren des Streckblasens gibt bestimmte Möglichkeiten und Einschränkungen bezüglich möglicher Formen vor. Da das Material mehr oder weniger von einem zentrisch platzierten Preform aus nach außen verstreckt wird ergibt sich daraus, dass es schwierig ist große Materialmengen in entfernten Ecken zu platzieren.

Scharfe Kanten sind möglichst zu vermeiden. Unterschiedliche Bereiche eines Behälters sollten möglichst sanft ineinander übergehen und durch große Radien verbunden werden. Scharfe Kanten „nach innen“ (bezogen auf die Flasche, die Strukturen die auf der Blasformoberfläche scharfkantig fühlbar sind) können zu einer zu starken Belastung des Materials mit Delaminierung führen, es trennen sich dann Schichten des Materials voneinander. Scharfe Kanten „nach außen“ (bezogen auf die Flasche, also Strukturen, die scharfkantig in die Blasform hinein gefräst sind) erfordern höhere Blasdrücke und Preformtemperaturen, also einen höheren Energieeinsatz. Oder aber werden schlicht nicht ausgeformt, das Material ist auch mit hohem Blasdruck nicht in diese Ecken zu blasen, die Form wird nicht ausgeprägt.

Auch Hinterschnitte sind zu vermeiden. Nur in wenigen Ausnahmefällen und durch umfangreiches „Ausprobieren“ können leichte Hinterschnitte realisiert werden, die keine Probleme in der Serienproduktion verursachen.

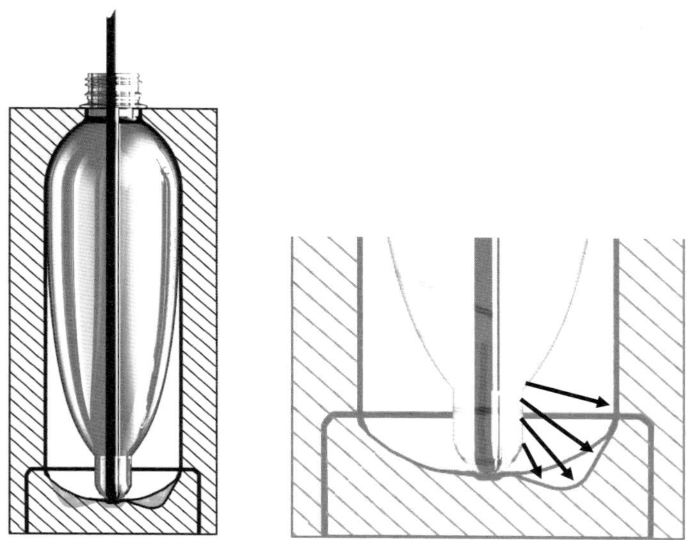

Bild 5.16 Streckblasvorgang (Bild: Krones)

Bodengestaltung

Sehr wichtig ist die Gestaltung des Bodens der PET-Flasche. Für stille Getränke bzw. Füllgüter ohne Kohlensäure kann die Bodengestaltung durch den Einbau von Gestaltungselementen verbessert werden, die die Stabilität durch die Formgebung erhöhen wie Rippen oder eine leichte Anhebung des Bodenzentrums („Dom“). Eine Verrippung des Bodens hat den zusätzlichen positiven Effekt dass sich dadurch die zur Kühlung verfügbare Kontaktoberfläche vergrößert. Der Standring/Standkreis muss so gewählt werden, dass er einen optimalen funktionellen Kompromiss aus Blasbarkeit und Verbesserung der Flascheneigenschaften darstellt.

Bild 5.17 Stillwasserboden (Bild Krones)

Für kohlensäurehaltige Produkte ist der so genannte Petaloid-Boden die am weitesten verbreitete Lösung (Bild 5.18). Der Name bedeutet „kronblattförmig" und leitet sich wohl her vom blütenkranzähnlichen Aussehen eines solchen Flaschenbodens wenn man ihn von unten betrachtet. Es gibt Petaloidböden mit unterschiedlichen Füßchenzahlen, in der Regel sind es jedoch 5 oder 6. Die Hauptgeometrie des Bodens bildet eine Halbkugel (Petaloid-Boden, siehe (Bild 5.18). Dies bietet eine gute Druckstabilität. Aus der halbkugelförmigen Geometrie stehen typischerweise fünf einzelne Füßchen hervor. Diese Petaloid-Bodenform kombiniert die Druckstabilität der Halbkugel mit einem großen Standring, der durch die fünf Füßchen gebildet wird.

Der Durchmesser des Standkreises, die Breite der Füßchen und die Abmessungen der Zugbänder (Bereich zwischen den Füßen), welche die Struktur stabilisieren sind die Schlüsselfaktoren dieses Bodendesigns, um Innendruck widerstehen zu können. Das Herstellungsverfahren des Streckblasens mit dem die Flasche hergestellt wird führt zwangsläufig zu einer teilweise unverstreckten amorphen Struktur („Bodenlinse") und teilweise verstreckten Struktur Bild 5.19). Dies wiederum hat Einfluss auf die Empfindlichkeit gegen Spannungsrisskorrosion. Sie ist umso höher, je mehr Innendruck herrscht und je höher Temperatur und Luftfeuchtigkeit sind. Die Verformung des Bodens im Bereich der Bodenlinse unter dem Einfluss des Innendruckes führen zu Spannungen im Material. Die Zugspannungen auf der Außenseite und die geringere Widerstandsfähigkeit der nur schwach verstreckten Bodenlinse, die durch die Temperaturhistorie meist schon eine gewisse Sprödigkeit aufweist, machen den Boden anfällig für Spannungsrisskorrosion unter Laugeneinfluss und Bodenplatzer. Ein weiterer Risikofaktor sind Produktbestandteile und andere Stoffe, die oft unabsichtlich mit den PET-Flaschen in Kontakt gelangen (z. B. „Excess-Alkalinity“ aus einer Wasseraufbereitung mittels Ionenaustauschern [23]).

Bild 5.18 Petaloid-Boden für Innendruck (Bild: Krones)

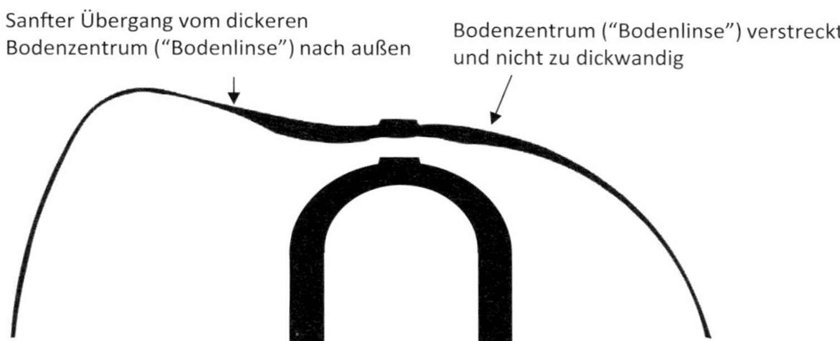

Bild 5.19 Optimal verstreckter Boden (Schnitt) (Bild: Krones)

Es gibt selbstverständlich noch andere Bodendesigns auf dem Markt.

Eine klassische Variante mit Ursprung im Glasverpackungsbereich, die oft gewünscht aber selten verwendet wird, ist der Champagnerboden. So ein druckbeständiger Boden ohne sichtbare Versteifungselemente ist allerdings nur mit hohem Materialeinsatz, also mit hohem Bodengewicht und auch geringer Stationsleistung, zu realisieren. Trotzdem können auch dann oft nicht alle Anforderungen an die Stabilität erfüllt werden. Er kommt bei PET fast nur noch im Mehrwegbereich und seltener bei kleinvolumigen Bieranwendungen zum Einsatz.

Bild 5.20 Champagnerboden (Bild: KHS Corpoplast)

Standkreisdurchmesser und Standfestigkeit

Bei der Auslegung von Flaschen ist der Stabilität der Flasche beim späteren Handling besondere Aufmerksamkeit zu widmen. Wenn die Flasche mit einem karbonisierten Produkt gefüllt werden soll, ist eine zusätzliche Bedingung zu erfüllen: Der Flaschenboden muss unter dem entstehenden Innendruck stabil bleiben.

Der Haupt-Einflussfaktor dafür ist der Standkreisdurchmesser. Je größer der Standkreisdurchmesser ist, umso stabiler ist die Standfestigkeit der Flasche. Dies geht jedoch in der Regel mit einem geringen Radius im Übergangsbereich vom Boden in den Mantelbereich der Flasche einher, was die Blasbarkeit erschwert (Bild 5.21). Wann immer die Gewichtsverteilung und die Lage des Schwerpunkts der Flasche es erlauben, sollte daher der Standringdurchmesser verringert werden.

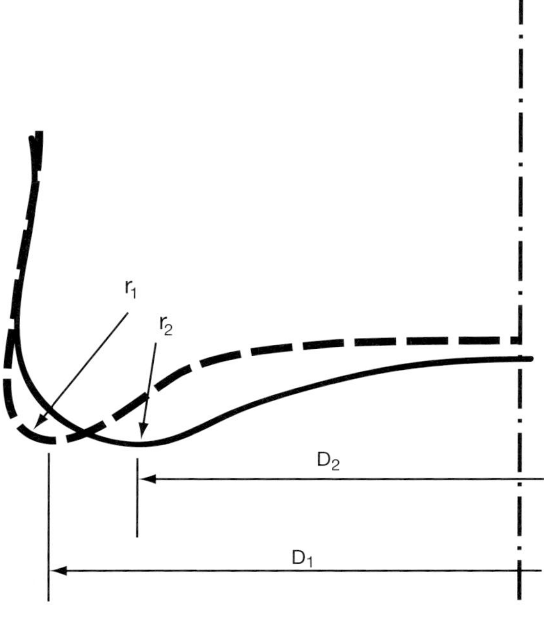

Bild 5.21 Standkreisdurchmesser/Übergang Boden zur Mantelfläche (Bild: KHS Corpoplast)

Ein großer Standringdurchmesser ist auch ungünstig für die Innendruckfestigkeit der Flasche. In diesem Fall kann allerdings eine Variation der Geometrie des Bodens hilfreich sein.

Ohne Innendruck durch CO_2 kann ein größerer Standring gewählt werden. Für eine gute Standfestigkeit kann es sinnvoll sein, den Bodenbereich durch vertikale Rippen zu verstärken, die wie Pfeiler wirken, wenn der Boden vertikal belastet wird. Bild 5.17 zeigt einen solchen Stillwasser-Boden.

Der Etikettenbereich

Um das Etikett gegen Beschädigungen zu schützen ist es erforderlich entsprechende Etikettschutzflächen und „Bumper"-Zonen in das Flaschendesign einzubauen, um Beschädigungen am ästhetischen Erscheinungsbild der Flasche vorzubeugen. So wird ein problemloser Transport auf flachen Förderbändern („Massentransport") sowie eine Zwischenlagerung der Flaschen ermöglicht, ohne dass die Qualität des Etiketts leidet (Bild 5.22).

Bild 5.22 Eingezogener Etikettenbereich/„Etikettschutzzone" (Bild: Krones)

5.7.2.2 Werkzeuge der Designentwicklung

Concept-Design

In der Anfangsphase einer Flaschenentwicklung kann es sinnvoll sein mit dem Kunden die Grundzüge der gewünschten Flaschenform zu diskutieren. Neben vorhandenen Mustern bietet sich hier besonders das Skizzieren von Design-Concepts an (Bild 5.23). Mit relativ geringem Aufwand können so über bunte Handskizzen verschiedene Flaschenformen mit Etikett verglichen und diskutiert werden. In dieser Phase können Änderungswünsche noch einfach realisiert werden bis eine Übereinstimmung über das Konzept erreicht wird.

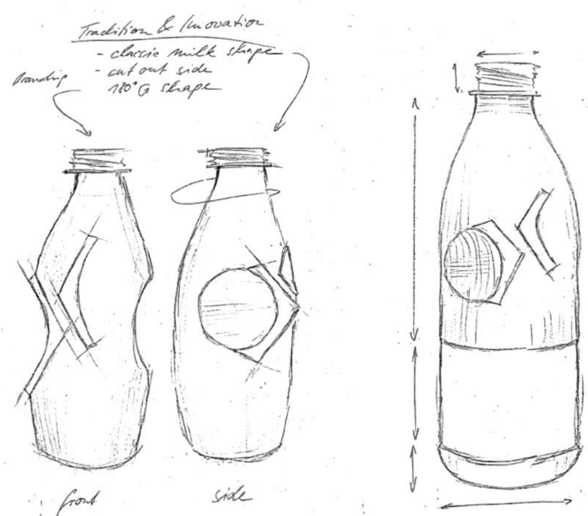

Bild 5.23 Design-Concepts (Bild: Krones)

Zeichnungen und das 3D-Modell

Wenn die Richtung für das zu entwickelnde Design feststeht, dann wird der Behälter „in 3D“ aufgebaut. Ein geeignetes CAD-Programm wird verwendet und ein räumliches Modell des Behälters wird konstruiert.

Dieses Modell ist heute die Grundlage für eine 2D-Zeichnung, die in der Regel auch eine Vertragsgrundlage für einen Formenauftrag ist.

Renderings

Vom 3D-Modell lassen sich auch so genannte Renderings, also fotorealistische Darstellungen, ableiten. Möglich auch mit Verschluss und Etikett, bei Bedarf sogar im Raum drehbar und von allen Seiten zu betrachten.

Bild 5.24 Rendering (Bild: Krones)

3D-Anschaungsmodelle

Durch die schnelleren modernen Visualisierungstechniken und die nur wenig langsamere Verfügbarkeit von streckgeblasenen Flaschen etwas aus der Mode gekommen, aber immer noch verfügbar, sind 3D-Anschauungsmodelle („Mockups"). Aus dem Plexiglasblock gefräst oder 3D-gedruckt (Bild 5.25) liefern sie in überschaubaren Zeiträumen eine solide Flasche zum Anfassen, allerdings ohne das echte „Touch-and-Feel" des streckgeblasenen, dünnwandigen Originals. Mockups können bei ersten marketingrelevanten Kundenumfragen als Anschauungsbeispiele dienen.

Bild 5.25 3D-Drucke von Behältern (Bild: Krones)

FEM-Analyse

Wenn es um die technische Leistungsfähigkeit des streckgeblasenen Behälters geht kommen vermehrt auch Simulationsmethoden zum Einsatz. Die Finite-Elemente-Methode, ein numerisches Berechnungsverfahren, kann für verschiedene technische Parameter eines Behälters eingesetzt werden, wie beispielsweise Vakuumstabilität, Topload oder Verformung unter Innendruck. Hierbei wird der virtuelle Behälter mit einem geeigneten „Netz" von kleinen, „finiten" Elementen überzogen und die Verformung unter Last kann so berechnet werden.

Gegenüber dem Test am Realobjekt hat sie den Vorteil der schnelleren Durchführbarkeit und der geringeren Kosten.

Sehr gute Dienste leistet diese Methode z. B. dann, wenn mehrere ähnliche Designvarianten verglichen werden sollen dahingehend, ob sie bezüglich der technischen Zielgröße eine Verbesserung erzielen können.

Vom 3D-Modell absolute genaue Vorhersagen von z. B. Topload-Werten zu rechnen, ist allerdings schwierig, da bei der Entwicklung unbekannte maßgebliche Eingangsgrößen geschätzt werden müssen. Zum einen ist die Wanddicke in diesem Stadium der Entwicklung in der Regel noch unbekannt. Zum anderen ergeben sich die Materialeigenschaften der PET-Wandung aus dem verwendeten Materialtyp und der Materialfeuchtigkeit bei der Verstreckung und insbesondere auch aus der thermischen Historie (Aufheizen, Zeit, Abkühlen). Diese beeinflussen maßgeblich Kristallinität, Orientierung und damit auch die anisotropen Steifigkeitswerte des Material (E-Modul, Schubmodul).

Die Ansprüche an Verpackungen werden immer höher und sind immer schwieriger zu erfüllen. Dabei geht man mehr und mehr an die Grenzen der Möglichkeiten des Werkstoffs PET. Der hohe Druck durch kürzer werdende Produkteinführungszeiten und der Zwang, die Produktentwicklungskosten gering zu halten, haben dazu geführt, dass auch hier mehr und mehr durch Computer unterstützte Berechnungen angestellt werden, um das Verhalten und die Leistungsfähigkeit einer neuen Verpackung vorherzusagen.

Die FEM-Analyse ermöglicht es unter anderem, das strukturelle Verhalten eines Körpers mathematisch zu modellieren. Mit einem solchen FEM-Modell kann anschließend in diesem Fall das Verhalten einer Flasche unter verschiedenen Lastbedingungen simuliert und dadurch die Geometrie optimiert werden.

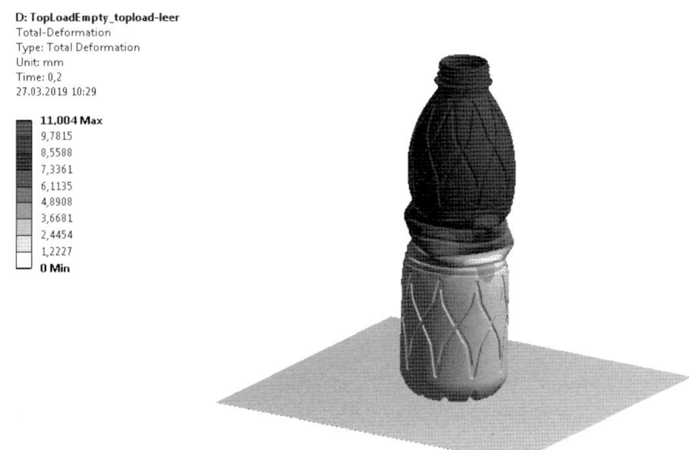

Bild 5.26 FEM-Simulation Topload leere Flasche (Bild: Krones)

Umweltaspekte bei der Flaschenentwicklung

Kunststoffe stehen oft in der Kritik. Im Wesentlichen sind bei der Verpackungsentwicklung hier zwei Aspekte wichtig.

„Ressourcenschonung" bedeutet, dass die gewünschte Verpackung mit möglichst geringem Ressourceneinsatz bereitzustellen sein sollte.

Weniger Materialeinsatz, also geringeres Flaschengewicht („Lightweighting"), ist möglich durch geschickte moderne Designs, die die notwendige Stabilität auch bei geringeren Wanddicken noch liefern. Der richtige Preform zur Flasche ist wichtig, um das Material in den Bereich der Flasche legen zu können, wo es benötigt wird.

Weniger hohe Mundstücke und Kappen sparen Gewicht. Prozessarten, die weniger Energieverbrauch bedeuten, sind beispielsweise aseptische Abfüllung statt Hotfill.

Folgende Aspekte sind hier zu nennen:

- „Design-for-Recycling“ bedeutet, dass die Verpackung nach Benutzung einfach wieder einem Wertstoffkreislauf zugeführt werden kann.
- Sortenreines PET, möglichst transparent klar oder leicht bläulich, möglichst ohne weitere Additive und andere Kunststoffe.
- Einfach maschinell entfernbare Verschlüsse aus PP oder HDPE mit Dichte unter 1.
- Labels und Sleeves ohne in der Waschlauge „ausblutende“ Tinten, die sich ohne störende Leimreste leicht entfernen lassen.
- Dichte des Labelmaterials unter 1.
- Die Labels sollten nicht die ganze Flasche abdecken, damit die noch intakten (nicht zerkleinerten) Flaschen erkannt und zur PET-Fraktion sortiert werden können.

Dies sind die optimalen Voraussetzungen für das sortenreine Trennen und die Rückführung in den technischen Stoffkreislauf. [15]

5.7.2.3 Auslegung spezieller Flaschen

Heiß abfüllbare Flaschen

Mit der Auswahl entsprechender PET-Typen, einer angepassten Prozess-Technologie, die sich die Kristallisierbarkeit der PET-Ketten zunutze macht, und einem speziell auf die Heißabfüllung ausgelegten Verpackungsdesigns wurden und werden PET-Behälter erfolgreich für die Heißabfüllung entwickelt.

Die grundlegende Problematik bei der Auslegung heiß befüllbarer PET-Verpackungen ist die Flaschenstabilität bei Abfülltemperaturen von 82 °C bis 92 °C, die oberhalb der Glasübergangstemperatur von PET liegen. Zuerst wird sich die Flasche aufgrund des hydrostatischen Druckes des heißen Füllguts auf die Behälterwand ausdehnen. Aus diesem Grund muss die Flasche stabile funktionelle Gestaltungselemente oder aber eine höhere Wanddicke aufweisen. In einem zweiten Schritt muss die Verpackung einem Unterdruck widerstehen bzw. diesen absorbieren, der durch die Abkühlung des Füllguts und des Kopfraums in der gefüllten und verschlossenen Flasche entsteht.

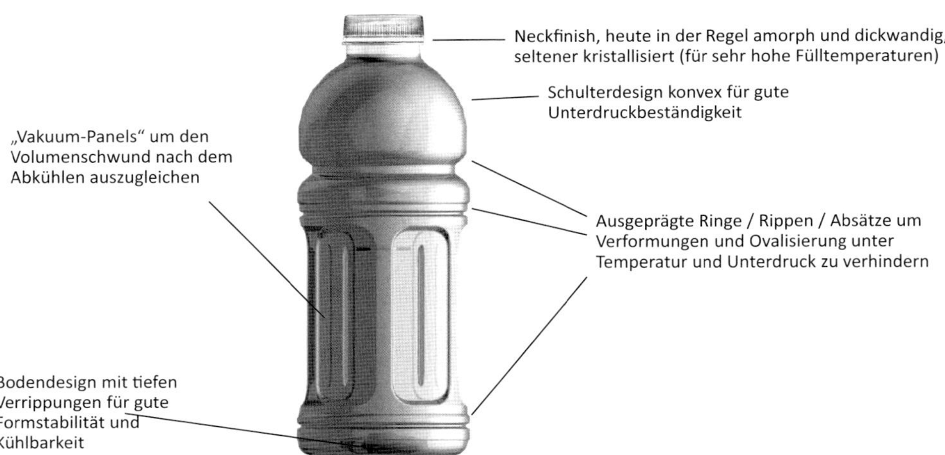

Bild 5.27 Merkmale einer heiß abfüllbaren klassischen Panel-Flasche (Bild: Krones)

Bild 5.27 zeigt die grundlegenden Merkmale eines „Hotfill“-Flaschendesigns. Eine bevorzugte Designvariante ist die glockenförmige Schulterpartie, die eine gute Unterdruckbeständigkeit in diesem Bereich der Flasche aufweist. Scharf konturierte Ringe helfen, eine Ovalisierung der Flasche aufgrund des Vakuums zu vermeiden.

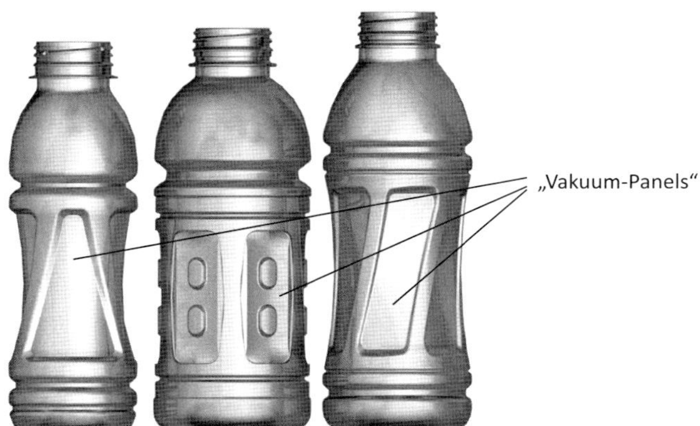

Bild 5.28 Verschiedene Vakuum-Panelformen (Bild Krones)

Die Geometrie so genannter Vakuum-Panels (Bild 5.28) wird durch die verfügbare Flaschenoberfläche und das Gesamtvolumen der Flasche bestimmt, sodass die auftretende Volumenreduktion beim Abkühlen durch eine nach innen gerichtete Deformation der Panels vollständig absorbiert wird. Es kann die Verringerung der Designfreiheit für PET-Flaschen durch solche Vakuum-Panels bemängelt werden. Durch den Druck des Marktes sahen sich in erster Linie US-amerikanische Flaschenproduzenten gezwungen, das Hotfill-Container-Design zu überarbeiten und neue fantasievollere Designlösungen zu entwickeln. Dabei wurden die Standard-Vakuum-Panels durch funktionelle Gestaltungselemente ersetzt, die gleichzeitig das ästhetische Erscheinungsbild der Flasche positiv verändern.

Bild 5.29 Hotfill-Boden (Bild: Krones)

Ergänzt wurde die Palette der so genannten „Panelless-Designs" durch den Einsatz eines flexibleren Bodenbereichs (Bild 5.29), der die gesamte Vakuumverformung aufnehmen kann, die traditionell von den Panels absorbiert wurde. Nachteil dieser Lösungen ist in der Regel ein recht hohes Flaschengewicht, da der Flaschenkörper für dieses Prinzip weniger flexibel sein muss als der Boden.

Designs für das Nitro-Hotfill-Verfahren (Bild 5.30) ähneln stark CSD-Designs (Carbonated-Soft-Drink). Hier wird vor dem Verschließen der Flasche in den Kopfraum flüssigen Stickstoff getropft („Stickstoffdroppler"), der dann verdampft und dadurch den Flascheninnendruck so weit zu erhöhen, dass nach dem Abkühlen immer noch ein geringer Überdruck vorhanden ist.

Bild 5.30 Nitro-Hotfill Flasche (Bild Krones)

Diese Entwicklungen und besonders die geringere Komplexität und die höhere Flexibilität haben dazu beigetragen, dass die Heißabfüllung bis heute ihren Platz neben der aseptischen Abfüllung behaupten konnte.

Ovale Flaschen

Üblicherweise werden PET und die Streckblastechnik mit PET meist für runde oder quadratische Flaschen verwendet. Inzwischen werden die Vorteile der biaxialen Verstreckung des PET sowie dessen Glanz und Transparenz auch für den Einsatz in Bereichen außerhalb der Getränkeindustrie erkannt, beispielsweise für Haushaltschemikalien oder Körperpflegeprodukte. Die Herausforderungen bezüglich der Wanddickenverteilung und die notwendige Technologie zur Herstellung stark ovaler Flaschen werden in Abschnitt 3.6.3 ausführlich beschrieben.

Bild 5.31 Ovale Flaschen für Körperpflegeprodukte

Ein paar Besonderheiten über den Prozess hinaus gibt es auch bei rundovalen Flaschen zu beachten.

Der Schulterbereich ist oft charakterisiert durch sehr flache Schultern, die dann mit bündig Overcaps abschließen sollen. Es ist darauf zu achten, dass die oberen entfernten Ecken nicht zu spitz ausgeführt sind, da sonst auch mit Spezialverfahren kaum Material dorthin zu bringen ist. Ähnliches gilt natürlich für die oft recht eckigen Bodendesigns.

Bild 5.32 Standflächenausführung (beispielhaft) für stark ovale Flaschen

Die großen Seitenflächen der Flasche sollten – wie auch bei anderen Flaschendesigns – überspannt sein, also mit einem großen Radius ausgeführt. Komplett ebene Flächen neigen zu einem unkontrollierten Einfallen nach innen, da beim Streckblasen durch den Abschreckvorgang an der Seitenwand entsprechende Spannungen eingefroren werden.

Bei der Bodengestaltung ist darauf zu achten, dass aufgrund der hier nicht gegebenen Rotationsymmetrie auch das Zurückschrumpfen des Bodens unsymmetrisch erfolgt. Damit eine definierte Standfläche erzielt wird sollte dieser Rückschrumpf durch das Design schon berücksichtigt werden, beispielsweise durch vier definierte Aufstandspunkte, so dass einem wackeligen Stand der Flaschen vorgebeugt wird.

5.7.2.4 Herstellen von Musterflaschen

Herstellung von Bemusterungs-Blasformen

Der wesentliche Vorteil einer Bemusterung mit einer Ein-Kavitäten-Technikums-Blas-Maschine ist die schnellere Realisierbarkeit einer Blasform und die kurze Reaktionszeit, wenn aufgrund der Blasversuche Korrekturen vorgenommen werden müssen.

Auch wenn zur Herstellung von Abmusterungs-Blasformen Technologien wie die Stereolithografie (STL) oder 3D-Druck eingesetzt werden können, wird dieses Verfahren eher selten tatsächlich genutzt, da sich Vorteile in Grenzen halten. Da die STL-Form aus einem Harz hergestellt wird, sind deren Wärmeleitungseigenschaften unzureichend und die Oberflächenqualität und Haltbarkeit sind gegenüber Aluminiumformen deutlich schlechter, sodass die Musterflaschen lediglich als Marketingmuster verwendet werden können. Aussagen über die mechanischen Eigenschaften der endgültigen Flasche lassen derartige Prototypen jedoch nicht zu.

In speziell für Pilotwerkzeuge vorgesehenen Fertigungszellen, die auf Engineering und Herstellung von Musterwerkzeugen spezialisiert sind, können Blasformwerkzeuge aus konventionellen Materialien mit traditionellen Fertigungstechniken hergestellt werden und dabei trotzdem die geforderten schnellen Lieferzeiten erfüllen. Die Bemusterungsergebnisse aus derartigen Pilotformen erlauben die Extrapolation auf die Serienfertigung und bieten so einen erheblichen Mehrwert für den Bemusterungsprozess.

Herstellung von Musterflaschen

Eine Bemusterung verfolgt im Wesentlichen zwei Ziele: Zunächst geht es darum, die Erfüllung der grundlegenden Anforderungen und Spezifikationen der Flasche nachzuweisen. In einem zweiten Schritt gibt die Bemusterung Informationen über Möglichkeiten und Risiken in der Serienfertigung, und sie erlaubt, das Prozessfenster für die Flaschenfertigung zu ermitteln.

Bei einer Erst-Bemusterung ist es unabdingbar, Prozessparameter zu ermitteln, die auch auf der Serienmaschine realisiert werden können. So sollten in dieser Phase die Prozessparameter nicht in den Grenzen der Möglichkeiten der Labormaschine gewählt werden, sondern an den späteren Produktionsprozess auf der Serienmaschine angelehnt. Geeignete Technikumsmaschinen bieten die Möglichkeit die Prozessparameter entsprechend den Gegebenheiten auf der Serienmaschine einzustellen. Aufgrund einer größeren Bandbreite von Verweilzeiten, Nebenzeiten und Geschwindigkeiten eignen sich Einstationen-Technikumsmaschinen gut dazu, zunächst die Basis-Parameter zu ermitteln, um aus einem Preform überhaupt eine Flasche blasen zu können bzw. um die grundsätzliche Machbarkeit zu überprüfen. Nur in speziellen Fällen muss heute noch ein Rundläufer/eine Serienmaschine eingesetzt werden um die Machbarkeit einer Anwendung zu beurteilen.

5.7.2.5 Testen der Musterflaschen

In Zusammenarbeit mit Christian Detrois und Jochen Forsthövel, Krones

Hauptmaße verifizieren

In einem ersten Schritt einer Flaschenbemusterung werden Musterflaschen komplett in den wichtigsten Dimensionen vermessen (Bild 5.33). Das sind in erster Linie die Hauptdurchmesser – insbesondere die Berührpunkte, die z. B. für das Verpacken in Kartons wichtig sind –, der Etikettendurchmesser und die Gesamthöhe. Hier kommen neben Messschiebern und so genannten π-Maßbändern, die aus dem Umfang direkt den Durchmesser liefern, auch lasergestützte Vermessungssysteme zum Einsatz.

Insbesondere bei Flaschen für CO_2-haltige Produkte und bei Flaschen, die Stickstoff-Innendruck Stand halten sollen, wird die Bodenfreiheit gemessen. Hier wird der Abstand vom Anspritzpunkt bis zur Aufstellfläche ermittelt. Dieser darf nicht null oder negativ werden, da die Flasche sonst wackeln würde. Alle Messungen werden zunächst an leeren Flaschen und anschließend an mit CO_2-haltigem gefüllten Wasser (respektive druckbeaufschlagten) Flaschen durchgeführt. Die Maße werden nach dem Befüllen bei Raumtemperatur ermittelt. Eine weitere Messung nach 24 h im Thermoschrank bei 38 °C – der so genannte Thermotest – kann sich je nach Spezifikation anschließen. In Sonderfällen, zum Beispiel für bestimmte Länder, können auch andere Lagerzeiten bei anderen Temperaturen gefordert sein. Hotfill-Flaschen werden nach dem Heißbefüllen und erneut nach anschließender Entleerung und Abkühlung vermessen.

Bild 5.33 Verifizieren der Hauptmaße (Bild: Krones) [14]

Für die Ermittlung der Wanddickenverteilung kommt neben einer einfachen Messzange für aufgeschnittene Flaschen heute meist eine zerstörungsfreie Prüfmethode zum Einsatz. Bei der Messung beispielsweise mit dem MagnaMike wird eine kleine Stahlkugel in die Flasche gegeben. Von einer angelegten Sonde wird dann mittels eines sich mit der Distanz ändernden Magnetfelds die Wanddicke bis auf 1/1000 mm exakt ermittelt. Dieses System nutzt das physikalische Prinzip des „Hall-Effekts“. Ein weiteres recht genaues Verfahren ist die Infrarotabsorption. Die Wand der Flasche wird dabei mit Infrarotstrahlung durchleuchtet, die in verschiedenen Wellenlängenbereichen analysiert wird, in denen der Absorptionsgrad des PET sehr definiert und unabhängig vom verwendeten PET-Typ ist. Die Wanddicken werden an festgelegten Stellen über dem Umfang und der Behälterhöhe sowie an markanten Stellen in den Füßchen, an der Schulter oder an Griffmulden etc. ermittelt. Die Lotrechtigkeit der Flasche (engl.: perpendicularity) wird dabei ebenfalls überprüft. Bei der Messung der Durchmesser wird gleichzeitig der Kreismittelpunkt kalkuliert und damit die Abweichung von der Mittelachse am Tragring gegenüber dem entsprechenden Maß am Boden der Flasche.

Auch das Mundstück wird vermessen, und zwar die wichtigsten Durchmesser (ggf. Ovalität) im Mündungsbereich sowie die Höhe. Die Maße des Mundstücks sollten sich über den Blasprozess nicht verändern.

Volumen

Die Abmessungen, und damit auch das Volumen der Behälter, nehmen nach dem Blasen aufgrund von Schrumpfvorgängen gegenüber den Abmessungen der Kavität ab. In der Regel werden die Flaschen bis ca. 20 Minuten nach der Herstellung vermessen. Es ist heute der Regelfall, dass die Flaschen inline befüllt werden, also nach dem Blasformen zeitnah in die Füllmaschine gehen. Mittlerweile ist es kaum noch üblich, dass die Flaschen beim Produzenten („Flaschenconverter“) zunächst verpackt und später dem Abfüller an die Linie geliefert werden, in dem Fall misst man das Volumen erst nach einer Verweilzeit von z. B. 72 h (wenn 90 % des Schrumpfes stattgefunden hat). Das Volumen der Flaschen wird üblicherweise sowohl am Füllpunkt, wie in der Flaschenzeichnung vermerkt, als auch randvoll gemessen (engl.: brimful capacity). Für die eigentliche Messung wird eine Flasche mit entgastem Wasser bei bekannter Temperatur gefüllt und anschließend gewogen. Das Volumen wird dann anhand einer Dichtetabelle bzw. einer Umrechnung aus dem Gewicht ermittelt.

Topload

Bei allen Flaschen wird die Stapellast (Topload) gemessen. Dazu wird eine leere Musterflasche von einem Stempel axial zusammengedrückt, wobei Deformationsgeschwindigkeit und Weg in der Regel vorgegeben sind. Da die benötigte Kraft mit dem Beginn des Versagens der Flasche z. B. durch Einknicken oder Beulen nachlässt, wird in diesem Versuch die auftretende Maximalkraft über eine Kraftmessdose gemessen (Bild 5.34). Der Test an der leeren Flasche verliert wegen des Trendes zu Inline-Lösungen und geblockten Blow-Fill-Lösungen immer mehr an Praxisrelevanz.

Für Füllgüter ohne Kohlensäure, insbesondere für die Belastung der Flaschen beim Stapeln mehrerer Paletten übereinander ist auch eine Messung an gefüllten Flaschen von Interesse (Filled Topload).

Bild 5.34 Topload-Messung

Für besondere Anwendungen, wie zum Beispiel bei Flaschen für Getränkeautomaten, wird auch mit einer ähnlichen Messvorrichtung eine Seitenbelastung (Side-load oder Panel-load) ermittelt. Ähnliche Untersuchungen werden mit Blick auf die Griffstabilität, z. B. auch bei großen Lightweight-Flaschen, durchgeführt.

Berstdruck (bzw. Innendruck-Tests)

Insbesondere für karbonisierte Getränke ist der Berstdrucktest von Bedeutung. Dazu wird im Innendrucktest beispielsweise eine mit stillem Wasser befüllte Flasche zunächst mit ca. 9 bar Innendruck belastet (Druckanstieg beispielsweise 0,7 bar/s) und für 13 s auf diesem Druck gehalten. Anschließend wird die Flasche mit ansteigendem Druck beaufschlagt, bis sie birst. Dabei wird neben dem eigentlichen Berstdruck protokolliert, wo die Flasche platzt, denn es ist wichtig, dass die Flasche in der Seitenwand versagt und nicht im Bodenbereich (Bild 5.35).

Für heißbefüllbare Flaschen ist der umgekehrte Fall zu ermitteln, nämlich die Beständigkeit der Flaschen gegen Vakuum beim Abkühlen. Dazu werden Musterflaschen z. B. mit einer manuell betätigten Vakuumpumpe so lange evakuiert, bis sie sich über ein definiertes Maß hinaus deformieren, kollabieren oder undefiniert einbeulen. Dabei können das extrahierte Volumen und der Unterdruck gemessen werden.

Bild 5.35 Berstdrucktest (Innendrucktest) (Bild: Krones) [14]

Stress-Crack-Resistance

Das Versagensverhalten im Bodenbereich unter dem Einfluss von Laugen (Stress-Crack-Resistance) ist ebenfalls besonders für Flaschen für kohlensäurehaltige Produkte von Bedeutung. Auch wenn inzwischen bei vielen Förderbändern eher Schmiermittel im sauren Bereich oder Trockenschmierung eingesetzt werden, wird dieser Test nach wie vor häufig ausgeführt, da er zusammen mit dem Bersttest eine Absicherung der Robustheit des Bodens gegen Bodenplatzer ergibt. Die Flaschen werden im frischen Zustand und/oder nach einer vorgeschriebenen Alterungszeit geprüft. Dazu werden die zu untersuchenden Flaschen mit bis zu 5,3 bar Innendruck beaufschlagt, entweder indem sie mit CO_2-haltigem Wasser befüllt werden oder indem Druckluftschläuche angeschlossen werden. Die Flaschen werden dann in Einzel-Schalen mit verdünnter Natronlauge gesetzt. Als Kriterium für die Stress-Crack-Resistance gilt die Zeit, die vergeht, bis die Flasche beginnt, leck zu werden, oder bis sie birst.

Befüllbarkeit

In Laborvorrichtungen mit entsprechenden Füllventilen wird ermittelt, ob sich die Flaschen mit dem einzusetzenden Füller problemlos befüllen lassen. Während dies bei Langrohrfüllern eher unkritisch ist, spielt dies bei Füllern, bei denen das Füllgut an der Behälterwand entlangläuft, eine bedeutendere Rolle, insbesondere wenn es sich um stark schäumendes Füllgut handelt (Bild 5.36).

Bild 5.36 Befüllbarkeitstest (Bild: Krones) [14]

Kristallinität

An heißabfüllbaren Flaschen wird auch der Kristallinitätsgrad bestimmt, der ein Maß für die Temperaturbeständigkeit darstellt. Die Kristallinität wird meist über die Messung der Dichte des PET in der Behälterwand ermittelt. Hierzu können so genannte Dichte-Waagen eingesetzt werden, die nach dem Archimedes-Prinzip funktionieren. Die preiswerteste Möglichkeit stellt eine Dichtesäule dar, in der Fluide unterschiedlicher Dichte übereinandergeschichtet sind. Je nachdem, wie tief eine PET-Probe hier einsinkt, kann an einer Skala am Gefäß die Dichte abgelesen werden. Eine relativ schnelle Methode ist die FTIR-Kristallinitätsgradmessung. Hier wird der Kristallinitätsgrad direkt aus einem Infrarotspektrum ermittelt.

Falltest

Hier werden gefüllte und verschlossene Flaschen im freien Fall aus einer definierten Höhe auf den Boden fallen gelassen, wobei sie dann nicht bersten dürfen. Eine Variante ist der Fallversuch auf einer schiefen Ebene, damit die Flasche auf jeden Fall mit einem Füßchen auftrifft. Falltests werden bei Raumtemperatur oder je nach Spezifikation auch mit auf 4 oder 6 °C temperierten Flaschen durchgeführt.

Barriere-Eigenschaften

Von praktischem Interesse ist hauptsächlich die Barrierewirkung der Flasche gegenüber Sauerstoff (O_2) und Kohlendioxid (CO_2). Diese spielen meist eine wichtige Rolle für die Haltbarkeit des Füllguts, zu deren vollständiger Beurteilung jedoch auch das Verschlusssystem und ggf. die Sekundärverpackung berücksichtigt werden muss. Seltener wird die Barriere gegenüber Stickstoff (N_2) betrachtet. Ein durch Stickstoff erzeugter Überdruck in der Flasche kann für deren mechanische Stabilität sorgen.

Generell wird unterschieden zwischen zerstörenden und zerstörungsfreien Messverfahren. Insbesondere wenn Messungen über einen längeren Zeitraum (wie bei einem Echtzeittest zur angestrebten Produkthaltbarkeit) regelmäßig durchgeführt werden, bieten zerstörungsfreie Messverfahren die Möglichkeit, die Anzahl der aufzubewahrenden Proben stark zu reduzieren.

Man kann die Barriere der Verpackung an sich messen oder die Veränderung des Gehalts der zu betrachtenden Stoffe im Produkt-Füllgut oder in einer Simulanz (z.B. Wasser). Die Betrachtung der Flüssigkeit bietet direkt einen praktischen Eindruck der Veränderung am Füllgut, welche zu erwarten ist. Durch Berechnung kann dann daraus auch auf die Barriere der Verpackung zurückgeschlossen werden.

Man unterscheidet außerdem zwischen beschleunigten und in Echtzeit stattfindenden Verfahren. Beschleunigte Verfahren finden ihre Anwendung vorwiegend in der Qualitätssicherung an Produktionsanlagen, wo auf das Messergebnis nicht lange gewartet werden kann. Es wird dabei aus einer kurzen Messung auf längere Zeiträume extrapoliert oder die Messung wird bei erhöhten Temperaturen durchgeführt, so dass sich die Abläufe beschleunigen. Weiterhin können beschleunigte Verfahren für Flaschen eingesetzt werden, die ähnlich zu solchen mit bekanntem Langzeitverhalten sind. Auch mittels Simulation kann versucht werden ähnliche Vorhersagen zu treffen.

Wenn die Flasche zusätzlichen Belastungen ausgesetzt ist sind die extrapolierten Ergebnisse in der Regel ungenauer da sich verschiedene Einflüsse überlagern können. Dies ist beispielsweise bei Flaschen mit kohlendioxidhaltigem Füllgut der Fall. Der Innendruck der Flasche verursacht Deformationen und damit eine zeitliche Veränderung des Volumens, der Oberfläche und des Spannungszustandes. Auch der Einfluss einer Lagerung unter hohen oder wechselnden Temperaturen ist oft schwer vorherzusagen. Deshalb basieren beschleunigte Verfahren meist auf Messdaten, die mit Echtzeitversuchen ermittelt wurden.

Für Sauerstoff und Stickstoff ist die Barriere von PET-Flaschen relativ hoch. Für Kohlendioxid verglichen dazu geringer. Gleichzeitig sind die für die Produkthaltbarkeit relevanten Konzentrationen von Sauerstoff in der Regel sehr gering und die Konzentration von Kohlendioxid im Produkt vergleichsweise groß. Für die Barriere von Sauerstoff sind daher besonders hochauflösende Messverfahren wichtig, wogegen bei Kohlendioxid mit weniger sensiblen Messprinzipien gut gearbeitet werden kann.

Teilweise haben sich in einzelnen Industriezweigen bestimmte Messverfahren etabliert und werden dort als Standard betrachtet.

Zur Messung der Sauerstoffbarriere direkt an Flaschen werden zwei grundsätzliche Verfahrenstypen eingesetzt:

Die Barriere der Verpackung kann direkt mittels eines definierten Trägergasstroms, welcher durch die leere Flasche geleitet wird, gemessen werden. Von außen in die Flasche eindringender Sauerstoff wird mit diesem Gasstrom zu einem hochgenauen Sensor außerhalb der Flasche geführt. Dieser Sensor misst die Sauerstoffkonzentration im Trägergas. Aus dem bekannten Gasstrom und der Konzentration wird der von außen eindringende Sauerstoffstrom errechnet. Die Kosten einer solchen Messtechnik sind relativ hoch, das Messergebnis liegt dafür vergleichsweise schnell vor. Da für sauerstoffempfindliche Füllgüter oft keine andere Belastung vorliegt, kann damit gut extrapoliert werden.

Mit einem anderen Verfahren kann ein Sensor in eine Flasche eingebracht werden, welcher ein zum Sauerstoffgehalt proportionales Signal liefert. Die Flasche wird nachfolgend möglichst unter Ausschluss von Sauerstoff verschlossen. Durch wiederholte Abfrage des Sensors von außen wird das Eindringen und die Akkumulation von Sauerstoff in das Flascheninnere verfolgt. Daraus kann wiederum auf den eindringenden Sauerstoffstrom geschlossen werden. Die insgesamt sehr kostengünstige Messtechnik ermöglicht es die Barriere der Flasche selbst sowie die Veränderung im Füllgut zu untersuchen.

Im Füllgut kann der Sauerstoffgehalt darüber hinaus durch weitere Messverfahren mit auf Sauerstoff spezialisierten Sensoren erfasst werden. In ähnlicher Weise, jedoch unter Zerstörung der Flasche zur Probennentnahme, kann durch wiederholte Messungen ein Langzeitverhalten der Flasche untersucht werden.

Zur Bestimmung der Barriere gegenüber Kohlendioxid kann am einfachsten mittels Druckmessung gearbeitet werden. Dabei wird entweder der Gesamtdruck oder gezielt der Partialdruck des Kohlendioxids erfasst.

Es kann beispielsweise die Flasche unter einem konstanten Kohlendioxid-Überdruck gehalten und der Druckanstieg in einer umgebenden Messkammer verfolgt werden. Der Druckanstieg in der Messkammer entsteht dabei durch das durch die Flaschenwand austretende Kohlendioxid.

Es kann auch in die Flasche ein anfänglicher Kohlendioxid-Überdruck eingebracht werden dessen Abfall im Weiteren beobachtet wird. Dies kann durch regelmäßige zerstörende Messung von einzelnen Flaschen aus einer größere Menge Proben erfolgen. Alternativ kann eine zerstörungsfreie Messung des Kohlendioxid-Partialdrucks innerhalb der Flasche durch spektrometrische Verfahren durchgeführt werden.

Viele Messverfahren zielen auf die Konzentration des Kohlendioxids und deren zeitliche Veränderung im Füllgut oder einer Simulanz (z. B. Wasser) in der Flasche. In der Regel wird dabei zur Probenentnahme die Flasche zerstört.

Im Füllgut kann der Kohlendioxidgehalt nasschemisch durch Titration bestimmt werden. Weiterhin existieren Messverfahren mit auf Kohlendioxid spezialisierten Sensoren zur Bestimmung der Konzentration im Füllgut.

Häufig wird durch Druck- und Temperaturmessung auf die Konzentration des Kohlendioxids im Füllgut geschlossen. Die Kenntnis der vom Partialdruck und der Temperatur abhängigen Löslichkeit von Kohlendioxid im jeweiligen Füllgut der Flasche ist dabei Voraussetzung. Zu berücksichtigen ist dabei, dass bei der Druckmessung ein Gleichgewicht zwischen der Gasphase und der Flüssigkeit bestehen muss. In der Regel wird dies durch Schütteln der Flasche erreicht. Im Fall einer Gesamtdruckmessung muss die Zusammensetzung der Gasphase berücksichtigt werden. Relevant für die Löslichkeit ist nur der Partialdruck des Kohlendioxids.

Die Messung kann so direkt an den abgefüllten Flaschen erfolgen. Teilweise existieren dafür vollautomatische Messapparate. In manchen Verfahren kann eine Probe der Flüssigkeit entnommen werden, an welcher im Folgenden innerhalb einer definierten Messkammer die Druck- und Temperaturmessung erfolgt.

Mittels spektrometrischer Verfahren kann durch die Flaschenwand der Kohlendioxid-Partialdruck im gasgefüllten Kopfraum der Flasche zerstörungsfrei gemessen werden. Die Temperaturmessung erfolgt dabei außen an der Flasche.

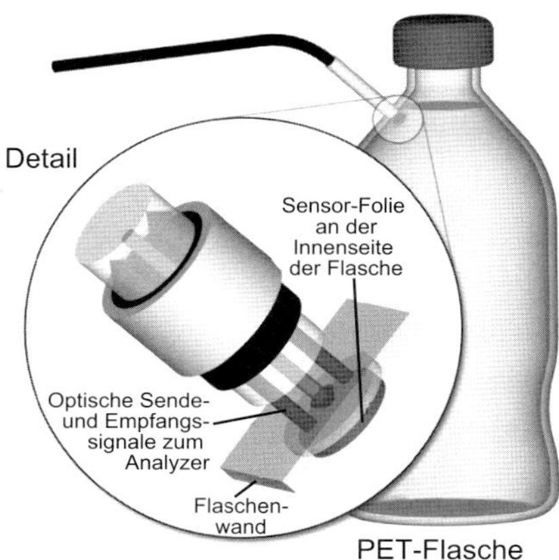

Bild 5.37 O_2-Barriere-Test nach PreSens (Bild: PreSens)

Segmentsgewichtsverteilung

Als Vorbereitung für eine Online-Qualitätssicherung oder auch zur späteren Ermittlung der Maschinenfähigkeit werden Musterflaschen, die alle Spezifikationen erfüllen, mit einem Heißdrahtschneider an exakt definierten Stellen in drei Segmente (Boden, Label- bzw. Mantelbereich und Schulter), bei Hotfill-Flaschen bis zu fünf Segmente, zerschnitten. Diese Segmente werden gewogen und die Segmentgewichte protokolliert. So kann später in der Produktion anhand solcher leicht zu ermittelnden Segmentgewichte von Stichproben die Konstanz der Materialgewichtsverteilung innerhalb der Flaschen in guter Annäherung ermittelt werden. Es wird dann davon ausgegangen, dass auch alle anderen Spezifikationen eingehalten werden, wenn die Segmentgewichtsverteilung stimmt. Andererseits können so unzulässige Schwankungen oder Fluktuationen in der Produktion leicht erkannt werden.

Literatur zu Kapitel 5

[1] *Jahn, H.:* Erzeugnisqualität, die logische Folge von Arbeitsqualität, VDI-Z, 130-4, Seite 4 - 12, 1988

[2] *Gust, P.:* From the Idea to the Blow Moulded Part, Conference Proceedings of 18. CAD-FEM Users' Meeting, International Congress on FEM Technology, 2000

[3] *Ehrenstein, G. W.:* Mit Kunststoffen konstruieren - Eine Einführung, Carl Hanser Verlag, München, 1995

[4] *Fuchs, W.:* Qualitätssicherung im Blasformbetrieb - Auswirkung der Norm EN 29000 - 29004, VDI-K-Buch 1995, VDI-Gesellschaft Kunststofftechnik, Düsseldorf, 1995

[5] *Maier, C.:* Design for Extrusion Blow Moulding, Part 1 - 4, Asian Plastics News 08/09/10/11/2000

[6] *Fukase, H.; Iwaaki, A.; Kunio, T.:* A Method of Calculating the Wall Thickness Distribution in Blow Moulded Articles, Technical Papers Society of Plastic Engineers, Band 24, 1978

[7] *N. N:* Kunststoffverarbeitung im Gespräch, 3. Blasformen, BASF, Ludwigshafen, 1973

[8] *Gust, P.; Geilen, J.:* Festigkeitsanalyse und Prozess-Simulation als Bausteine im Entwicklungskonzept für extrusionsgeblasene Kunststoffhohlkörper, Tagungsband des 16. CAD-FEM Users' Meeting, Bad Neuenahr-Ahrweiler, 2000

[9] *Czichos, H.:* Die Grundlagen der Ingenieurwissenschaft, Akademischer Verein Hütte e. V., 30., 5.13, E 106, Springer Verlag, Berlin, 1996

[10] *Gust, P.; Geilen, J.:* Simulationstechniken beim Blasformen, Seminar der VDI Fachgliederung Kunststofftechnik, Düsseldorf, Blasformen: Grundlagen und Praxis, Bonn, 1998

[11] *Daas, M.:* Keltool - Ein Erfahrungsbericht, Tagungsband zur internationalen Werkzeugbautagung der Industrie und Handelskammer Bonn, der Fachzeitschrift „Der Stahlformenbauer" und der Dr. Reinold Hagen Stiftung, Bad Honnef, 2000

[12] *Gust, P.:* Prozess-Simulation des Extrusionsblasformens von Kunststoffhohlkörpern, Dissertation Universität Siegen, Verlag Dr. Reinold Hagen Stiftung, Schriftenreihe Nr. 6, Bonn, 2001

[13] *N. N:* Extrusion Blow Moulding, Lupolen, Novolen Broschüre B579e, 4.92, BASF, Ludwigshafen

[14] *Brandau, O.:* Bottles, Preforms, Closures - A Design Guide for PET Packaging, PETplanet-print, Vol. 5, PETplanet Publisher Heidelberg, 2005

[15] *N. N: Design Guidelines https://www.epbp.org/design-guidelines/products,* (Internetzugriff April 2019)

[16] *Hopmann, C.; Michaeli, W.:* Einführung in die Kunststoffverarbeitung, Carl Hanser Verlag, München, 2017

[17] *Weterings, A.:* ATZ Extra (2014) 19: 36. *https://doi.org/10.1365/s35778-014-1246-0*, Internetzugriff April 2019

[18] *N. N.:* DIN EN ISO 1167-4:2008-02 Rohre, Formstücke und Bauteilkombinationen aus thermoplastischen Kunststoffen für den Transport von Flüssigkeiten – Bestimmung der Widerstandsfähigkeit gegen inneren Überdruck – Teil 4: Vorbereitung der Bauteilkombinationen

[19] *N. N.:* Kunststoffe – Bestimmung dynamisch-mechanischer Eigenschaften – Teil 1: Allgemeine Grundlagen (ISO/DIS 6721-1:2018)

[20] *N. N.:* Verpackungsprüfung Stoßprüfung – Teil 2: Freier Fall von Kunststoff-Flaschen, DIN 55441-2, 1998

[21] *Lee, N. C.:* Blow Molding Design Guide, Carl Hanser Verlag, München, 2008

[22] *N. N.: DIN 16742* Kunststoff-Formteile – Toleranzen und Abnahmebedingungen, 2013

[23] *N. N.:* ISBT Best Practices for PET Bottle Environments, 2011, *https://www.bevtech.org/assets/manuals/ISBT-Best-Practices-PET-Bottle-Environments.pdf*

6 Der Blasformbetrieb

6.1 Der Extrusionsblasformbetrieb

In Zusammenarbeit mit Jan Burgwinkel und Wolfgang Bonerath (Kunststoff-Maschinen Service GmbH)

6.1.1 Von der Idee zum Produkt

Das Tätigkeitsfeld eines Blasformbetriebs und somit auch das von ihm angebotene Leistungsspektrum richten sich nach den Möglichkeiten auf dem jeweiligen Markt, nach dem Standort sowie nach den unternehmensstrategischen Gesichtspunkten des einzelnen Betriebs.

Auftragsabwicklung

Am Anfang jedes Auftrags steht die Idee für ein neues Produkt. Hier lässt sich eine grundlegende Unterscheidung von Blasformbetrieben festmachen. So gibt es Blasformbetriebe, so genannte *Converter* oder *Custom-Blowmolder*, die weitestgehend nur im Kundenauftrag Blasformteile entwickeln und fertigen. Der Kunde tritt mit seiner eigenen Produktidee an einen Blasformbetrieb heran. Oft liegt zu diesem Zeitpunkt nur eine grobe Skizze oder ein bereits existierendes Teil vor, sei es auf andere Weise hergestellt oder ein von einem Wettbewerber bereits blasgeformtes Teil. Der Blasformbetrieb entwickelt nun dieses Teil für den Kunden oder mit ihm zusammen und produziert es schließlich auf eigenen Anlagen. Solche Blasformbetriebe haben meist einen Kundenstamm, der fast ausschließlich aus Einzelkunden besteht (z. B. Automobilzulieferer). Diese Form ist am häufigsten anzutreffen.

Bei der anderen Form von Blasformbetrieben wird die Produktidee intern selbst generiert, d. h. man entwickelt und produziert ein Blasformteil für sich selbst, um es anschließend eigenständig zu vermarkten. Solche Blasformbetriebe haben sich auf die Bedienung der Bedürfnisse von Massenkunden einer speziellen Branche mittels Standardproduktreihen spezialisiert (z. B. Standard-Flaschen, Kanister, Fässer, IBC Container, Spielwaren), oder sie stellen das Füllgut für einen Verpackungshohlkörper selber her, wie z. B. Haushaltschemikalien, Motoröl, Fruchtsaftgetränke oder Molkereiprodukte. Ein neues Produkt richtet sich dabei nach den Forderungen bzw.

Nachfragen des durch den Betrieb bedienten Marktes, meist ausgelöst durch den Vertrieb.

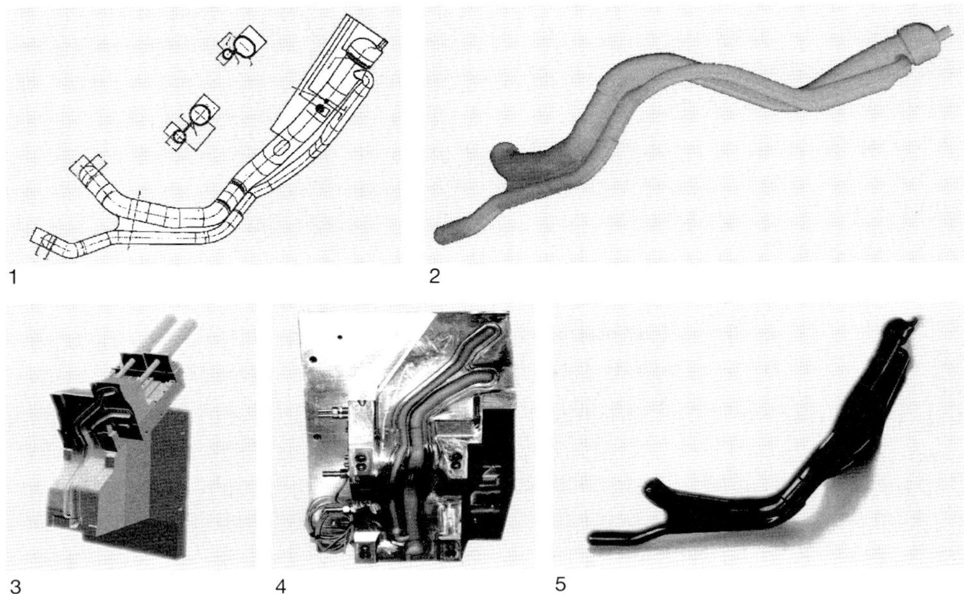

Bild 6.1 Von der Idee zum Bauteil (Bild: Kautex Maschinenbau)

Im Folgenden soll die Auftragsabwicklung innerhalb eines beispielhaften Blasformbetriebs [8] für anspruchsvolle technische Blasformteile dargestellt werden. Dabei wird von dem zuerst beschriebenen Fall eines Blasformbetriebs, der Teile individuell für Kunden entwickelt und produziert, ausgegangen. Unter der betriebsinternen Auftragsabwicklung sind die gesamten Abläufe und Vorgänge innerhalb eines Betriebs zu verstehen, die nötig sind, um, ausgehend von einer Produktidee, eine rentable Serienfertigung aufzubauen und pflegen zu können (Bild 6.1).

Zunächst wird geprüft, ob das Projekt zu den betrieblichen Strategien passt. Wurde entschieden, das Projekt zu bearbeiten, werden im Folgenden die Kunden- und Geschäftsanforderungen definiert. Dies erfolgt z.B. in einem Gespräch zwischen dem Kunden und der Projektleitung. In diesem Dialog werden produktbezogene Informationen bezüglich des Rohstoffs, der Farbe, der Geometrie, der Stückzahl, des Dekors etc. eingeholt. Anschließend erfolgt die interne Machbarkeitsanalyse bzw. Angebotsklärung. Hierzu wird die Anfrage auf strategische Konformität, Wirtschaftlichkeit, technische Machbarkeit und etwaige Risiken geprüft. Dabei wird darauf geachtet, dass sämtliche Kundenanforderungen, gesetzlichen Regelungen und betriebsinternen Forderungen berücksichtigt werden.

Darauf aufbauend werden erste Anlagenkonzepte entwickelt. Hier werden verschiedene Kombinationen bezüglich der Maschinengröße (Schließeinheit), des Extrudertyps mit Dimensionen und Schneckengeometrie, des Kopftyps mit Düsendurchmesser, der Peripherie sowie des benötigten Personals ermittelt. Dies dient gleichzeitig als Grundlage zum Erstellen des ersten Angebots.

Nun erfolgt die endgültige Entscheidung seitens der Projektleitung und des Vertriebs, ob überhaupt ein erstes Angebot mit Herstell-, Investitions- und Versandkosten für den Kunden erstellt wird oder ob das angefragte Projekt aus wirtschaftlichen Erwägungen heraus abgelehnt wird. Bei einer positiven Entscheidung werden im Anschluss alle Anforderungen und Informationen in konkrete Konzepte für Produkt und Prozess umgesetzt. Darauf aufbauend, erfolgt eine Bewertung der verschiedenen Konzeptvarianten. Die optimale Variante dient als Grundlage zur Pflichtenhefterstellung.

In dieser Phase wird die zeitliche und technische Planung der Projektdurchführung bis zum Start der Serienproduktion festgelegt. Unter dem Begriff „Projektdurchführung" ist die Koordination von Personal-, Maschinen- und Peripherieeinsatz, die Beschaffung von Zukaufteilen sowie die Durchführung von Verifizierungstests zu verstehen. Gleichzeitig wird die Planung der Projektdurchführung einer kaufmännischen Analyse bezüglich der Kosten, Investitionen, Preise und Löhne unterzogen. Zusätzlich werden potenzielle Risiken dokumentiert.

Alle Ergebnisse werden in einem Angebotspaket gesammelt und nach interner Freigabe dem Kunden zugestellt. Es schließt sich meist eine Angebotsverhandlung zwischen Kunden und Betrieb an, die je nach Tiefe eine oder mehrere Iterationsschleifen durchlaufen muss, bis ein Kompromiss zwischen Kundenwünschen („utopische" Designervorschläge, niedriger Preis) und Herstellerwünschen (Produzierbarkeit, zufriedenstellender Erlös) gefunden ist. Ist eine Übereinkunft gefunden worden, d.h. stimmt der Kunde dem Angebot zu, erfolgt der schriftliche Kundenauftrag und die Auftragsbestätigung.

Ist dies geschehen, erfolgt die Erstellung eines übergreifenden Projektterminplans von Seiten der Projektleitung in Zusammenarbeit mit dem Projektteam. Es werden wichtige Projektmeilensteine definiert. Des Weiteren wird der Einsatz von Fehler vermeidenden (Simulationssoftware) und Design verifizierenden (Testverfahren) Maßnahmen für die jeweiligen Baustufen geplant. Die Entwicklungsarbeit innerhalb eines Blasformbetriebs teilt sich dabei in drei einzelne parallel zueinander verlaufende Stränge auf (Bild 6.2): die *Produkt-*, die *Fertigungs-* und die *Qualitätsentwicklung*. Die Produktentwicklung beschäftigt sich mit der Entwicklung des blaszuformenden Teiles, wohingegen sich die Fertigungsentwicklung mit der Auswahl und Auslegung der Maschine und der Peripherie beschäftigt. Im Strang Qualitätsentwicklung werden Ideen zur Qualitätssicherung und -prüfung des blasgeformten Teils generiert.

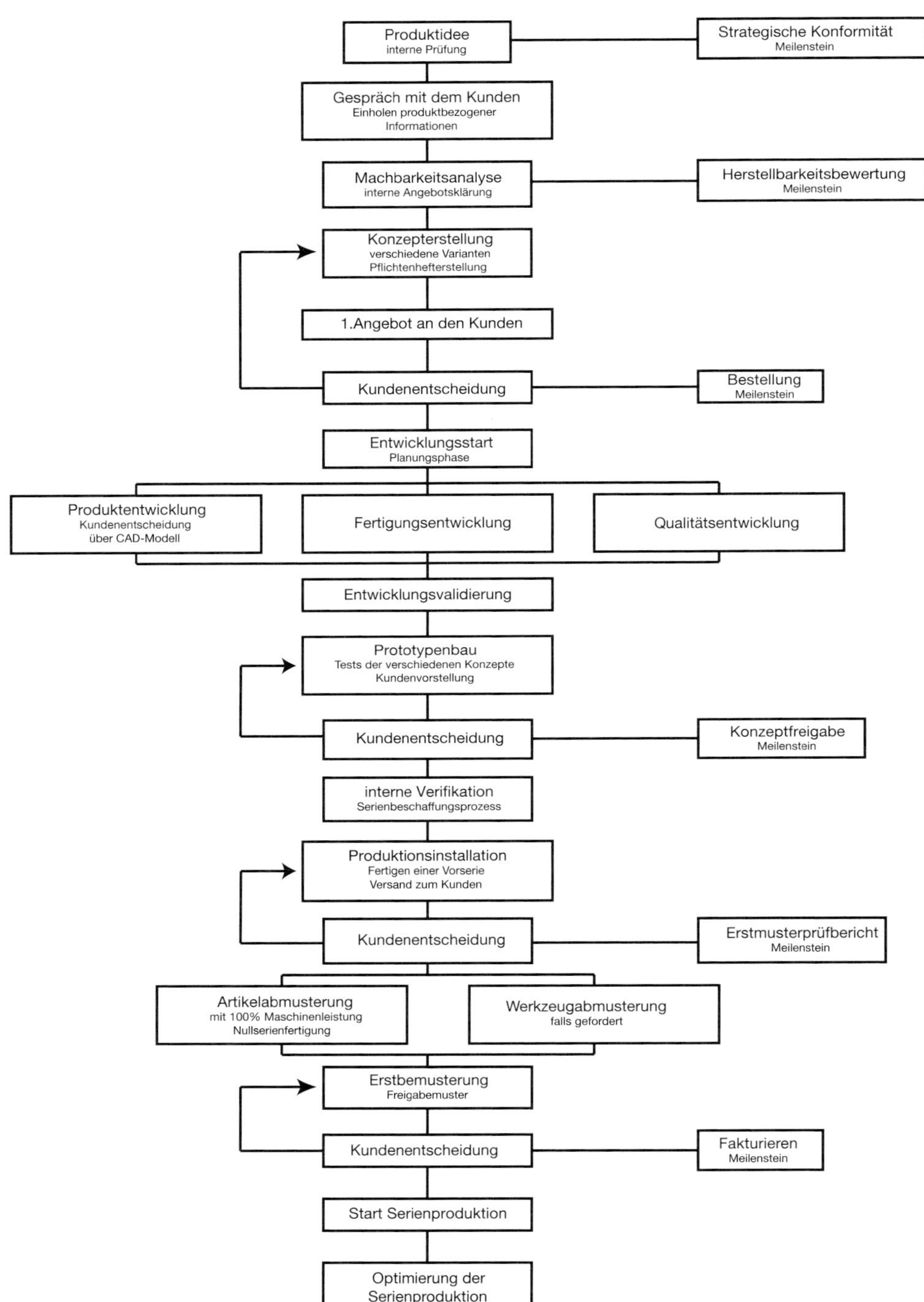

Bild 6.2 Ablaufdiagramm

Produktentwicklung

Ausgangspunkt für die Produktentwicklung sind die vom Kunden gelieferten Informationen über Geometrie, Material, Stückzahlen, Dekor etc. und ggf. auch vom Kunden gelieferte Konstruktionszeichnungen oder bereits CAD-Daten. Aufbauend auf diesen Informationen wird ein Design für das Produkt (blasgeformtes Teil) entwickelt, das einerseits den Anforderungen aus dem Pflichtenheft entspricht und andererseits den Besonderheiten des Blasformprozesses (Forderungen aus der Produktion) wie Schrumpf, Wanddickenverteilung, Faltenbildung etc. Rechnung trägt[1], sodass die geforderte Prozessfähigkeit überhaupt realisiert werden kann. Dieses Design wird dann zum größten Teil in ein dreidimensionales CAD-Modell umgesetzt, das mittels Simulationssoftware (CAE, FEM) digital geprüft und optimiert wird. Dies geschieht meist in enger Absprache mit dem Kunden, da dieser das endgültige Konstruktionskonzept freigeben muss. Ausgehend von diesem Modell werden die zweidimensionalen Fertigungszeichnungen mit den Nennmaßen für das Werkzeug abgeleitet. Parallel zur Produktentwicklung läuft der Zweig der Fertigungsentwicklung.

Bei der Produktentwicklung wird immer mehr auf das 3D-Druckverfahren zurückgegriffen da, dieses Verfahren ein direktes Modell, das sehr nahe an dem Serienprodukt ist, in sehr kurzer Zeit herstellbar ist.

Fertigungsentwicklung

Hier wird das endgültige Anlagenkonzept erarbeitet. Das erste Anlagenkonzept wird auf eventuelle Verbesserungen bezüglich Maschine, Kopf, Extruder sowie der Peripherie überprüft. Unter dem Begriff Peripherie versteht man Zusatzeinrichtungen an bzw. neben der Maschine. Zu solchen Zusatzeinrichtungen zählen Entbutzungseinrichtungen, Dichtigkeitsprüfanlagen, Materialzuführ- und Dosiereinrichtungen, Etikettiermaschinen, Sortieranlagen, Förderbänder, Waagen, Sägen sowie Mühlen (s. auch Abschnitt 2.5). Der Einsatz von solchen Zusatzeinrichtungen richtet sich nach dem Herstellungsprozess an sich und nach dem geforderten Grad der Automatisierung der Anlage.

Qualitätsentwicklung

Der Zweig der Qualitätsentwicklung beschäftigt sich mit dem Sicherstellen der Produktqualität durch fortlaufendes Prüfen der hergestellten Produkte (blasformgeformte Teile). Es werden Prüfmethoden und -verfahren zur Überwachung des Artikelgewichts, der Geometrien und des Volumens entwickelt. Dabei dient das Gewicht als Indikator für die eingesetzte Schmelzemenge. Weiterhin werden je nach Kundenanforderung Belastungsprüfungen wie Fall- und/oder Bruchtests sowie Dichtig-

1 Eine beispielhafte ausführliche Auflistung weiterer Forderungen an eine Griffflasche für Haushaltschemikalien findet sich in [7].

keitsprüfungen geplant, um das Verhalten der hergestellten Teile zu testen und zu dokumentieren. Liegen alle Ergebnisse vor, werden sie mit den internen Erwartungen verglichen.

Entsprechen die Ergebnisse den Erwartungen, wird der Beschaffungsprozess für Equipment und Zukaufteile zum Aufbau erster Prototypenwerkzeuge freigegeben. Es wird mit dem Bau der einzelnen Prototypenbaustufen begonnen. Diese werden intern mittels designverifizierender Maßnahmen bezüglich ihrer Funktion geprüft. Die hergestellten Prototypen werden anschließend dem Kunden vorgeführt. Auch hier können einige Iterationsschleifen durchlaufen werden, bis sich Kundenvorgaben und interne Anforderungen in einem genügenden Maße abdecken.

Ist dieser Kompromiss gefunden, erfolgt die endgültige Festlegung des Designs für Produkt und Prozess, die dann noch einmal auf Produkt- und Prozessfähigkeit überprüft werden sollte. Fällt die Überprüfung positiv aus, wird der Serienbeschaffungsprozess eingeleitet, d.h. Beschaffung von Produktionsequipment, Zukaufteilen, Mess- und Prüfmitteln. Im Anschluss wird die Produktion im Werk aufgebaut und eine Vorserie gefertigt. Diese Teile werden getestet und dem Kunden zugesandt.

Nun beginnt die Validierungsphase; ihr Ziel ist eine Produkt- und Prozessfreigabe. Dazu wird die Produktion unter Serienbedingungen (100% Leistung) getestet. Bei diesen Tests wird die Nullserie erstellt, die teilweise zur Artikelabmusterung zum Kunden geschickt wird. Gleichzeitig laufen interne Validierungstests mit dem Rest der Nullserienteile. Dabei bildet die Kombination von Produktion unter Serienbedingungen und anschließenden Validierungstests die Grundlage für die Erstbemusterung an den Kunden. Das Ziel der Erstbemusterung ist die Kundenfreigabe der Serienproduktion an Hand von Freigabemustern. Die Kundenfreigabe ist gleichzeitig wiederum Grundlage für den Blasformbetrieb zur ersten Rechnungsstellung an den Kunden. Ist auch dies geschehen, wird die Serienproduktion angefahren. Dabei ist noch einmal zu überprüfen, ob alle externen und internen Anforderungen erfüllt sind, da die Freigabe zur Serienfertigung an die Einhaltung dieser Parameter gebunden ist. Als Referenz dient hierbei das kundenseitige Lastenheft sowie das interne Pflichtenheft.

Jetzt beginnt die eigentliche Serienproduktion. Sie umfasst die Herstellung der Artikel sowie deren Transport zum Kunden unter konsequenter Einhaltung der Kundenforderungen in Bezug auf Termin, Qualität und Kosten. Weiterhin wird während der Produktionsphase im Sinne eines *Value Engineering* kontinuierlich an der Verbesserung des Serienfertigungsprozesses gearbeitet. Grundsätzlich bezieht sich dies auf die Beschleunigung des Herstellungsprozesses, die Einsparung von Material und die Verbesserung der Produktqualität. Dies wird einerseits durch die Optimierung verschiedener Prozessparameter wie Wanddickensteuerung, Kühlzeitreduzierung etc. und andererseits durch Optimierung des Werkzeugs sowie der Peripherie erzielt. Dies ermöglicht eine systematische Kostenreduzierung in der Produktion. Einerseits dient diese Vorgehensweise zur Sicherung des Ergebnisses des Blasformbetriebs, andererseits führt eine kontinuierliche Prozessverbesserung aber auch zu qualitativ besseren Produkten und somit zu gesteigertem Kundennutzen (zum Thema Qualitätsmanagement, Umweltmanagement und Arbeitsschutz siehe auch Abschnitt 6.3).

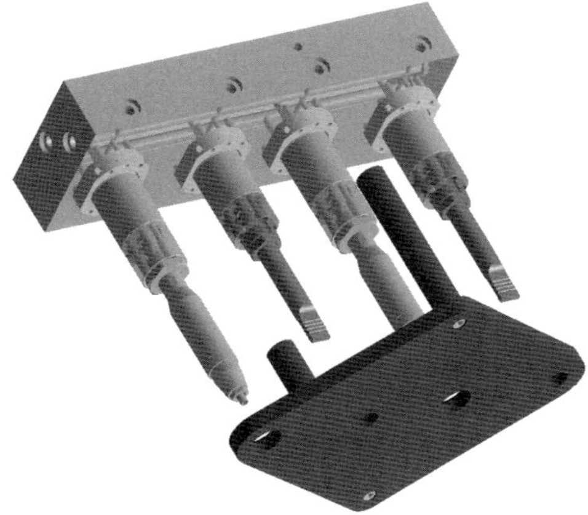

Bild 6.3 Blasdornschnellwechselblock (Bild: Kautex Maschinenbau)

6.1.2 Umrüsten

Blasformbetriebe unterliegen einer kontinuierlichen Herausforderung bezüglich der Lieferbarkeit ihrer Blasformartikel. Eine Möglichkeit zur Erreichung einer stets ausreichenden Lieferbereitschaft ist der Aufbau einer Vorratsfertigung in Kombination mit entsprechender Lagerwirtschaft. Die Herstellung der Artikel eines Auftrags zwischen Auftragserteilung und Liefertermin setzt hingegen eine sehr flexible Fertigungsabwicklung voraus. Beide Vorgehensweisen bringen Risiken mit sich und belasten die Artikelkalkulation mit zusätzlichen Kosten. Im ersten Fall sind dies Kosten für die erweiterte Lagerwirtschaft, im zweiten fallen zusätzliche Kosten für die Umrüstung der Fertigung an. Unabhängig von welchem Fall ausgegangen wird, gilt es, diese zusätzlichen Kosten so gering wie möglich zu halten.

Just-In-Time

Seit geraumer Zeit geht der Trend in mehr und mehr Industriezweigen in Richtung *Just-In-Time*-Lieferung. Als Beispiel für dieses stark gewandelte Liefer- und Abnahmeverhalten sei der Trend in der Automobilindustrie genannt, sich möglichst optimale Losgrößen zu exakten Terminen liefern zu lassen. Viele Automobilzulieferer sind heute Systemlieferanten, die statt des reinen Blasformteils komplette Baugruppen liefern. Solche Baugruppen sind z. B. komplette Kraftstofftanks inklusive aller Anbauteile wie Pumpen, Füllstandgeber, Ventile, Schläuche etc. Bei Automobilbauern, die ihre Fahrzeuge individuell nach Kundenwunsch bauen, ist kein Fahrzeug auf dem Band wie das folgende. Dies führt dazu, dass immer mehr Systemlieferanten ihre Produkte nicht mehr nur Just-In-Time, sondern auch *Just-In-Sequence*, d.h. verschiedene Baugruppenvarianten in der richtigen Reihenfolge direkt ans Band liefern [1, 2].

Eine weitere Herausforderung, der Blasformbetriebe unterworfen sind, sind die am Markt immer schneller wechselnden Trends bezüglich des Verpackungsdesigns. Um sich diesen Trends möglichst schnell anpassen zu können, ist der Aufbau einer flexiblen Fertigung bezüglich der Umrüstbarkeit unabdingbar. Die Forderung nach ständiger Lieferbereitschaft sowie das fortlaufende Anpassen des betrieblichen Leistungsspektrums an die jeweiligen Marktanforderungen führen zwingend zum Aufbau einer flexibel umzurüstenden Fertigung.

Bild 6.4 Hubsäule einer Kopfwerkzeugwechselvorrichtung für große Düsendurchmesser (Bild: Kautex Maschinenbau)

Unter dem Begriff Umrüsten sind sämtliche Tätigkeiten zu verstehen, die bei einem Produktwechsel an Maschine und Peripherie durchgeführt werden müssen. Dazu zählen das Austauschen des Formpakets, des Kopfwerkzeugs (Düse), von Entbutzungswerkzeugen etc. sowie das Ändern der Prozessparameter. Gegebenenfalls muss auch der Kopf getauscht werden, z.B. beim Umstellen von Zweifach-Kanister- auf Vierfach-Flaschenfertigung. Steht zusätzlich noch ein Materialwechsel an, muss möglicherweise auch noch die Schnecke getauscht werden.

Da die Maschinen zur Durchführung all dieser Arbeiten angehalten werden müssen, ist Umrüstzeit unproduktive Maschinenzeit. Dies führt dazu, dass nach Lösungen gesucht wird, die Umrüstkosten durch Reduzierung der Umrüstzeiten zu senken. Durch die moderne Steuerungs- und Regelungselektroniken an den Blasmaschinen lassen sich die Prozessparameter relativ unproblematisch und schnell auf Disketten, CD-R, USB-Sticks oder Festplatten abspeichern und bei Bedarf wieder einspielen.

Anders sieht es beim mechanischen Umbau der Maschine aus. Hier fällt eine Vielzahl von durchzuführenden Arbeiten an. Es müssen die auszutauschenden Blasform-Werkzeugsätze mit den dazugehörigen Zubehörteilen wie Kopfwerkzeug (Mundstück und Dorn), Blas- und Spreizdorne, Entbutzungsmasken etc. sowie zugehöriger Ersatzteile bereitgestellt werden. Zur Beschleunigung der Bereitstellung empfiehlt sich die zentrale Lagerung kompletter Formpakete auf entsprechend gekennzeichneten Paletten [9].

Nach dem Austausch aller artikelabhängigen Teile muss die Maschine entsprechend justiert werden, damit alle Maschinenteile exakt positioniert sind, um ein problemloses Neuanfahren zu gewährleisten. Parallel muss das ausgewechselte Werkzeug mit den zugehörigen Zubehörteilen gereinigt, gewartet und möglichst als zusammengehöriges, komplettes Paket eingelagert werden.

Zur Minimierung der Umrüstzeit hat sich der Einsatz von Schnellwechselsystemen etabliert. Voraussetzung für einen schnellen Wechsel ist eine gute Zugänglichkeit zum Werkzeug- bzw. Kopfbereich der Maschine. Dies kann z. B. durch eine vollständige Wegschwenkbarkeit der vor diesen Bereichen liegenden Maschinenteile, unterstützt durch große Maschinentüren mit weiten Öffnungswinkeln, erreicht werden. Die Werkzeughälften sowie die Formaufspannplatten sind mit Indexpunkten versehen. Dies gewährleistet ein genaues Wiederpositionieren des Werkzeugs auf der Maschine. Dabei werden die Werkzeuge entweder von hinten durch die Aufspannplatten hindurch angeschraubt, meist jedoch von vorn aufgepratzt oder hydraulisch gespannt. Die benötigten Verbindungen wie Kühlwasservor- und -rücklauf, Hydraulik-, Pneumatik- und elektrische Anschlüsse werden mit Schnellkupplungen hergestellt. Eine bezüglich der Zeitersparnis noch effizientere Methode ist die Integration von Multischnellkupplungen (Stäubli, Johns etc.) einerseits in die Formaufspannplatten und andererseits in die Werkzeugrückseiten. So werden alle Verbindungen direkt beim Aufspannen der Werkzeughälften auf die Formaufspannplatten hergestellt.

Als Nächstes wird der Blasdorn z. B. mittels Schnellspannring in der Maschine befestigt und über Schnellspannknebel gegen einen Festanschlag positioniert. Bei Mehrfachköpfen können komplette Blasdornschnellwechselblöcke (Bild 6.3) zum Einsatz kommen. Die Verbindung des Blasdorns mit dem Kühlsystem der Maschine erfolgt über eine Schnellkupplung. Das Gleiche gilt für den Blasluftanschluss. Auch hier kann der Einsatz einer Multischnellkupplung helfen, Zeit beim Umrüsten zu sparen.

Auch bei der Kopfbefestigung kommen Schellwechselverschlüsse zum Einsatz. Zwei beispielhafte Möglichkeiten hierfür sind ein Warzenverschluss mit Spannexzentern oder ein Bajonettverschluss mit hydraulischer Spannvorrichtung [3]. Der Extruder kann aus der Maschine seitlich herausgeschwenkt werden, was besonders bei großen Maschinen mit großen Köpfen deren Austausch wesentlich erleichtert. Weiterhin kann in dieser Position die Schnecke gewechselt werden. Mittels entsprechender Ausdrehvorrichtungen kann der Extruderantriebsmotor dazu genutzt werden, die Schnecke nach vorne aus der Buchse herauszudrücken.

Aber nicht nur der Kopf selbst wird mit Schellwechselsystemen befestigt. Um noch flexibler in der Maschinenauslegung zu sein, hat sich der Einsatz solcher Schnellwechselverschlüsse auch zum Befestigen der Düse am Kopf durchgesetzt. Gerade bei großen Düsendurchmessern muss ein sicherer Umgang beim Tausch der noch heißen Maschinenteile wie z. B. Mundstück und Dorn gewährleistet sein. Hierzu bedient man sich spezieller, für die jeweiligen Werkzeuge angepassten Montagehilfen. Diese können, je nach Größe der auszuwechselnden Teile, Kran- oder Gabelstapleradapter, aber auch komplette hydraulische oder elektrische Hubtischanlagen sein. Solche Kopfwerkzeugwechselhilfen können als Plattform in die geöffnete Schließeinheit gehängt oder bei Shuttlemaschinen auf Rädern oder mit Gabelstapler unter den Kopf gefahren und dort in die Nähe der Düse angehoben werden. Eine elektrisch oder hydraulisch angetriebene Hubsäule kann die schweren heißen Kopfwerkzeugteile unmittelbar unter dem Kopf aufnehmen, ohne dass sie von Mitarbeitern gehoben werden müssen (Bild 6.4). Auch die Entbutzungs- und Entnahmesysteme müssen umgerüstet werden. Die Stanzmasken der Entbutzung werden gegenüber der Stanzvorrichtung über mehrere Bolzen fixiert und verschraubt.

Nachdem die Maschine mit den zuvor beschriebenen Rüsthilfen umgerüstet und justiert ist, erfolgt die artikelbezogene Einstellung der Prozess- bzw. Produktionsparameter wie Temperaturen (Zonen der Maschine und Soll-Schmelzetemperatur), Zeiten, Drücke, Wanddickenprogramm usw. Sie sind artikel- sowie maschinenbezogen digital auf Datenträgern der jeweiligen Maschine oder zentral in einem Netzwerk gespeichert, damit sie jederzeit und überall im gesamtem Betrieb zu Verfügung stehen.

Da sich die Möglichkeit der nachträglichen Integration Rüstzeit sparender Maßnahmen in bestehende Produktionsanlagen konstruktionsbedingt meist auf den Einsatz von Schnellkupplungen beschränkt, sollte schon in der Planungsphase neuer Produktionen dieser Aspekt mit Blick auf eine möglichst flexible Fertigung berücksichtigt werden. Um dieser Forderung gerecht zu werden, ist darauf zu achten, dass der Maschinenpark sowie die dazugehörigen Nachfolgeeinrichtungen weitestgehend standardisiert aufgebaut werden. Alle Formen sollten auf identische Formplatten montiert, die Nachfolgeeinrichtungen mobil und für den Einsatz an jeder Maschine ausgelegt sein. Sämtliche Maschinen sollten gut zugänglich und alle mit den gleichen Schnellwechselsystemen ausgerüstet sein. Die einzelnen Formpakete, bestehend aus Werkzeughälften einschließlich der montierten Masken, Extrusionswerkzeug (Düse) mit entsprechendem Ersatz, Blas- und/oder Spreizdorne sowie ggf. benötigte Nachbearbeitungswerkzeuge sollten palettiert zentral gelagert werden [9].

6.1.3 Layout eines Blasformprozesses

Ein Muster oder eine Zeichnung des zu blasenden Artikels ist üblicherweise der Ausgangspunkt beim Auslegen eines Blasformprozesses. Die Anzahl der pro Jahr benötigten Blasformteile führt in der Regel zur Auswahl des Maschinentyps, der Anzahl der Köpfe/Kavitäten, der Extrudergröße und der Schließkraft.

Im folgenden Beispiel werden jährlich 7,2 Mio. Flaschen benötigt (PE-HD, 1000 ml, Höhe 251 mm, Durchmesser 88 mm, Halsdurchmesser 48 mm, Nettogewicht 38 g). Die Zykluszeit für eine solche Flasche von ca. 11 s führt zu einer Ausstoßleistung von ca. 330 Flaschen/h pro Kavität (Erfahrungswert).

7,2 Mio. Flaschen pro Jahr führen bei einer jährlichen Produktionszeit von 6000 h zu einer benötigten Ausstoßleistung der Maschine von 1200 Flaschen/h. Dies bedeutet, dass eine vierfache Produktion erforderlich ist: So werden tatsächlich 4 × 330 = 1320 Flaschen/h produziert.

Der erforderliche Düsendurchmesser bestimmt die Größe des auszuwählenden Schlauchkopfs. Im vorliegenden Beispiel weist die Flasche eine Bodenquetschnaht auf, die sich fast über den gesamten Durchmesser der Flasche erstreckt. Das bedeutet, dass der Vorformling eine flachgelegte Breite von ca. 80 mm haben muss. Der Durchmesser *d* des Vorformlings mit einem Umfang von 2 × 80 mm ist somit

$$d = \frac{160\ mm}{\pi} \approx 51\ mm \tag{6.1}$$

Dies ist jedoch nur ein theoretischer Wert. Auf Grund des Düsenschwellens muss der tatsächliche Düsendurchmesser mit einem Korrekturfaktor ermittelt werden. Das viskoelastische Verhalten der thermoplastischen Rohstoffe führt auch zu einem Schwellen in Wanddickenrichtung und somit zu Änderungen in der Vorformlingslänge. Diese haben aber keinen Einfluss auf den zu wählenden Düsendurchmesser. Sie gehen lediglich in die Einstellung der Maschinenparameter ein.

Der Korrekturfaktor zur Düsenauslegung hängt von einer Reihe von Randbedingungen ab – diese sind beispielsweise die Fließweggeometrie im Kopf, die chemische Struktur des Materials, die Extrusionsgeschwindigkeit (bzw. die Ausstoßgeschwindigkeit bei Akkuköpfen) und die entsprechenden Temperatureinstellungen – und ist in der Regel ein Erfahrungswert.

Für eine bestimmte Kombination von Randbedingungen kann der Faktor im vorliegenden Beispiel mit 0,8 für PE-HD angenommen werden. Mit diesem Faktor ergibt sich in diesem Beispiel (Akkukopf) ein Düsendurchmesser von ca. 41 mm. Es muss also ein 4-fach Kopf mit einem maximalen Düsendurchmesser von 50 mm gewählt werden. Der Artikeldurchmesser von 88 mm und ein empfohlener Abstand von ca. 20 mm zwischen den Kavitäten führt zu einem minimalen Mittenabstand von 110 mm. Mit dieser Information kann ein Schlauchkopf ausgewählt werden.

Die auszuwählende Maschine muss eine Aufspannplattenbreite von mindestens 4 × 88 mm (Flaschenbreite) + 3 × 20 mm (Abstände zwischen den Kavitäten) + 2 × 40 mm an den Außenseiten für Kühlbohrungen und Formführungsstifte d.h. B = 492 mm aufweisen. Das Nettogewicht von 38 g plus einem geschätzten Butzenanteil von 30 % führt zu einem Bruttogewicht von ca. 50 g. Dies führt zu einer benötigten Extruderausstoßleistung von 1320 × 50 g = 66 kg/h. Das heißt: ein Extruder mit 60 mm Durchmesser wird benötigt (Erfahrungswert bzw. technisches Datenblatt eines Maschinenherstellers).

Die Länge der Schneidkante für jede Flasche beträgt 80 mm am Boden und ca. 30 mm an jeder Schulter, insgesamt also 560 mm für vier Flaschen. Der Anhaltswert für die erforderliche Schließkraft für PE-HD beträgt 120 N/mm:

$$560\ \text{mm} \cdot 120\ \text{N/mm} = 67\,200\ \text{N} \tag{6.2}$$

Dies bedeutet eine Schließkraft von 6,8 t.

Verglichen mit der projizierten Artikelfläche (vereinfacht): vier Flaschen, Höhe 251 mm, Durchmesser 88 mm, projizierte Flaschenoberfläche ca. 95 %

$$4 \cdot 251\ \text{mm} \cdot 88 \cdot 0{,}95 \cdot 8 \cdot 10^{-1}\ \text{N/mm} = 67\,147{,}52\ \text{N} \tag{6.3}$$

führt dies ebenfalls zu einer erforderlichen Schließkraft von 6,8 t.

Es ist nicht in jedem Fall so, dass die Werte für die Schließkraft, die sich aus der Schneidkantenlänge und der projizierten Artikeloberfläche ergeben, gleich groß sind. Es sind in jedem Fall beide Werte zu ermitteln und die Schließkraft nach dem höheren Wert auszulegen. In diesem Fall ist eine Maschine mit einer Schließeinheit zu wählen, die mindestens 7 t Schließkraft aufweist.

6.2 Der PET-Blasformbetrieb

Der Blasformbetrieb als reiner Kunststoff verarbeitender Betrieb zur Herstellung von PET-Flaschen hat in den letzten zehn Jahren stark an Bedeutung verloren. Während in den 90er Jahren noch der überwiegende Anteil der PET-Flaschen von so genannten „Convertern“, also Kunststoffverarbeitern (Converter – konvertiert das Kunststoffgranulat zu Preforms und ggf. zu Flaschen), hergestellt wurde, werden die Flaschen heute zumeist direkt in der Abfülllinie hergestellt. Die Flaschenherstellung ist also „vertikal integriert“. Bei diesen integrierten Blas- und Abfülllinien werden die Flaschen von der Streckblasmaschine direkt in den Füller geleitet und durchlaufen anschließend alle Aggregate bis zum Palettierer.

Im Fall der integrierten Blas- und Abfülllinie wird die Produktion der PET-Flaschen gelegentlich von einem Kunststoffverarbeiter im Werk des Abfüllers betrieben (sog. Betreiber-Modelle, „Through-the-Wall").

Für die PET-Flaschenproduktion gibt es somit prinzipiell drei unterschiedliche Modelle:

1. Der Kunststoffverarbeiter (Converter) stellt PET-Flaschen her und liefert diese an seine Kunden.
2. Der Abfüller stellt die PET-Flaschen in seiner integrierten Blas-/Abfülllinie her und kauft die Preforms vom Preform-Hersteller (Converter).
3. Der Abfüller beauftragt einen Converter damit, die PET-Flaschen in der integrierten Blas-/Abfülllinie herzustellen.

Das Modell der integrierten Blas-/Abfülllinien hat sich aufgrund vieler *Vorteile* durchgesetzt:

- Einsparung von Kosten für den Transport leerer Flaschen (hohes Transportvolumen);
- Einsparung von Material für die Transportverpackung leerer Flaschen;
- geringere Gesamtinvestition, da die Palettierung/De-Palettierung entfällt;
- weniger Lagerhaltung (weniger Sorten und geringere Fläche an Preformlager);
- reduzierte Gefahr von Verschmutzungen in den Flaschen;
- höhere Flexibilität für Produktwechsel.

Demgegenüber findet die Preformherstellung noch immer in großem Maße bei den Convertern statt. Für den zumeist verwendeten zweistufigen Streckblasprozess sind die Preform- und Flaschenherstellung ohnehin fast immer voneinander getrennt, so dass sich für den abfüllenden Betrieb keine besonderen technischen Vorteile durch die eigene Preformherstellung ergeben. Darüber hinaus sind heute für viele Anwendungen Preformgewichte und -geometrien fast standardisiert, da aufgrund des großen Marktes, dem entsprechenden Preformbedarf, der Beschaffung bei meist mehreren Herstellern und der Produktion von mehreren Abfüllern für die gleichen Kunden sich auch die Hauptabmessungen der Flaschen angeglichen haben. Werden jedoch große Produktionsvolumina (≥ 200 Mio.) gleicher Preforms oder von Preforms mit speziellen Gewindeabmessungen, Gewicht bzw. Geometrien verarbeitet, so ist wiederum die Integration der Preformherstellung häufig wirtschaftlich sinnvoll.

Somit sind heute selbst bei kleineren Abfüllbetrieben integrierte Blas-/Fülllinien installiert. Größere Betriebe produzieren oft zusätzlich die Preforms und haben somit die gesamte Wertschöpfungskette vom Granulat bis zur Palette der abgefüllten Produkte integriert („vertikale Integration"). Diese Integration wurde von einer Reifung der Technologie begünstigt, wodurch die Produktion von PET-Preforms oder -Flaschen heute kein Spezialwissen mehr erfordert.

Integrierte Blas- und Abfülllinien sind heute weitgehend automatisiert und hinsichtlich eines Betriebs durch einen Abfüller ohne das Spezialwissen des Kunststoffverarbeiters optimiert, wenngleich natürlich geschultes Bedienpersonal notwendig ist. Die optimale Gestaltung von integrierten Blas-/Abfülllinien hat das *Ziel*, den Betrieb hinsichtlich:

- höchster Produktqualität und geringster Produkt- sowie Materialverluste,
- maximaler Produktivität und Effizienz der Linien,
- hoher Flexibilität bezüglich Verbrauchsmaterialien und Produkten
- idealer Bedingungen in Bezug auf Hygiene bzw. Reduzierung des Risikos von Kontamination des Produktes,
- optimaler Aufstellung und damit niedrigstem Personalbedarf,
- höchstmöglicher Modularität in Bezug auf Installation, Wartung sowie Ersatz- und Verschleißteile,
- idealer Integration der Steuerungen aller Aggregate für optimale Analyse und Steuerung des Betriebs der Linien sowie
- geringstmöglichen Gesamtenergieverbrauchs der Produktion

zu optimieren.

Bezüglich der Leistung und des Betriebs der Blasmaschinen in einer integrierten Blas-/Abfülllinie sind drei weitere Punkte von großer Bedeutung:

- Während bis zum Ende der neunziger Jahre die Produktionsleistung noch von der Mechanik und Steuerung der Aggregate wie der Blasmaschine, aber auch der gesamten Linie abhängig war, ist heute die Prozesstechnik sowie die Flaschenqualität bei vielen Behältern der maßgebliche Faktor. So sind heute die Kühlzeiten der Flaschen in den Blasformen bei großen Flaschenvolumen bzw. bei besonderen Flaschenkonturen – und hier besonders der Bodengeometrien – oft länger als die durch die Maschinentechnik vorgegebene Prozesszeit. Die möglichen prozess- oder verfahrenstechnischen Leistungen sind durch Einrichtungen wie Bodennachkühlung nach der Blasform oder Kühlung des Bodenzentrums durch Anblasen durch die Reckstange zwar deutlich gestiegen, aber auch die maximalen mechanischen Leistungen der Blasmaschinen sind regelmäßig gesteigert worden. Somit wird auch heute oft die Produktionsleistung der Blasmaschine durch das Flaschendesign, das Gewicht und die Spezifikation begrenzt.
- Der Ausstoß von Blasmaschinen kann aktuell nur schwer geregelt werden. Dies liegt einerseits daran, dass die Regelung der Heizung träge ist. Andererseits hat die Aufheizung des Preforms auch eine Wärmeleitungskomponente und deshalb liefert eine kürzere Verweilzeit mit dafür höherer Heizleistung nicht das gleiche Ergebnis im Preform. Außerdem ist die Ausgleichszeit zwischen Heizen und Blasen durch den mechanisch an die Maschinengeschwindigkeit gekoppelten Transfer bei unterschiedlichen Maschinengeschwindigkeiten unterschiedlich und auch

das sorgt für einen anderen Durchwärmungszustand des Preforms. Dem zufolge ist dann auch das Ergebnis des Streckblasprozesses, die geblasene Flasche, unterschiedlich. Um Energie zu sparen, wird bei einem Stop der Blasmaschine nach einer gewissen Zeit die Ofentemperatur abgesenkt. Um Materialverluste zu reduzieren werden bei einem Stopp der Folgemaschine die Preforms, die bereits in die Maschine gefördert wurden, zu Flaschen verarbeitet, bevor die Maschine gestoppt wird. Dies sind bei einer typischen Linienleistung von 30 000 Flaschen/h und einer typischen Heiz- und Transferzeit von 20 s ca. 170 Flaschen. Beim Anfahren einer Blasmaschine muss die Heizstrecke zunächst mittels Strahler und Gebläse wieder auf eine stationäre Temperatur vorgeheizt werden, bevor die Preforms in die Maschine eingegeben und beheizt werden. Bei einer typischen Vorheizzeit von 1 min und typischen Heiz- und Blaszeiten entspricht diese Verzögerung beim Anfahren einer Blasmaschine (mit einer Leistung von wiederum 30 000 Flaschen/h) einer Produktion von 750 Flaschen. Diese Darstellungen machen deutlich, dass ein Start-/Stopp-Betrieb bei einer Blasmaschine zu stark instationären Verhältnissen führen würde.

Generell gilt für die Auslegung von Produktionslinien, dass die Leistung der unterschiedlichen Aggregate immer so zu bemessen ist, dass das sensibelste Aggregat – das Leitaggregat – geschützt wird. Dies wird dadurch erreicht, dass vor- und nachgelagerte Aggregate und Puffer so bemessen sind, dass sich kleinere Störungen und Produktionsunterbrechungen nicht auf den Betrieb des Leitaggregats auswirken. In einer traditionellen Fülllinie war dies immer die Füllmaschine. Heute ist üblicherweise das Leitaggregat die Füllmaschine oder das Blocksystem in Verbindung mit der Blasmaschine. Generell tritt ein schlankes Anlagendesign in den Vordergrund in welchem Maschinen ohne Puffer oder mit reduzierten Puffern verbunden werden. Hier treten Technologien in den Vordergrund welche Störungen vermeiden. Zudem gilt es ein Umfeld zu generieren, welches auf die Vermeidung von Störungen fokussiert, anstatt Sicherheiten für möglichen schlechten Betrieb zu integrieren

Somit ist die Auslegungsregel für Fülllinien derart, dass die Nominalleistung der Aggregate von der Blasmaschine bis zum Palettierer stetig zunimmt. Dies wird im sogenannten V-Profil einer Anlage abgebildet. Puffer sind so zu dimensionieren, dass sie mindestens die Flaschen eines Anfahrts- und eines Abfahrtsvorgangs des vorausgehenden Aggregats aufnehmen können und auch bis zur nächsten Störung möglichst wieder regeneriert werden können.

Die ideale Konfiguration einer komplexen Blas-/Abfülllinie wird heute mittels aufwändiger Rechnerprogramme ermittelt. Diese Rechnerprogramme simulieren den Betrieb der Linie bei typischen Störungen. Dazu werden Daten über das Störungsverhalten der Aggregate empirisch ermittelt und in die Programme eingegeben. Dies sind unter anderem:

- Nominalleistung,
- Fehlerhäufigkeit,

- typische Dauer zur Fehlerbeseitigung,
- Verzögerungen beim An- und Abfahren der Aggregate.

Ein weiterer Aspekt, der die Linienauslegung beeinflusst, ist die ständige Reduzierung der Flaschengewichte in den vergangenen Jahren. Dies hat dazu geführt, dass sich die Gestaltung und Konstruktion der Fülllinien an den geringen mechanischen Eigenschaften der PET-Flaschen zu orientieren hatte. Dies ist besonders für die noch leeren PET-Flaschen und damit für das System aus Blas- und Abfüllmaschine von Bedeutung.

Klassisch erfolgt der Transport der Flaschen von der Blasmaschine in die Folgemaschine über eine Luftförderstrecke, die gleichzeitig auch als Puffer dient. Die heute weitaus häufigere Variante ist die direkte Blockung der Nassteilmaschinen (der Nassteil umfasst alle Maschinen bis zur Komplettierung der gefüllten, verschlossenen Flasche (der Primärverpackung)), sei es als Blas-Füll-Block oder sogar als Blas-Etikettier-Füll-Block.

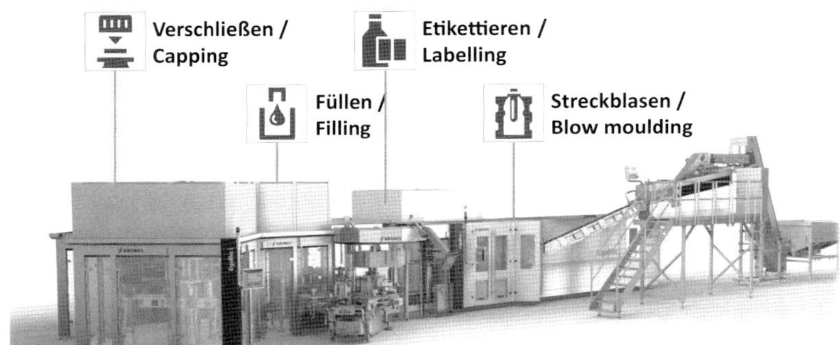

Bild 6.5 ErgoBloc L (Bild Krones)

Die kompakte geblockte Aufstellung der Maschinen reduziert den Platzbedarf, den Bedarf an Bedienpersonal und die Energie- und Medienverbräuche. Voraussetzung um diese Vorteile nutzen zu können ist natürlich zuverlässige Technologie sowie einwandfreie und konstante Qualität der Verbrauchsmaterialien.

Diese Blocksysteme verfügen auch über einen mechanischen Transfer der Flaschen, in der Regel im Neckhandling. Auch der Verschließer ist in diese „Mono-Blöcke“ integriert, wodurch keine ungefüllten, unverschlossenen Flaschen mehr konventionell transportiert werden müssen. Gegenüber den ungefüllten Flaschen sind die gefüllten, verschlossenen Flaschen dann deutlich stabiler und dementsprechend einfacher zu transportieren als die leichtgewichtigen, leeren Flaschen. Die Konzeption der Blas-/Fülllinien in Hinblick auf die Hygiene richtet sich nach der Forderung, das Risiko einer Kontamination im so genannten „produktoffenen Bereich“ weitestgehend zu vermeiden. Dies ist der Bereich, in dem unmittelbar befüllt wird, d. h. die Flasche noch nicht verschlossen und somit das Produkt noch nicht durch die Verpackung geschützt ist. Dieser Bereich ist die Zone mit den höchsten hygienischen Anforderungen. Die Hygieneanforderungen nehmen von diesem Bereich in beide Richtungen der Produktionslinie ab. Zumeist ist der „produktoffene Bereich" mit einem Überdruck an gefilterter Luft versehen, der das Risiko von Kontaminationen aus den benachbarten Bereichen verringert. Für diesen Bereich gelten Hygieneanforderungen, wie sie in der Lebensmittelindustrie typisch sind. Die Hygienestandards im Bereich der Blasmaschine und des Flaschentransports sind ebenfalls höher als jene im Bereich der Sekundärverpackung zum Ende der Fülllinie. Bei der Flaschenherstellung sollte die Kontamination der Flaschen durch Stäube oder Partikel minimiert werden. Häufig werden die Flaschen dennoch am Einlauf zum Füller mit Wasser oder Luft ausgespült („gerinst", Flaschenrinser). Auch bezüglich der Hygiene bieten Blas-Füll-Blöcke natürlich Vorteile.

An diesen „Nassteil" schließt sich dann der „Trockenteil" mit Behältertransportbändern, Shrinkpacker (zur Herstellung der Folien-Gebinde) und Palettierung an.

6.3 Qualitätsmanagement, Umweltmanagement und Arbeitsschutz

6.3.1 Qualität

Nach DIN EN ISO 9000:2015-11 ist Qualität definiert als: „Grad, in dem ein Satz inhärenter Merkmale eines Objekts Anforderungen erfüllt". Ein Objekt kann ein Produkt, eine Dienstleistung, ein Prozess oder eine Organisation (Abteilung, Unternehmen) sein. Die vorgegebenen Forderungen können festgelegt oder vorausgesetzt sein und ergeben sich im Allgemeinen aus dem Verwendungszweck (Art des Gebrauchs). Analog zu dieser Definition verbindet man mit dem Begriff Qualität zunächst produktbezogene Eigenschaften, wie

- Aussehen,
- Funktion,
- Zuverlässigkeit,
- Lebensdauer,
- Produktsicherheit.

Jedoch bestimmt heute die Güte der internen Abläufe die Leistungsfähigkeit und den wirtschaftlichen Erfolg eines Unternehmens. Es zählen nicht nur das Ergebnis, sondern auch wie und mit Einsatz welcher Mittel ein Ziel erreicht oder ein Produkt entwickelt und gefertigt wird. Auf diese Forderungen gehen die Methoden des Qualitätsmanagements ein.

6.3.2 Qualitätsmanagement

Qualitätsmanagement ist zum festen Bestandteil der Organisationsformen der Unternehmen geworden und hat auch für die Blasformbetriebe weiter an Bedeutung zugenommen. War es zu Beginn eine Pflichtübung, um die Kundenforderungen zu erfüllen, werden mit Einführung neuer Normen wie z. B. die der IATF 16949:2016 [10] diese häufiger als Organisationsmittel zur Restrukturierung von Unternehmen in eine prozessorientierte Organisationsform genutzt.

Das Qualitätsmanagement umfasst die klassischen Methoden der Qualitätskontrolle, -verbesserung, -sicherung und Qualitätsplanung, versucht aber analog zur Produktentwicklung durch Anwendung von z. B. der Methode FMEA (Failure-Mode-Effect-Analysis), möglichst früh die Fehlerentstehung zu reduzieren oder ganz auszuschließen (Bild 6.6). Als Beispiel kann hier die Auslegung einer Aufnahmevorrichtung zum Entbutzen genannt werden. Man analysiert, ob das Blasteil fehlerhaft eingelegt werden kann. Ist es möglich, kann diese Fehlerquelle – oft durch Anbringen einfacher Stifte, die es unmöglich machen, das Fehlerhafte einzulegen – ganz ausgeschlossen werden.

Ein Beispiel für einen Grundansatz der Qualitätsphilosophien ist der Deming-Zyklus als eine Methode zur Problemanalyse. Zu unterteilen ist die Methode in die Phasen Plan – Do – Check und Act (PDCA). Ausgehend von einem bestimmten Thema oder Problem, lässt sich so der Ist-Zustand darstellen und analysieren, außerdem können konkrete Maßnahmen abgeleitet werden [4].

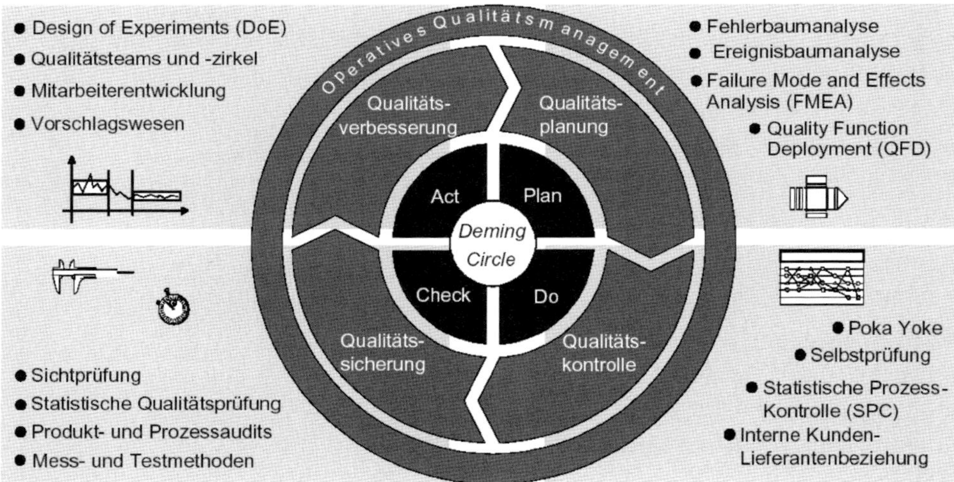

Bild 6.6 Methoden des Qualitätsmanagements im „Deming-Circle“ [4]

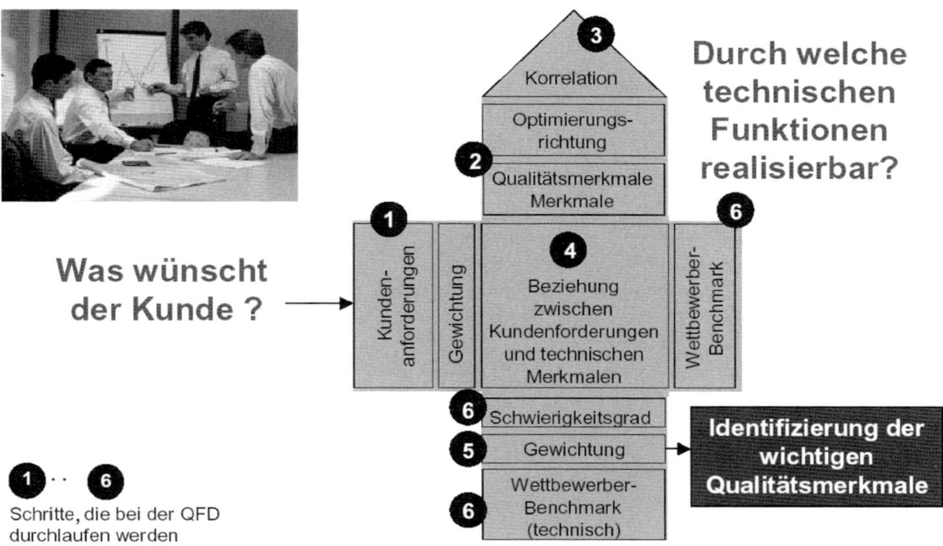

Bild 6.7 Methode des Qualitätsmanagements: Quality-Function-Deployment [4]

Plan: Identifikation der Problemursache, Erarbeiten und Priorisierung alternativer Lösungsansätze

Do: Formulierung konkreter Maßnahmen und ihre Umsetzung

Check: Bewertung und Vergleich des erreichten Zustandes mit den gesetzten Zielen

Act: Bei ungenügendem Ergebnis (siehe Check) muss dieses nachgebessert werden.

Eine weitere Methode des Qualitätsmanagements, die zu Beginn der Entwicklung steht und im Besonderen die Kundenforderungen analysiert und gewichtet, ist das Quality-Function-Deployment, kurz QFD (Bild 6.7). In der QFD werden folgende Arbeitsschritte durchgeführt:

- Ermittlung der Kundenanforderungen durch Markt- und Kundenbefragungen. Einteilung der Anforderungen in verschiedene Gruppen und Bestimmung der Wichtigkeit der Anforderungen gegeneinander, um Wichtiges von Unwichtigem zu unterscheiden.
- Ableitung von für die Realisierung der Kundenanforderungen notwendigen technischen Funktionen und Qualitätsmerkmalen.
- Bestimmung der Korrelationen zwischen Kundenwünschen und den Qualitätsmerkmalen durch Gewichtung der Beziehung (z. B. starke Beziehung = 9; weniger starke Beziehung = 1).
- Berechnung der Bedeutung des technischen Qualitätsmerkmals aus der Gewichtung des Kundenwunsches und der Beziehungsstärken. Hierdurch kann eine Fokussierung auf die gegenüber dem Kunden wichtigen Funktionen und Merkmale erreicht werden.

- Ergänzt wird die Bewertung der technischen Qualitätsmerkmale um eine Bewertung der Schwierigkeit einer technischen Realisierung und um ein Wettbewerber-Benchmark, d.h. eine vergleichende Einordnung gegenüber der Stellung im Markt.

FMEA

Eine häufig in der Automobil- bzw. in der Zulieferindustrie angewendete Methode ist auch die FMEA (Failure-Mode-Effect-Analysis). Die FMEA wurde Anfang der 60er Jahre in der Raumfahrt (Apollo-Projekt der NASA) entwickelt und eingeführt. Nach der Nuklear- und Luftfahrtindustrie findet sie seit ca. 1977 auch verbreitet Anwendung in der Automobilindustrie. Die FMEA ist eine wirksame Methode, um bei der Entwicklung oder Herstellung eines Produkts möglicherweise auftretende Fehler so rechtzeitig zu erkennen, dass Fehlerverhütungsmaßnahmen noch wirksam werden. Man unterscheidet zwischen FMEA-Prozess und FMEA-Design.

Tabelle 6.1 Fehler und Abhilfen beim Blasformen [5]

Fehler / Mögliche Abhilfe	Matte Oberfläche	Schlechte Schweißnaht	Gewicht zu hoch	Ungleiche Wanddicke
Verarbeitungs-temperatur erhöhen	X	X		
Verarbeitungs-temperatur senken		X	X	X
Düsentemperatur erhöhen	X		X	
Blasformtemperatur senken		X		
Schneckendrehzahl senken				X
Formschießen verzögern		X		
Aufblasluft früher		X		X
Aufblasdruck erhöhen	X	X		X
Stutzluft bzw. vorblasen				X

Fehlerbehebung

Werden in der FMEA mögliche Fehler entdeckt, müssen diese natürlich auch abgestellt werden. In Tabelle 6.1 sind Maßnahmen zur Fehlerbehebung angegeben.

Für einen zertifizierten Blasformbetrieb bedeuten die Normen DIN EN ISO 9001 oder IATF 16949, dass qualitätsrelevante Abläufe und Tätigkeiten in sinnvolle Prozesse zu gliedern und zu beschreiben sind. Zur Moderation der einzusetzenden Prozessteams mit dem Ziel der Prozessoptimierung sollten externe Berater eingesetzt werden. Auch ist es sinnvoll, die Qualitätsphilosophien für die Mitarbeiter zu schulen. Themen können zum Beispiel Kundenzufriedenheit, Qualitäts- und Problemlösungstechniken, Praxisleitfaden zur Entwicklung eines Kennzahlensystems, FMEA, QFD, TQM etc. sein [6].

Serienprüfung

Auch wenn in der Entwicklung die Fehlervermeidung als Zielsetzung dient, wird trotzdem noch die klassische Prüfung in der Qualitätssicherung benötigt (Bild 6.8). Im Besonderen ist die statistische Prozesskontrolle für die Betreuung der Serienfertigung durch das Qualitätswesen von Bedeutung.

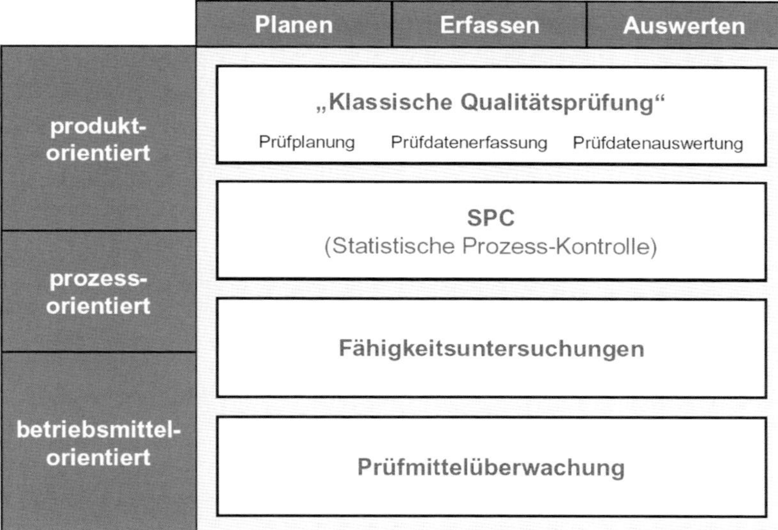

Bild 6.8 Qualitätsmanagement in der Fertigung [4]

Mitwirkende Normen

Neben den klassischen Normen für die Organisationsoptimierung und Fehlervermeidung müssen Unternehmen Normen für den Arbeitsschutz und für den Umweltschutz (DIN EN ISO 14001) erfüllen.

Die Normen für den Umweltschutz und die Arbeitssicherheit haben an Bedeutung gewonnen. Ziel der Anwendung der Normen ist, dass sich die Unternehmen Ziele in Bezug auf den Umweltschutz und die Arbeitssicherheit setzen und diese systematisch und nachhaltig verfolgen. Auch können Unternehmen die Aktivitäten für den Umweltschutz zu Marketingzwecken nutzen.

Literatur zu Kapitel 6

[1] *Renfordt-Sasse, E.:* Rüstzeitminimierung, in: Blasformen im Wandel, VDI-Verlag Düsseldorf, 1991

[2] *N. N.:* persönliche Information, Besucherführung, Daimler-Chrysler, Werk Bremen, 11.02.2004

[3] *Junk, P. B.:* Rationalisieren des Rüstvorgangs, in: Das Blaswerkzeug, VDI-Verlag, Düsseldorf, 1984

[4] *Schuh, G.: http://www.wzl.rwth-aachen.de/de/2_studium/3_lehrveranst/einf/pdf/vorlesung_11_qualitaetsmanagement.pdf,* WZL Aachen, 2004

[5] *Fuchs, W.:* WZL Aachen, Qualitätssicherung im Blasformbetrieb, VDI-K-Seminar Blasformen, Bonn, 1998

[6] *Melcher, P.:* Prozessorientiertes Qualitätsmanagement für das Blasformen, VDI-Seminar, Dr. Reinold Hagen Stiftung, Bonn, 2001

[7] *Holzmann, R.; Giese, P.:* Kundenberatung im Blasformbetrieb, in: Der Blasformbetrieb, VDI-Verlag, Düsseldorf, 1982

[8] *Moitzheim, J.:* persönliche Information, Fa. Kautex-Textron, 2004

[9] *N. N.:* persönliche Information, Fa. Sauer-Polymertechnik GmbH & Co. KG, Neustadt/Cob., 2003

[10] IATF 16949:2016 Anforderungen an Qualitätsmanagementsysteme für die Serien- und Ersatzteilproduktion in der Automobilindustrie 1. Ausgabe, Oktober 2016

7 Recycling

Kunststoffe haben einen hohen wirtschaftlichen Wert und sollten nicht „einfach weggeworfen" werden. Das Recycling von Kunststoffen wird immer wichtiger. Auch die Verbrennung von Kunststoffabfällen sollte möglichst als letzter Schritt in Betracht kommen. „In Kunststoffen steckt geliehene Energie." [1] Gerade blasgeformte Kunststoffteile führen nach ihrem Gebrauch meist zu sehr voluminösem Abfall und sollten deshalb auch nicht auf Mülldeponien landen. Grundsätzlich sollten alle Möglichkeiten, Kunststoffabfälle wieder zu verwerten, ausgeschöpft werden. Dies gilt für den Blasformprozess genau wie für alle anderen Kunststoffverarbeitungstechnologien.

7.1 Recycling in der Extrusionblasformtechnik

In Zusammenarbeit mit Martin Balzer

Bei der Blasformtechnik fallen verfahrensbedingte Abfälle (Butzen, Ausschussteile, Teile vom Anfahren der Maschine) nach einem Zerkleinerungsschritt in Form von Mahlgut an, die mit einem gewissen Anteil von Ausgangsmaterial gemischt und dem Verarbeitungsprozess wieder zugeführt werden.

Ausgangsmaterial kann dabei Neuware, Recyclingware aus anderen Prozessen oder ein Gemisch aus beiden sein. D. h. die Prozessabfälle setzen sich aus verschiedenen Anteilen, die unterschiedlich oft verarbeitet wurden, zusammen. Diese Zusammensetzung ist vom Gesamtgehalt an Prozessabfällen im Artikel abhängig (Bild 7.1 und Bild 7.2).

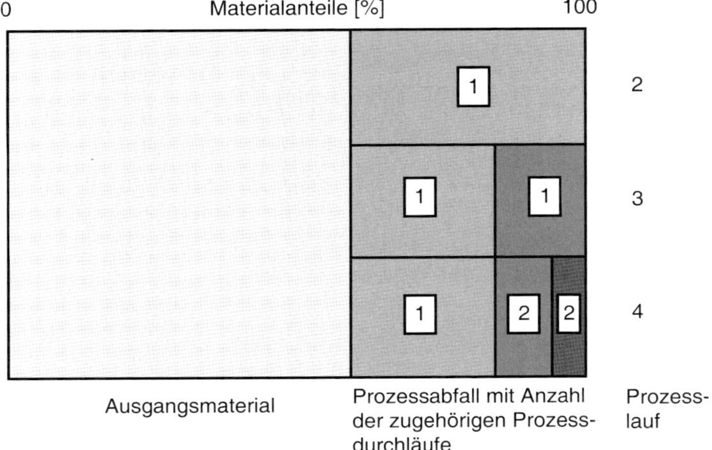

Bild 7.1 Materialzusammensetzung bei mehreren Durchläufen (60 % Ausgangsmaterial, 40 % Mahlgut) (Bild: Kautex Maschinenbau)

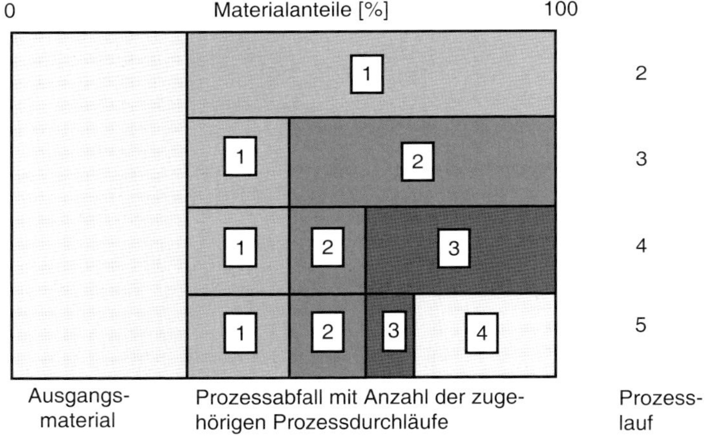

Bild 7.2 Materialzusammensetzung bei mehreren Durchläufen (30 % Ausgangsmaterial, 70 % Mahlgut) (Bild: Kautex Maschinenbau)

7.1.1 Mögliche Strategien der Verarbeitung von Mahlgut

Während bei 40 % Abfall der Anteil mit nur einem Prozessdurchlauf unabhängig von der Gesamtzahl der Prozessdurchläufe überwiegt, hat bei 70 % ungefähr die Hälfte dieses Mahlguts stets mindestens drei, das Material thermisch und mechanisch belastende Durchläufe erfahren. Nicht jedes Material verträgt diese Belastungen bezüglich der Verarbeitbarkeit gleich gut. Standardkunststoffe sind generell weniger empfindlich [2]. Bei scherempfindlichen Materialien (zum Beispiel technischen Thermoplasten), langen Vorformlingen und hohen Rezyklatanteilen sind die Grenzen des Verfahrens erreicht. Die Materialeigenschaften können sich durch die ständige Zugabe von Prozessabfällen mit immer höherem Anteil von mehrfach verarbeitetem Material so stark ändern, dass die Prozessparameter an der Maschine laufend angepasst werden müssen. Ein stationärer Produktionszustand wird trotz schonender Plastifizierung nicht mehr erreicht. In Extremfällen hat das Gemisch aus Ausgangsmaterial und Prozessabfällen keine ausreichend hohe Schmelzesteifigkeit mehr, der Vorformling längt sich zu stark oder reißt. Um dieses Phänomen bei großen prozessbedingten Butzenanteilen zu umgehen, gibt es zwei Möglichkeiten: Besteht der Prozessabfall lediglich aus Mahlgut, kann das Mahlgut unter Beigabe von geeigneten Zuschlagstoffen regranuliert und damit die Eigenschaften des Prozessabfalls verbessert werden. Eine alternative Lösung besteht darin, den Prozessabfall nicht stetig zuzuführen, sondern zu sammeln und getrennt zu verarbeiten. So lassen sich die Anzahl der Prozessumläufe des Abfalls und damit die Materialeigenschaften direkt beeinflussen.

Die Verarbeitung des Rezyklates kann aber nicht nur durch gezielte Steuerung des Materialflusses beeinflusst werden. Auch durch Kombinationen verschiedener Materialien in entsprechenden Schichtfolgen, die auf die unterschiedlichen Artikel-Anforderungen abgestimmt sind, ergeben sich viele Möglichkeiten, Rezyklat im Blasformartikel einzusetzen.

7.1.2 Schichtaufbauten bei Blasformteilen mit Rezyklat

Der *einschichtige Wanddickenaufbau* ist die einfachste Möglichkeit, einen Artikel aus Rezyklat herzustellen. Entweder wird reines Rezyklat oder eine Mischung aus Neuware und Rezyklat eingesetzt. Bei der Verarbeitung von verschiedenfarbigen Materialien in einer Charge gibt es Einschränkungen bei der Farbgebung. Es sind nur dunkle Farben einstellbar. Die Ursache liegt in der verschiedenen Einfärbung der Ausgangsstoffe. Die Mischfarbe nach der Aufbereitung ist meist ein Grauton. Umfärbungen zu hellen Farben erfordern eine höhere Farbpigmentzugabe als zu dunklen Tönen. Eine starke Pigmentierung kann zu Verschleiß im Extrusionssystem führen. Zudem besteht die Gefahr, dass die Viskosität oder Dehnfähigkeit der Schmelze durch den hohen Pigmentgehalt so stark reduziert wird, dass eine Verarbeitung im Blasformverfahren nicht mehr möglich ist.

Ein *mehrschichtiger Wandaufbau* wird bei der Rezyklatverarbeitung gewählt, wenn das Rezyklat alleine verfahrenstechnisch nicht verarbeitet werden kann oder Eigenschaften des Artikels erzielt werden sollen, die nur mit dem Rezyklat nicht erreicht werden können. Der zweischichtige Aufbau bietet zwei Möglichkeiten der Schichtanordnung. Entweder liegt die Rezyklatschicht außen und die Originalschicht innen oder – umgekehrt – das Rezyklat ist in der Innenschicht, und das Originalmaterial bildet die Außenschicht. Bei der Verwendung von Originalmaterial in der Außenschicht wird bewusst verhindert, dass das Rezyklat am Artikel sichtbar ist. Mögliche Gründe dafür können schlechte Oberflächenqualität oder unerwünschte Farbgebung der Oberfläche bei Verwendung von Rezyklat in der Außenschicht sein. Normalerweise wird versucht, die Rezyklatschicht so dick wie möglich zu machen. Je nach Anwendung beträgt der Anteil der Außenschicht 10 bis 20% und der der Rezyklatschicht 80 bis 90% der Gesamtwandstärke des Artikels.

Wenn das Rezyklat beim zweischichtigen Aufbau nicht die Innenschicht bilden soll, muss diese aus Originalmaterial bestehen. Das Rezyklat bildet die Außenschicht. Für diese Materialkombination gibt es drei Gründe: Zum einen kann es Verträglichkeitsprobleme zwischen Füllgut und Rezyklat geben. Außerdem kann eine glatte Innenoberfläche, zum Beispiel für gute Restentleerbarkeit des Hohlkörpers, gefordert sein, und das Rezyklat neigt zur Bildung einer rauen Oberfläche. Drittens kann das Rezyklat schlecht verschweißbar sein. Für die Innenschicht, welche die maßgebliche Funktion der Nahtfestigkeit für die Verschweißung übernimmt, kann das Rezyklat dann nicht verwendet werden. Wegen der erforderlichen Festigkeit der Quetschnaht sollte die Innenschicht erfahrungsgemäß nicht dünner als 10% gewählt werden. In der Praxis ergeben sich daraus Schichtdicken von 10 bis 20% für die Innenschicht und 80 bis 90% für die Rezyklatschicht.

Die Kombination von vorgenannten Anforderungen, welche die Verwendung von Rezyklat in Innen- und Außenschicht gleichermaßen ausschließen, macht einen dreischichtigen Materialaufbau notwendig. Innen- und Außenschicht nehmen dabei jeweils 10 bis 20% der Gesamtschichtdicke ein, die mittlere Rezyklatschicht hat einen Anteil zwischen 60 und 80% an der Gesamtdicke. Notwendige Voraussetzung für die beschriebenen Wanddickenaufbauten ist ausreichende Haftung zwischen den Materialien. Fehlt diese, müssen geeignete Haftvermittler in weiteren Schichten eingesetzt werden. Auf diese Weise kann auch so genannter „Post-Consumer-Scrap" (PSC), Abfall aus den Sammlungen des Dualen Systems (DSD – Gelber Sack) als mittlere Schicht eingearbeitet werden. Hier kann die Außenschicht zum Beispiel aus eingefärbter Neuware bestehen, was für die äußere Erscheinung des Artikels von Wichtigkeit ist. In den meisten Fällen sind 15% ausreichend, damit diese Schicht nicht durchsichtig ist. Die Innenschicht (z. B. ebenfalls 15%) wird häufig aus nicht eingefärbter Neuware hergestellt, da diese Schicht mit dem Füllgut eines neuen Verpackungsartikels in Berührung kommt. In Anwendungsfällen, wo ein Blasformteil nicht als Verpackungsartikel benutzt wird und wo die innere Oberfläche unzugänglich ist, mag ein Zwei-Schicht-Prozess ausreichen.

7.1.3 Recycling in der Sechs-Schicht-Coextrusion

Weitergehende Anforderungen an den Artikel, beispielsweise besondere Barriereeigenschaften, machen meist komplizierte, mehrschichtige Wanddickenaufbauten notwendig [3]. Auf den expliziten Aufbau wird in Abschnitt 2.6.1 detailliert eingegangen. Grundsätzlich gilt für diese Schichtaufbauten, dass unterschiedliche Rohstoffe in den einzelnen Schichten eingesetzt werden. Daher besteht bei diesen Applikationen die Rezyklatschicht, in die in der Regel die Prozessabfälle als Mahlgut mit eingearbeitet werden, aus einem Stoffgemisch.

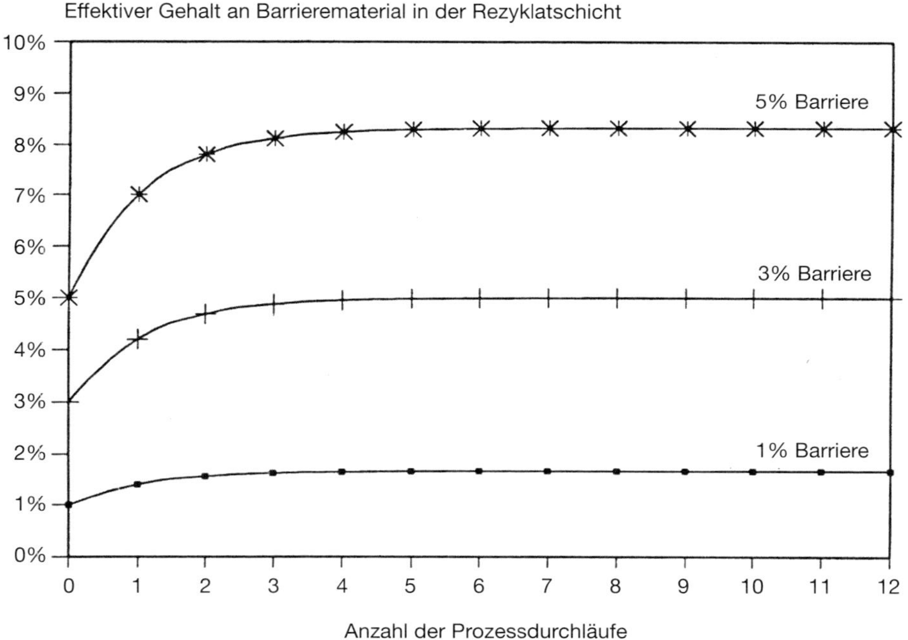

Bild 7.3 Barrierematerialanteil in der Rezyklatschicht in Abhängigkeit von der Anzahl der Prozessdurchläufe, Rezyklatanteil an der Gesamtschicht 40%
(Bild: Kautex Maschinenbau)

Am Beispiel des Barrierematerials wird in Bild 7.3 gezeigt, wie sich dessen Anteil in der Rezyklatschicht mit jedem neuen Prozessdurchlauf des Mahlguts erhöht. Die Endkonzentration wird nach etwa sieben Durchläufen erreicht.

Es kann zu Inhomogenitäten wegen Entmischung der einzelnen Materialien in der Rezyklatschicht kommen, und zwar insbesondere dann, wenn die einzelnen Materialien stark unterschiedliche Viskositäten besitzen und untereinander nicht verträglich sind. Diese Problematik ist unabhängig von der Anzahl der Einzelschichten. Vielmehr ist es ein grundsätzliches Problem der Rezyklatverarbeitung, da in der

Rezyklatschicht alle im Schichtenverbund verwendeten Materialien in der Regel als mehrphasiges Stoffgemisch vorliegen und als solches verarbeitet werden müssen.

Mit dem Ziel, möglichst kleine Barrierepartikel zu erhalten und diese in der Schmelze sehr gut zu verteilen, werden in einigen Fällen spezielle Compounding-Maschinen (z. B. dichtkämmende, gegenläufige Doppelschnecken-Extruder) eingesetzt. Hier wird das Mahlgut compoundiert und regranuliert. Die Homogenität der Rezyklatschicht lässt sich aber auch durch konstruktive Maßnahmen im Plastifiziersystem und durch eine gezielte Verfahrensführung beeinflussen. Es sind Coextrusionsblasformmaschinen mit speziellen Regenerat-Extrudern [3] im Einsatz. Hier wurden spezielle Schnecken, Extruderzylinder und Mischelemente entwickelt, die den Einsatz zusätzlicher Compoundiermaschinen erübrigen. Außerdem kann durch Zufügung von Compatibilizern die Verträglichkeit der einzelnen Komponenten im Rezyklat verbessert werden.

Grundsätzlich besteht die Gefahr, dass beim Einsatz von leicht fließenden Barrierewerkstoffen diese Materialkomponenten an die Oberfläche der Rezyklatschicht ausgeschwemmt werden. Aus diesem Grund sollte die Rezyklatschicht in der Praxis möglichst nicht als Innen- oder Außenschicht ausgeführt werden. Ergebnis wäre sonst bei ausgeschwemmtem Barrierematerial eine uneinheitliche Oberfläche.

7.1.4 Aufbereitung des Materials

Bei der Aufbereitung der Prozessabfälle oder sonstiger Materialien sollten möglichst kurze Materialkreisläufe eingerichtet werden, um die Gefahr der Verschmutzung so klein wie möglich zu halten. Zerkleinerungsanlagen für Butzenabfälle sollen auf richtigen Durchsatz, die Verarbeitung von kalten und warmen Abfällen sowie gleichmäßige Korngröße bei minimalem Feinkornanteil ausgelegt sein. Enthält das Mahlgut hygroskopische Bestandteile, ist eine entsprechende Trocknung vorzusehen. Bei Neigung zur Agglomeratbildung kann ein Rührwerk im Trockner Abhilfe schaffen.

7.1.5 Materialförderung, Dosierung und Plastifizierung

Sowohl für Originalmaterial, Recyclingware, Mahlgut und Mischungen der vorgenannten Materialien kommen Einschneckenextruder mit genuteter und gekühlter Einzugszone zum Einsatz. Das Durchsatzverhalten ist dabei in erster Linie abhängig vom Materialschüttgewicht, das von der Kornform, Materialkonsistenz (Pulver oder Granulat) und dem Mischungsverhältnis der Einzelkomponenten abhängt, Bild 7.4.

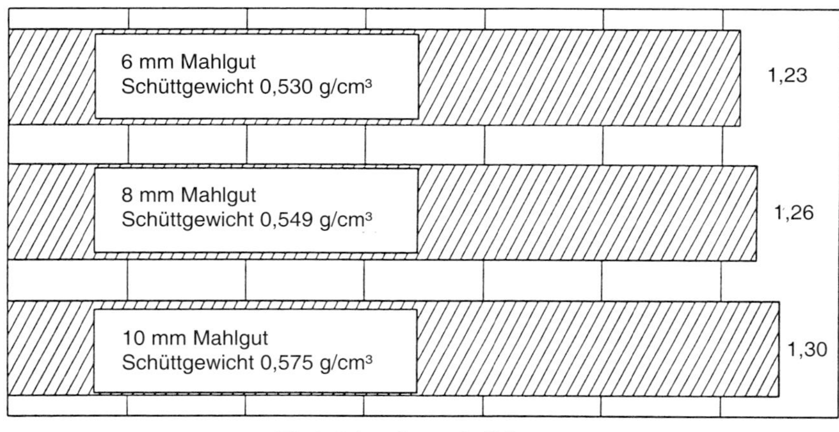

Bild 7.4 Spezifischer Materialdurchsatz am Beispiel eines 60-mm-Extruders, Material: PE-HD (Bild: Kautex Maschinenbau)

Normalerweise ist der spezifische Durchsatz umso größer, je höher das Schüttgewicht ist. Ein hohes Schüttgewicht wird dabei durch die Optimierung der Mahlgutkorngröße erreicht. Hier muss aber auch berücksichtigt werden, dass durch zu große Mahlgutkörner das Einzugsverhalten der Schnecke gestört werden kann oder dass sich die Homogenität der Schmelze verschlechtert. In diesen Fällen muss entschieden werden zwischen Reduzierung der Mahlgutkorngröße und Adaption der Schnecke, bezogen auf die Anforderungen des Materials.

Ein weiterer Aspekt in diesem Zusammenhang ist die Dosiergenauigkeit des Dosiersystems, da Schwankungen in diesem Bereich zu Schwankungen im Massedurchsatz des Extruders führen. Bei den Dosiersystemen kommen volumetrische und gravimetrische Dosierungen zum Einsatz. Während die volumetrische Dosierung bei Änderungen des Schüttgewichts des zu dosierenden Materials unterschiedliche Materialmengen pro Zeiteinheit dosiert, gleicht die gravimetrische Dosierung solche Schwankungen aus, weil sie in der Lage ist, durch ein entsprechendes Förder- und Messsystem die dem Plastifiziersystem zugeführte Materialmenge pro Zeiteinheit im Rahmen ihrer Regelgenauigkeit konstant zu halten. Bei Dosieranlagen, die mit mehreren Materialkomponenten beaufschlagt werden, ist zusätzlich zu unterscheiden zwischen Mehrkomponentensystemen, die mehrere Materialtypen mischen und diese Mischung einem Extruder zuführen, und Systemen, die mehrere Komponenten dosieren, wobei aber jede Komponente jeweils einem Extruder zugeführt wird.

Typische Anwendungsfälle für Misch- und Dosiersysteme, die einen Extruder speisen, sind Anlagen, die beispielsweise Originalmaterial, Rezyklat und Masterbatch mischen und als Materialgemisch dem Extruder zuführen. Ein weiteres Beispiel ist die Misch- und Dosiereinheit für KKB-Maschinen in Selar-Ausführung, wo vier Komponenten (Original, Mahlgut, Selar und Masterbatch) gemischt und auf einen Extruder aufgegeben werden.

Ideale Voraussetzungen für gute Dosierergebnisse mit Materialgemischen sind gegeben, wenn nach dem Zusammenfügen der Einzelkomponenten zu dem gewünschten Materialgemisch keine langen Transportwege mehr vom Materialgemisch zurückgelegt werden müssen. Dadurch werden Entmischungen am sichersten verhindert.

Eine gravimetrische Dosierung ist nur dann zwingend erforderlich, wenn mindestens eine Materialkomponente aus verfahrenstechnischen Gründen einen gewissen Mindestanteil am Gesamtmaterial aufweisen muss oder wenn der Nachweis der Materialzusammensetzung erbracht werden muss. Bezüglich des Bedienungskomforts der Maschine bietet eine gravimetrische Dosierung aber erhebliche Vorteile gegenüber einer volumetrischen Dosieranlage. Die Ermittlung von Schüttdichten und das Berechnen von Kammervolumina und -füllgewichten zur Ermittlung der Materialzusammensetzung entfällt bei gravimetrischen Dosieranlagen. Lediglich die prozentuale Zusammensetzung der Materialmischung ist am Bedienpult einzugeben, alles Weitere regelt die gravimetrische Dosieranlage selbsttätig. Schüttgewichtsschwankungen der Einzelkomponenten, die insbesondere bei Verwendung von Mahlgut verstärkt auftreten, regelt die gravimetrische Dosieranlage bezüglich der Materialzusammensetzung in der Mischung aus. Schüttgewichtsschwankungen der Materialmischung können aber auch durch den Einsatz von gravimetrischen Dosieranlagen nicht verhindert werden.

7.1.6 Massedurchsatz

Bild 7.5 zeigt den Verlauf des Massedurchsatzes für eine volumetrische Dosieranlage (Drei-Komponenten, ein Extruder) in Verbindung mit einer Massedurchsatzregelung [4]. Bereits nach wenigen Minuten ist der vorgegebene Sollmassedurchsatz erreicht. Nach etwa 110 min wurde das Mahlgut von 10 mm mittlerer Korngröße auf 6 mm mittlere Korngröße umgestellt. Dies ist mit einer Änderung der Schüttdichte des Mahlguts und damit auch der Materialmischung verbunden. Trotzdem bleibt der Massedurchsatz (im Rahmen der Regel beziehungsweise Messgenauigkeit) konstant. Bild 7.6 zeigt den Massedurchsatz in einer starken Aufspreizung des Messbereichs. Es ist zu erkennen, dass nach einer gewissen Totzeit nach Umstellung auf 6-mm-Mahlgut der Massedurchsatz wesentlich geringere Schwankungen zeigt als mit dem 10-mm-Mahlgut. Dies lässt sich dadurch erklären, dass die Durchsatzregelung aufgrund der geringeren Schüttdichte der Mischung mit dem 6-mm-Mahlgut den Massedurchsatz feiner dosieren kann. Allerdings sollte bedacht werden, dass eine Streuung des Massedurchsatzes von ca. 2 % mit dem 10-mm-Mahlgut bereits ein hervorragender Wert für die Konstanz des Massedurchsatzes ist.

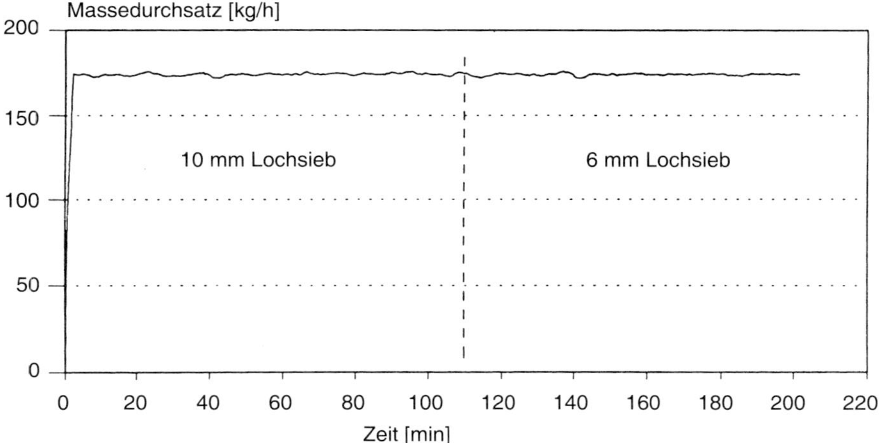

Bild 7.5 Massedurchsatz in Verbindung mit einer Massedurchsatzregelung einer Drei-Komponentenmischung (70 % PE-HD-Neuware; 29,5 % Regenerat; 0,5 % Masterbatch; Lochsieb 10 mm und 6 mm) (Bild: Kautex Maschinenbau)

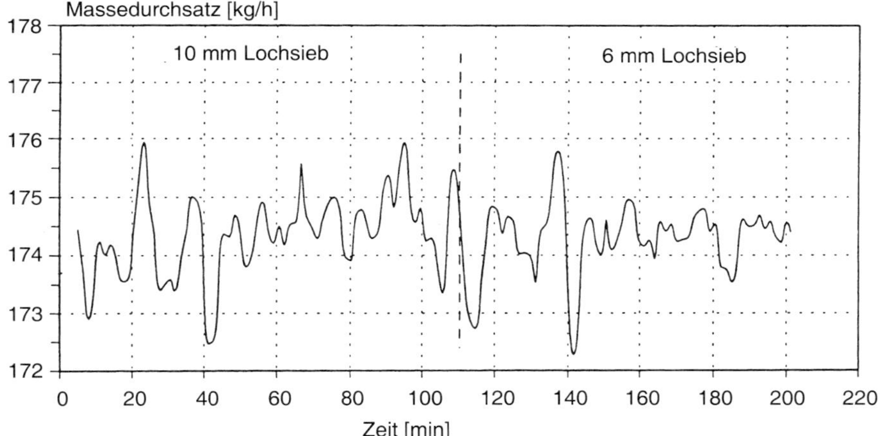

Bild 7.6 Massedurchsatz in einer starken Aufspreizung des Messbereichs (70 % Neuware + 29,5 % Regenerat + 0,5 % Masterbatch; Lochsieb 10 mm und 6 mm) (Bild: Kautex Maschinenbau)

Bei der Plastifizierung des Rezyklats ist neben der Anpassung der Schnecke im Einzugsbereich je nach Materialzusammensetzung des Rezyklats auch eine entsprechende Anpassung der Homogenisierzone erforderlich. Hier stehen sowohl dynamische als auch statische Mischelemente sowie Kombinationen beider Systeme zur Verfügung [5].

7.1.7 Vermeiden von Fehlstellen

Ein weiteres Problem bei der Rezyklatverarbeitung können Verunreinigungen im Material sein. Beim Blasvorgang wirken sich diese als Fehlstellen aus, da sie nicht dehnfähig sind und das gleichmäßige Aufweiten des Vorformlings an dieser Stelle behindern. Es kommt zu Dünnstellen in diesen Bereichen. Abhilfe bringt eine Filtrierung der Schmelze. Dazu werden Siebe direkt hinter dem Extruder eingesetzt, deren Maschenweite $< 100\ \mu m$ sein sollte. Bei Kunststoffen mit starkem Erinnerungsvermögen (z. B. hochmolekulare PE-HD-Typen) können die eingebrachten Orientierungen durch die Siebe so stark sein, dass sie bis zur Ausbringung des Vorformlings aus dem Schlauchkopf im Material erhalten bleiben, wodurch im Blasformartikel Schwachstellen hervorgerufen werden. Ist dies der Fall, kann nur Abhilfe geschaffen werden, indem die Filterung des Rezyklats nicht im Verarbeitungsprozess auf der Blasformanlage erfolgt, sondern in einer der Verarbeitung auf der Blasformanlage vorgeschalteten Regranulierung mit ausreichend feiner Schmelzefiltrierung.

7.1.8 Schlauchkopf, Blasformwerkzeug und Blasformprozess

Die Verarbeitung von Rezyklat hat auf die Konstruktion von Extrusions- und Speicherköpfen keinen Einfluss, solange es sich um Einschichttechnologie handelt. Bei Mehrschichtanwendungen muss bei der Kopfauslegung eine Abstimmung der Fließkanalgeometrie auf die geforderten Schichtdicken, die zu verarbeitenden Materialien und die vorgesehenen Massedurchsätze in den einzelnen Schichten erfolgen, um Instabilitäten in den Grenzschichten zu vermeiden [6]. Es zeigt sich, dass, solange das Verhältnis der Viskosität der außen liegenden Schichten zu den eingebetteten Schichten < 1 ist, keine Fließanomalien auftreten. Bei einem Verhältnis > 1 kann sich ein instabiler Strömungszustand einstellen. Mit Hilfe von Simulationsprogrammen ist es möglich, bei Vorgabe der Material- und Extrusionsparameter die Fließkanäle hinsichtlich stabilen Fließens auch bei Einsatz von Rezyklat zu analysieren und entsprechend abzustimmen.

Zur Herstellung des Vorformlings beim Extrusionsblasformen müssen zwei Varianten betrachtet werden, und zwar die kontinuierliche Schlauchbildung und die diskontinuierliche mit Hilfe eines Speicherkopfes. Bei der Verarbeitung von Rezyklat im einschichtigen Vorformling treten keine Probleme auf, sodass beide Verfahren in der Monolayer-Anwendung gleichwertig sind. Bei der Einarbeitung von Rezyklat im mehrschichtigen Vorformling ist zu berücksichtigen, dass jeder diskontinuierliche Betrieb unabhängig von der Bauart des Speicherkopfes eine Störung des stationären Strömungszustands bewirkt und zu Verwerfungen in der parallelen Schichtenströmung führt. Die physikalischen Ursachen hierfür liegen darin, dass im Speicherkopf während des Füllens und Ausstoßens der Schmelze erhebliche Druckunterschiede auftreten. Wenn zusätzlich verschiedene Kunststoffe mit unterschiedlicher Kompressibilität verarbeitet werden, so verstärkt sich dieser Effekt nochmals, sodass beim Komprimieren und Entspannen der Schmelze zwangsläufig Störstellen in der Mehrschichtströmung auftreten müssen. Da alle Speicherköpfe an diesem Punkt eine je nach Bauart mehr oder weniger stark ausgeprägte natürliche Grenze besitzen, ist die Lösung in der kontinuierlichen Vorformlingsbildung zu sehen.

Die Grenzen der kontinuierlichen Coextrusion sind im Wesentlichen abhängig von der Schmelzeviskosität des zu verarbeitenden Materials, der Extrusionszeit und den Vorformlingsabmessungen [7]. Bezüglich der Viskositätsänderung infolge der wiederholten Verarbeitung muss je nach Materialtyp mit einer Erniedrigung oder Erhöhung gerechnet werden. Da beim Extrusionsblasformen ein frei hängender Vorformling hergestellt werden muss, sind ebenfalls die Unterschiede im Durchmesser und Wanddickenschwellverhalten durch die Einarbeitung von Rezyklat zu beachten.

Besondere Anpassungen des Blasformwerkzeugs für die Rezyklatverarbeitung sind in der Regel nicht erforderlich. Lediglich, wenn Probleme mit der Tragfähigkeit des Rezyklats in der Quetschnaht auftreten, empfiehlt es sich, die Quetschnaht zu modifizieren. Dann sollte die tragende Fläche der Quetschnaht vergrößert werden, um die geringere Tragfähigkeit des Rezyklats über die Flächenvergrößerung wieder auszugleichen. Um stets vorhandene Schwankungen im Material auszugleichen, sind an Extrusionsblasformanlagen Regelkreise vorgesehen, die dazu beitragen, diese Schwankungen zu minimieren. Neben der bereits erwähnten Materialdosierung und Massedurchsatzregelung zählen zu diesen Regelkreisen selbst optimierende Temperaturregler, Ausstoß- und Geschwindigkeitsregelung, axiale und radiale Wanddickenregulierung, Geschwindigkeitsregelung der Blasformbewegung sowie Vor- und Aufblasdruckregelung. Je nach Größe der Beeinträchtigung der Materialeigenschaften durch die Wiederverarbeitung muss eine Anpassung dieser Regelparameter erfolgen.

7.2 Recycling von PET

Die Blasformtechnologie für PET ist heute untrennbar verknüpft mit einer Diskussion des Recycling von PET. Der hohe Stellenwert des PET-Recyclings gründet sich dabei auf die Forderung nach Nachhaltigkeit im Umgang mit Ressourcen, die von allen gesellschaftlichen Gruppen gewünscht und vom Gesetzgeber vorgegeben wird.

Diese Nachhaltigkeit umfasst dabei die zwei Forderungen nach

- Schonung unserer natürlichen Ressourcen (Rohstoffe) und
- Vermeidung von Abfällen (und deren Lagerung bzw. Beseitigung).

Beide Forderungen werden sowohl durch die Implementierung eines geschlossenen Stoffkreislaufs als auch die Aufbereitung und Verwendung der Abfälle für eine neue Anwendung erfüllt (werkstoffliches Recycling). Voraussetzung dafür ist, dass der hierdurch erwachsene Bedarf an Ressourcen nicht größer ist als der des konventionellen, nicht nachhaltigen Systems.

Der Ressourcenbedarf für den geschlossenen Stoffkreislauf bzw. die Weiterverwertung hängt dabei von vielen Faktoren ab:

- verfügbare Abfallmenge,
- Aufwand für Sammlung, Sortierung und Transport,
- Qualität des Werkstoffs/Risiko einer Kontamination,
- Aufwand der Reinigung und Dekontamination (Worst-Case).

Gemessen an diesen Kriterien ist PET ein idealer Werkstoff für das Recycling:

- Im Jahr 2017 wurden in Europa mit ca. 1 923 100 t PET mehr als 58 % aller PET-Abfälle gesammelt [8].
- PET-Abfälle sind nahezu ausschließlich Getränkeflaschen und daher einfach zu sortieren.
- Da PET-Abfälle nahezu ausschließlich Getränkeflaschen sind, ist die Kontamination der PET-Abfälle durch Verpackungen für andere Anwendungen als Lebensmittel stark reduziert.
- PET verfügt über hervorragende Barriereeigenschaften. Diese guten Barriereeigenschaften schützen, wie zuvor diskutiert, das Produkt beispielsweise gegen Kohlensäureverlust oder Sauerstoffaufnahme. Diese guten Barriereeigenschaften führen andererseits aber auch dazu, dass das PET einen intrinsischen Schutz gegen die Aufnahme von Substanzen aus dem Produkt oder aber der Umwelt hat. Das Zusammenspiel von Flaschendesign, Preformdesign und einem optimalen Blasformprozess hat hier einen entscheidenden Anteil.
- Ein ganz wesentlicher Vorteil des Werkstoffs PET im Recycling ist die Möglichkeit, durch Polymerisation in der Festphase (SSP) die ursprünglichen mechanischen Eigenschaften wieder herzustellen.

Um jegliche Gefährdung des Verbrauchers bzw. Konsumenten auszuschließen, ist die Wiederverwendung des aufbereiteten PET als Verpackungsrohstoff durch den Gesetzgeber stark reglementiert [9]. Die Anforderungen an Materialien, Prozesse und Prozeduren umfassen unter anderem folgende Vorgaben:

- Nur solche Abfälle dürfen für die Verwendung als Lebensmittel-Verpackungsrohstoff aufbereitet werden, die eine lebensmitteltechnische Zulassung haben.
- Das Endprodukt des Recyclingprozesses muss wiederum den Anforderungen der lebensmitteltechnischen Zulassung genügen.
- Das Rezyklat muss als solches deklariert werden.

- Der Recyclingprozess ist behördlich validiert und zugelassen worden.
- Ein geeignetes Qualitätsmanagementsystem stellt die Reproduzierbarkeit der Prozesse und Verfahren sicher.
- Recyclingbetriebe und -prozesse werden regelmäßig behördlich auditiert.

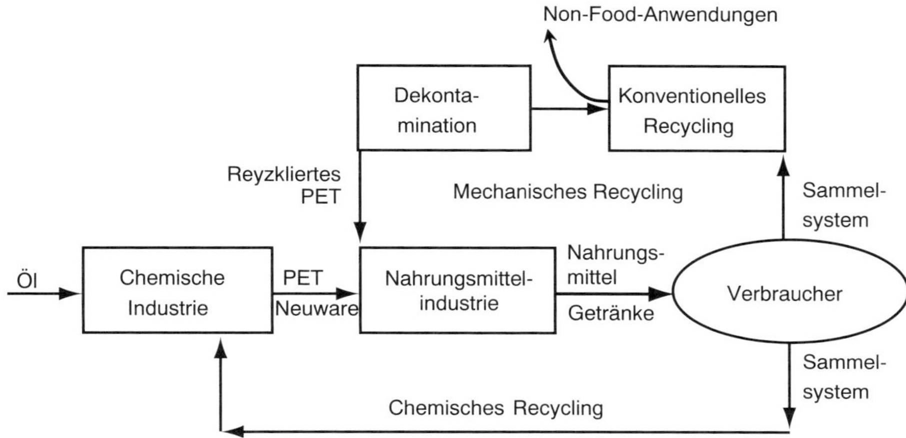

Bild 7.7 Stoffkreislauf des PET-Recycling

Der Stoffkreislauf des PET als Lebensmittel- bzw. Getränkeverpackung ist in Bild 7.7 dargestellt. Das Bild zeigt die beiden Prinzipien des PET-Recycling, das mechanische und das chemische Recycling. Das mechanische Recycling ist dabei nach „konventionellem Recycling" und „Dekontamination" differenziert. Im mechanischen Recycling wird der im Kunststoff enthaltene Polymerisationsaufwand erhalten und ein Produkt erzeugt, das direkt wieder zu Produkten verarbeitet werden kann.

Für die Qualität des Recyclingmaterials und die Kosten des Prozesses sind die Sammelsysteme von großer Bedeutung. Heute werden unterschiedlichste Sammelsysteme eingesetzt, um Werkstoffe wie PET nach ihrem Gebrauch einer Wieder- oder Weiterverwertung zuzuführen. Die wichtigste Unterscheidung dieser Systeme ist dabei die Sammelstelle:

- *Haushalt:* Die Verbraucher sammeln vorsortierte Wertstoffe in speziellen Gebinden im Haushalt; die Gemeinde oder ein Verwerter holen diese Abfälle analog zum Hausmüll beim Verbraucher ab.
- *Zentrale Sammelstellen:* Die Gemeinde oder ein Verwerter stellen zentrale Sammelstellen, beispielsweise Container, zur Verfügung, an denen der Verbraucher die PET-Flaschen entsorgen kann.
- *Sammelstellen im Handel:* Der Verbraucher bringt die leeren PET-Flaschen zum Handel zurück. Der Handel schafft hierfür einen Anreiz entweder durch ein Rücknahme- oder ein Pfandsystem.

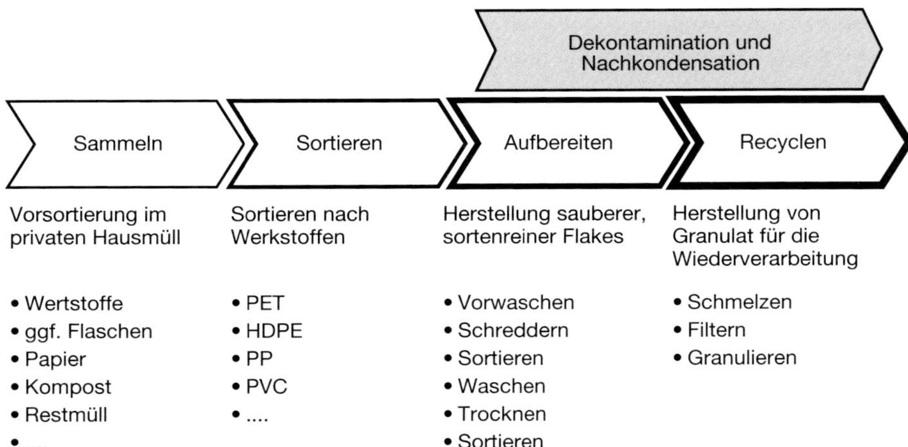

Bild 7.8 Prinzipielle Verfahrensschritte beim mechanischen Recycling (konventionell und für Lebensmittelanwendungen)

Der prinzipielle Verfahrensablauf des mechanischen Recycling ist in Bild 7.8 dargestellt.

Das Sortieren der nach dem Sammeln vorliegenden Flaschen- oder Kunststofffraktion wird in Sortierzentren hinsichtlich der unterschiedlichen Farben und Kunststoffe vorgenommen. Neben der manuellen Sortierung werden zunehmend automatische Identifikationssysteme eingesetzt, die die unterschiedlichen Kunststoffe (PE-HD, PP, PVC etc.) z. B. nach ihrer Infrarot-Absorption unterscheiden und trennen.

Das Aufbereiten führt zu sauberen, sortenreinen PET-Flakes. Meist verfügt die Aufbereitungsanlage über eine weitere Sortieranlage, um Fehlfarben, Fremdpolymere und Störstoffe zu entfernen. Häufig werden die Flaschen zunächst vorgewaschen, um Sand und Papieretiketten zu entfernen. Die Verwendung von Sleeves erfordert hingegen eine trocken-mechanische Separation vor der optischen Sortierung. Im Recycling ist die Sortierung entscheidend für die erzielbare Qualität!

Nach der Zerkleinerung werden Polyolefine aus Verschlüssen und Etiketten meist mittels Dichtetrennung (Flotation, Hydrozyklon) entfernt. Die Flakes werden anschließend in alkalischen Lösungen bei zumeist auch erhöhten Temperaturen gewaschen; hierbei werden oberflächliche Verschmutzungen sowie Kleberrückstände und Reste von Papieretiketten entfernt. Anschließend werden die Flakes getrocknet und häufig erneut photometrisch sortiert. Die Waschqualität beeinflusst die farbliche Erscheinung des Recyclats maßgeblich und verringert das sogenannte „Yellowing“ auf ein Mindestmaß. Da die gelbliche Verfärbung irreversibel ist und die mehrfache Rückführung von Recyclat einschränkt, muss der Waschqualität höchste Priorität eingeräumt werden.

Die sortierten gewaschenen Flakes sind das Endprodukt des „konventionellen Recycling“. Diese können nun:

- für Anwendungen außerhalb der Lebensmittelverpackung eingesetzt (in diesem Falle werden die Flakes häufig noch aufgeschmolzen, extrudiert und zu Granulat verarbeitet; während der Extrusion findet zumeist eine Schmelzefiltration statt) oder
- als Ausgangsprodukt für die Herstellung von Rezyklat für Lebensmittelanwendungen verwendet werden.

Um die sauberen, sortenreinen PET-Flakes für Lebensmittelanwendungen verwenden zu können, müssen diese dekontaminiert werden. Die Kontaminanten, die in diesen Prozessen zu entfernen sind, sind:

- Substanzen, die aus dem Lebensmittel/Getränk durch Migration in die PET-Matrix gelangt sind; dies sind in aller Regel Geschmacksstoffe wie Limonen;
- Substanzen, die durch die vorgelagerten thermo-mechanischen Prozessen in dem PET entstanden sind; dies ist nahezu ausschließlich Azetaldehyd;
- Substanzen, die in die PET-Matrix migriert sind und nicht aus einem Lebensmittel stammen; dies sind in der Regel Haushaltschemikalien, die in PET-Flaschen verpackt werden oder aber Chemikalien, die vom Verbraucher in geleerten PET-Flaschen gelagert wurden.

Tabelle 7.1 Dekontamination von PET

Zustand des PET	Dekontamination durch
▪ Flakes ▪ Gemahlenes PET	Reaktor oder Trockner unter Vakuum oder Inertgas
Schmelze	Extruder mit Entgasung (Einschnecke, Doppelschnecke, Ringextruder)
Granulat	Reaktor oder Trockner unter Vakuum oder Inertgas

Häufig mehrstufige Dekontamination durch Kombination der Technologien.

Zur Dekontamination der PET-Flakes von diesen Substanzen werden unterschiedliche Verfahren eingesetzt. Gemeinsam ist all diesen Verfahren, dass das PET bei hohen Temperaturen und hohen spezifischen Oberflächen einem Unterdruck oder einer Inertgas-Atmosphäre ausgesetzt wird. Sowohl die Prozesse als auch die Form des PET während des Prozesses unterscheiden sich dabei deutlich, wie in Tabelle 7.1 gezeigt.

Die Migration solcher Substanzen, die nicht vom PET chemisch gebunden sind, wird durch den Prozess beschleunigt. Dies findet einerseits durch eine hohe Partialdruckdifferenz (Vakuum oder Inertgas-Atmosphäre) und andererseits durch die erhöhte Temperatur (höhere Diffusivität) als auch höhere spezifische Oberflächen (reduzierte Distanzen für den Stofftransport) statt.

Das PET kann dabei sowohl als Flake, Mahlgut (gemahlenes PET), als Schmelze oder als extrudiertes Granulat vorliegen. Die Dekontamination findet entweder in Reaktoren (Türme, Taumeltrockner etc.) oder in Extrudern mit Entgasungszone statt. Im Fall der Dekontamination in Extrudern mit Entgasungszone ist häufig zusätzlich noch eine Dekontamination in einem Reaktor anzutreffen.

Auf einer Fachkonferenz im Jahr 2018 (PETnology Europe 2018, Paris) stellte die Fa. Erema aus Ansfelden/Österreich, eine Neuentwicklung vor. In der Vacunite-Anlage wird das Flasche-zu-Flasche-Verfahren Vacurema Basic mit einer neu patentierten, Vakuum-unterstützten Solid State Polycondensation (SSP) der Schweizer Fa. Polymetrix kombiniert (V-LeaN-Prozess).

In dieser Anlage laufen alle thermischen Prozessschritte unter Stickstoffatmosphäre ab. So werden Verfärbungen von Flakes und Pellets weitgehend ausgeschlossen und Zusätze, die in der Schmelze zu ungewollten Reaktionen führen könnten, werden entfernt. So kann ein qualitativ hochwertiges rPET-Granulat, das sowohl die gesetzlichen Vorgaben als auch die Marktanforderungen für die Lebensmitteltauglichkeit übertrifft erzeugt werden [12].

Bild 7.9 Das Vacunite-Verfahren: Kombination der Vacurema-Technik mit der Vakuum-unterstützten Solid-State-Polycondensation (SSP) von Polymetrix (Bild: Erema)

Chemisches Recycling

Unter dem Sammelbegriff des chemischen Recycling werden viele Prozesse zusammengefasst, bei denen beispielsweise durch Glykolyse, Methanolyse oder Hydrolyse das PET depolymerisiert wird [19]. Die Prozesse finden fast immer bei:

- hohen Temperaturen,
- hohen Drücken und
- mit Katalysatoren

statt. Während des Prozesses der Depolymerisation als auch anschließend können die Mono- und Oligomere von Verunreinigungen befreit werden. Dies erfolgt durch:

- physikalisches Filtern oder
- Destillation oder
- Kristallisation oder
- Binden organischer Verschmutzungen an Reagenzien, die den niedrigviskosen Mono- und Oligomeren im Prozess beigemischt werden.

Durch chemisches Recycling werden sämtliche möglichen Verunreinigungen, selbst solche durch Farbstoffe, und einige chemische Additive entfernt. Die gereinigten Mono- und Oligomere sind damit reine Ausgangsstoffe für eine erneute Synthese von PET.

Das chemische Recycling findet beim Rohstoffhersteller statt. Die Mono- und Oligomere werden anschließend in kleineren Prozentsätzen der Synthese von Neuware beigemischt, wobei das Endprodukt anschließend wie Neuware behandelt werden kann – das Material braucht nicht als Recycling-Ware gekennzeichnet zu werden.

Literatur zu Kapitel 7

[1] *Menges, G.:* persönlich, in seiner Vorlesung „Kunststoffverarbeitung I“, RWTH Aachen, *Germany,* 1985

[2] *N. N.:* Extrusion Blow Moulding. Lupolen, Novolen Brochure B579e, 4.92, BASF (heute Basell), 1992

[3] *Daubenbüchel, W.:* Coextrudierte Kunststoff-Kraftstoff-Behälter, Kunststoffe 82 (1992) 3

[4] *Balzer, M:* Verarbeiten von Recyclat im Blasformverfahren, Kunststoffberater, 12/1995

[5] *Meijer, H. E. H.:* Scheren und Mischen im Plastifizierextruder, in: Einschneckenextruder, 2. Auflage, VDI-Verlag, Düsseldorf, 1993

[6] *Meier, M.:* Ursachen und Unterdrückung von Fließinstabilitäten bei Mehrschichtströmungen, Block 2, Kapitel 2, Umdruck zum 14. IKV-Kolloquium, Aachen, 1988

[7] *Daubenbüchel, W.:* Möglichkeiten und Grenzen der Großhohlkörperfertigung mittels kontinuierlicher Extrusion, Plastverarbeiter 31 (1980)

[8] *N. N.:* 2017 Survey on European PET Recycle Industry – 58.2 % of PET bottles collected, *https://petcore-europe.prezly.com/2017-survey-on-european-pet-recycle-industry-582–of-pet-bottles-collected,* Internetzugriff Mai 2019

[9] *N. N.:* Direktive 2004/12/EC des Europäischen Parlements zum Umgang mit Verpackungen und deren Abfällen

[10] *Matthews, V.:* Environmental and Recycling Considerations, in PET Packaging Technologies; Brooks, D. W.; Giles, G. A.; Sheffield Academic Press, Sheffield, 2002

[11] *Friedlaender, T.:* persönliche Information, Krones AG, April 2019

[12] *N. N.:* Sauberer Prozess in Stickstoffatmosphäre, *http://kunststoffe-live.censhare.de/produkte/uebersicht/beitrag/sauberer-prozess-in-stickstoffatmosphaere-bottle-to-bottle-verfahren-fuer-lebensmitteltaugliches-rpe-7520684.html,* Internetzugriff Mai 2019

8 Anhang: Trouble-Shooting-Guide Extrusionsblasformen

Da ein annähernd vollständiger „Trouble-Shooting-Guide“ für den Extrusionsblasformprozess leicht die Größe eines eigenen Buches erreichen kann, ist ein digitaler Trouble Shooting Guide unter *www.polymediaconsult.de/troubleshooting* abzurufen. Dieser Internet-basierte Trouble-Shooting Guide ist als ein offenes System zu verstehen. Änderungen und Verbesserungen können jederzeit einfließen.

Diese Software wurde von Jan Burgwinkel in Kooperation mit Michael Thielen, Autor dieses Buches, und Kautex Maschinenbau GmbH, Bonn, entwickelt.

8.1 Fehler am Vorformling

Kratzer und Düsenmarkierungslinien	Rohstofftemperatur erhöhen, Extruderdruck erhöhen, auf Kontamination prüfen, Kopfwerkzeug/Düse auf Beschädigungen untersuchen, verbrannten Rohstoff von der Düsenoberfläche entfernen, Düsentemperatur erhöhen
Schmelzbruch (Krokodilhauteffekt)	Rohstofflagertemperatur erhöhen, Extrusionsdruck ändern, Regeneratanteil senken, auf Kontamination prüfen, Rohstoff mit höherem Schmelzindex wählen, Artikelgewicht erhöhen
Schlierenbildung	Rohstofflagertemperatur absenken, Extruderdruck reduzieren, Regeneratanteil absenken, Heizungen am Kopf kontrollieren, Heizungssteuerung überprüfen, Drosselventile am Kopf überprüfen, auf Verschmutzungen überprüfen, Kopfwerkzeug/Düse auf Beschädigungen überprüfen, Artikelgewicht anheben
Rauch, milchig aussehender, kalter Schlauch	Rohstofflagertemperatur anheben, Extruderdruck erhöhen, Regeneratanteil anheben, Heizbänder am Kopf überprüfen, Temperatursteuerung überprüfen, Rohstoff mit höherem Schmelzindex wählen
Vorformling ist glänzend/durchsichtig	Rohstofflagertemperatur absenken, Extruderdruck und Durchsatz absenken, Regeneratanteil absenken, Heizungen am Kopf überprüfen, Heizungssteuerung überprüfen, Drosselventile am Kopf einstellen, auf Verschmutzungen überprüfen, Kopfwerkzeug/Düse auf Beschädigungen überprüfen, Artikelgewicht anheben
Blasenbildung	Rohstofftemperatur absenken, Temperatur der Extrudereinfüllzone erhöhen, Extruderdruck und Durchsatz absenken, Extrudergegendruck anheben, Kopfheizung überprüfen, Heizungssteuerung überprüfen, nach Verschmutzungen suchen, Kopfwerkzeug/Düse auf Fehler absuchen, Rohstoff auf Feuchtigkeit überprüfen

Rauch/Qualmbildung	Rohstofftemperatur absenken, Extruderdruck und Durchsatz absenken, Extrudergegendruck absenken, Regeneratanteil absenken, Kopfheizung überprüfen, Heizungssteuerung überprüfen, nach Kontamination überprüfen
Gardineneffekt	Rohstofftemperatur erhöhen, Extruderdruck und Durchsatz erhöhen, Extrudergegendruck absenken, Regeneratanteil erhöhen, Schmelzindex des Materials absenken, Artikelgewicht erhöhen, Schwellfaktor des Materials absenken
Durchhängen	Rohstofftemperatur absenken, Extruderdruck und Durchsatz erhöhen, Extrudergegendruck absenken, Regeneratanteil erhöhen, Rohstoff mit geringerem Schmelzindex wählen, Artikelgewicht absenken, Schwellfaktor des Rohstoffes absenken, Zeit „Form offen“ reduzieren
„Berliner Balleneffekt“ (Doughnutting)	Rohstofftemperatur absenken, Extruderdruck und Durchsatz erhöhen, Extrudergegendruck anheben, Regeneratanteil anheben, Kopfheizung überprüfen, Heizungssteuerung überprüfen, nach Kontamination suchen, Vorblasen durch den Kopf auf Lecks untersuchen, Kopfwerkzeug/Düse zentrieren, Kopfwerkzeug/Düse auf Beschädigungen untersuchen, Artikelgewicht anheben, Schwellfaktor des Rohstoffes absenken
Darmeffekt (curls)	Rohstofftemperatur anheben, Kopfheizung überprüfen, Heizungssteuerung überprüfen, auf Kontamination untersuchen, Vorblasen durch den Kopf auf Lecks untersuchen, Kopfwerkzeug/Düse zentrieren, Kopfwerkzeug/Düse auf Beschädigungen untersuchen, Artikelgewicht anheben
Schlauchlauf, Geradeauslauf	Rohstofftemperatur überprüfen, Kopfheizung überprüfen, Heizungssteuerung überprüfen, auf Kontamination überprüfen, Kopf Vorblasen auf Lecks überprüfen, Kopfwerkzeug/Düse zentrieren, Kopfwerkzeug/Düse auf Beschädigungen untersuchen
Ungleichmäßiges Förderverhalten	Rohstofftemperatur absenken, Temperatur der Mixing-Zone des Extruders absenken, Extruderdruck und Durchsatz absenken, Extrudergegendruck anheben, Regeneratanteil absenken, Kopfheizung überprüfen, Heizungssteuerung überprüfen, Trichter auf Brückenbildung überprüfen, auf Kontamination überprüfen, Vorblasen durch den Kopf auf Leck überprüfen, elektrische Fehlfunktionen überprüfen
Unterschiedliche Schlauchlängen bei Mehrfachköpfen	Rohstofftemperatur überprüfen, Kopfheizung überprüfen, Heizungssteuerung überprüfen, Drosselventile des Kopfes einstellen, auf Kontamination überprüfen, Düsen zentrieren
Variable Schlauchlänge von Schuss zu Schuss	Extrudereinzelzonentemperatur absenken,Extrusionsdruck und Durchsatz reduzieren, Extrudergegendruck anheben, Regeneratanteil absenken, Trichter auf Brückenbildung überprüfen, elektrische Fehlfunktion überprüfen, Rohstoff mit höherem Schmelzindex wählen

8.2 Fehler am Blasformteil

Zu viel Butzenabfall	Rohstofftemperatur anheben, Extruderdruck und Durchsatz absenken, Extrudergegendruck absenken, Vorblasdruck absenken, Zeit, in der die Form geöffnet ist, verkürzen, Regeneratanteil anheben, Artikelgewicht anheben, Ausrichtung der Form überprüfen, Kopfwerkzeug/Düse zentrieren, Schwellverhalten des Rohstoffes reduzieren, Butzenkammervolumen in der Form vergößern, Vorblaszeit absenken
Zu lange Zykluszeit	Schmelztemperatur absenken, Formtemperatur absenken, Artikelwanddicke absenken, Rohstoff mit höherer Dichte einsetzen, Blasdruck erhöhen, Rohstofftemperatur absenken
Der Artikel bleibt in der Form hängen	Rohstofftemperatur absenken, Formtemperatur absenken, Extruderdruck/Durchsatz absenken, Extrudergegendruck absenken, Blasdruck erhöhen, Entlüftungszeit verlängern, Form auf Beschädigungen überprüfen, Kopfwerkzeug/Düse zentrieren, Zykluszeit erhöhen, Volumen der Butzenkammer überprüfen
Dünnstelle in der Formtrennnaht	Formtemperatur absenken, Aufblasdruck erhöhen, Entlüftungszeit verlängern, Form auf Beschädigungen überprüfen, Formoberfläche und Entlüftung untersuchen, Formaufspannung überprüfen, Form auf Wasserleckage überprüfen
Schlechte Bodenschweißnaht	Rohstofftemperatur absenken, Formtemperatur absenken, Extruderdurchsatz/-druck absenken, Extrudergegendruck absenken, Vorblasdruck absenken, Zeit „Form offen“ verlängern, Regeneratanteil anheben, Schneidkanten auf Beschädigungen überprüfen, Form überprüfen auf Oberfläche und Entlüftung, Formaufspannung überprüfen, Schwellfaktor des Rohstoffes absenken, Schneidkanten auf Schärfe überprüfen
Dicke Bodenschweißnaht	Rohstofftemperatur anheben, Extruderdurchsatz/-druck anheben, Extrudergegendruck anheben, Aufblasdruck anheben, Vorblasdruck einstellen, Zeit „Form offen“ verkürzen, Regeneratanteil reduzieren, Schneidkanten auf Beschädigungen überprüfen, Artikelgewicht absenken, Rohstoffe mit höherem Schwellfaktor wählen, Butzenkammern in der Form überprüfen
Unvollständiger Griffbereich	Rohstofftemperatur absenken, Extruderdurchsatz/-druck anheben, Extrudergegendruck anheben, Aufblasdruck anheben, Vorblasdruck einstellen, Zeit „Form offen“ reduzieren, Regeneratanteil reduzieren, Schneidkanten auf Beschädigungen überprüfen, Artikelgewicht absenken, Rohstoffe mit höherem Schwellfaktor wählen, Rohstoffe mit höherem Schmelzindex wählen
Delamination	Rohstofftemperatur anheben, Extrudereinfüll-Zonentemperatur anheben, Formtemperatur anheben, Extrusionsdruck/Durchsatz anheben, Extrudergegendruck anheben, Vorblasdruck einstellen, auf Kontamination überprüfen, auf Feuchtigkeit im Rohstoff überprüfen, Schneidkanten auf Beschädigungen überprüfen, Rohstoff mit höherem Schmelzindex wählen, Schneidkanten auf Schärfe überprüfen
Orangenhaut	Formoberfläche überprüfen, Rohstofftemperatur anheben, Formtemperatur anheben, Extrusionsdruck/Durchsatz anheben, Extrudergegendruck anheben, Aufblasdruck erhöhen, Zeit „Form offen“ verkürzen, Form auf Entlüftung und Oberfläche überprüfen, Zykluszeit reduzieren, Form auf Wasserleckagen überprüfen, Luftfeuchtigkeit überprüfen (Air-condition, Trockenluftschleier)

Verwerfungen/Verzug	Rohstofftemperatur absenken, Formtemperatur absenken, Kühlzeit erhöhen, Kühlkanäle im Werkzeug überprüfen, Wanddickenprogramm überprüfen, Extrusionsdruck/Durchsatz anheben, Extrudergegendruck absenken, Blasdruck einstellen, Zeit „Form offen" verkürzen, Regeneratanteil reduzieren, Drosselventile im Kopf öffnen, Artikelgewicht absenken, Kopfwerkzeug/Düse ovalisieren, Zykluszeit anheben
Zu starker Schrumpf	Rohstofftemperatur absenken, Formtemperatur absenken, Extruderdruck/Durchsatz absenken, Extrudergegendruck absenken, Blasdruck erhöhen, Entlüftungszeit verlängern, Rohstoffdichte absenken, Zeit „Form offen" verkürzen, Regeneratanteil reduzieren, Artikelgewicht absenken, Kopfwerkzeug/Düse ovalisieren, Rohstoffe mit höherem Schwellfaktor wählen, Zykluszeit anheben
Unvollständiger Halsbereich	Rohstofftemperatur anheben, Formtemperatur anheben, Extrudergegendruck anheben, Aufblasdruck anheben, Vorblasdruck einstellen, Zeit „Form offen" abverkürzen, Regeneratanteil reduzieren, Form auf Beschädigungen überprüfen, Formentlüftung überprüfen, Rohstoffe mit niedrigerem Schwellfaktor wählen, Rohstoffe mit höherem Schmelzindex wählen
Uneinheitliche Wanddickenverteilung	Kopfheizung überprüfen, Materialschmelztemperatur absenken, Schmelzindex absenken, Rohstoffdichte anheben, Aufblasverhältnis reduzieren, auf Kontamination überprüfen, Kopfwerkzeug/Düse auf Beschädigungen überprüfen, auf Luftleckage überprüfen, Drosselventile im Kopf öffnen, Kopfwerkzeug/Düse zentrieren, Kopfwerkzeug/Düse ovalisieren, Rohstoff mit höherem Schwellfaktor wählen, Rohstoff mit höherem Schmelzindex wählen
Schlechte Schweißnahtbildung	Rohstofftemperatur anheben, Formtemperatur absenken, Blasdruck erhöhen, Entlüftungszeit erhöhen, Zeit „Form offen" absenken, Schneidkanten auf Beschädigungen überprüfen, Form Entlüftung überprüfen, Formaufhängung überprüfen, Butzenkammer im Werkzeug überprüfen, Schneidkanten auf Schärfe überprüfen
Schlechte Artikel bei Mehrfachköpfen	Alle Kopftemperaturen überprüfen, Formtemperatur überprüfen, Entlüftungszeit überprüfen, auf Kontamination überprüfen, Form auf Beschädigung überprüfen, Kopfwerkzeug/Düse auf Beschädigung überprüfen, auf Luftdruckleckage überprüfen, Formentlüftung überprüfen, Drosselventile im Kopf überprüfen, Artikel auf Gleichmäßigkeit des Artikelgewichtes überprüfen
Blasen (Blow out)	Rohstofftemperatur anheben, Größe der Butzenkammern im Werkzeug überprüfen, Schneidkante auf Beschädigung überprüfen, Kühlung der Form überprüfen, Zykluszeit überprüfen, Wanddickenprogramm überprüfen, Extrudereinfüllzonentemperatur erhöhen, Form auf Hot Spots überprüfen, Extrudergegendruck erhöhen, Aufblasdruck absenken, auf Kontamination überprüfen, Rohstoff auf Feuchtigkeit überprüfen, Rohstoff auf Feinanteile aus dem Mahlgut überprüfen, Kopfwerkzeug/Düse auf Beschädigung überprüfen

Register

Symbole

A

B

C

D

G

H

I

J

K

Q

R

S

T

U

V

W

Z